U0662572

# 计算机网络

徐敬东 张建忠 编著

清华大学出版社
北京

## 内 容 简 介

本书是面向普通高等学校本科及研究生教育的计算机网络教材。全书以 TCP/IP 体系结构为主线，采用循序渐进的方式，系统地介绍了计算机网络体系结构，以及物理网络、网络互联、端到端传输、应用层服务所涉及的基本概念、原理和典型协议，并在各部分的内容中融入了计算机网络技术的最新发展。全书共分为 5 章，每章均给出了动手实践内容，以及思考与练习。

本书内容丰富、逻辑清晰、论述严谨，知识点讨论具体、深入，在介绍计算机网络基本原理的同时注重探讨因特网发展过程中所面临的问题及解决策略。本书可供计算机类、电子信息类专业的大学本科生和研究生使用，也可作为计算机网络培训或工程技术人员自学的参考书。

**图书在版编目（CIP）数据**

计算机网络 / 徐敬东，张建忠编著. -- 北京：清华大学出版社，2025. 9. -- ISBN 978-7-302-69767-1

Ⅰ. TP393

中国国家版本馆 CIP 数据核字第 2025WQ0434 号

责任编辑：张瑞庆　薛　阳
封面设计：刘　键
责任校对：郝美丽
责任印制：丛怀宇

出版发行：清华大学出版社
　　　　　网　　　址：https://www.tup.com.cn，https://www.wqxuetang.com
　　　　　地　　　址：北京清华大学学研大厦 A 座　　　邮　　编：100084
　　　　　社 总 机：010-83470000　　　　　邮　　购：010-62786544
　　　　　投稿与读者服务：010-62776969，c-service@tup.tsinghua.edu.cn
　　　　　质量反馈：010-62772015，zhiliang@tup.tsinghua.edu.cn
　　　　　课件下载：https://www.tup.com.cn，010-83470236
印 装 者：三河市铭诚印务有限公司
经　　销：全国新华书店
开　　本：185mm×260mm　　印　　张：16.25　　　　　字　　数：399 千字
版　　次：2025 年 9 月第 1 版　　　　　　　　　　印　　次：2025 年 9 月第 1 次印刷
定　　价：49.80 元

产品编号：104108-01

# 前　　言

网络强国是我国的发展战略,是习近平新时代中国特色社会主义思想的重要组成部分。我国自 1994 年接入因特网以来,互联网在中国已经实现了 30 多年的高速发展,中国已成为名副其实的网络大国。互联网的发展推动了经济的转型和升级,改变了人们的生活方式,促进了教育的普及和全球化,加速了文化的交流与融合。如今的互联网已经成为国家基础设施的重要组成部分,与国计民生息息相关。党的"二十大"报告指出:"科技是第一生产力,人才是第一资源,创新是第一动力。"在从网络大国走向网络强国的征途中,计算机网络人才的培养和技术创新至关重要。

全国各类高等院校都将计算机网络列为计算机类专业的核心主干课程,以培养计算机网络方面的创新型或技能型人才。计算机网络课程经过多年的发展,目前基本形成了以 TCP/IP 体系结构为核心、以因特网为实例的内容组织模式。计算机网络课程所选用的教材主要包含国外引进的教材和国内自主编写的教材。国外计算机网络教材的主要特点是内容涵盖量大,涉及的知识点较为庞杂,对于本科生来说较难掌握,比较适合作参考书或研究生教材。国内计算机网络教材主要分为两类:一类以知识传授为主,主要讲解计算机网络的基本原理和协议;另一类以计算机网络技术的实际应用为主,理论知识讲解较少。两类教材较好地适应研究型大学计算机网络课程的教学需求,但作为研究型大学的一线教师,更深知教材在计算机网络教学中的重要性,因此在总结多年理论教学和实践教学经验的基础上,完成了本书的写作。

本书以 TCP/IP 体系结构为主线,基于涵盖经典、结合实际、触及前沿的基本思想对内容进行选取和组织,既能够保证计算机网络知识体系的完整性,又可以展现计算机网络的最新发展。本书采用循序渐进的方式,系统地介绍了计算机网络体系结构,以及物理网络、网络互联、端到端传输、应用层服务所涉及的基本概念、原理和典型协议,并在各部分的内容中融入了计算机网络的最新发展。

本书共分为 5 章,各章所涵盖的主要内容如下。

第 1 章从整体角度粗线条地勾勒了计算机网络的概貌,介绍了因特网的组织结构及发展中的关键技术,描述了计算机网络的分层模型,并讨论了著名的 ISO/OSI 参考模型和 TCP/IP 体系结构。

第 2 章从只有两个节点和一条物理链路的简单物理网络入手,分析需要解决的基本问题和解决问题的方法,并以广泛使用的以太网和无线局域网为例,探讨多节点连接的具体方法,以及需要解决的附加问题,最后对典型的接入网络进行了简要介绍。

第 3 章以 IP 协议为核心,详细介绍了 IP 数据包格式、IP 地址结构、IP 数据包转发过程,以及 IPv6 的新特征,探讨了几种典型的路由算法和路由协议的工作机制,并对软件定义网络(SDN)和多协议标签交换(MPLS)的基本思想进行了简要介绍。

第 4 章讨论了端到端传输协议需要解决的基本问题,介绍了 TCP/IP 体系结构中的两个核心的端到端传输协议 UDP 和 TCP,讨论了 TCP 面临的问题和优化策略,最后对运行在 UDP 之上的端到端传输协议 RTP/RTCP 进行了简要介绍。

第 5 章介绍了应用进程的两种交互模式,详细讨论了因特网域名系统的基本工作原理,介绍了电子邮件系统、WWW 服务的基本工作机制及相关协议,最后对内容分发网络的工作机制以及典型的流媒体传输协议进行了简要介绍。

本书内容丰富、逻辑清晰、论述严谨,知识点讨论具体、深入,在介绍计算机网络基本原理的同时注重探讨因特网发展过程中所面临的问题及解决策略。本书的各章均列出了知识目标、能力目标和素质目标,同时也给出了动手实践内容和思考练习。读者可以通过完成实践内容,深入理解核心知识点;可以通过完成思考练习,检查学习效果和对相应知识的理解程度。

作者参阅了大量的 RFC 文档和相关标准以保证本书内容的正确性。但限于作者的学术水平,加之时间仓促,在本书的选材、内容安排上如有不妥之处,恳请读者批评指正。

作　者

2025 年 7 月于南开园

# 目　　录

# 第1章   计算机网络概述

## 本章目标

\* \* \* \* \* \* \* \* \* \* \* \* \* \* \* \* \* \* \* \* \* \* \* \* \* \* \* \* \* \* \* \* \* \* \* \* \* \* \* \* \* \*

➢ 知识目标：了解计算机网络的基本概念及计算机网络的连接方法，了解因特网的组织结构及发展，理解计算机网络分层模型及协议，熟知 ISO/OSI 参考模型及 TCP/IP 体系结构，了解与计算机网络相关的标准化组织。

➢ 能力目标：通过学习计算机网络的分层模型，掌握解决复杂问题的一般方法。

➢ 素质目标：初识计算机网络协议，建立遵从规范、标准的意识。

\* \* \* \* \* \* \* \* \* \* \* \* \* \* \* \* \* \* \* \* \* \* \* \* \* \* \* \* \* \* \* \* \* \* \* \* \* \* \* \* \* \*

在当今的信息时代，大多数人对计算机网络并不陌生，目前人们广泛使用的因特网（Internet，或称为国际互联网）就是规模最大的计算机网络实例。因特网的重要性不言而喻，它不断地改变着人们的生活、学习和工作方式。从最初的电子邮件、文件共享，发展到今天的远程办公、电子商务、线上教学、视频会议、线上娱乐、线上直播等，因特网中提供了极其丰富的服务和资源，为人们的工作和生活带来了极大的便利。本书将以因特网所使用的 TCP/IP 体系结构为主线，介绍计算机网络的基本概念及原理，分析当前广泛使用的计算机网络技术及协议，并对未来的发展趋势进行探讨。本章将从整体角度粗线条地勾勒计算机网络的概貌，描述计算机网络的分层模型，介绍典型的 ISO/OSI 参考模型和 TCP/IP 体系结构，便于读者对后继章节的学习。

## 1.1   计算机网络的连接方式

计算机网络是计算机技术和通信技术相结合的产物，最初计算机网络被定义为利用通信线路和通信设备将具有独立功能的计算机连接起来而形成的计算机集合，其目的是进行信息传递和资源共享。但随着信息技术的高速发展，计算机网络定义的内涵和外延都发生了一定的变化。例如，计算机网络包含各种类型的物理网络，以及将多种物理网络连接到一起的互联网；"计算机"已经涵盖了几乎所有可联网的智能设备，小到智能手环，大到超级计算机；计算机网络所传递的信息类型及所支持的服务更加丰富多样。但是无论计算机网络如何发展和演进，其连通性和扩展性总是被首先关注的问题。本节从计算机网络的基本连接方式入手，介绍计算机网络的连接与扩展方法。

### 1.1.1   直接连接方式

计算机网络的最简单形式是两台计算机（或称为节点）通过点到点的物理链路直接相连，如图 1-1 所示，两个节点之间可以借助物理链路传输各种数据。但是在许多情况下，需要一个计算机网络能够连接多个节点。一个简单的思路是借助点到点连接的方式进行多节点连接扩展,即每对节点之间均通过一条物理链路进行连接,从而形成多个节点之间的全连接,所有节点之间都可以直接进行数据传输,如图 1-2 所示。在这种连接方式中,如果有 $n$ 个节点,则需要有 $n(n-1)/2$ 条物理链路。随着节点数量的增加,所需要的物理链路数目会快速增长。因此这种连接方式不具有很好的可扩展性,在实际应用中很少使用。

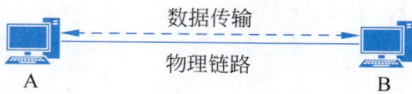

图 1-1 点到点直接连接

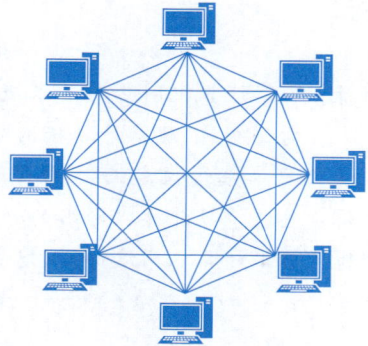

图 1-2 借助点到点连接的多点连接扩展

实现多节点直接连接的一种可行的方法是多个节点共享一条物理链路,物理链路可以是有线链路,也可以是无线链路,节点之间可以直接进行数据传输。两种典型的共享式连接方式如图 1-3 所示。图 1-3(a)为总线型结构,物理链路为一条总线,所有节点都连接到总线上,一个节点发送的数据沿着总线传输,可以直接传输到其他所有节点(如图 1-3(a)中虚线给出的数据传输示例)。图 1-3(b)为环状结构,物理链路为一个闭合环,所有节点都连接到环上,一个节点发送的数据沿着环路传输,也可以直接传输到其他所有节点(如图 1-3(b)中虚线给出的数据传输示例)。共享式连接方式需要解决的关键问题之一是节点之间如何公平、有效地共享物理链路,关于这方面的细节将在第 2 章中进行讨论。共享式连接方式的局限性在于其所能覆盖的地理范围和所能连接的节点数都相对有限。

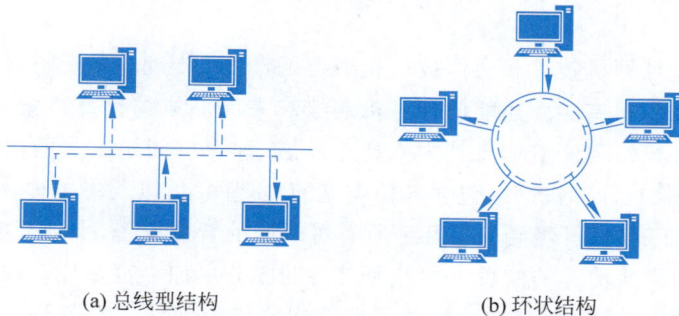

(a)总线型结构　　　　　　　　　　(b)环状结构

图 1-3 共享式连接

## 1.1.2 交换式连接方式

交换式连接方式是实现多节点连接的一种常用的方法。在这种连接方式中,节点之间并不直接连接,所有的节点都通过点到点链路连接到交换机,如图 1-4 所示。交换机是交换式连接方式中的核心设备,节点之间传输的数据首先发送到交换机,交换机负责将从一条链路上收到的数据转发到另一条链路上,从而实现节点之间的数据传输,如图 1-4 中虚线所示。

在交换式连接方式中,单交换机能够连接的节点数相对有限,但它可以通过多交换机之间的相互连接来扩展网络的规模。如图 1-5 所示,4 台交换机相互连接构成一个交换网络,节点可以通过各个交换机连接到交换网络。**在交换式连接方式中需要解决的关键问题是数据如何在交换网络中进行转发(或称交换),以及不同的数据流之间如何公平、有效地共享交换机之间的物理链路。**

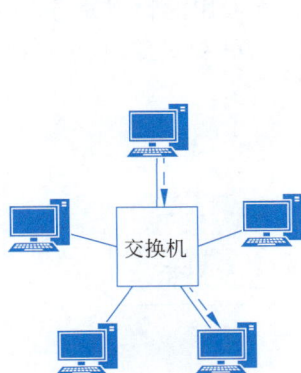

图 1-4 单交换机连接

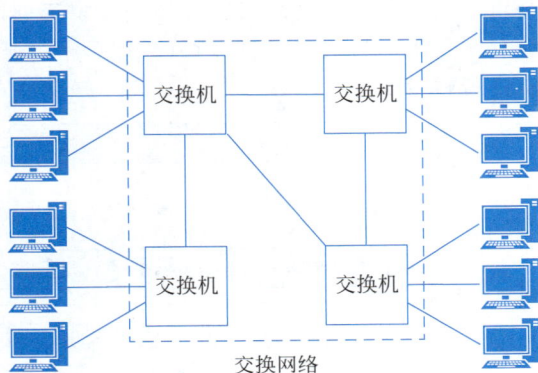

图 1-5 多交换机扩展

### 1. 电路交换与分组交换

电路交换和分组交换是两种典型的交换方式,早期电路交换主要用于电话网络,绝大多数计算机网络都采用分组交换。但是随着光网络的发展,目前电路交换(在光网络中被称为光交换)在计算机网络中也得到了较为广泛的应用。

电路交换(也称为线路交换)是最早出现的交换方式。在电路交换方式中,节点之间在传输数据之前需要建立一条实际的物理通道。所建立的物理通道通常会跨越多台交换机和多条物理链路,每台交换机都为该物理通道分配了相应的链路资源,保证进入交换机的数据能够被及时地转发出去。交换机不需要对数据进行存储,对进入交换机的数据直接进行转发,因此所建立的物理通道可以等价于一条直接连接的物理链路。物理通道一旦被建立,通信双方便"独占"该物理通道,节点之间的所有数据都沿着该物理通道进行传输。在连接保持期间,无论节点之间是否有数据要传输,其他节点都不能占用该物理通道。当通信结束时,则关闭物理通道,释放所占用的资源。图 1-6 给出了一个电路交换示例。在该示例中,

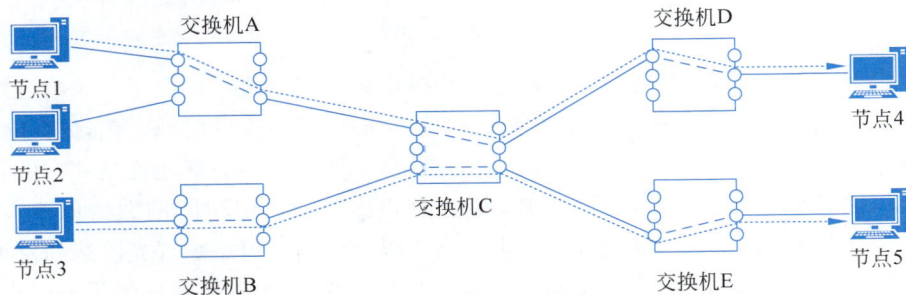

图 1-6 电路交换示例

在节点 1 和节点 4 之间建立一条跨越交换机 A、交换机 C 和交换机 D 的物理通道,在节点 3 和节点 5 之间建立一条跨越交换机 B、交换机 C 和交换机 E 的物理通道,节点 1 和节点 4 之间、节点 3 与节点 5 之间分别通过各自的物理通道进行数据传输。在物理通道关闭之前,分配给该物理通道的资源不能被其他节点占用。

分组交换(也称为存储转发式交换)是计算机网络中主要采用的交换方式。在分组交换方式中,节点将要发送的数据分割成数据块,并为每个数据块增加一个首部形成**分组**,首部中通常包含地址等控制信息,如图 1-7 所示。后面章节介绍的数据链路层的帧和互联层的数据包都可以视为分组。节点之间在传递分组之前不需要建立专用的物理通道,交换机在接收到分组时首先需要对分组进行存储,然后根据某种规则选择出口链路,在出口链路可用时对分组进行转发。

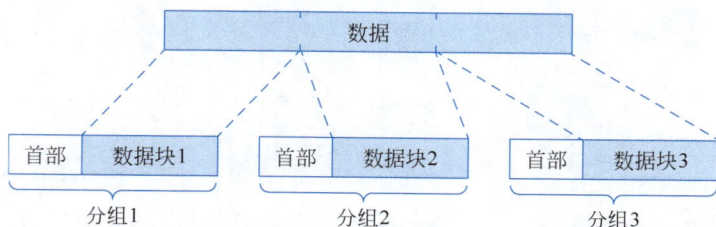

图 1-7  分组形成示例

图 1-8 给出了一个分组交换示例。在该示例中,节点 1 向节点 4 发送分组 $P_{14}$,节点 2 向节点 3 发送分组 $P_{23}$。交换机 A 接收节点 1 和节点 2 发送的分组后,将它们缓存在自己的缓冲队列中。只要交换机 A 和交换机 C 之间的链路空闲,交换机 A 则依次将缓存队列中的分组发送给交换机 C(假设使用先入先出队列)。同样,交换机 C 接收并缓存接收到的分组,并依据一定的原则将分组 $P_{14}$ 转发给交换机 E,将分组 $P_{23}$ 转发给交换机 D。以此类推,分组 $P_{14}$ 最终通过交换机 E 到达节点 4,分组 $P_{23}$ 通过交换机 D 到达节点 3。

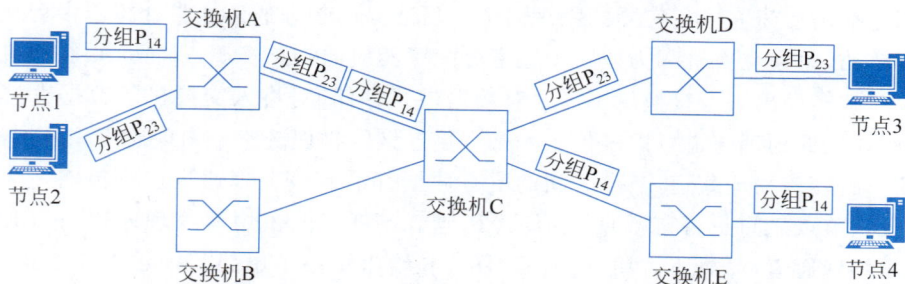

图 1-8  分组交换示例

对比两种交换方式,各有优劣。由于电路交换在数据传输之前建立了一条物理通道,交换机能及时地将接收到的数据转发出去,并未引入存储转发带来的时间开销,因此电路交换的时延低、实时性好,并具有较高的可靠性。但是,由于所建立的物理通道是独占的,在没有数据传输时会造成链路资源的浪费,特别是对于间歇式(或称突发性)的数据传输。电路交换由于链路资源利用率不高,早期在计算机网络中很少使用。但是随着光网络的发展,链路资源的利用率不再是关注的焦点,而电路交换的低时延特点,可以有效地降低光网络的传输时延。由此,电路交换在计算机网络中将逐渐变得更为重要。

在分组交换方式中,链路资源是按需分配的,只有在发送分组时才占用链路,这种方式可以有效利用链路资源。同时,分组交换方式可以很好地适应网络结构的变化,当某条链路出现问题时,可以动态地选择其他路径,其容错性好。但是,分组交换方式中链路资源利用率的提高是以增加延时时间为代价的,当交换机或链路比较繁忙时会引入较大的转发延时,严重会造成分组丢失,无法保证服务质量(Quality of Service,QoS)。针对分组交换的不足,在分组交换中可以使用虚电路和资源预留机制,以提供更好的服务质量。因此,分组交换被进一步分成两种方式,即数据报方式和虚电路方式。在数据报方式中,在发送分组之前不需要建立连接,分组在交换网络中独立传输,相同节点对之间传递的分组可能会通过不同的路径到达目的节点,先发送的有可能后到达。在虚电路方式中,在发送分组之前需要建立连接,属于同一个数据流的分组会沿着相同的路径进行传输。关于虚电路方式将在第3章中做进一步讨论。

### 2. 物理链路共享方式

在交换式连接中,无论是电路交换还是分组交换,一对节点之间传输的数据通常会经过多台交换机和多条物理链路。如果将每对节点之间传输的数据视为独立的数据流,那么在交换网中会出现多个数据流共享同一条物理链路的情况。例如,在图1-8中,节点1和节点4之间传输的数据会与节点2和节点3之间传输的数据共享交换机A和交换机C之间的物理链路。与共享连接方式类似,在这种方式下,也需要解决物理链路的公平、有效共享问题。

物理链路的共享也被称为多路复用,多路复用的常用方式包括频分多路复用(Frequency Division Multiplexing,FDM)和时分多路复用(Time Division Multiplexing,TDM)。时分多路复用又可以分为同步时分多路复用和统计时分多路复用(或简称为统计多路复用)。为了便于理解物理链路的多路复用方式,下面用一个简单的网络结构示例(如图1-9所示)说明各种多路复用方式的工作机制。在该示例中,包括两台交换机(交换机A和交换机B),交换机之间由一条物理链路相连,每台交换机上连接三个节点。交换机A上连接节点A1、A2、A3,交换机B上连接节点B1、B2、B3。假设节点A1向B1传输数据,节点A2向B2传输数据,节点A3向B3传输数据,三个数据流复用交换机A和交换机B之间的物理链路。

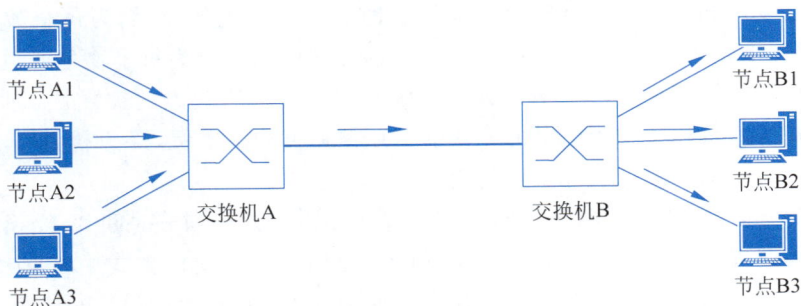

图1-9 多个数据流复用一条物理链路的示例

频分多路复用的基本思想是,基于不同的频率将物理链路划分成多个物理信道,物理信道之间相互隔离、互不重叠(可以类比于一条高速公路划分出的多个车道)。交换机为每个数据流分配一个物理信道,多个数据流可以在物理链路上并行传输。如图1-10所示,交换机A和交换机B之间的物理链路依据频率划分成三个物理信道(1、2、3),三个数据流分别在这三个物理信道上进行传输,不能互相占用,也不互相干扰。目前,在光网络中广泛使用的波分多路复用(Wavelength Division Multiplexing,WDM)是基于波长进行物理信道的划分,根据波长和频率的关系,可以把波分多路复用视为一种特殊的频分多路复用。

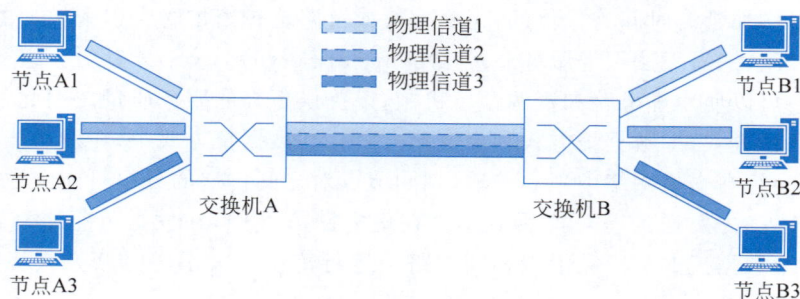

图 1-10 频分多路复用示例

同步时分多路复用的基本思想是,将物理链路的传输时间划分成等长的时间片(或称为时隙),交换机按一定的顺序为每个数据流分配可用的时间片。每个数据流在分得的时间片内进行传输,其分得的所有时间片可以视为一个物理信道。如图 1-11 所示,交换机 A 和交换机 B 之间的物理链路在时间维度上被划分成若干个等长的时间片,交换机依次将时间片分配给三个数据流,每个数据流只占用分得的时间片,不能互相占用,互不干扰。

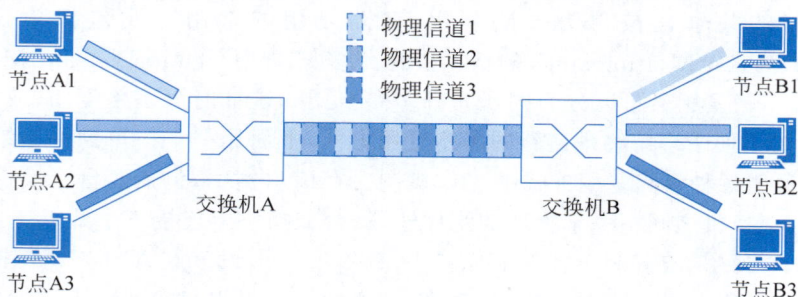

图 1-11 同步时分多路复用示例

频分多路复用和同步时分多路复用都是一种信道预留机制,它们为每个数据流分配独占的物理信道,主要用在电路交换方式中,即在物理通道建立时为每个物理通道在每段物理链路上分配相应的物理信道。由于计算机通信的数据流具有较大的突发性(即呈现为时有时无的间歇式传输),独占物理信道的方式会造成信道资源的浪费,资源利用率不高,因而在计算机通信中通常采用统计时分多路复用。

与同步时分多路复用不同,统计时分多路复用不需要预先划分时间片,交换机基于按需的方式进行信道资源分配。统计时分多路复用主要用在分组交换方式中,每个数据流包含一系列分组,交换机以分组为单位进行调度。如图 1-12 所示,交换机 A 接收到来自节点A1、A2、A3 的分组,它根据某种策略对分组进行调度,按一定顺序将分组发送到交换机 A 和交换机 B 之间的物理链路上。如果只有一个数据流有分组发送,则交换机可以连续发送属于该数据流的分组。如果分组进入交换机 A 的速度高于转发出去的速度,则会在交换机 A 的缓冲队列中进行排队。如果这种状况持续的时间较长,则会造成缓冲队列溢出,一些分组不得不被丢弃。当交换机处于这种状态时,被称为拥塞。交换机可以执行不同的调度策略,每种策略都需要考虑公平性和有效性。最简单的调度策略是按照分组到达的先后顺序转发分组,即先入先出策略(First Input First Output,FIFO)。交换机也可以采用循环方式转发分组,即交替转发属于不同数据流的分组。

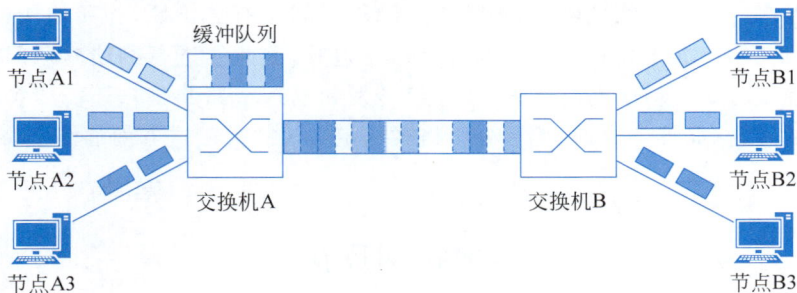

图 1-12 统计时分多路复用示例

统计时分多路复用这种按需分配信道资源的方式可以有效地提高信道的资源利用率,避免了同步时分多路复用中的时间片浪费问题。但是统计时分多路复用可能会引入较长的传输时延,严重的会造成分组丢失,无法保证服务质量。如果能够在交换机中为特定数据流预留信道资源,可以在一定程度上提高该数据流传输的服务质量。

## 1.1.3 多物理网络互联

在交换式连接方式中,利用多交换机之间的相互连接可以扩展网络的规模,构造出较大规模的计算机网络,但是这种扩展方式在处理异构性方面存在着局限性,即很难连接采用不同技术的计算机网络。一种扩展网络规模、实现异构网络互联的有效方法是通过路由器将各种类型的计算机网络连接到一起,形成一个互联网络(简称为互联网)。相对于互联网络,所连接的各种类型的计算机网络称为物理网络。为了叙述简便,在后面的内容中会将物理网络简称为网络。如图 1-13 所示给出了一个网络互联的示例。在该示例中,用云状图抽象地表示每一个物理网络,物理网络 1、2、3、4 通过 4 台路由器相互连接,形成一个互联网络,物理网络之间的数据通过路由器进行转发。

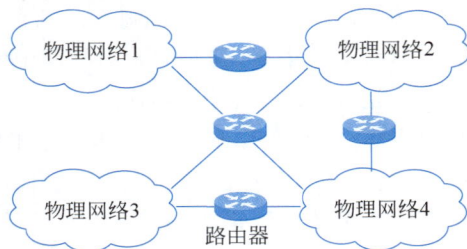

图 1-13 网络互联示例

在实际中,存在多种类型的物理网络。从使用的传输介质角度,物理网络包括有线网络和无线网络。例如,以太网、无源光网络等都是典型的有线网络,蓝牙、ZigBee、Wi-Fi、蜂窝网络、卫星网络等都是典型的无线网络。从覆盖的地理范围角度,物理网络可以分为个域网(Personal Area Network,PAN)、局域网(Local Area Network,LAN)、城域网(Metropolitan Area Network,MAN)和广域网(Wide Area Network,WAN),这也是物理网络最常用的分类方法。个域网的覆盖范围一般为几米到十几米,主要使用短距离、低功耗的无线传输技术实现个人设备之间的连接,如蓝牙、ZigBee 等。局域网的覆盖范围一般为几米到几千米,通常由一个机构(或家庭)建设和拥有,目前广泛使用的以太网、Wi-Fi 是典型的局域网。城域网是在一个城市范围内建立的计算机网络,其覆盖范围一般为几十千米,主要满足城市范围内各种机构的联网需求,以实现数据、语音、视频等多种类型信息的高效传输。广域网覆盖的地理范围从几十千米到几千千米,可以覆盖一个国家、一个洲或横跨几个洲,形成国际性的计算机网络。

由于存在多种类型的物理网络,各种物理网络之间具有异构性,在所使用的传输介质、连接方法、寻址方式、分组格式等方面都可能存在差异,因此在进行网络互联时除了需要解决与交换式连接方式类似的问题之外(如分组转发和物理链路共享),还需要解决物理网络异构性带来的问题,如统一寻址、统一分组格式的定义等。关于这方面的细节将在第 3 章中进行详细讨论。

## 1.2　因特网及其发展

因特网是全球最大的互联网(也称为国际互联网),是互联网最成功的范例。因特网的成功取决于多个方面的因素和努力,有技术上的创新与突破,也有许多非技术因素的推动和保障,所涉及的内容非常繁杂,本书不做过多的罗列。在这里主要对因特网的结构及对因特网产生重要影响的几个关键技术进行简要介绍,一方面为第 3 章内容的讲解作铺垫,另一方面也能够概要性地了解因特网的发展历程和趋势。

### 1.2.1　因特网的组织结构

因特网是一个世界范围的互联网,它由数目繁多的物理网络构成,包含数十亿台主机,几乎所有的物理网络和智能设备都可以连接因特网。如此庞大的因特网很难由一个机构统一管理,分而治之是管理大规模系统的有效方法。在因特网中,引入了**自治系统**(Autonomous System,AS)的概念。所谓自治系统,是指在一个管理机构控制下的互相连接的物理网络的集合,其对应于因特网中的一个特定区域,因而也被称为**自治域**。一个自治系统可以是因特网服务提供商(Internet Service Provider,ISP)网络、校园网、企业网或数据中心网络等。自治系统由一个统一分配的**自治系统号**(Autonomous System Number,ASN)进行标识。最初的 ASN 长度为 16 位二进制数值,最多可以支持 65 536 个自治系统。为了支持更多的自治系统,从 2007 年开始将 ASN 扩展到了 32 位。例如,AS 4538 属于中国教育网、AS 4837 属于中国联通、AS 38019 属于天津移动、AS 133475 属于纽约大学等。图 1-14 给出了一个包含三个自治系统的示例。在该示例中,每个自治系统都包含多个网络,且有一个唯一的 ASN。自治系统之间相互连通(可以直接相连,也可以间接相连)。每个自治系统独立管理。在实际中,各种自治系统的规模相差较大,在因特网中的地位也有所不同。

从总体上看,因特网是一个由各级 ISP 网络构成的松散的层次结构,每个 ISP 网络可以简单地视为一个自治系统。图 1-15 给出了一个粗略的因特网层次结构示例。最上一层为第一级骨干网,由多个互相连接的第一级 ISP(Tier-1 ISP)构成。第一级 ISP 主要包括中国电信、中国联通,美国的 AT&T、Verizon、Sprint,日本的 NTT、KDDI,新加坡的 SingTel,英国电信,德国电信等。下面一层为第二级骨干网,由若干个第二级 ISP(Tier-2 ISP)构成,它们通过第一级 ISP 连接因特网。在中国大陆,第二级 ISP 主要包括中国移动、中国教育网等。再往下则为区域 ISP 和本地 ISP,用户网络(如校园网、企业网等)一般通过区域 ISP 或本地 ISP 接入因特网。为了增加可靠性,一个 ISP 或用户网络可以选择多个上一级 ISP 连接因特网。除此之外,ISP 之间也可以通过匹特网交换点(Internet eXchange Point,IXP)进行相互连接。在该层次结构中,第一级 ISP 之间对等互连、互不结算,其他层次的 ISP 往往需要向更高级别的 ISP 交付流量费。

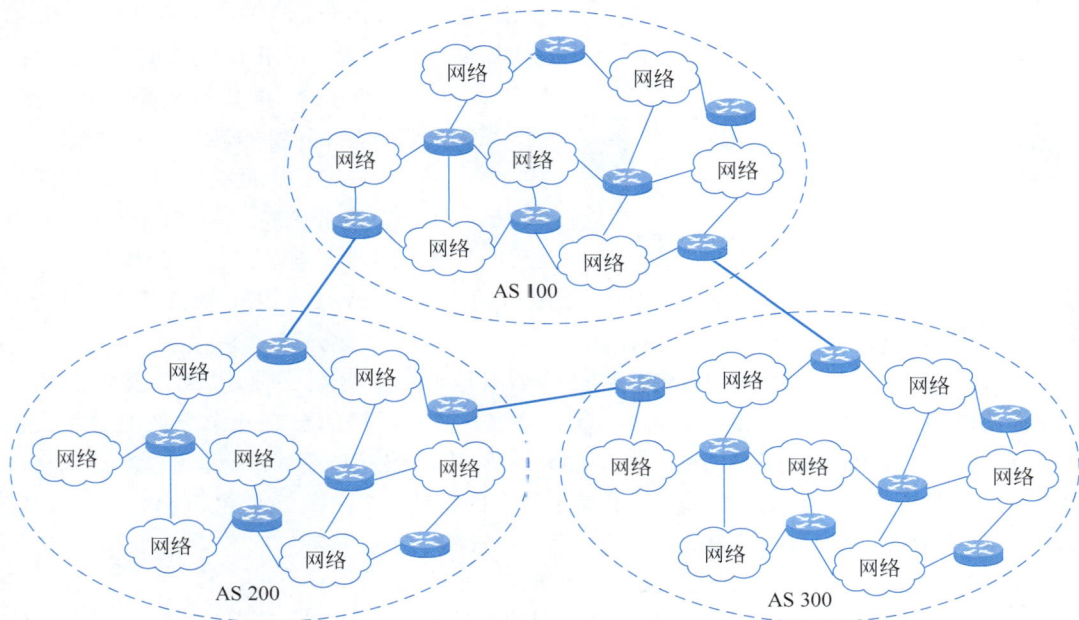

图 1-14 自治系统示意图

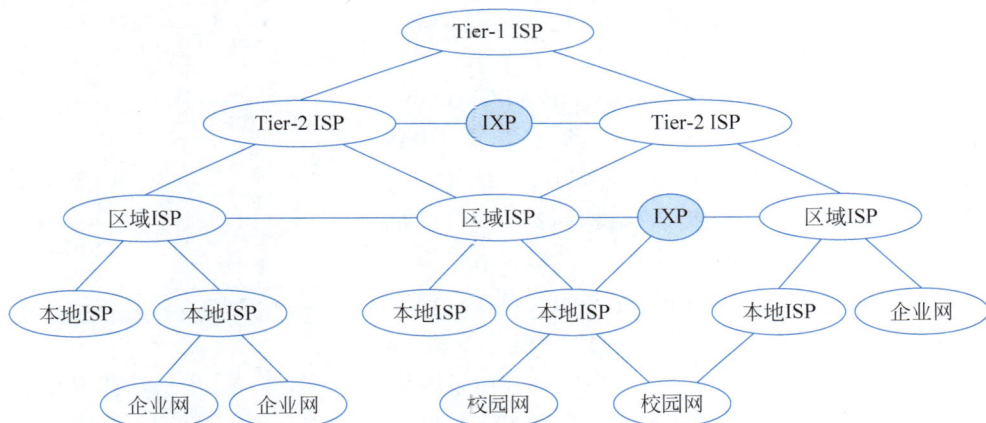

图 1-15 因特网层次结构

## 1.2.2 因特网发展中的几个关键技术

如果从 1969 年 ARPANET 开始运行算起,因特网已经经历了 50 余年的发展,如今的因特网已成为全球最大的互联网,它对人们的生活以及社会和经济发展产生了深远的影响。在因特网发展的过程中,几个关键技术对因特网的成功起到了非常重要的作用。

### 1. ARPANET 与分组交换

谈到因特网的发展都会首先提到 ARPANET,ARPANET 是在美国国防部高级研究计

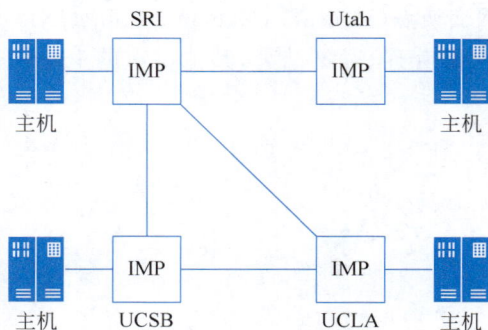

图 1-16 ARPANET 最初连接结构

划局（ARPA）的组织和推动下构建的一个分组交换网络，1969 年开始运行。ARPANET 最初只有 4 个节点，每个节点包含一个接口报文处理器（Interface Message Processors，IMP）和一台主机。IMP 由小型计算机担任，IMP 之间通过 56kb/s 的传输线路连接，分组在 IMP 之间传输，分组的转发采用存储转发式交换。ARPANET 的最初连接结构如图 1-16 所示，4 个节点分别位于加州大学洛杉矶分校（UCLA）、加州大学圣巴巴拉分校（UCSB）、斯坦福研究院（SRI）和犹他大学（Utah）。在之后的十几年，ARPANET 快速增长，节点遍布整个美国，并通过卫星网络扩展到欧洲。

ARPANET 改变了传统的电路交换方式，创新地使用了分组交换，其无连接的分组转发模式使网络具有较强的抗毁能力。与 ARPANET 同一时期的也有几个类似的分组交换网络，如英国的 NPL Mark、法国的 CYCLADES 等，但最终 ARPANET 胜出。ARPANET 的成功不但取决于强有力的技术支撑，更缘于政府的持续支持和有效的组织。

### 2. TCP/IP 与异构网络互联

ARPANET 最初使用的协议是 NCP（Network Control Protocol），该协议不能很好地支持异构网络的互联，因而，在严格意义上早期的 ARPANET 并不能算是一个互联网，从物理网络分类的角度可以将其视为一个广域网。为了更好地支持异构网络互联，需要一个更为开放的网络体系结构。1973 年，温顿·瑟夫（Vinton Cerf）和罗伯特·卡恩（Robert E. Kahn）开始着手设计 TCP/IP，经过几个版本的迭代，最终稳定在 TCP/IPv4，形成了著名的 TCP/IP 沙漏模型（也称为"细腰"结构），如图 1-17 所示。TCP/IP 对物理网络没有特殊要求，可以运行在任何物理网络之上，在异构网络互联方面具有出色的表现；TCP/IP 的设计没有针对特定的应用，只是完成数据的传输，任何

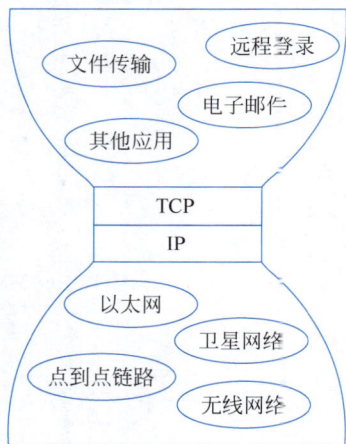

图 1-17 TCP/IP 的"细腰"结构

新的应用都能够得到良好的支持；TCP/IP 采用了网络内部功能简单、主机功能复杂的设计思路，便于网络功能和协议的扩展。ARPANET 于 1983 年从 NCP 过渡到了 TCP/IP，使 ARPANET 进入了真正的互联网阶段，这也标志着因特网的正式诞生。TCP/IP 这种开放性理念成为因特网成功的重要因素。

### 3. WWW 与便捷的信息共享

因特网的早期应用主要包括远程登录、电子邮件、文件传输等，应用种类较少，且主要面向研究人员。1989 年，欧洲原子能研究中心的科学家 Tim Berners-Lee 提出了 WWW（World Wide Web，Web）的设想，最初主要是为了满足世界各地科学家之间共享文档的需求，其基本思想是将文档链接成 Web，通过 Web 浏览器对文档进行查找和阅读。1993 年，第一个图形界面的 Web 浏览器 Mosaic 在美国国家超级计算应用中心的诞生，推动了 Web

技术的发展和应用。1994 年，万维网联盟（World Wide Web Consortium，W3C）成立，致力于 Web 标准的制定，促进了 Web 技术的兼容，对 Web 的发展和应用起到了重要的推动作用。目前，Web 是因特网中最具影响力的应用之一，它为因特网上的信息发布、浏览提供了便捷的手段，极大地丰富了因特网上的信息资源。

Web 的出现推动了因特网的高速发展和广泛普及，对因特网的发展产生了极其深远的影响。Web 技术中使用的超文本传输协议（HyperText Transfer Protocol，HTTP）目前已成为应用层协议的"团宠"，其使用方式和应用范围发生了很大变化，逐渐演变成构建应用层协议的基础，许多应用层协议都依赖于 HTTP 的传输服务，如流媒体传输、远程过程调用等，使 TCP/IP 的沙漏模型的"细腰"发生了改变，如图 1-18 所示。

#### 4. 移动互联与丰富的移动应用

在智能手机、平板电脑出现之前，用户主要通过计算机访问因特网。随着 4G、Wi-Fi 的广泛部署、无线传输速率的提升，以及智能手机的普及，通过移动互联的方式访问因特网的用户数量远远超出了传统方式。与此同时，因特网上也出现了极为丰富的移动应用，如移动社交、手机游戏、网络购物、移动支付、网络直播、网络音乐等，用户可以通过移动智能终端随时随地访问这些应用，获得期望的资源和服务，为人们的生活和工作带了极大的便利。随着 5G 的广泛部署和使用，会有越来越多的移动智能终端、物联网设备接入因特网，形成万物互联。移动互联及丰富的移动应用对推动因特网的进一步普及和规模的扩展起到了非常重要的作用。

图 1-18　TCP/IP 新的"细腰"结构

上面仅讨论了几个影响因特网发展的关键技术，当然在因特网发展过程中也伴随着许多其他技术的创新和发展。例如，物理网络类型的演变和带宽的不断增长，交换机和路由器结构的优化和转发性能的不断提升，应用模式的创新和应用类型的不断丰富等。因特网能够发展到今天的规模，从根本上取决于它的三个重要理念，即开放、自治、共享。因特网在发展过程中也面临许多问题，如安全问题、地址短缺问题、网络拥塞问题等。因特网并不完美，但它可以在不断发现问题和解决问题中快速成长、壮大。

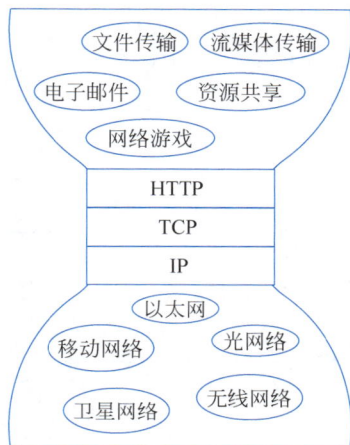

## 1.3　计算机网络体系结构

计算机网络体系结构是指导计算机网络系统设计的总体框架，包括网络基本结构、功能划分、协议层次、服务接口、通信流程等。本节首先讨论计算机网络的分层模型，之后对广泛参考的计算机网络体系结构进行描述，包括 ISO/OSI 参考模型、TCP/IP 体系结构，以及 IEEE 802 体系结构。

### 1.3.1　计算机网络的分层模型

计算机网络是一个复杂的系统，分层模型可以将复杂的网络功能分解成多个层次，每个层次解决一部分问题，以降低网络系统设计的复杂性，体现了"分而治之"的工程思想。同时,各个层次的功能相对独立,每个层次技术的改变不会影响其他层次的功能,可以保持网络体系结构的稳定性。

为了便于理解分层模型,下面看一个实际生活中的示例。如图1-19所示,如果用户A要给用户B寄一封信,用户A将写好的信用信封封好,写上收信人和发信人地址、邮政编码,以及收信人姓名等信息,并把信件交给邮局A。邮局A负责对信件进行分拣和打包,将打好的邮包交给运输部门A。运输部门A可能需要对邮包进行再次打包(如装入集装箱中),并将其统一视为要运输的货物,通过铁路、公路、水路、航空系统等将货物运输到运输部门B。之后运输部门B取出邮包,将其交付给邮局B。邮局B对邮包中的信件进行分拣,把信件投递给用户B。在此过程中,呈现出一种层次结构。用户负责信件的书写、装入信封、拆开信封、信件的阅读,邮局负责信件的分拣、打包、拆包和投递,运输部门负责邮包的打包、拆包和运输。每个层次各司其职,下层为上层提供服务,上层使用下层提供的服务实现相应的功能。

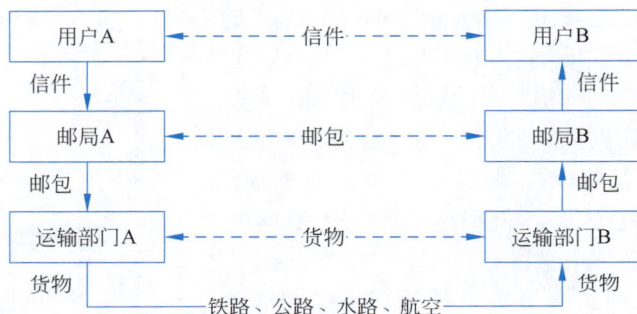

图1-19 邮寄信件示例

计算机网络也采用类似的分层模型,如图1-20所示。在该计算机网络分层模型中,网络功能被划分成若干个层次,每一层的功能都建立在下一层所提供的服务基础上,并为上一层提供特定的服务。每一层的功能都由对应的层实体实现,不同节点中同一层次、完成相同功能的实体称为对等实体,对等实体通过该层的协议交换数据单元。相邻层之间通过层间接口进行交互,每一层都向上一层屏蔽该层的实现细节。

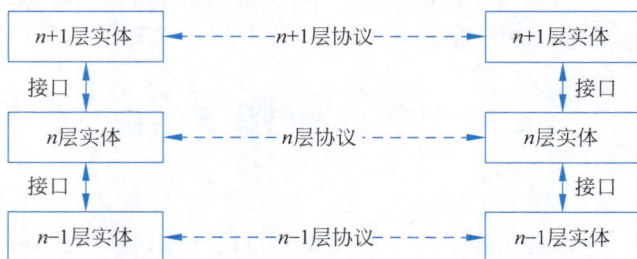

图1-20 计算机网络分层模型

协议是计算机网络体系结构中的核心,它是对等实体之间共同遵守的约定和规则。在分层模型中,每一层的实体都要执行该层的协议,以实现相应层次对等实体之间的交互。例如,在图1-19示例中,用户A必须按一定格式书写信封上的信息(如收信人的地址、邮编、姓名等),否则信件可能不能投递到收信人;同时,用户A也必须使用用户B能够理解的语言书写信件的内容(如使用中文或英文等书写),否则用户 B 可能不能理解信件的内容。

在计算机网络中,包含着大量的网络协议。网络协议由语义、语法和定时关系三个要素构成。语义定义做什么,语法定义怎么做,而定时关系则定义何时做。例如,在前面介绍的分组交换系统中,协议的语法定义分组的长度、包含几个字段等内容;协议的语义定义每个字段代表的具体含义;协议的定时关系则定义何时发送何种分组。

各种协议所传输的数据单元统称为**协议数据单元**(Protocol Data Unit,PDU),协议数据单元主要由上层的数据单元和本层增加的控制信息组成。在计算机网络的分层模型中,协议数据单元并不是从一个节点的 $n$ 层实体直接传递给另一个节点的 $n$ 层实体,而是将数据单元和控制信息传递给 $n-1$ 层,$n-1$ 层进行 $n-1$ 层的封装(类似于寄信时的信封封装),并继续向下层传递,以此类推,最终通过传输介质传输到目的节点。图 1-21 给出了一个 5 层结构的数据传递过程示例。节点 A 对数据进行逐层封装,第 5 层对数据进行封装后,将数据单元和控制信息通过层间接口交给第 4 层;第 4 层对第 5 层的数据单元进行封装,增加第 4 层封装信息,形成第 4 层数据单元,以此类推。第 2 层对第 3 层的数据单元进行封装后交给第 1 层,第 1 层增加封装信息后通过传输介质传送到节点 B。节点 B 从下至上逐层拆除封装,每层只处理对应层的封装信息,例如,第 3 层只处理第 3 层封装信息,而不会处理第 4 层和第 5 层的封装信息。在数据传递过程中,各层的封装信息都属于控制信息,这种控制信息占比越小越好,避免过多地消耗网络资源。

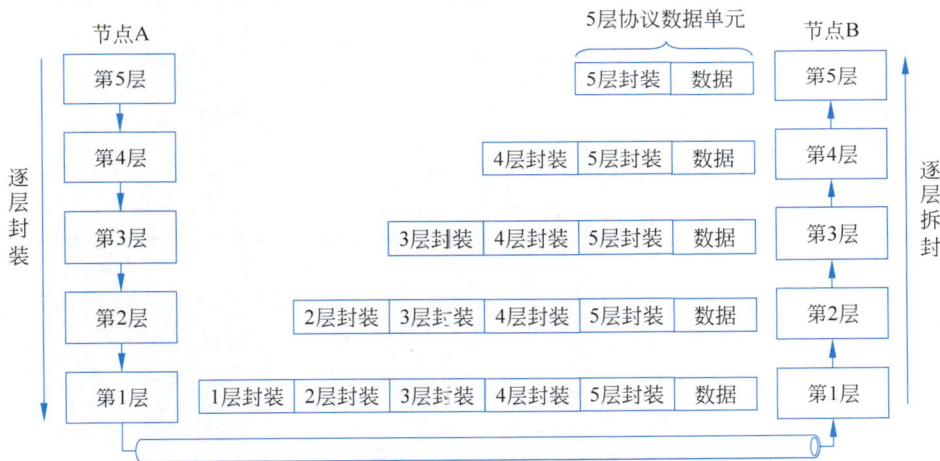

图 1-21　数据传递过程

## 1.3.2　ISO/OSI 参考模型

在计算机网络发展的早期,有多种计算机网络体系结构被提出,包括 IBM 公司提出的系统网络体系结构(Systems Network Architecture,SNA)、DEC 公司提出的数字网络体系结构(Digital Network Architecture,DNA)等。这些体系结构之间互不兼容,很难实现互连互通。为了解决计算机网络之间的兼容性问题,国际标准化组织和一些规模较大的计算机网络公司、科研机构在计算机网络的互联及标准化方面做了大量的工作。国际标准化组织的开放式系统互连参考模型(International Standards Organization/Open System Interconnect Reference Model,ISO/OSI 参考模型)和 TCP/IP 体系结构是两个最重要的成果。本小节对 ISO/OSI 参考模型进行介绍,1.3.3 节将介绍 TCP/IP 体系结构。

ISO/OSI 参考模型于 1984 年由国际标准化组织(ISO)和国际电工委员会(IEC)联合制定,目的是为开放系统互连提供一个功能结构框架。OSI 参考模型的特点在于,它清晰地定义了服务、接口和协议这三个容易混淆的概念。服务描述了每一层的功能,接口定义了某层提供的服务如何被高层访问,而协议是每一层功能的实现方法。通过区分这些抽象概念,OSI 参考模型将功能定义与实现细节区分开来,具有较高的概括性。虽然没有基于 OSI 参考模型的网络实例,但该参考模型中的术语在实际中已经被广泛使用,这使其具有非常普遍的意义。

OSI 参考模型将计算机网络的功能划分为 7 个层次,从低到高分别为物理层、数据链路层、网络层、传输层、会话层、表示层和应用层,每层的功能可以由一个或多个协议实现。OSI 参考模型及数据传输过程如图 1-22 所示,图中带箭头的实线给出了数据的传输过程,带箭头的虚线指示每层对等实体之间的协议。从数据传输的角度,主机中包含 7 个层次,路由器中只包含 3 个层次。主机之间的数据传输可以跨越一个或多个路由器,路由器执行数据的转发功能。OSI 参考模型各层的具体功能如下。

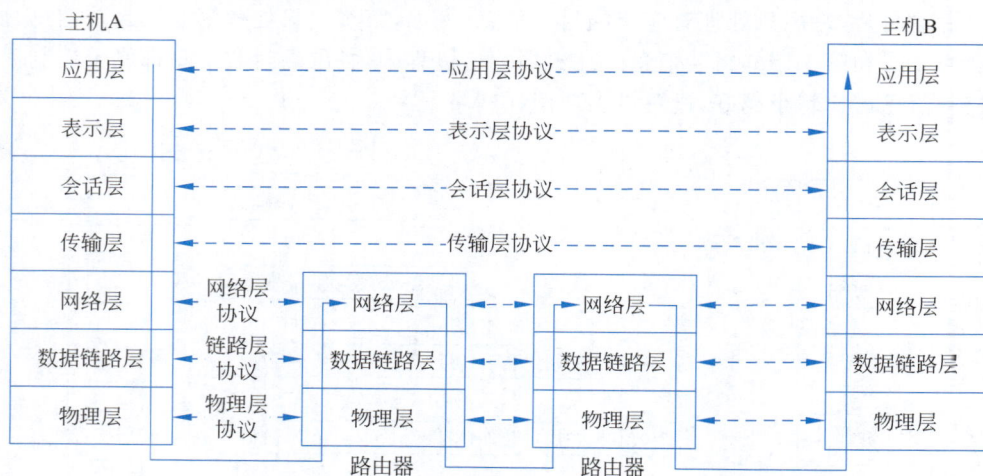

图 1-22　OSI 参考模型及数据传输过程

(1) **物理层**:物理层位于 OSI 参考模型的最底层,它屏蔽了传输介质和物理设备的差异,为数据链路层提供物理连接及比特流传输服务。物理层定义激活、维护和释放物理连接的电气、机械、过程和功能特性,具体包括传输介质类型、数据传输速率、最大传输距离、物理连接器及其相关属性等。

(2) **数据链路层**:数据链路层位于物理层之上,它在物理层提供的比特流传输服务的基础上,传送以“帧”为单位的数据,使有差错的物理链路变成无差错的数据链路,保证相邻节点之间的可靠数据传输。因此,数据链路层涉及的主要功能包括数据链路层寻址、差错控制、数据成帧、同步控制、流量控制等。在 OSI 标准协议集中,高级数据链路控制协议(High-level Data Link Control,HDLC)是典型的数据链路层协议。

(3) **网络层**:网络层在数据链路层所提供的相邻节点之间的可靠数据传输服务的基础上,为主机之间通信选择适当的路径或逻辑通道,并进行“分组”转发。网络层的具体功能主要包括网络层寻址、连接管理、路由选择、拥塞控制等。网络层所提供的服务可以是面向连接的,也可以是面向无连接的。

（4）**传输层**：传输层的主要任务是屏蔽下层网络结构的细节,向上层提供端到端的可靠传输服务,是计算机网络体系结构中关键的一层。传输层功能的复杂程度性取决于网络层的服务类型。如果网络层提供的是可靠传输服务,则传输层的功能就会相对简单;如果网络层提供的是不可靠传输服务,则传输层的功能就会相对复杂。传输层关心的问题主要包括建立、维护和中断连接,数据的差错校验和恢复,端到端流量控制等。

（5）**会话层**：会话层建立在传输层之上,主要负责在会话实体之间建立、维持和终止会话。会话层主要包括令牌管理、会话同步等功能。会话层利用令牌控制会话双方可以执行的某些关键性操作,通过在数据中插入同步点,实现会话的重新同步。

（6）**表示层**：表示层的主要功能是协商和建立数据交换的格式,解决各个应用进程之间在数据格式表示上的差异,以使一台主机的应用层的数据可以被另一台主机的应用层理解。如果有必要,表示层可以用一种通用的数据表示格式在多种数据表示格式之间进行转换。表示层的具体功能可以包括数据格式变换、数据加密与解密、数据压缩与恢复等。

（7）**应用层**：应用层是 OSI 参考模型的最上层,它为用户的应用程序提供网络服务。

OSI 参考模型的优势在于它对网络功能进行了层次划分,并定义了服务、接口和协议三个核心概念,使不同层次上的协议可以独立设计和演进。OSI 参考模型也存在许多不足。首先,OSI 参考模型中的概念和协议都很复杂,难以理解;其次,一些功能在多个层次中重复出现,如流量控制、差错控制等,系统效率不高。除此之外,OSI 参考模型产生于具体协议设计和实现之前,模型的设计者并没有很多的经验,7 层的功能划分不尽合理,造成网络层功能过多,而会话层和表示层没有太多的功能。

## 1.3.3 TCP/IP 体系结构

TCP/IP 是使用最广泛的计算机网络体系结构,其简单、开放的设计理念成为因特网成功的重要因素。与 OSI 参考模型不同,TCP/IP 体系结构将计算机网络功能划分为 4 个层次,从上至下分别为应用层、传输层、互联层和网络接口层(或称为主机-网络层)。TCP/IP 体系结构与 OSI 参考模型的层次对应关系如图 1-23 所示,其中,TCP/IP 体系结构的应用

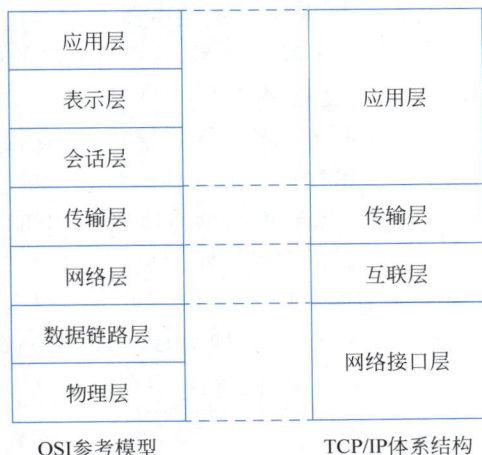

图 1-23 TCP/IP 体系结构与 OSI 参考模型的层次对应关系

层与 OSI 参考模型的应用层、表示层及会话层相对应；TCP/IP 的传输层和互联层分别与 OSI 参考模型的传输层和网络层相对应；TCP/IP 的网络接口层与 OSI 参考模型的数据链路层及物理层相对应。在 TCP/IP 体系结构中，传输层和互联层是 TCP/IP 体系结构的核心，向下可以支持各种类型的网络接口，向上可以支持丰富的网络应用，形成如图 1-17 所示的"细腰"结构。

在 TCP/IP 体系结构中，数据传输过程如图 1-24 所示。图中带箭头的实线给出了数据的传输过程，带箭头的虚线指示每层对等实体之间的协议，每一层包含一个或多个协议。从数据传输的角度，主机中包含 4 个层次，路由器中只包含两个层次。主机之间的数据传输可以跨越一个或多个物理网络，路由器负责在物理网络之间进行数据的转发。在图 1-24 中，主机 A 向主机 B 传输数据，会经过三个物理网络（网络 1、网络 2、网络 3）和两个路由器（路由器 X 和路由器 Y）。

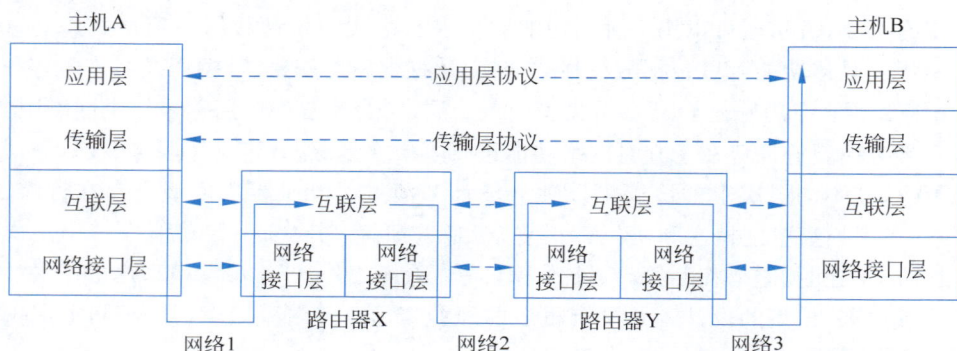

图 1-24　TCP/IP 体系结构中的数据传输过程

TCP/IP 体系结构中各层的具体功能如下。

（1）**网络接口层**：网络接口层是 TCP/IP 体系结构的最底层。在 TCP/IP 体系结构中并未对网络接口层所采用的技术和协议进行严格约束，只要能够将互联层的 IP 数据包成功地传送到相邻节点即可。在实际中，网络接口层一般包含多个子层，典型的网络接口层可以包括物理层和数据链路层，因此，TCP/IP 体系结构有时也会被描述成 5 层结构。在该体系结构中，相邻节点（图 1-24 中主机 A 和路由器 X、路由器 X 与路由器 Y、路由器 Y 与主机 B 均为相邻节点）的网络接口层需要采用相同的技术，并执行相同的协议。典型的网络接口层技术包括以太网、无线局域网、点到点链路等。

（2）**互联层**：互联层是 TCP/IP 体系结构的第二层，它负责将源主机封装的 IP 数据包发送到目的主机，源主机与目的主机可以在一个物理网络中，也可以在不同的物理网络中。TCP/IP 互联层所提供的是一种无连接、不可靠的传输服务，不能保证源主机发出的 IP 数据包能够成功、正确地到达目的主机。从数据传输的角度，TCP/IP 互联层的核心协议只有 IP 协议（目前 IP 协议包括 IPv4 和 IPv6 两个版本），因此互联层也被称为 IP 层。从传输控制角度，互联层还包括控制管理协议，以及各种类型的路由协议，如 ICMP、OSPF 协议、RIP、BGP 等。从总体上，互联层的主要功能包括 IP 编址、IP 数据包转发、路径选择、拥塞控制等。

（3）**传输层**：传输层位于互联层之上，它主要为不同主机中的应用进程之间提供端到端的传输服务,因此传输层协议也被称为端到端协议。在 TCP/IP 体系结构中,包括两个传输层协议,即传输控制协议(Transport Control Protocol,TCP)和用户数据报协议(User Datagram Protocol,UDP)。TCP 提供面向连接的可靠传输服务,它将应用层发送的数据组装成 TCP 段进行传输;UDP 提供无连接的不可靠传输服务,传输的数据单元称为 UDP 数据报。这两种可选择的传输服务类型对于应用层设计特别重要。此外,在 TCP/IP 体系结构中也包含几种基于 UDP 服务的传输协议,如在第 4 章将要讨论的实时传输协议(Real Transport Protocol,RTP)和 QUIC(Quick UDP Internet Connections)协议。虽然这些协议基于 UDP 服务实现,但在本书中依然将它们视作端到端传输协议。

(4) **应用层**:在 TCP/IP 体系结构中,传输层之上是应用层,该层为用户提供各种应用服务,每种服务可能对应不同的应用层协议,应用层所传输的数据单元统称为"报文"。应用层服务和协议是 TCP/IP 体系结构中变化相对频繁的部分,目前存在着大量的应用层协议,有的是公开协议,有的是私有协议。应用层协议可以依赖于 TCP 服务或 UDP 服务实现。在第 5 章中关注的应用层服务及协议主要包括域名系统(Domain Name System,DNS)及协议、电子邮件系统及简单邮件传输协议(Simple Mail Transfer Protocol,SMTP)、Web 与超文本传输协议(Hyper Text Transfer Protocol,HTTP)等。

TCP/IP 体系结构中包含大量的协议,这些协议的集合称为 TCP/IP 协议族。本书中所涉及协议之间的关系如图 1-25 所示,上层使用下层提供的服务,上层的协议数据单元会被封装在下层协议数据单元中进行传输。例如,HTTP、SMTP、FTP、BGP 等都使用 TCP 服务,其报文会被封装在 TCP 段中进行传输;再如,TCP、UDP、ICMP、OSPF 等都使用 IP 服务,相应的数据单元都会被封装在 IP 数据包中进行传输。

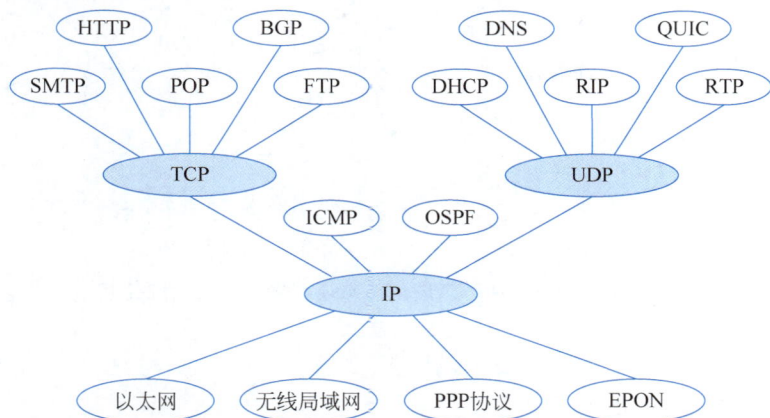

图 1-25  TCP/IP 协议族中的典型协议

TCP/IP 体系结构并没有明确区分服务、接口和协议,其层次划分也不十分严格,功能层次和实现层次在某些情况下并不对应。例如,在 TCP 和 UDP 的校验和计算中的伪首部产生会用到 IP 层的参数;BGP 和 RIP 两个路由协议,其功能属于互联层,但它们均在传输层之上进行实现等。TCP/IP 体系结构的优势在于它的简洁性和开放性。它的 4 层结构以互联层和传输层为核心,向下可以支持几乎全部的网络接口层技术,在其之上可以非常方便地扩展大量的应用层协议和服务。TCP/IP 体系结构简化了层间接口,系统的实现效率高。

### 1.3.4　IEEE 802 体系结构

　　IEEE 802 体系结构由 IEEE 802 标准委员会(又称为局域网/城域网标准委员)制定,它主要包含 ISO/OSI 参考模型的物理层和数据链路层,如图 1-26 所示。IEEE 802 体系结构将数据链路层划分为两个子层,即介质访问控制子层(Medium Access Control,MAC)和逻辑链路控制子层(Logical Link Control,LLC)。MAC 层与传输介质及拓扑结构相关,向LLC 层屏蔽传输介质和拓扑结构的差异。MAC 层的核心功能是解决共享式连接方式中节点之间如何公平、有效地共享物理信道问题,具体功能包括介质访问控制、MAC 层寻址、差错检测、成帧等。LLC 层与传输介质及拓扑无关,主要实现可靠传输、流量控制和多路复用等功能,通过 LLC 层服务访问点(LLC Service Access Point,LSAP)向上层提供服务。物理层的功能与 OSI 参考模型定义的功能类似,具体包括信号的编码和解码、前导码的产生和去除、信号的发送与接收等。在 IEEE 802 体系结构中,数据帧的一般封装方式如图 1-27所示。

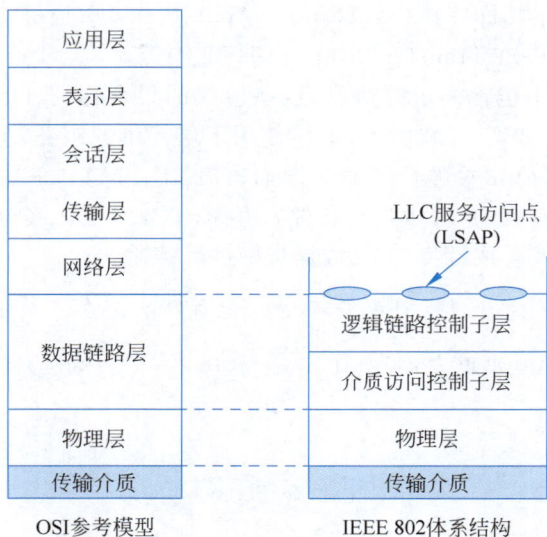

**图 1-26　IEEE 802 体系结构与 OSI 参考模型的对应关系**

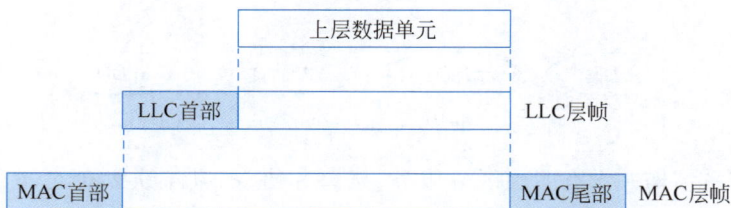

**图 1-27　IEEE 802 体系结构中数据帧封装方式**

　　IEEE 802 标准委员会基于该体系结构制定了一系列标准,主要标准之间的关系如图 1-28所示。802.1 包括多个子标准,802.1a 定义了体系结构,802.1b 定义了网络互联、网络管理和寻址,802.1d 定义了生成树协议,802.1q 定义了虚拟局域网标记协议等,后两个标准没有在图中给出,将在第 2 章对生成树协议和虚拟局域网标记协议进行详细介绍。802.2 是逻辑链路控制子层标准,LLC 层之下定义了多种类型的介质访问控制层和物理层规范。802.3 以太网(Ethernet)和 802.11 无线局域网(Wireless LAN,WLAN)是目前使用最广泛的局域网标准,在第 2 章将对这两种局域网进行详细介绍。802.15 无线个域网(Wireless PAN,WPAN)主要包括两个子标准,802.15.1 是蓝牙(Bluetooth)的低两层协议,802.15.4 则定义了低速无线个域网,是紫峰(ZigBee)的基础。

图 1-28　IEEE 802 系列标准

## 1.4　网络标准化组织

网络标准化对于计算机网络的发展至关重要,如果要实现不同厂商网络产品之间的互操作,它们必须遵从一致的网络标准。在网络标准化工作中,许多标准化组织、行业联盟发挥着重要的作用。下面对几个重要的标准化组织进行简要介绍。

(1) 国际标准化组织(International Organization for Standardization,ISO):ISO 是一个全球性的非政府组织,它包括许多国家的标准团体,主要致力于标准的制定和推动全球的标准化工作,其涵盖领域十分广泛。例如,ISO 9000 就是 ISO 制定的质量管理体系标准。ISO 与国际电工委员会(International Electro Technical Commission,IEC)建立的联合技术委员会 ISO/IEC JTC1 负责信息技术领域的标准化工作。在计算机网络领域,ISO 制定了著名的 OSI 参考模型(ISO 7498),以及高级数据链路控制协议(High-level Data Link Control,HDLC)(ISO/IEC 13239)、中间系统到中间系统(Intermediate system to intermediate system,IS-IS)路由协议(ISO/IEC 10589)、综合布线标准(ISO/IEC 11801)等。

(2) 国际电信联盟(International Telecommunication Union,ITU):ITU 是一个很有影响力的标准化组织,它是联合国的一个专门机构,主要负责分配和管理全球无线电频谱与卫星轨道资源,制定全球电信领域的标准,促进全球信息通信技术的发展。ITU 有三个主要部门,其中,电信标准化部门 ITU-T 主要负责制定与通信网络相关的标准,包括光传输网络及接入网标准(如 PON)、多媒体编码标准(如 H.264,即 MPEG-4)、多媒体传输标准(如 H.323)、各种广域网标准(如 X.25、帧中继、ATM)等。

(3) 电气和电子工程师协会(Institute of Electrical and Electronics Engineers,IEEE):IEEE 是另一个在标准化领域具有较大影响的组织,它是全球最大的非营利性专业技术组织,致力于推动科学与工程技术的创新与发展。IEEE 负责多个技术领域的标准制定,IEEE 802 标准委员会主要负责城域网、局域网、个域网的标准制定,其定义的 IEEE 802.3(以太网)、IEEE 802.11(无线局域网)、IEEE 802.15(无线个域网)标准得到了广泛应用,对计算机网络的发展产生了巨大的影响。

（4）因特网工程任务组（The Internet Engineering Task Force，IETF）：IETF 是一个开放的国际团体，由网络设计者、运营商、制造商和研究人员等构成，主要负责因特网协议规范的制定，是因特网标准化方面最重要的组织。IETF 的标准制定工作由若干个工作组承担，所有工作组被组成路由、传输、安全、应用、运行管理等 8 个领域。因特网标准都以 RFC（Request For Comments）文档公开，例如，RFC 793 为 TCP、RFC 2616 为 HTTP、RFC 9000 为 QUIC 协议等，任何人都可免费获得这些 RFC 文档，目前已经有 9000 余个 RFC 文档。因特网标准的形成需要经过标准提案、标准草案、因特网标准三个阶段。IETF 在制定标准时，仅根据 IETF 参与者的大致共识和可以运行的代码来决定，其制定过程具有足够的开放性。IETF 的工作成果为因特网的发展提供了源源不断的推动力。后面章节中讲解的内容会参考许多 RFC 文档。

除上述标准化组织外，其他标准组织和一些行业联盟在网络标准的制定和互操作方面也发挥着重要作用。例如，Wi-Fi 联盟（Wi-Fi Alliance，WFA）负责在全球范围内推行 Wi-Fi 产品的兼容性认证及发展 IEEE 802.11 无线局域网技术，促进了无线局域网的快速发展；万维网联盟（World Wide Web Consortium，W3C）发布了 400 多项 Web 技术标准，包括超文本标记语言（HTML）、可扩展标记语言（XML）等，有效促进了 Web 技术的相互兼容；第三代合作伙伴计划（3rd Generation Partnership Project，3GPP）承担了 3G、4G、5G，乃至未来 6G 标准规范的制定工作。

## 动手实践：利用 Wireshark 观察数据包的封装层次

Wireshark 使用方法

Wireshark 是使用最广泛的数据包捕获与分析软件，它可以运行在多种主机操作系统中，用于捕获进入或离开主机的数据包，并能够显示详细的数据包封装信息。利用 Wireshark 捕获的数据包序列，用户可以观察协议实体之间的交互过程，进行网络流量分析及监控。

Wireshark 是免费使用的软件，请尝试从因特网上下载 Wireshark 软件，并在计算机上进行安装，学习该软件的使用方法。在计算机中打开浏览器，访问任意一个网站，用 Wireshark 捕获浏览器与网站交互的数据包，观察数据包的封装层次。

## 思考与练习

1. 通过多交换机连接是扩展物理网络规模的一种主要方法，交换机转发数据可以采用电路交换或分组交换，试分析电路交换和分组交换所适合的流量模式及应用场景，说明各自的优缺点。

2. 物理链路共享是计算机网络中的一个基础性问题，就像公共道路不能只由一辆车独享一样。物理链路共享可以采用频分多路复用、同步时分多路复用、统计时分多路复用，请分析这三种物理链路共享机制的特点及适用的场景。

3. 分组交换是计算机网络通常采用的数据交换技术。分组交换有两种主要方式，一种是数据报方式，另一种是虚电路方式。查找相关资料，了解数据报方式和虚电路方式的工作过程，比较两者的优势和劣势。

4. 理解什么是自治系统(AS),说明因特网基于自治系统进行管理的优点。

5. 因特网的成功取决于多方面的因素,有技术上的创新与突破,也有许多非技术因素的推动和保障。但从最根本上,TCP/IP 的设计理念为因特网的发展奠定了重要基础。请阅读文献 *The Design Philosophy of the DARPA Internet Protocols*[10],了解 TCP/IP 的设计理念。

6. 因特网在近 30 年持续高速发展,但依然存在着许多问题。请阅读文献 *Why the Internet Only Just Works*[11],了解因特网面临的问题。

7. 目前许多应用层协议都依赖于 HTTP 所提供的传输服务,HTTP 逐渐演变成为构建应用层协议的基础。请分析产生这种现象的原因,为什么不在 TCP 服务之上直接构建应用层协议?

8. 访问中国互联网信息中心网站(https://www.cnnic.net.cn)并查阅相关文献,了解中国互联网的发展。

9. 计算机网络为什么采用分层模型?比较 ISO/OSI 参考模型和 TCP/IP 体系结构之间的层次对应关系,分析各自的优势和不足。如果重新设计一个计算机网络体系结构,你会如何考虑?

10. 在 IEEE 802 体系结构中,数据链路层被划分成哪两个子层?这样做的目的是什么?

11. 在计算机网络分层模型中,如果网络功能被划分成 $n$ 层,用户要传输的数据长度为 $d$ 字节,每一层都增加 $m$ 字节的封装信息,请计算所传输信息中封装信息所占的比例。

12. IETF 主要负责因特网协议规范的制定,是因特网标准化方面最重要的组织。访问 IETF 网站(https://www.ietf.org/),了解互联网标准的发展,查阅相关的 RFC 文档。

# 第 2 章 物 理 网 络

## 本章目标

✳✳✳✳✳✳✳✳✳✳✳✳✳✳✳✳✳✳✳✳✳✳✳✳✳✳✳✳✳✳✳✳✳✳✳✳✳✳✳✳✳✳✳✳✳✳✳✳✳✳

➢ **知识目标**：理解物理层和数据链路层所涉及的基本概念及需要解决的关键问题,掌握以太网、无线局域网的基本工作原理和数据帧的收发过程,理解虚拟局域网的作用和划分方法,了解典型的接入网技术。

➢ **能力目标**：培养较强的知识拓展能力和计算机网络的编程能力。

➢ **素质目标**：建立共享资源的公平竞争意识,培养良好的职业操守。

✳✳✳✳✳✳✳✳✳✳✳✳✳✳✳✳✳✳✳✳✳✳✳✳✳✳✳✳✳✳✳✳✳✳✳✳✳✳✳✳✳✳✳✳✳✳✳✳✳✳

在第 1 章中,我们了解到因特网是由众多的物理网络相互连接而构成,物理网络是构成因特网的基础。本章将从只有两个节点和一条物理链路的简单物理网络入手,分析需要解决的基本问题和解决问题的方法。在此基础上,以广泛使用的以太网和无线局域网为例,探讨多节点连接的具体方法,以及需要解决的附加问题。最后对典型的接入网技术进行简要介绍,了解因特网常用的接入方法。从计算机网络体系结构的角度,本章主要涉及物理层和数据链路层的基本概念和核心功能。

## 2.1　点到点直连

物理网络的最简单形式莫过于两个节点通过传输介质直接相连(如图 2-1 所示),这种连接方式是组成复杂物理网络的基础。在节点中,各种信息(如文本、图像、视频等)均可以表达成二进制数据(1 位二进制数据称为 1 比特,记为 b),二进制数据在节点之间的可靠传输是各种信息交互的基础。本节将以支持二进制数据可靠传输为目标,对这种最简单连接形式所涉及的概念和需要解决的基本问题进行介绍。

图 2-1　节点到节点直接连接

### 2.1.1　传输介质与信道

**传输介质**是指传输信号经过的物理环境。传输介质分为引导性介质(或称为有线介质,如同轴电缆、双绞线、光纤等)和非引导性介质(或称为无线介质)两大类,不同的传输介质具有不同的传输特性。在引导性传输介质中,电磁波沿着固态介质进行传播,能量主要集中在固态介质中,对周边产生的辐射较小。对于非引导性传输介质,电磁波在空间自由传播,没有固态介质对信号进行引导,能量的辐射方向与信号的发射天线相关。

传输介质的一个重要属性是带宽。带宽可以简单地理解为能够通过传输介质的频率宽度,单位为赫兹(Hz)。例如,如果传输介质支持的频率范围为 $300\sim3300\text{Hz}$,则带宽为 $3000\text{Hz}$。对于引导性介质,带宽是传输介质的物理特性,通常取决于介质的材料、结构等。对于非引导性介质,由于信号在空间自由传播,带宽可以理解为适合无线信号(如无线电、微波等)传输的频率范围。两个节点之间可以使用传输介质的全部带宽或部分带宽建立物理信道,信号基于物理信道进行传输,每个物理信道拥有的带宽称为信道带宽。例如,离散的数字信号会使用有线介质的全部带宽进行传输,而对于无线信道,由于无线频谱资源有限,通常被约束在较窄的频率范围。

描述信道传输能力的一个重要指标是信道容量。信道容量为信道每秒传输比特数的上限,也称为最大数据率,单位为比特/秒(b/s)。著名的香农定理描述了信道容量($C$)与信道带宽($B$)、信噪比之间的关系,给出了有噪声信道中信道容量的理论上限,即

$$C=B\log_2(1+S/N)$$

其中,$S$ 为信道内传输信号的平均功率,$N$ 为信道内部的高斯噪声功率,$S/N$ 为信号噪声比,简称为信噪比。

从香农定理可以看出,信道容量与信道带宽和信噪比相关,因而可以通过增加信道带宽和信噪比来提高信道容量。因而,在计算机网络中,也经常会用"带宽"表示信道的最大数据率。

描述物理信道性能的另一个重要指标是时延。时延是指发送方开始发送数据单元的第一个比特到接收方接收到最后一个比特所用的时间。对于点到点直接连接的物理信道,时延由传播时延和传输时间两部分构成。传播时延(PROP)是电磁波在传输介质中传播的时间,它决定于传输介质的长度($L$)和电磁波的传播速率($C$),计算公式为 $\text{PROP}=L/C$。传输时间(TRANSP)是发送一个数据单元所用的时间,它决定于数据单元的长度($P$)和数据传输速率($R$),计算公式为 $\text{TRANSP}=P/R$。因而时延($D$)为

$$D=\text{PROP}+\text{TRANSP}$$

例如,假设节点 A 和节点 B 之间的传输介质长度为 $4\text{km}$,电磁波传播在介质中的传播速率为 $2\times10^8\text{m/s}$,信道的数据传输速率为 $100\text{Mb/s}(1\text{M}=10^6)$,如果节点 A 向节点 B 发送长度为 $16\,000\text{b}$ 的数据单元,则时延为

$$D=\frac{4000}{2\times10^8}+\frac{16\,000}{100\times10^6}=1.8\times10^{-4}\text{s}=0.18\text{ms}$$

## 2.1.2　编码与调制

编码与调制是物理层的核心功能,是指将比特转换成信号的过程。在发送方,将准备发送的二进制数据编码或调制成在信道中能够传送的信号。在接收方,将接收到的信号解码或解调成相应的二进制数据。在这里,编码是指将二进制数据映射到离散的数字信号上,即方波信号;而调制是指用载波信号运载二进制数据,将二进制数据加载到载波信号上。下面分别对几种基本的编码和调制方法进行介绍。

### 1. 编码

将比特映射为信号的最基本的方式是不归零(Non Return to Zero,NRZ)编码,即将数值 1 映射为正电平,数值 0 映射成负电平。例如,图 2-2 给出了一个特定的比特序列与其对

应的 NRZ 信号。

图 2-2　不归零编码（NRZ）

　　发送方每个时钟周期发送 1b,发出的信号沿着信道传播。接收方以一定的周期对接收到的信号进行采样,并将采样的信号转换成比特,称为解码。在这个过程中,发送方和接收方的时钟必须精确同步,才能对信号进行正确采样。例如,如果数据率(或称为比特率)为 10Mb/s,每一位信号的持续时间仅有 0.1μs,接收方的时钟比发送方的时钟稍快或稍慢,接收方可能就无法对信号进行正确采样,从而造成解码错误。如图 2-3 的示例,发送方使用 NRZ 编码发送 16 个 0,全部映射成负电平,时钟周期为 $T$;接收方时钟为 $T'$,且 $T' < T$,这样接收方可能解码出 17 个 0。对于 NRZ 编码,如果发送方交替发送 0 和 1,信号在每个周期都会出现跳变,接收方可以利用这些跳变确定周期的边界,与发送方时钟进行同步。如果发送方持续发送 1 或 0,则信号中长时间不会出现跳变,接收方无法与发送方的时钟进行同步,可能会导致时钟漂移。

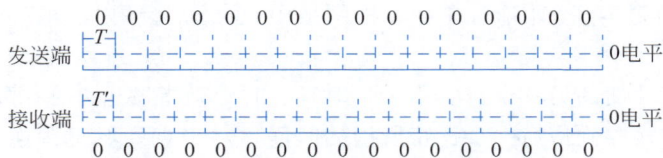

图 2-3　解码错误示例

　　为了保证接收方和发送方的时钟同步,一种策略是发送方使用额外的信道给接收方发送时钟信号,这种策略会造成信道资源的浪费;另一种策略是发送方将时钟信号编码到数据信号中,传输的数据信号自含时钟,而不用额外的信道发送时钟信号,接收方从接收到的数据信号中恢复时钟信号,与发送方的时钟进行同步。时钟恢复的关键是,对于任意比特序列都要在信号中保证有足够的跳变,以便于接收方进行时钟同步。

　　曼彻斯特编码是一种自含时钟的编码方案(如图 2-4 所示),它将 NRZ 编码信号与时钟信号进行异或,使每个时钟周期都会产生一个跳变,从低到高表示 0,从高到低表示 1。对于任意比特序列,都能保证接收方的时钟恢复。但是与 NRZ 编码相比,曼彻斯特编码的编码效率比较低。对于相同的比特率,曼彻斯特编码的信号变化速率(被称为符号率)是 NRZ 编码的两倍,相对应的所需的带宽也是 NRZ 编码的两倍,其编码效率仅为 50%。传统的 10Mb/s 以太网中采用的是曼彻斯特编码方案。

　　反向不归零(No Return Zero-Inverse,NRZI)编码是另一种自含时钟的编码方案(如图 2-4 所示),它根据每个时钟周期开始时信号是否有跳变来区分 1 和 0,用信号电平保持不变表示 0,用信号电平翻转表示 1。NRZI 编码的信号变化速率与 NRZ 编码相同,并可以很好地解决连续 1 的时钟恢复问题,但依然没有解决连续 0 的时钟恢复问题。我们常用的通用串行总线(Universal Serial Bus,USB)采用了 NRZI 编码方案。

　　为了兼顾时钟恢复和编码效率,一种较为常用的方法是在比特被编码成信号之前对比特序列进行处理,避免出现超过一定数量的连续 0 或连续 1,之后利用 NRZ、NRZI、多电平

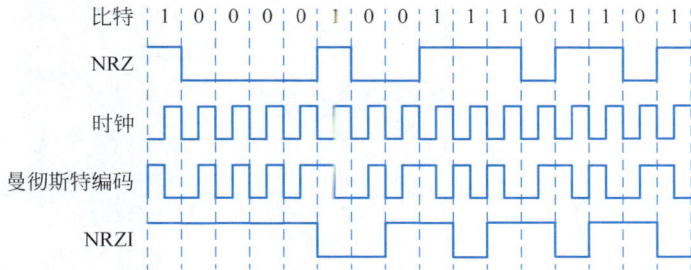

图 2-4　几种编码方案示例

传输(Multi-Level Transmit-3，MLT-3)等编码方案对处理后的比特序列进行编码，这样就可以保证在若干周期内一定会出现跳变。在这类编码方案中，最早使用的是 4B/5B 编码。4B/5B 编码的基本思想是将 4 位二进制数据映射到 5 位二进制组合(编码效率为 80%)，如表 2-1 所示。这 16 个 5 位二进制组合是从 32 种组合中挑选出来的，其选择原则是：5 位中 0 的个数不多于 3 个，1 的个数不少于 2 个，以保证每 5 位中至少产生两次跳变。此外，4B/5B 编码也可以将 5 位二进制的其他组合编码为控制信号。继 4B/5B 编码之后，又出现了 8B/10B、64B/66B、128B/130B 等编码，以支持更高的数据传输速率。

表 2-1　4B/5B 编码

| 数据(4B) | 编码(5B) | 数据(4B) | 编码(5B) |
| --- | --- | --- | --- |
| 0000 | 11110 | 1000 | 10010 |
| 0001 | 01001 | 1001 | 10011 |
| 0010 | 10100 | 1010 | 10110 |
| 0011 | 10101 | 1011 | 10111 |
| 0100 | 01010 | 1100 | 11010 |
| 0101 | 01011 | 1101 | 11011 |
| 0110 | 01110 | 1110 | 11100 |
| 0111 | 01111 | 1111 | 11101 |

### 2. 调制

上面介绍了将二进制数据编码为离散数字信号的方法。离散数字信号的传输通常会占用传输介质的全部带宽，但在很多情况下，可能需要利用传输介质的部分带宽建立物理信道，或者在限定的无线频率范围内进行信号传输，这就需要利用满足频率要求的载波信号对数字信号进行承载。发送方将数字信号加载到载波信号上进行发送，称为调制；接收方从接收的信号中提取出数字信号，称为解调。载波信号通常为正弦波，如式(2.1)所示，其中，$A$ 为幅度，$f$ 为频率，$\varphi$ 为相位。

$$s(t) = A\sin(2\pi f t + \varphi) \tag{2.1}$$

载波调制的基本方法包括幅移键控(Amplitude Shift Keying，ASK)、频移键控(Frequency Shift Keying，FSK)和相移键控(Phase Shift Keying，PSK)。图 2-5 给出了 ASK、FSK 和 PSK 的二进制调制示例，对于二进制调制只需两种符号(或称波形)分别表示 1 和 0。ASK 利用两个不同的幅度表示 0 和 1；FSK 采用两个不同的频率表示 0 和 1；PSK 使用 0°相位表示 1，180°相位表示 0。为了有效地利用信道带宽，可以采用多级调制，即采用多个幅度、频率、相位，使每个符号表示多个比特。例如，正交相移键控(Quadrature Phase

Shift Keying,QPSK)使用 4 个相位,即 45°、135°、225°、315°相位,分别表示 00、01、10、11,每个符号表示两个比特。在同样的带宽下,理论上可以达到两相调制 2 倍的数据传输速率。

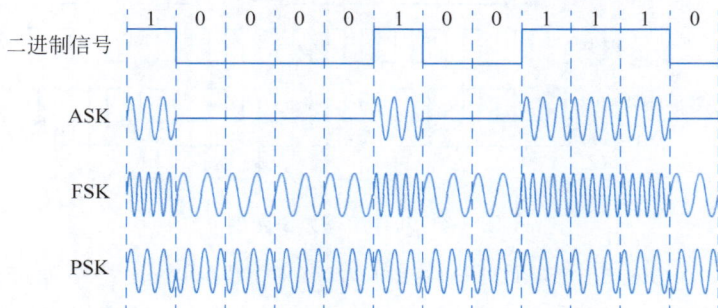

图 2-5  载波调制基本方法

为了进一步有效地利用信道带宽,提高数据传输速率,可以采用混合调制,使每个符号传输更多的比特。目前最常用的混合调制方法是幅度和相位的混合调制,简称为幅相混合调制。为了理解幅相混合调制,对式(2.1)所示的正弦函数进行展开,得到如下形式。

$$s(t) = A\sin(2\pi f t + \varphi)$$
$$= A\sin\varphi\cos(2\pi f t) + A\cos\varphi\sin(2\pi f t)$$
$$= I\cos(2\pi f t) + Q\sin(2\pi f t)$$

其中,$I = A\sin\varphi$,$Q = A\cos\varphi$。

从上式可以看出,幅相混合调制相当于在两个频率相同的正交载波(相位相差 90°)上进行幅度调制,因而幅相混合调制也被称为正交幅度调制(Quadrature Amplitude Modulation,QAM)。不同的 $I$ 和 $Q$ 组合会产生不同的符号(或称波形),每个符号表示的比特数由 $I$ 和 $Q$ 的幅度级别决定。例如,$I$ 和 $Q$ 分别为 4 个幅度级别,则可以产生 16 个不同的符号,每个符号代表 4 比特。典型的 QAM 调制有 16QAM、64QAM、256QAM、1024QAM、4096QAM 等,前面的数值代表符号个数,如 64QAM 表示有 64 个符号,$I$ 和 $Q$ 分别有 8 个幅度级别,每个符号代表 6 比特,其他以此类推。在 QAM 调制方法中,每个符号代表的二进制组合通常用星座图的方式给出。图 2-6 给出了 16QAM 的星座图,横轴为 $I$,纵轴为 $Q$,$I$ 和 $Q$ 分别有 4 个幅度级别,每个 $I$ 和 $Q$ 组合映射为一个星座点,每个星座点代表 4 位二进制组合。星座点到原点的连线与 $I$ 轴的夹角为相位 $\varphi$,星座点到原点的距离为幅度 $A$,每个点代表了幅度和相位的不同组合。目前,QAM 调制方法在有线电视、无线通信中得到了广泛应用。

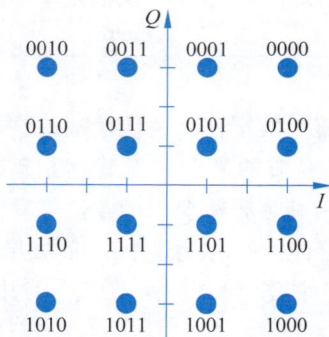

图 2-6  16QAM 星座图

## 2.1.3  差错检测与纠正

信道中传输的信号由于受到多种因素的影响,接收方从信号中解码(或解调)出来的数据可能会与发送方发送的数据不一致,这便产生了传输错误。产生错误的概率(称为误码率)通常与物理信道的特征、编码方式、传输速率等多种因素相关。例如,光纤信道的错误率很低,很少发生传输错误;而无线信道的错误率比光纤信道高出几个数量级,发生传输错误是常态。对于相同的物理信道,高速传输会比低速传输更容易产生传输错误。

处理传输错误主要有两种策略:一种策略是在发送的数据块中增加足够的冗余信息,使接收方能够定位错误发生的位置,进而重构原始数据,这种策略被称为前向纠错(Forward Error Correction,FEC),前向纠错使用纠错码;另一种策略是在发送的数据块中增加一定量的冗余信息,接收方只能检测出接收的数据块中是否存在错误,不能定位错误发生的位置并进行纠正,这种策略称为差错检测,差错检测使用检错码。两种策略的选择主要取决于物理信道的质量。对于误码率很低的有线信道,比较适合使用第二种策略,出错的数据块可以通过自动重传机制进行恢复。对于错误率比较高的无线信道、低质量的有线信道或高速数据传输,通常会增加前向纠错功能,以提高物理信道的可靠性及降低时延。

### 1. 差错检测

差错检测方法的设计目标是用尽可能少的冗余位检测出更多比特的错误。常用的差错检测方法包括奇偶校验、校验和、循环冗余校验(Cyclic Redundancy Check,CRC)等。在物理网络中,目前最常用的差错检测方法是循环冗余校验。这里主要对循环冗余校验进行介绍,校验和计算将在后面章节中进行介绍。

在循环冗余校验中,发送方将要传送的数据表示成一个系数为 0 或 1 的多项式,记为 $D(x)$,$n$ 位二进制数据可以表示为 $n-1$ 次多项式。发送方和接收方预先约定一个 $r$ 次的生成多项式,记为 $G(x)$,对应为 $r+1$ 位二进制数,其最高位和最低位必须是 1。发送方将 $D(x)$ 乘以 $x^r$,相当于在 $n$ 位二进制数据之后增加 $r$ 个 0。用 $x^r D(x)$ 除以生成多项式 $G(x)$,除得的余式记为 $R(x)$。与一般除法不同,这里采用模 2 运算,即减法不借位、加法不进位,是一种异或操作。发送方实际传输的数据为 $x^r D(x)+R(x)$,记为 $T(x)$,前面 $n$ 位为要传送的数据,后面 $r$ 位为 CRC 检验码。显然,$T(x)$ 能被 $G(x)$ 除尽。接收方收到的数据记为 $T'(x)$,如果 $T'(x)$ 除以生成多项式 $G(x)$ 得到的余式不为零,则可以判断数据中存在错误。

为了便于理解,下面用一个具体例子说明循环冗余校验的工作过程。例如,发送方要传送 10 位二进制数据 1111010110,可以表示为如下的多项式。

$$D(x)=1x^9+1x^8+1x^7+1x^6+0x^5+1x^4+0x^3+1x^2+1x^1+0x^0$$
$$=x^9+x^8+x^7+x^6+x^4+x^2+x$$

如果发送方和接收方约定的生成多项式 $G(x)=x^4+x+1(r=4)$,其对应的二进制数值表示为 10011,则 CRC 校验码的计算过程如图 2-7 所示。式中的减法采用模 2 运算,最终得到的余数 $R(x)$ 为 100。发送方实际传输的数据 $T(x)$ 为 11110101100100,其中,前 10 位为要传送的二进制数据(1111010110),后 4 位为 CRC 检验码(0100)。接收方用接收到的数据 $T'(x)$ 除以生成多项式,如果余数为零,则说明未检测出错误;如果余数不为零,则可以判断接收的数据中存在错误。

循环冗余校验具有很强的检错能力,理论上可以证明循环冗余校验的检错能力有以下特点:①可检测出所有奇数位错;②可检测出所有双比特错;③可检测出所有小于、等于校验位长度的突发错。具体的检错能力与生成多项式密切相关。生成多项式 $G(x)$ 的选择对于能被可靠检测的差错类型有很大影响,有少数生成多项式对于各种情况都是很好的选择,$G(x)$ 的选择通常是协议设计中的一部分。几种标准的 CRC 生成多项式如表 2-2 所示,其中,CRC-32 是局域网中最常用的生成多项式。循环冗余校验的运算看起来很复杂,但在硬

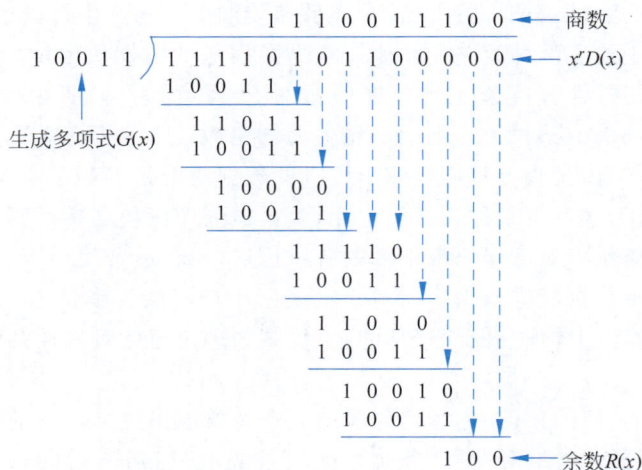

图 2-7　循环冗余校验计算示例

件上通过移位寄存器和异或门电路能够比较容易地实现。

表 2-2　几种标准的 CRC 生成多项式

| CRC 码 | 生成多项式 $G(x)$ |
|---|---|
| CRC-4 | $x^4 + x + 1$ |
| CRC-5 | $x^5 + x^4 + x^2 + 1$ |
| CRC-8 | $x^8 + x^5 + x^4 + 1$ |
| CRC-9 | $x^9 + x^6 + x^5 + x^4 + x^3 + 1$ |
| CRC-12 | $x^{12} + x^{11} + x^3 + x^2 + x + 1$ |
| CRC-16 | $x^{16} + x^{15} + x^2 + 1$ |
| CRC-32 | $x^{32} + x^{26} + x^{23} + x^{16} + x^{12} + x^{11} + x^{10} + x^8 + x^7 + x^5 + x^4 + x^2 + 1$ |

### 2. 差错纠正

差错纠正方法一般用于低质量物理信道或高速数据传输中。典型的纠错码包括汉明码、二进制卷积码、里德所罗门码或 RS 码（Reed-Solomon Code）、低密度奇偶校验码（Low Density Parity Check，LDPC）等。其中，汉明码、RS 码和 LDPC 码均为线性分组码，卷积码为线性非分组码。这些纠错码在蓝牙、无线局域网、移动通信、卫星通信、光纤通信、数字用户线中有着广泛的应用，其中一些纠错码也用于存储系统中。下面仅以二进制卷积码为例介绍纠错码的编码和解码过程。

卷积码是一种线性非分组码，它将 $k$ 比特信息编码成 $n$ 比特码组，所生成的 $n$ 比特码组不仅与当前输入的 $k$ 比特信息有关，还与之前输入的 $L$ 个 $k$ 比特相关，所以卷积码是有记忆的编码，$L$ 为记忆深度，被称为约束度。卷积码通常记作 $(n, k, L)$，$k/n$ 为码组中信息部分占的比例，称为码率。为了直观，下面以 $(2, 1, 2)$ 卷积码为例介绍卷积码的编码和解码过程。

图 2-8 给出了一种 $(2, 1, 2)$ 卷积码编码器的结构。其中，$k$ 为 1，$n$ 为 2，即输入 1 比特

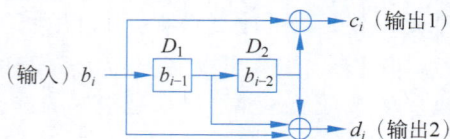

图 2-8　$(2, 1, 2)$ 卷积码编码器

$(b_i)$,会产生 2 比特的输出$(c_i$ 和 $d_i)$,码率为 1/2。记忆深度 $L$ 为 2,由两个移位寄存器 $D_1$ 和 $D_2$ 分别保存之前输入的两个比特$(b_{i-1}, b_{i-2})$,其初始值为$(0,0)$。当有输入时移位寄存器中的值向右移动,即 $D_1$ 中的值移入 $D_2$,输入的值移入 $D_1$。输出 $c_i$ 和 $d_i$ 由当前输入 $b_i$,以及之前输入的 $b_{i-1}$ 和 $b_{i-2}$ 通过异或运算得出,其计算公式如下。

$$c_i = b_i \oplus b_{i-2}$$
$$d_i = b_i \ominus b_{i-1} \oplus b_{i-2}$$

例如,在初始状态,$D_1$ 和 $D_2$ 的值均为 0,如果输入比特 0,则输出 00,如果输入比特 1,则输出 11,每输入 1 比特输出 2 比特。如果连续输入比特序列 0101101,则得到的输出序列为 00110100101000,计算过程如表 2-3 所示。

表 2-3 卷积码计算过程

| 输入$(b_i)$ | $D_1 D_2$ | 输出 1$(c_i)$ | 输出 2$(d_i)$ |
| --- | --- | --- | --- |
| 0 | 00 | 0 | 0 |
| 1 | 00 | 1 | 1 |
| 0 | 10 | 0 | 1 |
| 1 | 01 | 0 | 0 |
| 1 | 10 | 1 | 0 |
| 0 | 11 | 1 | 0 |
| 1 | 01 | 0 | 0 |

寄存器 $D_1$ 和 $D_2$ 中的值分别有 0 和 1 两种选择,因此 $D_1$ 和 $D_2$ 的组合状态有 4 种,记为 $S_0=00, S_1=01, S_2=10, S_3=11$,寄存器状态始终在这 4 种状态之间转移。由于每次输入为 1 比特,有两种取值 1 或 0,因而每个状态对应的转移方式也有两种。在卷积码中,可以用网格图表示按时间顺序排列的状态转移过程,网格图对理解卷积码的编解码过程非常有用。图 2-9 给出了一个(2,1,2)卷积码的网格图及编码路径。最左侧第一列代表初始状态$(t=0)$,第二列代表第一个输入进入编码器后的转移状态$(t=1)$,其他列以此类推。在任意状态下,当输入为 0 时,沿着上分支转移到下一状态,当输入为 1 时,沿着上分支转移到下一状态,转移路径上标出的数值是在该状态下对应输入产生的输出。例如,在 $t=0$ 时,只有一种状态 $S_0$。在该状态下,如果输入 0,则沿上分支转移到下一个状态 $S_0$,输出为 00;如果

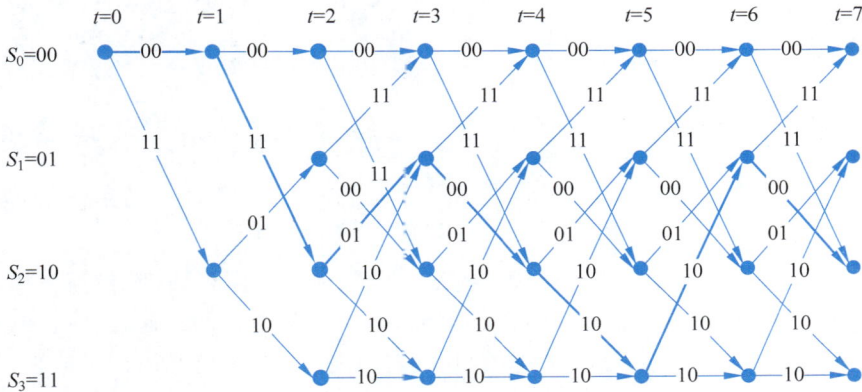

图 2-9 (2,1,2)卷积码网格图

输入 1,则沿下分支转移到下一个状态 $S_2$,输出为 11。这样在 $t=1$ 时,有 2 种可能的状态,在每种状态下,对应于输入 1 或 0,存在 4 条可能的转移路径,在 $t=2$ 时,有 4 种可能的状态。对于前面给出的输入比特序列 0101101,在图中用粗线标出了转移路径,路径二的数值组合起来便是输出序列。

卷积码的解码是根据接收序列来求解最可能的发送序列,一种广泛使用的解码算法是维特比算法。维特比算法是一种基于最大似然原则的算法,其目标是借助网格图寻找一条编码输出序列与接收序列差距最小的路径,这种差距可以使用海明距离进行度量(也可以选择欧氏距离)。为了便于理解,继续使用前面的(2,1,2)卷积码示例,借助网格图说明卷积码的解码过程。

假设接收序列为 01110101101000,每个码组为 2 位,共有 7 个码组,按时间顺序写在了图 2-10 的上部。每个分支上的输出与对应接收码组的海明距离称为**分支距离**,从初始状态到达某个状态走过的最有可能路径的分支距离之和称为**路径距离**。在 $t=0$ 时刻,只有一个状态 $S_0$,路径距离视为 0,其上分支的输出为 00,下上分支的输出为 11,与对应的接收码组 01 的分支距离均为 1,当前状态的路径距离与对应分支距离之和作为下一个状态路径距离的备选。在 $t=1$ 时刻,有两个状态 $S_0$ 和 $S_2$,由于从前一个状态到当前状态只有一条转移路径,它们的路径距离均为 1。从 $t=1$ 到 $t=2$ 的计算方法类似,$S_0$、$S_1$、$S_2$ 和 $S_3$ 的路径距离分别为 3、2、1、2。从 $t=2$ 到 $t=3$ 与前面有所不同,有 8 条转移路径,但只需要为 $t=3$ 时刻的每个状态保留一条路径距离最短的路径(保留的路径用实线表示,舍弃的路径用虚线表示)。例如,到达 $S_1$ 的两条路径的路径距离分别为 1 和 4,则保留路径距离为 1 的路径,舍弃路径距离为 4 的路径,因此 $S_1$ 的路径距离为 1。之后路径选择方法与 $t=2$ 到 $t=3$ 类似,直到 $t=7$。

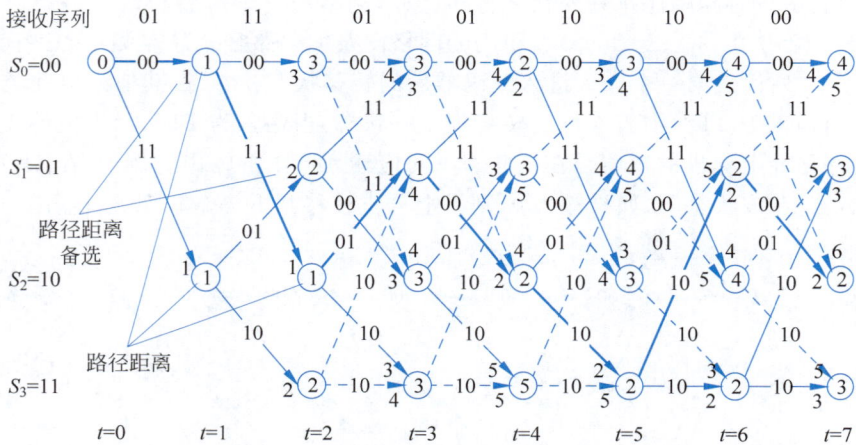

图 2-10 (2,1,2)卷积码解码示例

在 $t=7$ 时刻,选择路径距离最小的状态 $S_2$,沿着保留的路径回溯,找到与接收序列距离最小的路径(用粗线表示),并输出解码结果 0101101。从前面的编码过程可知,编码后的发送序列为 00110100101000,接收序列 **01**110101101000 有两个码组出现了错误(用粗体表示),但通过维特比解码,可以对错误进行纠正,得到正确的比特序列。

卷积码具有较强的纠错能力,可以纠正多位错误,其纠错能力随约束度($L$)的增加而增强。在编码器复杂程度相同的情况下,卷积码的性能优于分组码。

## 2.1.4 帧与帧定界

到目前为止,我们一直在考虑如何将二进制数据序列从发送方传送到接收方,这些二进制数据序列在传输时一般会被分割成数据块,并对数据块增加某些控制信息,如差错校验等,增加了控制信息所形成的数据单元在数据链路层被称为**帧**,每个帧中允许携带数据的最大字节数被称为最大传输单元(Maximum Transmission Unit,MTU)。发送方在数据的前后分别增加首部和尾部,封装成帧;接收方对帧的首部和尾部进行处理,从中获得要接收的数据,帧的一般结构如图 2-11 所示。通常情况下,帧的传输是异步的,即发送方可以在任何时候发送帧,帧之间的间隔具有不确定性,接收方需要随时做好接收帧的准备。在这种情况下,需要解决的一个关键问题是帧的定界问题,即如何使接收方能够准确识别一个帧的开始和结束。虽然帧的结构因数据链路层协议而异,但常用的帧定界方法主要有两类。

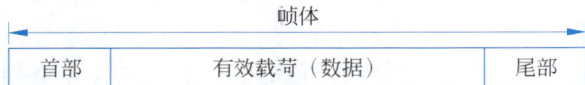

| 帧体 | | |
|---|---|---|
| 首部 | 有效载荷(数据) | 尾部 |

图 2-11 帧的一般结构

第一类帧定界方法是使用帧的开始标志和字节计数。这类方法在帧体的前面增加开始标志(特殊字符或比特模式),指明帧的开始:在帧的首部中包含字节计数字段,指明帧以字节计数的长度。接收方可以通过开始标志确定帧的开始位置,并利用字节计数值确定帧的结束位置。这类方法存在的问题是,传输差错可能会使字节计数字段产生错误,从而导致无法正确判断帧的结束位置,严重的是一个帧的判断错误可能会造成后续多个帧出现接收错误。

第二类帧定界方法是使用帧的开始标志和结束标志。这类方法在帧体的前面增加开始标志,指明帧的开始;在帧体后面增加结束标志,指明帧的结束。在这类方法中,开始标志和结束标志为选定的特殊字符或比特模式,两者可以相同或不同。这类方法需要解决的关键问题是,当这些特殊字符或比特模式在有效载荷(数据)中出现时,如何使之不干扰接收方对帧的定界。解决这种问题通常有以下三种思路。

(1)如果把帧看成一个字节序列,开始和结束标志一般使用相同或不同的特殊字符。发送方在发送帧时,在帧体前面和后面分别增加特殊字符,针对数据部分出现的特殊字符,在其之前增加一个转义字符(另一种特殊字符)。如果数据部分出现了转义字符,也需要在其之前增加一个转义字符。接收方通过开始标志识别帧的开始位置,通过寻找结束标志确定帧的结束位置,当遇到转义字符时,删除转义字符,保留紧跟其后的字符(包括转义字符)。这种方式称为**字节填充**。图 2-12 给出了一个字节填充的示例,假设开始标志和结束标志使用相同的特殊字符,记为 FLAG,转义字符使用另一个特殊字符,记为 ESC,非特殊字符记为 DATA。如果数据部分有如图 2-12(a)所示的字节序列,经过字节填充后的字节序列如图 2-12(b)所示。字节填充的缺点是,每遇到一个特殊字符则需要填充一个字节,如果数据中特殊字符不是偶尔出现,则会产生较多的额外数据。

(2)为了克服字节填充的缺点,可以把帧看成一个比特序列,开始和结束标志使用相同或不同的特定比特模式。发送方在发送帧时,在帧体前面和后面分别增加特定比特模式,如

| (a) | DATA | FLAG | DATA | ESC | DATA | FLAG | ESC | DATA |
|---|---|---|---|---|---|---|---|---|

| (b) | DATA | ESC | FLAG | DATA | ESC | ESC | DATA | ESC | FLAG | ESC | ESC | DATA |
|---|---|---|---|---|---|---|---|---|---|---|---|---|

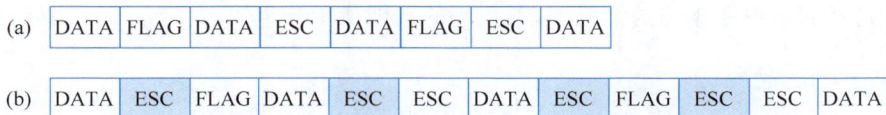

图 2-12　字节填充示例

果该比特模式出现在数据部分,则进行**比特填充**。例如,如果特定的比特模式为 01111110,在数据部分每遇到连续 5 个比特 1,便在之后插入 1 个比特 0,使传输的数据中不会出现连续 6 个比特 1,这样就不会出现特定的比特模式 01111110。接收方通过识别特定的比特模式来确定帧的开始和结束位置,当遇到连续 5 个比特 1 且后面跟着的是比特 0,则删除该比特 0。图 2-13 给出了一个比特填充的示例,上面是待发送的比特序列,下面是经比特填充后的序列,粗体为填充的比特 0。相比于字节填充,比特填充可以有效减少填充的数据量。

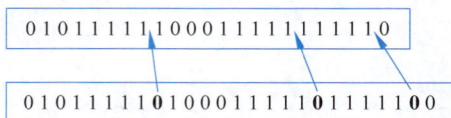

0101111111000111111111110

0101111110100011111101111100

图 2-13　比特填充示例

(3) 为了避免字节填充或比特填充,可以与物理层的编码机制相结合,利用数据编码中不可能出现的波形或组合作为帧的开始和结束标志,即利用违例的编码,避免开始和结束标志出现在帧体部分。例如,在前面讲到的 4B/5B 编码中,4 位二进制数据被映射到 5 位二进制组合,5 位二进制组合中只使用了 16 种组合,还有 16 种组合没有使用,未使用的组合不会出现在编码后的数据中,可以使用这些未用的组合作为帧的开始和结束标志。这种方式的优点在于不需要字节填充或比特填充。

在目前广泛使用的数据链路层协议中,点对点协议(Point to Point Protocol,PPP)在不同的情况下分别使用了字节填充和比特填充,IEEE 802.11 无线局域网使用开始标志和字节计数相结合的方式进行帧定界,以太网利用编码违例的方式加入结束标志,不需要进行字节或比特填充。

## 2.1.5　可靠传输

前面章节介绍了差错检测与纠正技术。使用纠错码,传输过程中产生的错误可以在接收方得以纠正,但是纠错码的额外开销比较大。以(2,1,2)卷积码为例,发送 1 比特数据,需要输出 2 比特的卷积码,是待传输数据的 2 倍,加之每种纠错码的纠错能力都是有限的,不能纠正全部错误。因此,在数据链路层协议中都会提供差错检测功能,最常用的方法是前面介绍的循环冗余校验。数据链路层在检测到错误之后会丢弃出错帧。如果要实现可靠数据传输,需要某种机制恢复被丢弃的帧。

实现可靠传输的典型方法是超时重传,在 ISO/OSI 参考模型中称为自动重传请求(Automatic Repeat reQuest,ARQ),即重传是发送方基于定时器超时自动产生的,不需要接收方发出重传请求。超时重传机制的基本思想是:发送方发出数据帧,同时启动重传定时器。如果接收方接收到的数据帧无差错,则向发送方返回确认(记为 ACK);如果接收方接收到的数据帧存在错误,则丢弃该数据帧。如果重传定时器超时,发送方仍未收到接收方的确认,则对该数据帧进行重传。超时重传机制既可以解决数据帧的出错问题,也可以解决数据帧的丢失问题。依据发送方是否可以发出多个未确认的数据帧,可以将超时重传分为停止等待方式和流水线方式。

### 1. 停止等待方式

停止等待是一种非常简单的超时重传机制,其基本思想是:发送方发送一个数据帧,并启动定时器,之后等待接收方的确认。如果在定时器超时之前收到接收方的确认,则可以继续发送下一个数据帧,如图 2-14(a)所示;如果定时器超时仍未收到接收方的确认,则重传当前的数据帧,重新启动定时器,并等待接收方确认,如图 2-14(b)所示。

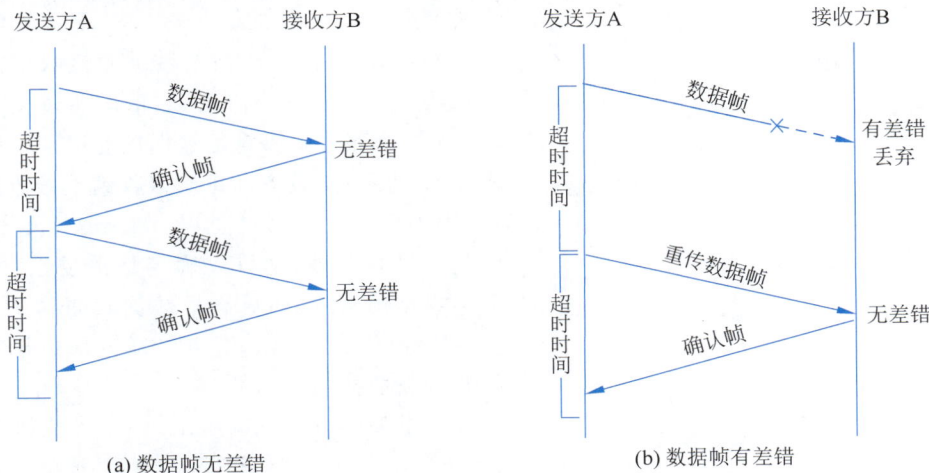

图 2-14  停止等待机制的交互过程

在发送方与接收方的交互过程中也可能出现如图 2-15 所示的情形。在图 2-15(a)中,接收方接收到的数据帧无差错,但确认帧出现了差错而被丢弃,当定时器超时时,发送方会重传当前的数据帧。在图 2-15(b)中,接收方正确接收到了数据帧,但由于超时时间设置过短,在确认帧返回之前提前超时,触发数据帧重传。在超时重传机制中,超时时间的设置非常重要。过长的超时时间,对于丢弃的数据帧需要等待较长的时间才能进行重传,因而引入较大的时延;过短的超时时间,可能会提前超时,从而引入不必要的重传,浪费链路带宽资

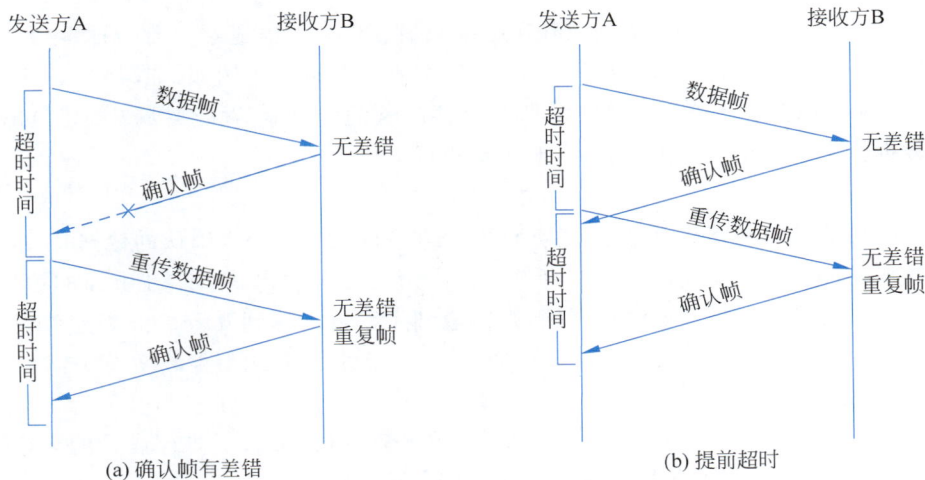

图 2-15  数据帧重复接收

源。对于节点之间直接连接的场景,节点之间的往返时间(Round-Trip Time,RTT)相对固定,因而超时时间设置的比 RTT 更长一些即可。对于复杂的大规模网络,RTT 变化较大,需要采用更复杂的方法确定超时时间,例如,TCP 的自适应重传超时时间计算(详细见第 4 章)。

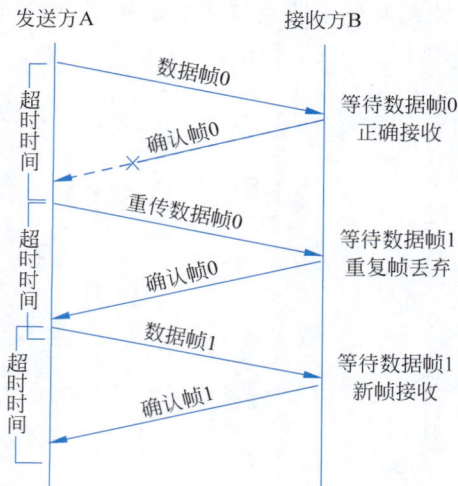

图 2-16　重复数据帧识别

在上述两种情况中,接收方都接收到了重复的数据帧,这就引入一个问题,即接收方如何区分重复数据帧和新的数据帧。对于重复数据帧接收方需要丢弃,对于新的数据帧接收方需要正常接收。在停止等待协议中,可以通过交替使用0 和 1 两个序号解决重复数据帧的识别问题。如图 2-16 所示,接收方在正确接收到 0 号数据帧之后,则等待接收 1 号数据帧,如果这个时候到达的是 0 号数据帧,则可以确定是重复数据帧,丢弃该数据帧,并返回对 0 号数据帧的确认;如果到达的是 1 号数据帧,则可以确定是接收方期待接收的新数据帧。

从上面的过程可以看出,停止等待机制只允许发送方发出一个未确认的数据帧,即每个 RTT 只能发送一个数据帧,信道的利用率比较低。例如,如果两个节点之间的 RTT 为 1ms,数据帧长度 $P$ 为 2000B(2000×8b),传输速率 $R$ 为 100Mb/s,则信道利用率 $U$ 可以用式(2.2)和式(2.3)计算得出,其中,TRANSP(简写为 $T$)为发送长度为 $P$ 的数据帧所用的时间。由于确认帧一般比较短,这里忽略了确认帧的长度及发送时间。

$$\text{TRANSP} = \frac{P}{R} = \frac{2000 \times 8}{100 \times 10^6} = 1.6 \times 10^{-4} \text{s} \tag{2.2}$$

$$U = \frac{\text{TRANSP}}{\text{TRANSP} + \text{RTT}} = \frac{1.6 \times 10^{-4}}{1.6 \times 10^{-4} + 1 \times 10^{-3}} \times 100\% \approx 13.8\% \tag{2.3}$$

从上面的计算结果可以看出,信道利用率只有 13.8%,信道在大部分时间是空闲的。在同样情况下,RTT 越大、传输速率越高,信道的利用率越低。例如,如果将 RTT 增加到 10ms,则信道利用率会下降到 1.57%,即在 100Mb/s 的信道上,吞吐率只有 1.57Mb/s。如果考虑数据帧出现差错后的重传,则吞吐率会更低。

### 2. 流水线方式

为了提高信道的利用率,可以考虑允许发送方连续发出多个未确认的数据帧,这种方式被称为**流水线机制**。流水线机制能够有效地提高信道的利用率,例如,在上面的示例中,如果允许发送方发出 5 个未确认的数据帧,则信道利用率可以达到 69%;如果允许发出更多的未确认的数据帧,可以使信道利用率接近 100%。流水线方式与停止等待方式的直观对比如图 2-17 所示。

虽然流水线方式在信道利用率方面有较大的优势,但也带来了协议设计的复杂性。相比于停止等待方式,流水线方式需要进一步考虑如下问题。

(1) 使用的序号范围(或称序号空间):在停止等待方式中,只存在一个发出未确认的

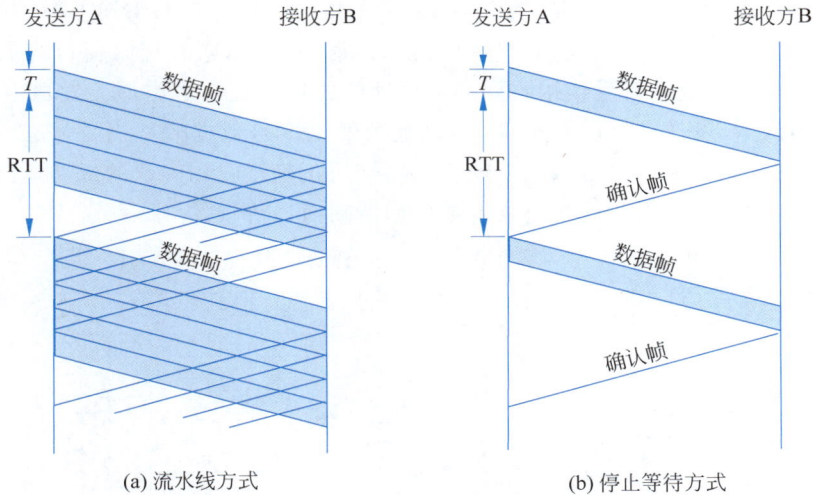

(a) 流水线方式　　　　　　　　　　(b) 停止等待方式

图 2-17　流水线方式与停止等待方式对比

数据帧,如果不考虑重传,则不需要序号,返回的确认直接与之前发出的未确认数据帧对应。如果考虑重传,则可以通过交替使用 0 和 1 两个序号来解决重复数据帧的识别问题。在流水线方式中,存在多个发出未确认的数据帧,至少需要为每个未确认的数据帧分配一个不同的序号,如果考虑重传,可能需要更多的序号。因此,流水线方式需要扩大序号空间。如果在数据帧的首部设置一个 $k$ 比特序号字段,则可产生 $2^k$ 个序号,序号空间为 $0 \sim 2^{k-1}$。

(2) 允许发出未确认数据帧的数目:如果用 $N$ 表示允许发出未确认数据帧的最大数目,适当的 $N$ 值选取依赖于 RTT 和发送每个数据帧所需的时间 $T$。从图 2-17(b)可以直观地看出,如果将 $N$ 设置为 $\lfloor RTT/T \rfloor + 1$,可以最大化信道的利用率。在具体实现中,$N$ 值的选取还依赖于发送缓冲区和接收缓冲区的大小,以及接收方的接收能力。发送方必须缓存所有发出未确认的数据帧,以备重传。

(3) 对出错数据帧后续帧的处理方式:在流水线方式中,存在多个发出未确认的数据帧,当其中一个数据帧出现差错时,接收方可以丢弃该数据帧及后续的数据帧,也可以对后续无差错的数据帧进行缓存。接收方对后续帧的处理方式以及确认方式决定了发送方的重传方式。目前针对于流水线机制,有两种典型的重传策略,即回退 N 帧(Go-Back-N,GBN)和选择重传(Selected Repeat,SR)。下面分别对这两种方式的基本思想进行介绍。

1) 回退 N 帧

回退 N 帧中的 N 是指允许发送方发出未确认数据帧的最大数目,被称为发送窗口。在回退 N 帧机制中,接收方对按序接收到的无差错数据帧给出确认,该确认指明当前数据帧及其之前的数据帧都已经按序成功接收,这种确认方式称为累积确认。当发送的数据帧序列中有某个数据帧因为出现差错而被丢弃时,接收方会简单地丢弃后续到达的所有数据帧,直至接收到出错数据帧的重传帧。被丢弃的数据帧在定时器超时时会被发送方重传。

图 2-18 给出一个简单的 GBN 示例,发送方 A 向接收方 B 发送数据帧(用实线表示),接收方 B 向发送方 A 返回确认(用虚线表示)。在该示例中,假设序号为 3 比特,序号范围为 0~7,序号被循环使用。发送窗口 N 取值为 3,即发送方最多可以发出三个未确认的数据帧;接收窗口大小为 1,即接收方只接收期望序号的数据帧,其他序号的数据帧都被丢弃。

发送方首先发送 0 号、1 号和 2 号数据帧,并启动重传定时器。在 GBN 中,针对每个窗口启动一个定时器。接收方正确接收到 0 号数据帧后,返回确认,同时接收窗口向右滑动,准备接收 1 号数据帧。接收方对后续接收到的数据帧的处理方式与之类似。发送方接收到对 0 号数据帧的确认后,发送窗口向右滑动,可以继续发送 3 号数据帧。当 1 号、2 号数据帧的确认到达时,发送窗口继续向右滑动。随着数据帧的正确接收和确认的成功返回,接收窗口和发送窗口都向右滑动,因此这类协议也被称为**滑动窗口协议**。

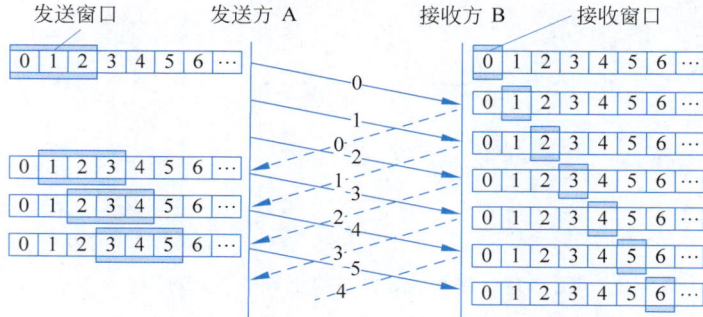

图 2-18　GBN 示例(无差错)

如果发送的 1 号数据帧出现差错(如图 2-19 所示),接收方丢弃该数据帧,后续到达的 2 号和 3 号数据帧虽然无差错也被丢弃。当重传定时器超时时仍未收到对 1 号数据帧的确认,发送方重传 1 号数据帧及发出未确认的所有数据帧(2 号和 3 号)。当接收方正确收到重传的 1 号、2 号、3 号数据帧时,分别返回确认。发送方接收到确认后,窗口继续向右滑动。在这个例子中可以看到,从出现差错的数据帧开始,发送窗口中所有发出未确认的数据帧都要被重传,无论传输中是否出现差错。因此,GBN 机制在发送窗口较大、信道错误率较高的情况下,会产生大量的重传数据帧,这会造成带宽资源的严重浪费。

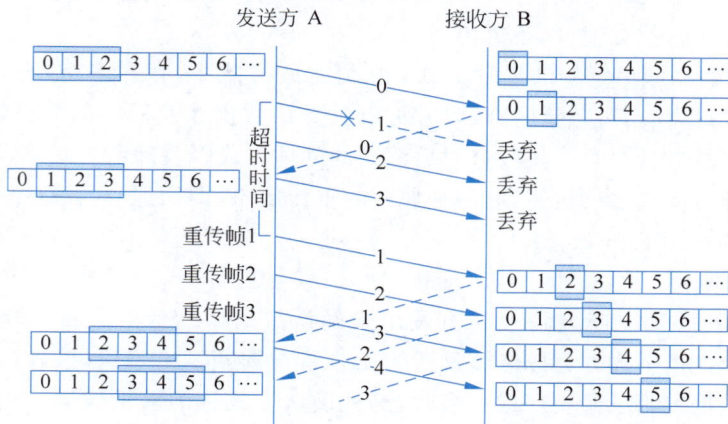

图 2-19　GBN 示例(有差错)

2) 选择重传

选择重传与 GBN 的主要区别是:发送方在发送数据帧时,为每个数据帧单独定时;当发送的数据帧序列中有某个数据帧因为出现差错而被丢弃时,接收方会缓存后续到达的无差错数据帧;接收方对每个正确接收的数据帧进行单独确认,每个确认只表明相应序号的数据帧已经被正确接收,这种确认方式称为**选择确认**,发送方只需要重传超时未得到确认的数据帧。相对于 GBN,选择重传可以减少重传数据帧的数量,避免带宽资源的浪费。

　　图 2-20 给出一个简单的选择重传示例,使用的序号范围与 GBN 示例相同,发送窗口和接收窗口大小均设置为 3。发送方首先发送 0 号、1 号和 2 号数据帧,接收方正确接收到 0 号数据帧后,返回对 0 号数据帧的确认,接收窗口向右滑动,可以继续接收 1 号、2 号和 3 号数据帧。发送方接收到对 0 号数据帧的确认后,发送窗口向右滑动,可以继续发送 3 号数据帧。1 号数据帧出现差错,接收方丢弃该数据帧,后续到达的 2 号和 3 号数据帧未出现差错,接收方对它们进行缓存(缓存数据帧的序号标记为灰色),并分别返回对 2 号和 3 号数据帧的确认,接收窗口不向右滑动。发送方接收到对 2 号和 3 号数据帧的确认,标记这两个数据帧已经被接收方正确接收(标记为灰色),但由于还未收到对 1 号数据帧的确认,发送窗口不能向右滑动。由于超时仍未收到对 1 号数据帧的确认,发送方重传 1 号数据帧,当接收方正确收到重传的 1 号数据帧时,返回确认,接收窗口向右滑动,可以继续接收 4 号、5 号和 6 号数据帧。发送方接收到对 1 号数据帧的确认,发送窗口向右滑动,可以继续发送 4 号、5 号和 6 号数据帧。从这个示例中可以看到,只重传了出现差错的数据帧,后续正确接收的数据帧不需要重传,因此,选择重传机制可以有效减少重传数据帧的数量。

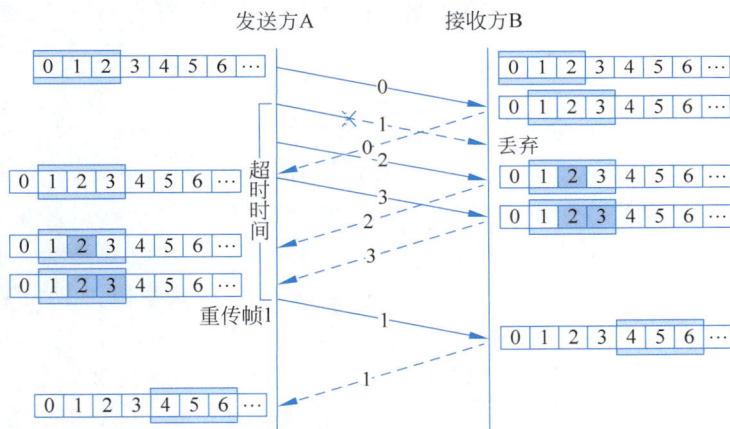

图 2-20　选择重传示例

　　从前面 GBN 和选择重传的示例中可以看出,发送窗口和接收窗口的滑动并不同步,接收窗口在按序正确接收到数据帧时向右滑动,发送窗口则在接收到对窗口中最左侧数据帧的确认时向右滑动。考虑一个例子,序号空间为 0~3,序号循环使用。在 GBN 机制中,如果发送窗口为 4,接收窗口为 1,发送窗口和接收窗口分别滑动到如图 2-21(a)所示的位置,这说明接收方已经正确接收到前面的所有数据帧,等待接收下一个 0 号数据帧。如果接收方对前面 0~3 号数据帧的确认均出现差错,发送方会重传 0~3 号数据帧。接收方会将该重传的 0 号数据帧误认为是它期待的新的 0 号数据帧,由此造成接收错误。如果发送窗口为 3,则不会产生上述错误。在选择重传机制中,如果发送窗口和接收窗口均为 3,发送窗口和接收窗口分别滑动到如图 2-21(b)所示的位置,如果接收方对前面 0~1 号数据帧的确认出现差错,发送方会重传 0~1 号数据帧,但接收方也会将其视为新数据帧。产生上述问题的根本原因是序号空间不够大,使序号被过早地重用,造成接收方无法区分是重传的数据帧还是新的数据帧。从图 2-21 的示例中可以直观地观察到,序号空间必须大于或等于发送窗口与接收窗口之和,才有可能避免序号被过早重用问题。如果考虑复杂网络中数据帧传输中的乱序问题,可能会需要更大的序号空间。

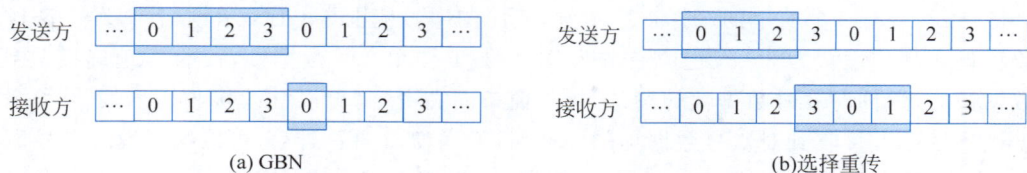

(a) GBN      (b)选择重传

图 2-21    窗口与序号空间的关系示例

### 2.1.6    点对点协议实例

点对点协议(Point-to-Point Protocol,PPP)是目前使用最广泛的点对点数据链路层协议,它为多种协议在点对点链路上传输提供支持。PPP 主要包括以下三个部分。

(1) 封装成帧:将多种协议的数据单元封装成 PPP 帧。

(2) 链路控制协议(LCP):用于建立、配置、测试数据链路的连接。

(3) 网络控制协议(NCP):用于协商网络层参数。

这里仅对 PPP 的成帧方法和链路控制协议的工作过程进行简要介绍,忽略网络控制协议的相关内容。

#### 1. PPP 帧格式

PPP 可以将多种协议的数据单元封装在 PPP 帧中进行传输,包括 LCP、NCP、IP 等。PPP 的帧格式如图 2-22 所示。帧的首部和尾部分别有一个标志字段,长度为 1B(1 字节),取值为 0x7E,用于标识帧的开始和结束,即帧定界;地址字段用于标识接收方的地址,长度为 1B,由于 PPP 运行在点对点链路上,链路只连接两个节点,接收方是唯一的,因而该字段取固定值 0xFF;控制字段为 1B,取值 0x03,无实际作用;协议字段为 2B,用于指明数据部分中封装的协议类型,如 LCP 的协议类型为 0xC021,NCP 的协议类型为 0x8021,数据部分的长度不固定,默认最大长度为 1500B;FCS 为帧校验字段,长度为 2B,用于检测 PPP 帧中出现的差错,采用 16 位 CRC 校验。PPP 不提供差错恢复功能,如果 PPP 帧在传输过程中出现差错,则被简单丢弃。

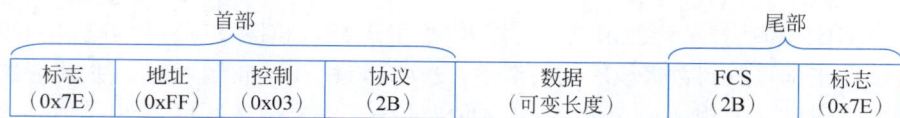

首部                 尾部

| 标志<br>(0x7E) | 地址<br>(0xFF) | 控制<br>(0x03) | 协议<br>(2B) | 数据<br>(可变长度) | FCS<br>(2B) | 标志<br>(0x7E) |
|---|---|---|---|---|---|---|

图 2-22    PPP 帧格式

PPP 支持透明传输,数据部分可以承载任何字符或比特组合,对于在数据部分出现的特殊字符或比特组合,PPP 需要对其进行处理。PPP 对于面向字节的异步链路采用字节填充,对于面向比特的同步链路采用 0 比特填充。PPP 比特填充的方法与 2.1.4 节中介绍的方法一致,0x7E 即为比特模式 01111110,发送 PPP 帧时,每遇到连续 5 个比特 1,便在之后插入 1 个比特 0,保证在传输的数据中不会出现比特模式 01111110。PPP 字节填充的方法与 2.1.4 节中介绍的方法稍有变化,PPP 使用 0x7D 作为转义字符。如果在数据部分出现 0x7E,则将其变成两个字节(0x7D,0x5E);如果在数据部分出现 0x7D,则将其变成两个字节(0x7D,0x5D);如果数据部分出现 ASCII 码控制字符(即编码值小于 0x20 的字符),则在该字符前面要加入 0x7D,字符的编码值增加 0x20,如文本结束符 ETX,其编码值为 0x03,转义后变成(0x7D,0x23)。

### 2. PPP 工作过程

我们用图 2-23 描述 PPP 的工作过程。从链路静止状态开始,当检测到物理链路可用时,即检测到链路上有载波信号时,则进入链路建立阶段。在链路建立阶段,双方通过交换 LCP 报文进行 LCP 配置协商,如果协商成功,则进入身份认证阶段;如果协商失败,则返回链路静止状态。进入身份认证阶段后,如果无须认证或认证成功,则进入网络连接阶段;如果认证失败,则进入链路终止阶段。在网络连接阶段,双方进行 NCP 配置协商,主要协商网络层参数,如 IP 地址、子网掩码等。NCP 配置协商完成后,双方之间可以进行数据传输。在 PPP 运行过程中,许多情况都会使 PPP 进入链路终止阶段,如物理链路中断、认证失败、双方交换 LCP 终止报文等。在链路终止阶段,如果所有资源都被释放,则返回链路静止状态。

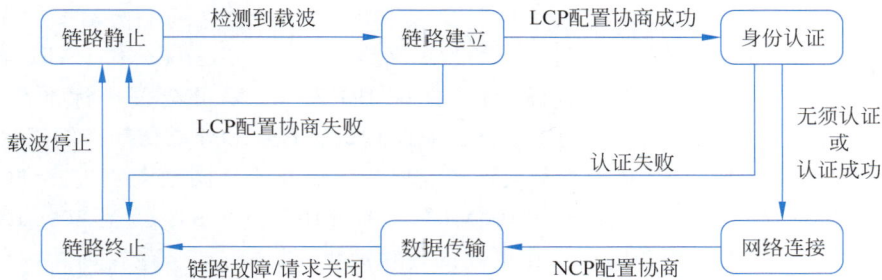

图 2-23　PPP 工作状态及转换

### 3. LCP

LCP 主要用于 PPP 链路的建立、维护和终止,通过在双方之间交换 LCP 报文来实现相应的功能。LCP 报文被封装在 PPP 帧中进行传输,其格式如图 2-24 所示。代码字段用于标识 LCP 报文类型,LCP 共定义了 11 种报文,分别用于链路配置协商、链路终止和链路维护;标识符字段用于匹配请求和响应;长度字段指明 LCP 报文按字节计的总长度,LCP 报文的总长度不能超过链路的最大接收单元(Maximum Receive Unit,MRU);LCP 数据部分的内容和格式与 LCP 报文类型相关。

| 代码<br>(1B) | 标识符<br>(1B) | 长度<br>(2B) | LCP数据<br>(可变长度) |
|---|---|---|---|

图 2-24　LCP 报文格式

在建立 PPP 链路时,双方需要就某些配置进行协商,协商的内容主要包括链路上的最大接收单元、所使用的认证协议、协议字段压缩、地址和控制字段压缩等。当物理链路可用时,首先由一方发送"配置请求"报文,其中包含发送方的链路配置参数。另一方接收到配置请求报文后,如果所有参数取值都接受,用"配置确认"报文进行响应,配置协商成功;如果全部参数都可以理解,但部分或全部参数取值不能接受,用"配置否认"报文回复,对不能接受的参数取值进行修改;如果部分或全部参数不能理解,则回复"配置拒绝"报文。后两种情况配置协商失败,需要修改链路配置参数,重新发送"配置请求"报文。

LCP用"终止请求"和"终止确认"报文终止PPP链路。想要终止PPP链路的一方持续发送"终止请求"报文，直到收到"终止确认"报文为止。另一方收到"终止请求"报文后，必须回应"终止确认"报文，并等待发起方先将链路断开。LCP链路终止报文不含数据部分。此外，LCP可以用"回送请求"和"回送应答"两个报文对链路质量进行测试。

# 2.2 以 太 网

2.1节主要探讨了两个节点直接连接所涉及的主要概念和需要解决的核心问题。从本节开始将以广泛使用的以太网和无线局域网为例，介绍多个节点相互连接的方法，以及需要进一步解决的问题。本节首先介绍共享式和交换式以太网涉及的共性技术，之后分别讨论共享式以太网和交换式以太网的组网方式和需要解决的关键问题，2.3节将对无线局域网的基本原理和组网方式进行介绍。

## 2.2.1 以太网基础

以太网（Ethernet）是目前使用最广泛的物理网络。最早由Xerox公司PARC研究中心的Robert Metcalfe和David Boggs设计，后来由IEEE 802委员会进行标准化，制定了IEEE 802.3系列标准，主要涉及IEEE 802体系结构的物理层和介质访问控制层。

以太网从诞生到现在，其技术不断创新和发展。传输介质从同轴电缆过渡到了双绞线和光纤；传输速率从10Mb/s提升至100Mb/s、1000Mb/s、10Gb/s乃至400Gb/s（1G＝$10^9$）；为了适应不同的传输介质和支持更高的传输速率，编码方式从曼彻斯特编码发展为4B/5B＋MLT-3、8B/10B＋NRZ、64B/66B、PAM4（四电平脉冲幅度调制）等，同时，在高速传输中引入了前向纠错功能，如万兆以太网的物理层使用了低密度奇偶校验（LDPC）；组网方式从共享式过渡到交换式。以太网在发展过程中充分考虑了继承性和兼容性，加之其简单、方便的组网方式，使其几乎占据了有线局域网的全部市场份额。目前以太网技术已经突破了局域网的限制，逐渐向城域网及广域连接中渗透。由于以太网物理层标准繁多且发展较快，难以一一讲解，这里主要对MAC层的功能及工作机制进行介绍。

### 1. 节点寻址

多节点连接需要解决的问题之一是节点寻址，即如何标识一个节点。在IEEE 802体系结构中，使用**MAC地址**寻址节点，并定义了统一的MAC地址格式。MAC地址通常被保存在网络接口卡中（Network Interface Card，NIC），每个网络接口卡都有一个全球唯一的MAC地址，因此该地址也被称为**物理地址**。MAC地址长度为48位，为了便于书写和表达，通常使用短线分割的十六进制数表示，如58-54-AB-31-AC-C6。为了保证MAC地址的全球唯一性，MAC地址的前24位由IEEE注册管理机构分配，被称为组织唯一标识符（Organizational Unique Identifier，OUI），每个网络接口卡生产厂商会有一个或数个OUI。MAC地址的后24位由生产厂商自行分配，由生产厂商保证其唯一性。IEEE注册管理机构为生产厂商分配的OUI可以用Wireshark OUI lookup tool查看。

MAC地址分为单播地址、多播地址和组播地址。单播地址用于一对一通信，网络接口卡中保存的MAC地址为单播地址。多播地址用于一对多通信，一个多播地址标识一个多播组，每个多播组中可以包含多个节点，发往一个多播地址的数据帧会被多播组中的所有节点接收。在 MAC 地址结构中,用第一个字节的最低位指明一个 MAC 地址是单播地址还是多播地址,该位为"0"表示单播地址,为"1"表示多播地址,如图 2-25 所示。MAC 地址中的全 1 地址为广播地址,即 FF-FF-FF-FF-FF-FF,发往广播地址的数据帧会被同一个物理网络中的所有节点接收。

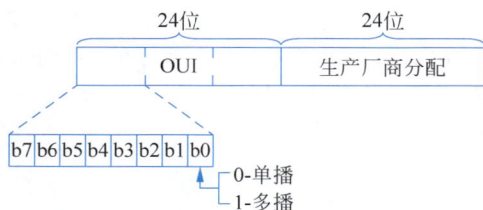

图 2-25　单播地址和多播地址标识方法

**2. 帧格式**

MAC 层的协议数据单元称为 MAC 帧。以太网只有一种帧,即数据帧,其格式比较简单,由前导码、帧开始定界符、目的地址、源地址、长度/类型、数据、帧校验序列 7 个字段组成,如图 2-26 所示。

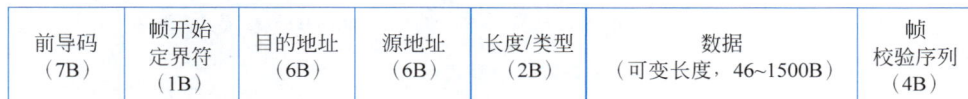

图 2-26　以太网帧格式

(1) 前导码和帧开始定界符:前导码由 7 字节的 10101010 序列组成,其作用是保证接收电路在帧的目的地址字段到来之前达到正常接收状态,使接收时钟与发送时钟同步。帧开始定界符可以视为前导码的延续,由 1 字节的 10101011 序列组成,指示帧的开始。如果将前导码与帧开始定界符一起考虑,那么在 62 位交替的"1""0"比特序列后出现"11",接收方便可以准备接收目的地址字段。前导码和帧开始定界符由物理层产生和去除,不需要保留和存储,也不计入帧的长度。

(2) 目的地址和源地址:目的地址和源地址分别为帧的接收节点和发送节点的 MAC 地址。源地址只能是单播地址,目的地址可以是单播地址、多播地址或广播地址。在处理接收到的帧时,接收节点首先判定帧的目的地址字段。如果目的地址字段既不是本节点的 MAC 地址,也不是广播地址或所属多播组的多播地址,通常情况下会抛弃该帧,除非网络接口卡被设置成混杂模式。如果网络接口卡被设置成混杂模式,则不对目的地址进行判别,会接收所有到达该网络接口卡的帧。

(3) 长度/类型:长度/类型字段的主要作用是表示数据部分按字节计数的长度,或封装数据使用的协议类型。该字段的值小于 0x800 时,用于指明数据部分的长度;该字段的值大于或等于 0x800 时,用于指明数据部分的协议类型。例如,该字段的值为 0x800,指明数据部分封装的是 IP 数据包;该字段的值为 0x806,指明数据部分封装的是 ARP 分组。

(4) 数据:数据部分用于封装上层的协议数据单元,为可变长度,最短 46B,最长 1500B。如果实际数据不足 46B,则需要将其填充到 46B。具体原因见后面冲突窗口与最小帧长度的讨论。

(5) 帧校验序列:帧校验序列用于检测接收的帧是否存在差错。以太网采用 32 位的循环冗余校验,生成多项式为 CRC-32(见表 2-2)。检测的范围包括目的地址字段、源地址字段、长度/类型字段和数据部分。

## 2.2.2　共享式以太网

共享式以太网是最早出现的以太网,因此也被称为传统以太网。在早期的共享式以太网中,所有节点通过网络接口卡连接到一条同轴电缆上,形成总线型拓扑结构,如图 2-27(a)所示。后期的共享式以太网主要采用双绞线和光纤,通过集线器进行连接,形成星状拓扑结构,如图 2-27(b)所示,集线器起到信号的整形放大作用,是物理层的中继设备。无论哪种拓扑结构,所有节点都使用共享的物理信道进行数据传输,因而星状共享式以太网可以看成总线型共享式以太网的变形。

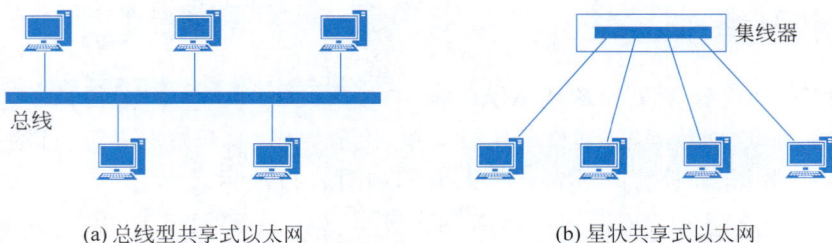

(a) 总线型共享式以太网　　　　　　　　　(b) 星状共享式以太网

图 2-27　共享式以太网

在共享式以太网中,所有节点共享同一个物理信道,每个时刻只允许一个节点使用信道。在同一时刻,如果有两个或多个节点同时发送数据,会造成信号之间的相互干扰,使接收方无法正确接收数据,这种现象称为"冲突",相互产生冲突的所有节点集合称为冲突域。冲突会造成信道资源的浪费,影响网络传输的性能。因此,在共享式以太网中,需要解决的核心问题是如何控制节点对介质的访问,以减少冲突的发生及对信道资源的浪费。

典型的介质访问控制方法主要有三类:信道划分(如同步时分、频分、码分等)、轮转方式(如轮询、令牌传递等)和随机访问(相当于统计时分)。以太网采用随机访问方式,使用带有冲突检测的载波侦听多路访问(Carrier Sense Multiple Access with Collision Detection,CSMA/CD)方法控制节点对共享信道的访问。

### 1. 发送数据帧

共享式以太网中的节点在准备发送数据帧时,分别独立执行 CSMA/CD 算法,以确定是否能将数据帧发送出去。节点发送数据帧的流程如图 2-28 所示。节点完成数据帧组装后,首先进行载波侦听,检测共享信道的忙、闲状态。如果共享信道上有载波信号,说明有其他节点正在发送数据,该节点持续检测信道状态,直到共享信道空闲为止。在共享信道空闲状态下,发送节点可以开始发送数据帧。

虽然发送数据帧之前进行载波侦听可以有效地减少冲突的发生,但并不能完全避免冲突。如果两个节点同时或几乎同时发送数据帧,仍然会产生冲突。因此,发送节点在发送数据帧的过程中,一直要监听信道,如果它接收的信号不同于发出的信号,便可以检测到冲突的发生。当发送节点检测到冲突发生时,则停止发送数据帧,并发送加强冲突信号。如果冲突次数未超过最大值(16 次),则依据二进制指数退后算法,随机选取等待时间,等待时间结束后,重新尝试发送该数据帧。如果重发次数超过 16 次,则认为网络过于繁忙或网络存在故障,本次发送以失败告终。

二进制指数退后算法是计算机网络中经常使用的算法,CSMA/CD 使用该算法选取冲突后再次重试的等待时间,其基本思想为:选择一个很小的时间片(如 $51.2\,\mu s$),记为 $\tau$,从整数集合 $\{0,1,\cdots,(2^n-1)\}$ 中随机地选取一个整数,记为 $k$,则等待时间为 $k\times\tau$。该等待

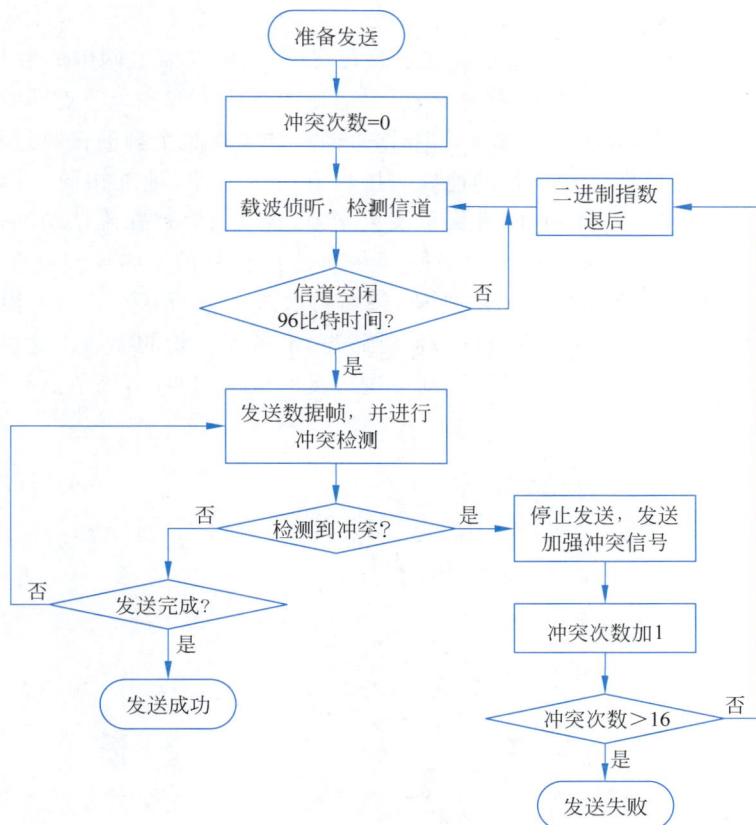

图 2-28 数据帧发送流程

时间值具有一定的随机性,可以减少节点之间重试时产生冲突的概率。上述整数集合中的 $n=\min\{$冲突次数$,10\}$,即当冲突次数小于或等于 10 时,$n$ 等于冲突次数,当冲突次数大于 10 时,$n$ 取 10,不再随着冲突次数的增加而增长。因此,该算法也被称为**载断式二进制指数退后**算法。

对于共享式以太网,负载较轻时,产生冲突的概率较小,负载较重时,产生冲突的概率会增大。因此,冲突次数能够间接地反映信道上的负载情况。$k$ 的取值范围随着冲突次数的增加而增大,可以使节点在重负载的情况下等待较长的时间,在轻负载的情况下等待较短的时间,这样既可以缓解在重负载情况下由于频繁重试对信道造成的压力,减小冲突的概率,又能够在轻负载情况下及时将数据帧发送出去。

### 2. 接收数据帧

按照 CSMA/CD 控制方法的要求,连接到共享式以太网的节点通常处于侦听状态,随时准备接收共享信道上的数据帧。由于是共享信道,一个节点发送的数据帧会到达接入共享信道的所有节点,是否接收该数据帧则取决于节点本身。如图 2-29 所示,如果节点 B 向节点 C 发送数据帧,数据帧中的目的地址为节点 C 的 MAC 地址,该数据帧会到达节点 A、C、D,其中,节点 C 保留该数据帧,节点 A 和 D 在一般情况

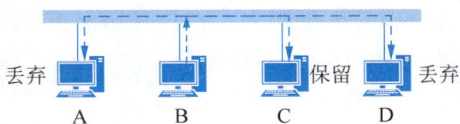

图 2-29 共享式以太网数据帧传输示例

下会丢弃该数据帧。

数据帧的接收流程如图 2-30 所示。在接收过程中,共享式以太网中的各个节点同样需要检测信道的状态。如果发现信号有畸变,说明信道中有两个或多个节点同时发送数据,产生冲突,这时必须停止接收,并将接收到的数据丢弃。如果在整个帧的接收过程中没有发生冲突,则进行目的地址匹配。如果目的地址与接收节点的 MAC 地址相同,或者是接收节点所属多播组的多播地址及广播地址,则保留该数据帧,否则丢弃。在确认帧的目的地符合接收要求之后,接收节点利用帧校验序列字段判断帧是否有差错。如果校验正确,则接收成功,系统将数据字段中的数据提交上层处理,之后再次进入侦听状态;如果校验有错误,则丢弃接收到的数据帧,接收失败,重新进入侦听状态,准备下一轮的接收。这里强调一点,如果节点的网络接口卡被设置为混杂模式,则不进行目的地址的匹配,该节点将接收到来的所有数据帧。

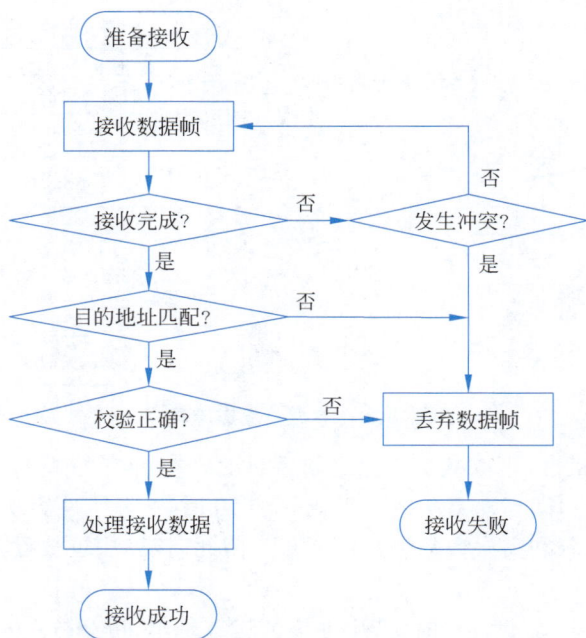

图 2-30　数据帧接收流程

以太网的 MAC 层不提供差错恢复功能,接收节点直接丢弃出错的数据帧。这样做主要基于两方面的考虑:一方面,CSMA/CD 提供了冲突检测功能,在数据帧发送完成之前能够检测到所有可能产生的冲突,如果检测到冲突,发送节点可以进行重新发送,一旦发送成功,通常情况下不会因为冲突而产生接收错误;另一方面,以太网是基于有线信道传输MAC 帧,信道的误码率很低,在一般的传输速率下,出现差错的概率很小,而对于高速以太网,在物理层增加了前向纠错功能,出现的差错可以在物理层得到纠正,也能够保证 MAC帧有较小的出错概率。在这种情况下,如果在 MAC 层提供差错恢复功能,会增加协议的复杂性,并引入较大的传输时延。

### 3. 冲突窗口与最小帧长度

在 CSMA/CD 介质访问控制方法中,需要保证发送节点在完成数据帧发送之前能够检测到所有可能产生的冲突,以便在产生冲突时进行重新发送。如果要保证发送节点能够检测到所有冲突,需要考虑可能发生冲突的时间窗口,称为冲突窗口。

考虑图 2-31 的示例,假设节点 A 和节点 B 是共享式以太网中相距最远的两个节点,A 到 B 的传播时延为 $\tau$。如果 A 在 $t$ 时刻开始发送一个数据帧(如图 2-31(a)所示),该数据帧的第一个比特将在 $t+\tau$ 时刻到达 B,在 $t+\tau$ 时刻之前 B 检测到信道一直为空闲。如果 B 在 $t+\tau-\delta$ 时刻($\delta$ 为一个极小量)发送一个数据帧(如图 2-31(b)所示),那么 B 会在 $t+\tau$ 时刻检测到冲突,并停止发送(如图 2-31(c)所示)。但是,由于传播时延的存在,A 此时还不能检测到冲突,只有当 B 发出的数据帧的第一个比特到达 A 时(即在 $t+2\tau-\delta$ 时刻),A 才能检测到冲突(如图 2-31(d)所示)。因此,一个节点从开始发送数据帧到检测到冲突的最大时间间隔约为 $2\tau$,在任何情况下,检测到冲突所用的时间都不会大于 $2\tau$,这个时间即为冲突窗口。

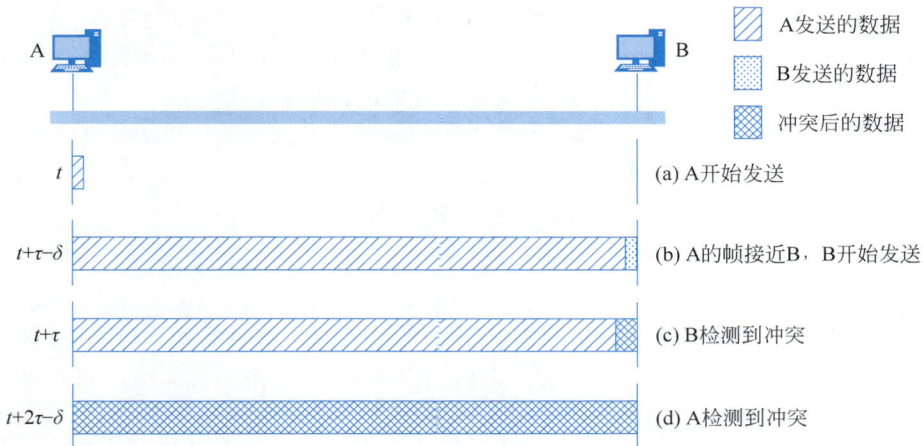

图 2-31　冲突窗口计算示意图

为了使发送节点能够在发送结束之前检测到冲突,其发送最小帧的时间应该大于冲突窗口 $2\tau$。设共享式以太网的最大覆盖范围(相距最远的节点之间的距离)为 $L_{max}$(m),电磁波在信道中的传播速率为 $C$(m/s),最小帧长度为 $F_{min}$(b),传输速率为 $R$(b/s),则最小帧长度、最大覆盖范围、传输速率之间的关系可以表示为

$$\tau = \frac{L_{max}}{C}$$

$$\frac{F_{min}}{R} \geqslant 2 \times \frac{L_{max}}{C}$$

$$L_{max} \leqslant \frac{C}{2} \times \frac{F_{min}}{R}$$

从上面的公式可以看到,如果传输速率 $R$ 固定,那么网络覆盖范围 $L_{max}$ 的增大要求最小帧长度 $F_{min}$ 也要相应地增大;如果最小帧长度 $F_{min}$ 固定,那么传输速率 $R$ 的提高要求网络覆盖范围 $L_{max}$ 要相应地减小。

考虑到以太网发展过程中的兼容性,以太网的最小帧长度为固定的 512b(即 64B)。因此,当以太网的传输速率从 10Mb/s 增加到 100Mb/s 后,最大覆盖范围缩小了约 90%。以此类推,对于更高的传输速率,共享式以太网所允许的最大覆盖范围会变得更小。为了将覆盖范围扩展到可用范围,千兆以太网采用了帧组发、载波扩展等技术。从万兆以太网开始,以太网完全抛弃了共享方式,全部采用交换方式。

#### 4. 共享式以太网的局限性

共享式以太网以其简单、廉价的特点,在早期小规模局域网组网中发挥了重要的作用。但是,随着组网规模的不断扩大、接入节点数量的增加,以及数据传输量的增长,共享式以太网存在以下局限性。

(1)规模的约束:根据前面的讨论,共享式以太网的最大覆盖范围受 CSMA/CD 介质访问控制方法限制,传输速率越高,允许的覆盖范围越小,到了万兆以太网则无法再采用 CSMA/CD 介质访问控制方法,而完全转向交换方式。

(2)带宽的约束:同一个冲突域中的节点分享信道带宽,当节点增加时,每个节点获得的带宽会下降。例如,对于千兆共享式以太网,如果接入 10 个节点,则平均每个节点可以获得 100Mb/s 的带宽,如果接入 100 个节点,则平均每个节点获得的带宽将降至 10Mb/s。此外,节点的增多,也会增加冲突的概率,造成带宽资源的浪费。

(3)灵活性约束:以太网支持多种传输速率,在实际组网中,为了提高组网的性价比,往往需要不同速率混合组网。但是共享式以太网同一个冲突域中的所有节点必须支持相同的传输速率,不支持多种速率混合组网,组网的灵活性差。

### 2.2.3 交换式以太网

从前面的分析中可以看出,在共享式以太网中,一个冲突域的覆盖范围以及能够支持的节点数都会受到限制。为了扩大共享式以太网的规模,早期使用网桥连接不同的冲突域,如图 2-32 所示。网桥是数据链路层转发设备,它可以从一个冲突域接收数据帧,并根据目的地址决定是否转发到另一个冲突域。网桥可以实现冲突域之间的隔离,即不同冲突域中的节点可以同时发送数据帧,而不会产生冲突。

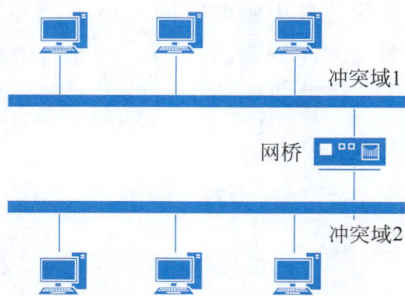

图 2-32　利用网桥连接两个冲突域

随着共享式以太网从总线型拓扑结构发展到星状拓扑结构,网桥也逐渐被交换机取代。交换机的功能与网桥类似,但在端口密度、转发能力、网络管理等方面相比于网桥有很大的提升。交换机的早期应用依然是实现冲突域的隔离,它取代集线器将单一冲突域分割成多个冲突域。例如,图 2-33(a)是一个利用集线器级联构成的共享式以太网,所有的节点属于同一个冲突域,如果将最上层的集线器换成交换机,则可以分割成三个冲突域(如图 2-33(b)所示),这样可以有效地提高信道的利用率。

随着以太网传输速率的不断提升,CSMA/CD 介质访问控制方法的局限性越来越明显,加之交换机转发性能的提升及价格的下降,目前以太网已经完全采用交换式组网方式,彻底抛弃了 CSMA/CD 介质访问控制方法。在交换式以太网中,节点不再需要执行 CSMA/CD 算法,节点的功能更加简单,交换机成为交换式以太网的核心。下面对以太交换机的基本工作原理及相关协议进行介绍。

(a) 集线器连接的单一冲突域

(b) 交换机分隔的多冲突域

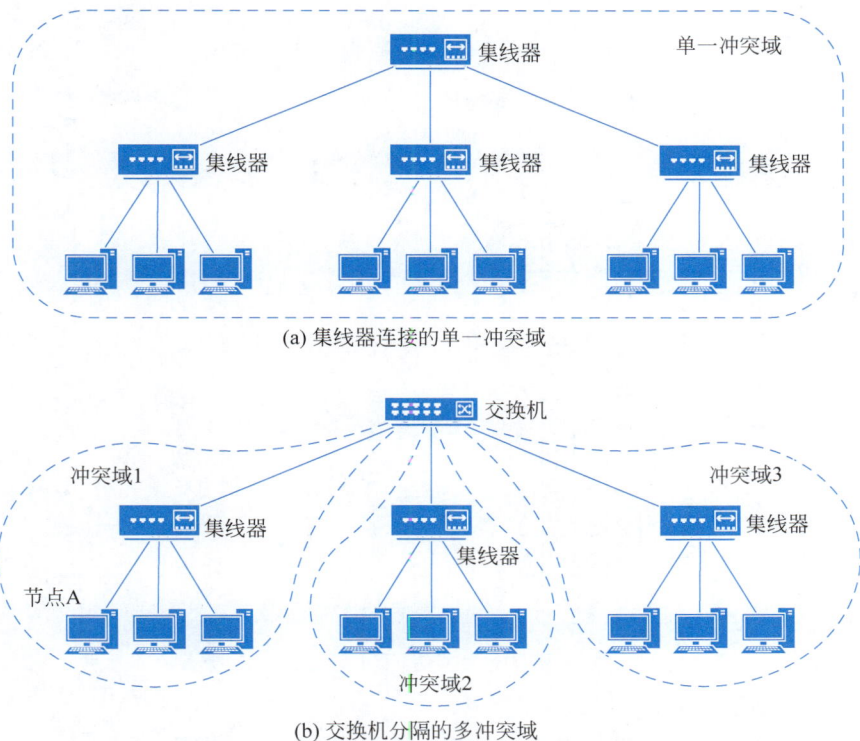

图 2-33 利用交换机隔离多个冲突域

## 1. 交换机结构及交换方式

交换机是交换式以太网的核心,由单交换机构成的交换式以太网是最基本的连接方式。图 2-34 给出一个单交换机连接的示例,交换机有 6 个端口,节点通过传输介质(双绞线或光纤)直接连接到交换机,形成星状拓扑结构。节点独享自己到交换机的链路,通常工作在全双工模式,可以同时进行数据帧的发送和接收,不需要运行 CSMA/CD 介质访问控制方法。不同的节点对之间可以并发传输,例如,A 到 B、F 到 C、E 到 D 可以同时进行数据帧传输,交换机负责数据帧的转发。

典型的以太交换机结构与工作过程如图 2-35 所示。图中的交换机有 6 个端口,分别连接节点 A、B、C、D、E 和 F。交换机中保存着一张 MAC 地址-端口映射表(或称为交换表),其中记录着 MAC 地址及其对应的交换机端口,即目的地址为该 MAC 地址的数据帧将被从相应的交换机端口转发出去。例如,图 2-35 的节点 A 向节点 E 发送数据帧,帧首部的目的地址为 E 的 MAC 地址,当数据帧到达交换机时,交换机从 MAC 地址-端口映射表中查找到该目的地址所对应的端口为 5,因此数据帧被转发到端口 5。与此同时,节点 F 也可以向节点 D 发送数据帧,交换与转发模块支持并行转发路径。以太网交换机的交换与转发方式可以分为以下三种。

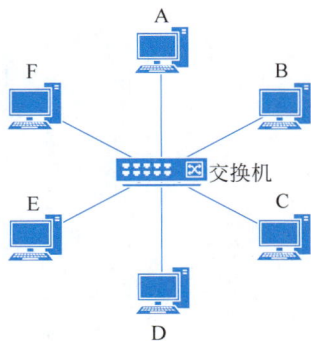

图 2-34 单交换机构成的以太网

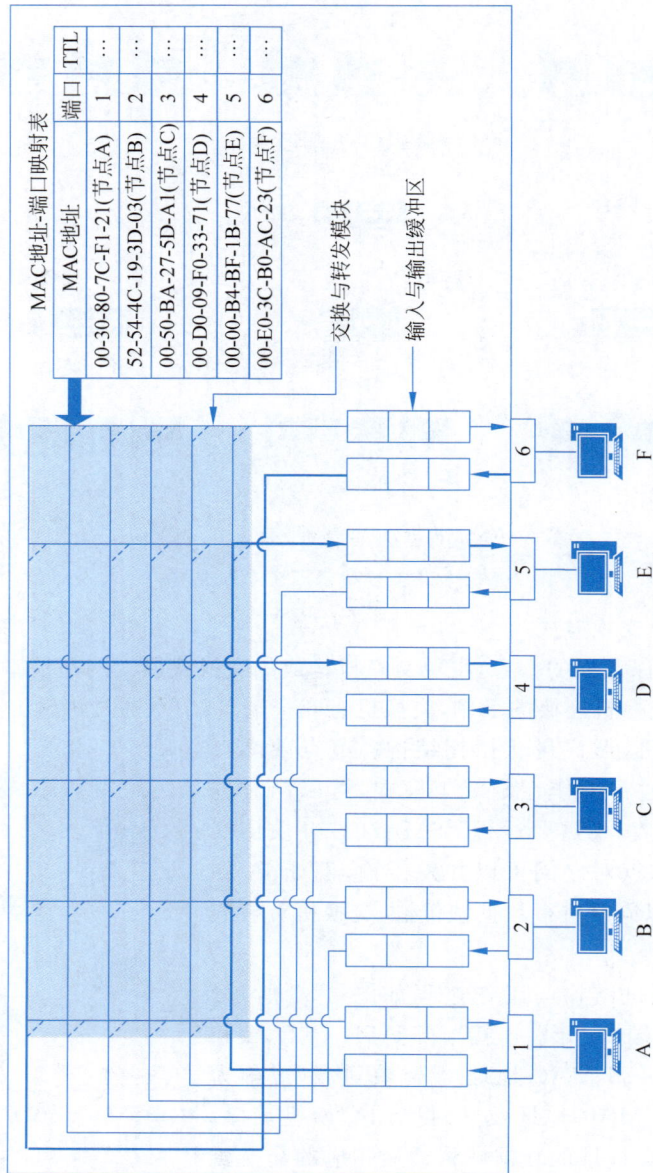

图 2-35　以太交换机结构及转发方式

（1）存储转发交换。在存储转发交换方式中,交换机首先需要完整地接收并缓存从输入端口接收的数据帧,然后对数据帧进行差错校验。如果校验发现错误,则丢弃该数据帧;如果校验正确,则取出数据帧的目的地址,通过查找 MAC 地址-端口映射表确定输出端口号,然后进行转发。存储转发方式具有差错校验能力,不会转发出现差错的数据帧,因此可以减少带宽资源的浪费。由于存储转发方式具有缓存能力,同一台交换机的不同端口可以支持不同的传输速率。存储转发交换方式的缺点是转发延时较高。

（2）直通式交换。在直通式交换方式中,交换机边接收边检测。一旦检测到目的地址字段,交换机就立即通过 MAC 地址-端口映射表查找该数据帧的输出端口,并启动转发功能。直通式交换方式不负责数据帧的差错校验,差错检测任务由节点完成。由于采用直通式交换的交换机只检查数据帧首部的前几个字节(通常是前 14 字节),不需要缓存整个数据帧,因此具有交换速度快、延迟小的特点。但是,由于直通式交换不进行差错校验,出现差错的数据帧也会被交换机转发,会造成带宽资源的浪费。同时,由于没有数据帧缓存能力,直通式交换容易造成丢帧,且要求交换机的端口运行在相同的速率。

（3）碎片隔离交换。碎片隔离交换方式是存储转发交换和直通式交换的折中,它在转发前先检查接收到的数据帧长度是否达到 64B。如果小于 64B(小于以太网的最小帧长度),很可能是冲突碎片,则丢弃该帧;如果大于 64B,则立即启动转发程序。采用碎片隔离方式,交换机的数据转发速度比存储转发交换方式快,比直通式交换方式慢。但是,由于能够避免冲突碎片的转发,当交换机的端口连接的是共享式以太网时,碎片隔离方式比直通式交换方式具有更好的整体性能。

### 2. MAC 地址的自学习

交换机中的 MAC 地址-端口映射表在数据帧转发过程中起着重要的作用。MAC 地址-端口映射表不需要提前手工配置,可以通过自学习的方式动态建立和维护。所谓自学习,是指交换机之间不需要交互信息,只依赖自身转发的数据帧便可以获得节点 MAC 地址与交换机端口之间的映射关系。MAC 地址-端口映射表自学习的基本考虑是：节点 X(设地址为 MAC-X)发送的数据帧从交换机的某个端口进入,则将发送到 MAC-X 的数据帧转发到该端口最终一定能够到达节点 X,因此这种自学习方法也称为逆向学习。

MAC 地址表自学习的基本过程为：当有数据帧到达时,交换机读取帧首部中的源地址,并记录此数据帧进入交换机的端口,从而获得发送该数据帧节点的 MAC 地址与交换机端口的映射关系。如果该 MAC 地址在交换机的 MAC 地址-端口映射表中不存在,则增加新的表项；如果已经存在,则更新对应的表项。在交换机增加或更新 MAC 地址-端口映射表的表项时,为每个表项设置一个生存时间(Time To Live,TTL),如果一个表项超过了生存时间未被更新,则从 MAC 地址-端口映射表中删除。

### 3. 数据帧转发过程

当交换机接收到数据帧时,在 MAC 地址-端口映射表中记录帧首部中源地址与进入交换机端口的映射关系,并利用帧首部中目的地址查找 MAC 地址-端口映射表。如果表项存在,判断对应的端口是否与数据帧进入的端口相同。如果相同,则丢弃该数据帧；如果不同,则将数据帧转发到相应的端口。如果表项不存在,采用洪泛策略,将数据帧转发到除进入端口之外的所有端口。

我们用如图 2-36 所示的示例描述单播数据帧的转发过程。在该示例中,S1～S4 为以太网交换机,且交换机的初始 MAC 地址-端口映射表均不包含任何表项。节点 A～F 的 MAC 地址分别记为 MAC-A～MAC-F。如果节点 A 发送数据帧到节点 E,则首先将数据帧发给 S2,S2 学习到 MAC-A 对应的端口为 2,在 MAC 地址-端口映射表中增加表项,并将数据帧洪泛到端口 1 和端口 3(由于 MAC 地址-端口映射表中为空,没有相应的表项);数据帧到达节点 B,由于目的地址不匹配,节点 B 丢弃该数据帧;数据帧到达 S1,S1 学习到 MAC-A 对应的端口为 1,在 MAC 地址-端口映射表中增加表项,并将数据帧转发到端口 2 和端口 3;S3 和 S4 执行的动作与 S1 和 S2 类似,最终数据帧到达节点 E,而节点 C、D 和 F 与节点 B 一样会丢弃该数据帧。完成该过程后,S1～S4 的 MAC 地址-端口映射表如图 2-36(a)所示。之后,节点 D 发送数据帧到节点 A,则首先将数据帧发给 S3,S3 学习到 MAC-D 对应的端口为 3,在 MAC 地址-端口映射表中增加表项,并利用 MAC-A 查找 MAC 地址-端口映射表,由于存在相应的表项,则将数据帧转发到对应的端口 1;S1 收到数据帧后,做同样处理,将数据帧转发到端口 1;S2 收到数据帧后将其转发到端口 2,最终该数据帧只会到达节点 A。完成该过程后,S1～S4 的 MAC 地址-端口映射表如图 2-36(b)所示。

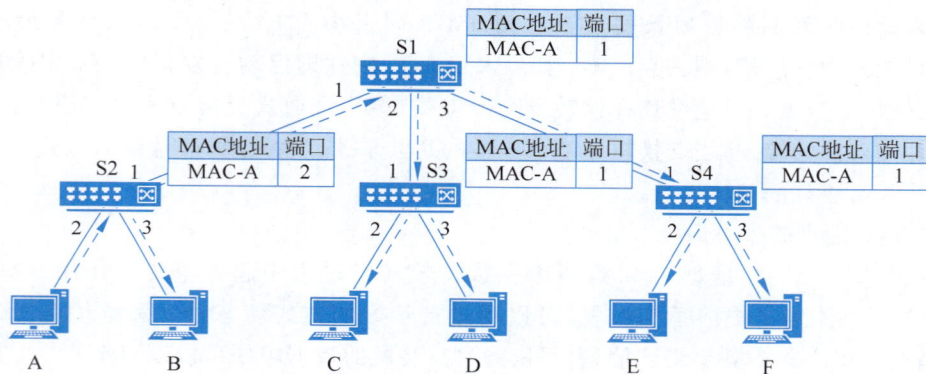

(a) 节点A向节点E发送数据帧

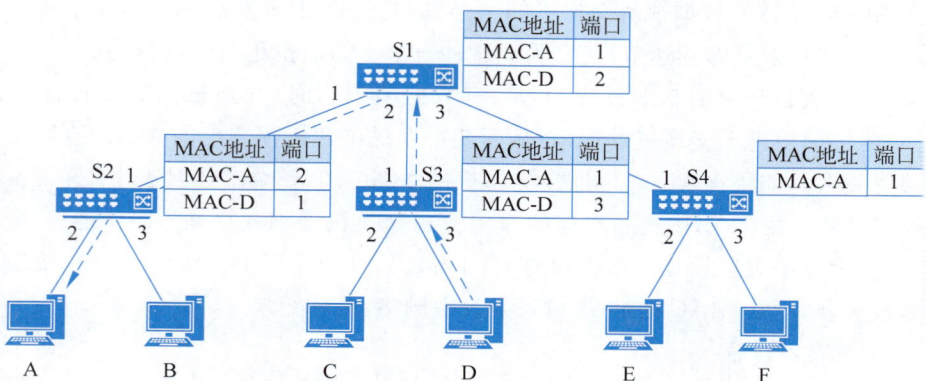

(b) 节点D向节点A发送数据帧

图 2-36　交换式以太网数据帧传输示例

### 4. 生成树协议

为了提高可靠性,在交换式以太网中通常会提供冗余链路,冗余链路会使以太网产生物理环路。物理环路会带来两方面的问题。一是广播风暴问题。交换机不隔离广播帧,当它收到目的地址为全 1 的广播帧时,会转发到其他所有端口。当存在物理环路时,广播帧会被循环转发,从而产生大量的广播流量,造成网络资源严重浪费。二是 MAC 地址-端口映射表波动。当一个帧的多个副本从不同端口到达时,交换机会不断修改同一 MAC 地址对应的端口,引起 MAC 地址-端口映射表波动。在如图 2-37 所示的示例中,A 发送一个广播帧,S2 收到后向其他所有端口转发,S1 和 S3 也是如此,该广播帧会被循环转发,产生大量的广播流量。S1 第一次从端口 1 收到该广播帧,学到 MAC-A 对应的端口为 1,之后该广播帧又从端口 2 进入,S2 将 MAC-A 对应的端口改为 2,如此反复,会造成 MAC 地址-端口映射表振荡。

为了解决上述问题,通常使用生成树协议(Spanning Tree Protocol,STP)来解决物理环路问题。STP 是一种链路管理协议,由 IEEE 802.1d 标准定义,它通过选择性地在逻辑上阻塞某些端口,将有环结构修剪成一棵逻辑无环树(称之为生成树或 STP 树)。当生成树中的路径出现故障时,会启用部分被阻塞的端口,重新建立生成树。在 STP 中,由于历史原因,运行 STP 的设备(如交换机)被统称为网桥,每个网桥都有一个桥 ID,桥 ID 由 2B 的桥优先级和 6B 的桥 MAC 地址组成,可以通过优先级的设置来影响生成

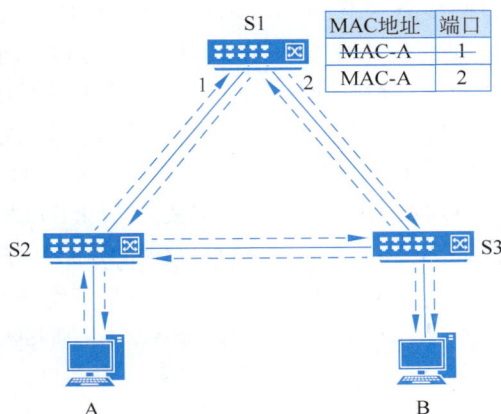

图 2-37　物理环路引入的问题

树的结构。网桥的每个端口都有一个 16b 的端口 ID,前 4b 是端口优先级,后 12b 是端口编号。运行 STP 的网桥之间通过桥协议数据单元(Bridge Protocol Data Unit,BPDU)交换信息。BPDU 中主要包含根桥 ID、根路径代价、发送桥 ID、端口 ID 等信息。下面简要介绍 STP 工作过程。

1) 根桥选举

根桥是生成树的树根。在初始时,每个网桥都以自己为根桥,从所有端口发送 BPDU,宣告自己是根桥。收到 BPDU 的网桥会比较 BPDU 中的根桥 ID(RID)与自己保存的根桥 ID(先比较优先级,优先级相同时比较 MAC 地址),选择根桥 ID 小的作为新根桥,未成为根桥的网桥称为非根桥。非根桥不再主动发送 BPDU,只对接收到的 BPDU 进行修改并转发。经过网桥之间的反复交互,最终选举出桥 ID 最小的网桥作为根桥。根桥会以一定时间间隔发送 BPDU,非根桥对 BPDU 进行转发。

如图 2-38 所示,三个网桥最初都宣告自己为根桥,当 S2 接收到 S1 发送的 BPDU 时,发现 BPDU 中的 RID 优先级更小,则将 S1 作为根桥。当 S3 接收到 S2 发送的 BPDU 时,发现 BPDU 中的 RID 优先级与自己的相同,则比较 MAC 地址部分,由此选择 S2 作为根桥。之后 S3 又接收到 S1 发送的 BPDU,发现 BPDU 中的 RID 优先级更小,重新选择 S1 作为根桥。最终 S1、S2 和 S3 选举 S1 为根桥,S1 和 S2 为非根桥。

2) 根端口选举

非根桥到达根桥可能存在多条路径,从非根桥的一个端口到达根桥的路径代价称为该

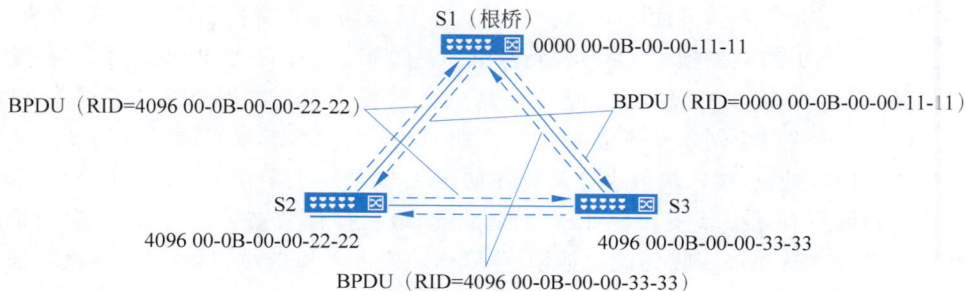

图 2-38　根桥选举示例

端口的**根路径代价**（Root Path Cost, RPC）。根桥所有端口的 RPC 视为 0。一个端口的 RPC 是相应路径上所有端口代价的总和，带宽越大端口代价越小。为了确保非根桥到根桥路径的唯一性且最优，每个非根桥需要选举出 RPC 最小的端口作为根端口。当网桥从某个端口接收到 BPDU 时，如果其中的根桥 ID 与自己保存的一致，且该端口的 RPC（BPDU 中的 RPC＋自己的端口代价）比当前根端口的 RPC 小，则选择该端口为新根端口。如果 RPC 相等，则依次比较发送桥 ID、发送方口 ID、本地端口 ID，比较过程中小者优先。

如图 2-39 所示，假设端口代价均为 10，S2 从端口 1 接收到 S1 发送的 BPDU，加上端口 1 的代价后 RPC 为 10；S3 从端口 2 接收到 S1 发送的 BPDU，加上端口 2 的代价后 RPC 为 10；S2 从端口 2 接收到 S3 的 BPDU，加上端口 2 的代价后 RPC 为 20，因此，S2 选择端口 1 为根端口。同理，S3 选择端口 2 为根端口。

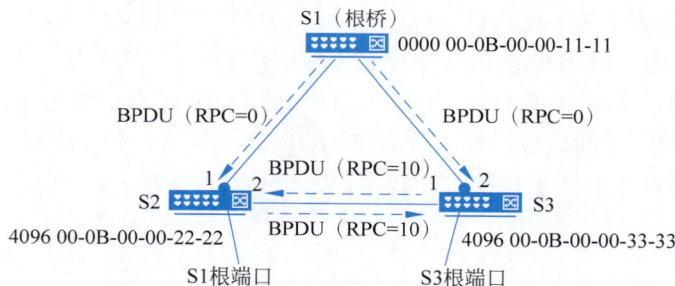

图 2-39　根端口选举示例

3）指定端口选举

根端口保证了非根桥到根桥路径的唯一性，为了防止环路，每条链路还需要选举出一个指定端口。当网桥从某个端口接收到 BPDU 时，首先比较其中的 RPC 与该端口的 RPC，选择 RPC 小的端口作为指定端口。如果 RPC 相同，比较发送桥 ID 与自己的桥 ID，选择桥 ID 小的端口作为指定端口。根桥的所有端口都是指定端口，与根桥连接的链路不需要选举指定端口。如果一个端口既不是根端口也不是指定端口，则在逻辑上被阻塞。被阻塞的端口可以监听 BPDU，但不进行转发。

如图 2-40 所示，S2 端口 2 的 RPC 继承了根端口的 RPC（＝10），S2 从端口 2 接收到 S3 发送的 BPDU，其中的 RPC 也为 10，因此，S2 用自己的桥 ID 与 BPDU 中的发送桥 ID 进行比较，由于 S3 的桥 ID 大于 S2 的桥 ID，因此 S2 的端口 2 被选为指定端口。而 S3 经过类似的过程后，会将自己的端口 1 阻塞。

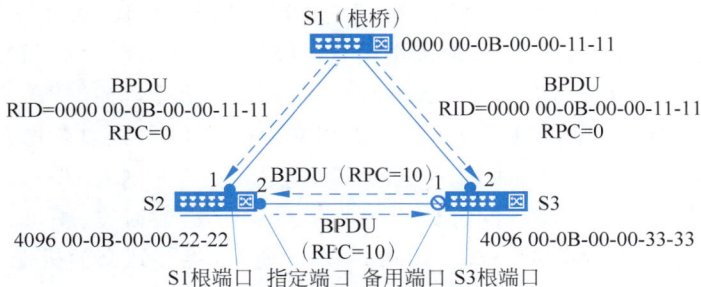

图 2-40　指定端口选举示例

生成树协议的主要缺点是收敛速度慢(至少需要 30s),链路利用率低。为了提高收敛速度,在 STP 的基础上提出了快速生成树协议(Rapid Spanning Tree Protocol,RSTP)。RSTP 能够在拓扑发生变化时加速重建生成树的过程,可以使收敛时间降到几百毫秒。在此之后,IEEE 802.1s 标准又将单生成树扩展为多生成树,提出了多生成树协议(Multiple Spanning Tree Protocol,MSTP)。MSTP 可以为虚拟局域网(VLAN)构建生成树实例,以支持负载均衡。

### 2.2.4　虚拟局域网

虚拟局域网(Virtual LAN,VLAN)是在交换式以太网基础上发展起来的一种技术。利用这种技术,可以进一步提高交换式以太网的传输效率,增强网络的安全性,降低网络管理的成本。本小节将对虚拟局域网的工作原理进行介绍。

#### 1. VLAN 的提出

交换式以太网能够分割冲突域,从而降低冲突发生的概率,提高以太网的可扩展性。但是交换式以太网并不能缩小广播帧的传播范围。对于目的地址为 FF-FF-FF-FF-FF-FF 的广播帧,交换机采用洪泛策略,将其转发到除到达端口之外的所有端口,以保证网络中所有节点都能够接收到广播帧。广播帧的传播范围称为广播域,一个连通的以太网就是一个广播域,其中任何一个节点发送的广播帧都能被转发到网络中的所有节点。例如,如图 2-41 所示的网络为一个广播域,如果节点 X 发送一个广播帧,交换机接收到广播帧后会将其洪泛到其他所有端口,最终该广播帧会到达网络中其他所有节点。对于大规模以太网,如果广播帧出现得比较频繁,会消耗大量的网络带宽资源及节点的处理资源。

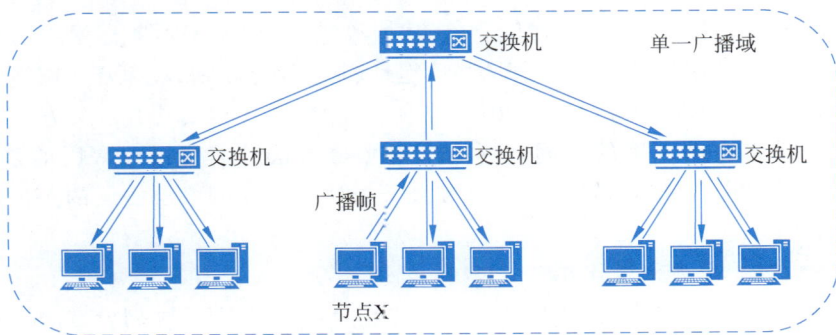

图 2-41　广播域示例

与此同时,以太交换机在接收到数据帧时,如果在 MAC 地址-端口映射表中<del>未</del>查找到数据帧中目的地址所对应的表项,也会采用洪泛机制进行转发,将数据帧转发到除进入端口之外的所有端口,这样数据帧会到达无关的节点,从而带来安全隐患。

虚拟局域网是隔离广播域的一种方法。它以交换机为基础,通过软件方式,将连接到交换机的节点划分成逻辑工作组,即 VLAN。每个 VLAN 为一个独立的广播域,VLAN 之间不能直接进行数据帧的转发,因此,一个 VLAN 中的节点发送的广播帧,也不会被转发到另一个 VLAN,从而实现广播域的隔离。如图 2-42(a)所示,连接到交换机上的节点被划分为两个 VLAN,即 VLAN1 和 VLAN2。如果 VLAN2 中的节点 X 发送一个广播帧,交换机接收到广播帧后,只会将其转发给 VLAN2 中的其他节点(节点 Y 和 Z),不会转发给 VLAN1 中的节点,从而缩小广播帧的传播范围。

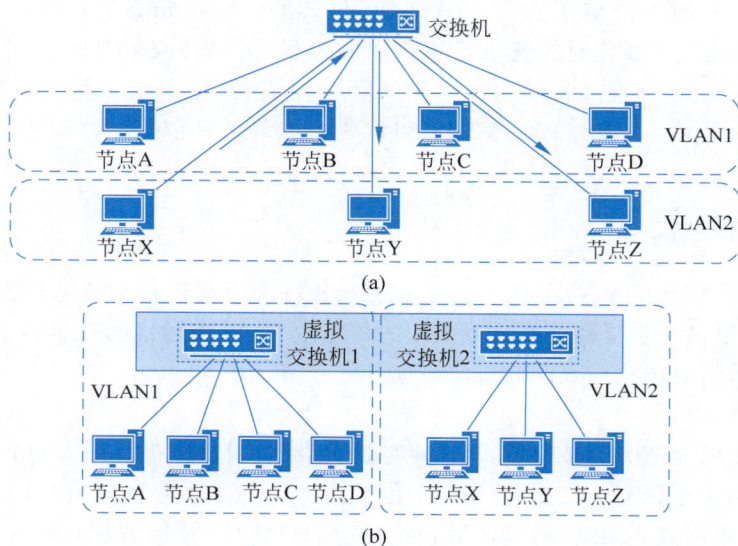

图 2-42　VLAN 示意图

从虚拟化的角度,可以看作从图 2-42(a)中的实体交换机中虚拟出了两台虚拟交换机,即虚拟交换机 1 和虚拟交换机 2,两台虚拟交换机相互独立,如图 2-42(b)所示。节点 A、B、C、D 连接到虚拟交换机 1,形成 VLAN1,节点 X、Y、Z 连接到虚拟交换机 2,形成 VLAN2。

## 2. VLAN 的划分方法

VLAN 逻辑工作组可以根据部门、应用、功能等进行组织,无须考虑用户的物理位置。VLAN 的划分可以采用基于端口、基于 MAC 地址、基于网络层协议、基于策略等多种方法,不同的划分方法具有不同的特点,其区别主要表现在对 VLAN 成员的定义方法上,网络管理员需要按照网络应用环境的不同选择合适的划分方法。本节将对常用的基于端口的 VLAN 划分方法、基于 MAC 地址的 VLAN 划分方法和基于网络层协议的 VLAN 划分方法进行简要介绍。

### 1) 基于端口的 VLAN 划分方法

在实际中,基于端口的静态 VLAN 划分方法是最常用的 VLAN 划分方法,网络管理员通过手工配置,将交换机上的端口划分给某个 VLAN,如果要改变端口所属的 VLAN,需要手工重新配置。基于端口的静态 VLAN 划分方法简单、安全性高,如果节点位置相对稳定,该方法是一种比较好的选择。

在如图 2-43 所示的基于端口的 VLAN 划分中,交换机的端口 1、2、6、7 被划分到 VLAN1,端口 3、4、5 被划分到 VLAN2。通过手工配置后,交换机中会建立一个 VLAN 分配表,记录每个 VLAN 的 VLAN 号及包含的端口。从一个端口收到的数据帧只能向相同 VLAN 所包含的端口转发,假设从端口 1 接收到数据帧,由于端口 1 只属于 VLAN1,因此只可能向 VLAN1 所包含的端口 2、6、7 转发,不会向端口 3、4、5 转发。

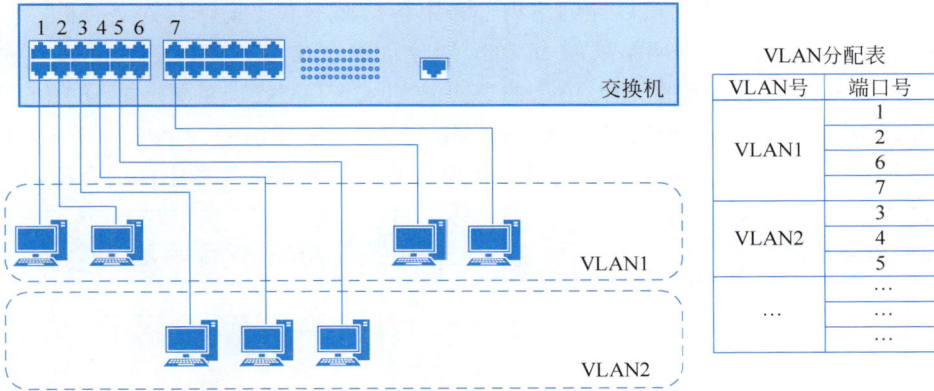

图 2-43　基于端口的 VLAN 划分

2) 基于 MAC 地址的 VLAN 划分方法

如果以 MAC 地址为基础划分 VLAN,网络管理员可以指定具有哪些 MAC 地址的节点属于哪一个 VLAN,不需要考虑这些节点连接到交换机的哪个端口上。如果节点从一个端口变换到另一个,只要节点的 MAC 地址不改变,它仍属于原有的 VLAN,不需要网络管理员对交换机进行重新配置。在图 2-44 的示例中,MAC 地址为 00-30-80-7C-F1-21、52-54-4C-19-3D-03 和 00-50-BA-27-5D-A1 的节点属于 VLAN1,MAC 地址为 04-05-03-D4-E3-2A、04-0E-C4-FE-51-3A 和 07-0E-76-BC-CF-3D 的节点属于 VLAN2。在 VLAN 分配表中记录了每个 VLAN 的 VLAN 号及所包含的 MAC 地址。

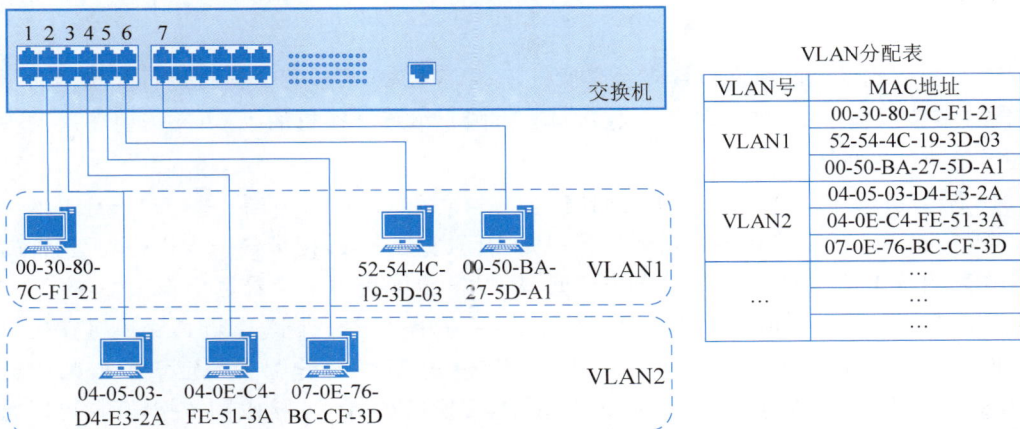

图 2-44　基于 MAC 地址的 VLAN 划分

采用这种 VLAN 划分方法,需要将网络中每个节点的 MAC 地址绑定到特定的 VLAN。如果网络的规模比较大,网络管理员的初始配置工作量比较大。另外,当节点更换网络接口卡时,网络管理员也需要对 VLAN 的配置进行相应的改变。

3)基于网络层协议的 VLAN 划分方法

基于网络层协议的 VLAN 划分方法根据网络层使用的协议(如 IP、IPX)、网络层的地址(如 IP 地址)定义 VLAN 中的成员。基于网络层的 VLAN 划分方法特别适合于针对具体应用和服务组织用户,用户可以在网络内部自由移动而不需要重新配置交换机。

图 2-45 给出了一个基于网络层的 VLAN 划分示例。在图 2-45(a)中,使用 IP 协议的网络节点被划入 VLAN1,使用 IPX 协议的节点被划入 VLAN2。在图 2-45(b)中,IP 地址前缀为 202.113.25.0/24 的所有节点被划入 VLAN1,IP 地址前缀为 202.113.27.0/24 的所有节点被划入 VLAN2。关于 IP 协议和 IP 地址的概念将在第 3 章中详细介绍。

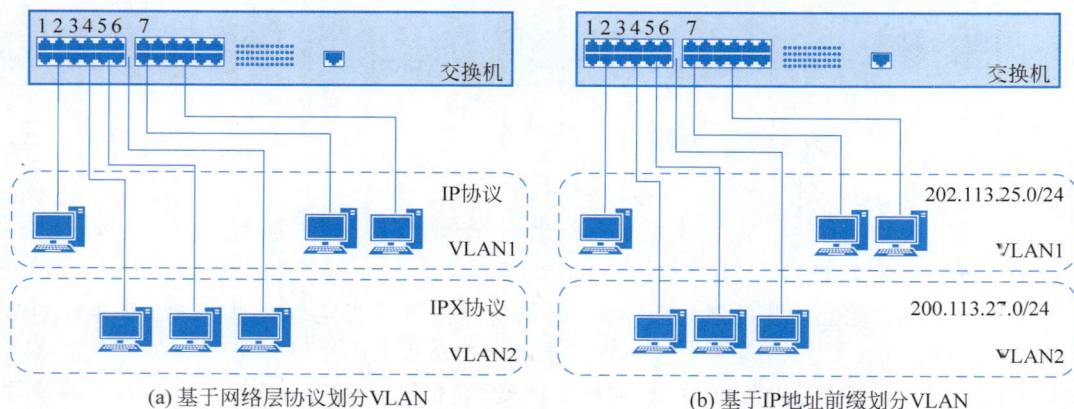

(a) 基于网络层协议划分 VLAN　　　　　　(b) 基于 IP 地址前缀划分 VLAN

图 2-45　基于网络层的 VLAN 划分

采用这种 VLAN 管理策略,交换机不仅需要分析数据帧的首部信息(如目的地址等字段等),还需要进一步分析数据部分所包含的网络层协议,因此,交换机的转发性能会受到一定的影响。

### 3. 跨交换机 VLAN

一个交换式以太网通常包含多台交换机,一个 VLAN 可以跨交换机进行配置。为了便于讨论,本节以基于端口的 VLAN 划分方法为例介绍跨交换机的 VLAN 需要解决的关键问题及解决问题的方法。

1)跨交换机 VLAN 需要解决的问题

支持 VLAN 的交换机通常需要保存一张 VLAN 分配表,记录各个 VLAN 所包含的成员。在采用基于端口的 VLAN 划分方法时,VLAN 分配表中记录着每个 VLAN 的 VLAN 号及其所包含的端口,如图 2-43 所示。当 VLAN 在单一交换机上实现时,交换机在接收数据帧时即可以获知数据帧的进入端口,从而可以通过 VLAN 分配表判定该数据帧所属的 VLAN 及可以转发的方向。例如,在图 2-43 中,交换机在端口 1 接收到数据帧时,可以通过 VLAN 分配表获知该数据帧属于 VLAN1,该数据帧只可能被转发到端口 2、端口 6 或端口 7。但是,当 VLAN 跨两台或多台交换机时,由于连接交换机与交换机的中继线需要传递属于多个 VLAN 的数据帧,仅依靠每个交换机中的 VLAN 分配表无法获知一个数据帧属于哪个 VLAN。

例如,在如图 2-46 所示的网络结构中,VLAN1 包含交换机 1 的端口 2 和端口 7,交换机 2 的端口 3 和端口 8;VLAN2 包含交换机 1 的端口 5 和端口 10,交换机 2 的端口 6 和端口 11。交换机 1 的端口 12 与交换机 2 的端口 1 通过中继线相连。由于中继线上既要传输 VLAN1 的数据帧又要传输 VLAN2 的数据帧,因此交换机 1 的端口 12 和交换机 2 的端口 1 既属于 VLAN1 又属于 VLAN2。当交换机 1 收到从端口 2 到来的数据帧 F1 时,它通过查看自己的 VLAN 分配表可以判定该数据帧属于 VLAN1,只可能向端口 7 和端口 12 转发。如果该数据帧向端口 12 转发,那么交换机 2 将在自己的端口 1 接收到该数据帧。由于交换机 2 的端口 1 既属于 VLAN1 又属于 VLAN2,如果接收的数据帧中没有携带该数据帧属于哪个 VLAN 信息,交换机 2 则无法转发该数据帧。

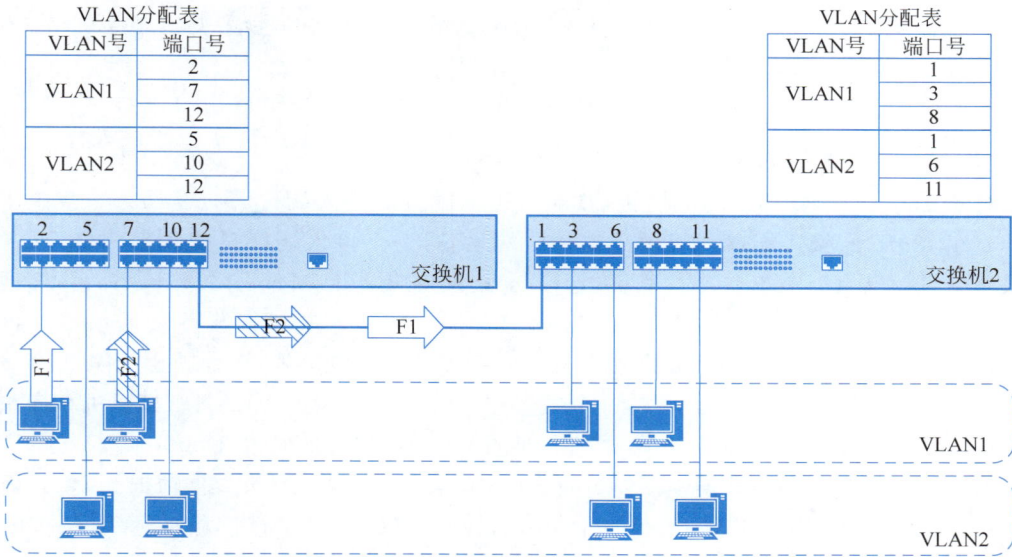

图 2-46 跨交换机 VLAN 示例

为了解决交换机之间 VLAN 信息的传递问题,IEEE 制定了 802.1Q 标准,该标准于 1999 年 6 月正式颁布实施。IEEE 802.1Q 标准通过对以太帧格式进行扩展,使交换机之间转发的数据帧能够携带所属的 VLAN 信息,从而使接收数据帧的交换机能够决定数据帧的转发方向。

2) IEEE 802.1Q 帧格式

IEEE 802.1Q 在以太帧的源地址和长度/类型字段之间增加了 4B 的 802.1Q 标记字段,这种帧被称为 802.1Q 标记帧,如图 2-47 所示。802.1Q 标记由标记协议标识符(Tag Protocol Identifier,TPID)和标记控制信息(Tag Control Information,TCI)两部分组成。

(1) 标记协议标识符:该部分占 2B,用于指明所使用协议的类型。当该字段的值为 0x8100 时,指明是 802.1Q 帧。当交换机检测到 TPID 字段为 0x8100 时,就可以判断该帧为携带 802.1Q 标记的数据帧。

(2) 标记控制信息:该部分占 2B,由优先级、规范格式指示符(Canonical Format Indicator,CFI)和 VLAN 标识符三部分组成。优先级占 3b,用于指明数据帧的优先级,

IEEE 802.1Q 定义了 8 个优先级(0~7),0 为最高优先级,交换机可以参考该字段的值为数据帧的转发制定不同的优先级。CFI 占 1b,用于指明数据帧是否符合以太网规范,在以太网交换机中,CFI 总被置为 0。VLAN 标识符(VID)占 12b,用于标识数据帧所属的 VLAN号。由于 0 和 4095 留作他用,VLAN 标识符的取值为 1~4094。

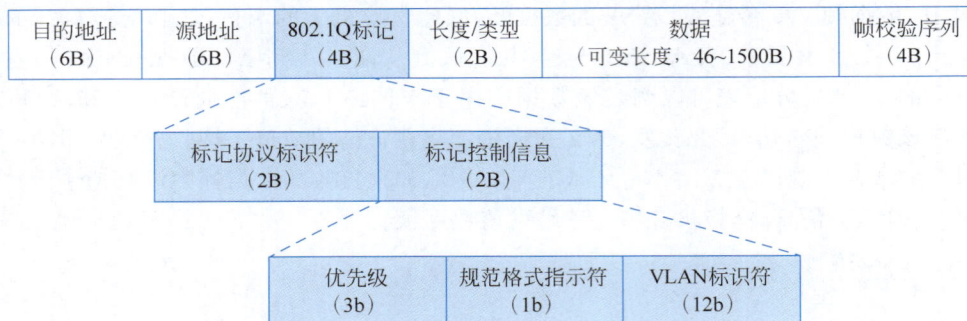

| 目的地址<br>(6B) | 源地址<br>(6B) | 802.1Q标记<br>(4B) | 长度/类型<br>(2B) | 数据<br>(可变长度,46~1500B) | 帧校验序列<br>(4B) |
|---|---|---|---|---|---|

| 标记协议标识符<br>(2B) | 标记控制信息<br>(2B) |
|---|---|

| 优先级<br>(3b) | 规范格式指示符<br>(1b) | VLAN标识符<br>(12b) |
|---|---|---|

图 2-47　802.1Q 标记帧格式

3) 802.1Q 交换机对数据帧的处理

对于支持 802.1Q 标准的交换机,其端口可以配置成接入端口(Access Port)或主干端口(Trunk Port)。接入端口一般用于连接终端设备,一个接入端口只能属于一个 VLAN。从接入端口转发出去的数据帧不带 802.1Q 标记,即使原数据帧带有 802.1Q 标记,交换机在向接入端口转发之前,需要将 802.1Q 标记去掉。从接入端口接收的数据帧不应该带802.1Q 标记,如果从接入端口接收到带有 802.1Q 标记的数据帧,交换机会将其丢弃。主干端口一般用于交换机之间的级联,一个主干端口可以属于多个 VLAN。交换机在向主干端口转发数据帧之前,需要判定该数据帧所属的 VLAN,进而形成包含 802.1Q 标记的数据帧。从主干端口接收到的数据帧需要带有 802.1Q 标记,交换机解析数据帧中的 802.1Q 标记得到 VLAN 号,如果 VLAN 号为主干端口所属的 VLAN,则进行正常处理;如果 VLAN号不是主干端口所属的 VLAN,则丢弃该数据帧。

为了进一步理解跨交换机 VLAN 的工作过程,下面以图 2-48 为例,较为完整地介绍802.1Q 交换机对数据帧的处理过程。在图 2-48 中,交换机 1 的端口 12 通过中继线与交换机 2 的端口 1 相连,交换机 1 的端口 12 和交换机 2 的端口 1 为主干端口,支持 802.1Q 标记帧的发送和处理。假设交换机 1 和交换机 2 当前的 MAC 地址-端口映射表如图中所示,这时节点 A 向节点 B 发送数据帧 $F_{AB}$,则数据帧的处理过程如下。

(1) 节点 A 形成数据帧 $F_{AB}$ 并开始发送(源地址为节点 A 的 MAC 地址,目的地址为节点 B 的 MAC 地址),交换机 1 从端口 2 接收到 $F_{AB}$。由于节点 A 不支持 802.1Q,交换机 1 从端口 2 接收到的 $F_{AB}$ 不包含 802.1Q 标记。

(2) 交换机 1 根据本地的 VLAN 分配表和 MAC 地址-端口映射表,确定 $F_{AB}$ 所属的VLAN(即 VLAN1),并决定 $F_{AB}$ 的转发去向。如果节点 B 的 MAC 地址出现在 MAC 地址-端口映射表中,同时对应的端口号又为 VLAN1 的成员,那么交换机直接向该端口转发$F_{AB}$;否则,交换机 1 需要向接收端口 2 之外的所有 VLAN1 的成员端口转发 $F_{AB}$。在本例中,由于节点 B 的 MAC 地址对应于端口 12,而且端口 12 为 VLAN1 的成员,因此交换机直接将 $F_{AB}$ 转发至端口 12。

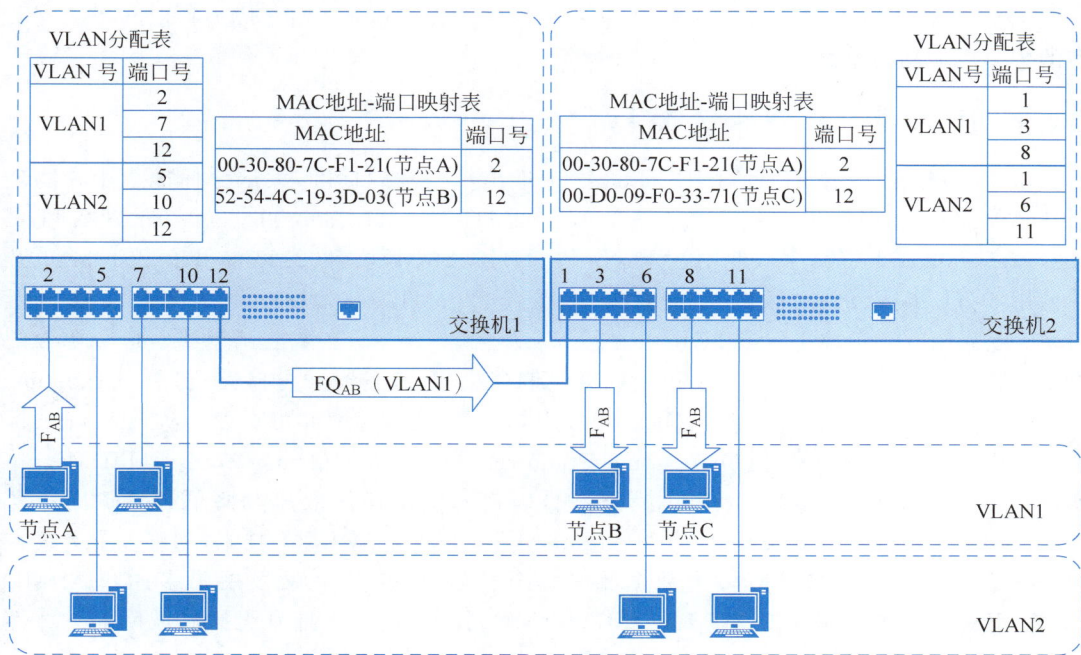

图 2-48 802.1Q 交换机的数据帧处理过程

（3）由于端口 12 为主干端口，因此交换机 1 首先需要在 $F_{AB}$ 中插入 802.1Q 标记，形成新的数据帧 $FQ_{AB}$，其中，VLAN 标识符为 VLAN1，之后从端口 12 发出 $FQ_{AB}$。

（4）交换机 2 从端口 1 接收到 $FQ_{AB}$，通过分析 $FQ_{AB}$ 中的 802.1Q 标记字段，即可判定该数据帧属于 VLAN1。

（5）根据本地的 VLAN 分配表和 MAC 地址-端口映射表，交换机 2 确定 $FQ_{AB}$ 的转发去向，具体过程与步骤（2）类似。由于节点 B 的 MAC 地址没有出现在交换机 2 的 MAC 地址-端口映射表中，因此，交换机 2 向接收端口 1 之外的 VLAN1 成员端口（即端口 3 和端口 8）转发 $FQ_{AB}$。由于端口 3 和端口 8 不是主干端口，因此，交换机 2 在发送数据帧之前需要将 $FQ_{AB}$ 中的 802.1Q 标记删除，还原为数据帧 $F_{AB}$。

（6）节点 B 和节点 C 接收到 $F_{AB}$。由于 $F_{AB}$ 的目的地址是节点 B 的 MAC 地址，因此，节点 B 继续处理 $F_{AB}$，而节点 C 将其丢弃。

## 2.3 无线局域网

无线局域网（Wireless Local Area Network，WLAN）是指利用非引导性介质（无线介质）构建的计算机局域网。20 世纪 90 年代，蜂窝移动通信系统和无线传输技术快速发展，无线传输速率和可靠性得到了有效提升。与此同时，利用免许可证的工业、科学和医疗频段（Industrial Scientific and Medical Band，ISM 频段）构建无线局域网也受到了广泛关注。1997 年，IEEE 发布了第一个无线局域网标准 IEEE 802.11—1997，主要涉及 IEEE 802 体系结构的物理层和介质访问控制层，该标准的发布对无线局域网的发展起到了关键性作用。之后的 20 余年，IEEE 推出了 IEEE 802.11 系列标准，这些标准在无线传输技术方面不断创新和发展,最大吞吐率从最初的 2Mb/s 发展到目前的 30Gb/s,使之成为目前与以太网共存的主要局域网技术之一。

### 2.3.1 IEEE 802.11 标准与 Wi-Fi

从 1997 年至今,IEEE 针对 IEEE 802.11 推出了一系列标准,大部分标准集中在物理层技术的改变,主要标准包括 802.11—1997、802.11b、802.11a、802.11g、802.11n、802.11ac、802.11ax、802.11be 等,多数使用 2.4GHz 和 5GHz ISM 频段,802.11ax 和 802.11be 也开始使用 6GHz 频段,最大频宽从 20MHz 扩展到 320MHz,最大吞吐率从 2Mb/s 提升至 11Mb/s、54Mb/s、600Mb/s、6.8Gb/s、9.6Gb/s 乃至 30Gb/s。在载波调制和信道资源分配方面,从 802.11a 标准开始引入了正交幅度调制(QAM)和正交频分多路复用(Orthogonal Frequency Division Multiplexing,OFDM)技术,以提高传输速率和可靠性。从 802.11ax 标准开始引入了正交频分多址(Orthogonal Frequency Division Multiple Access,OFDMA)技术进行信道资源分配,实现多节点并行传输,以提升信道使用效率和降低传输时延。从 802.11n 标准开始采用多入多出(Multi Input Multi Output,MIMO)技术,利用多个天线在同一信道上同时发送和接收多个数据流来提升传输速率,之后又发展了多用户 MIMO(MU-MIMO)和协同多用户 MIMO(CMU-MIMO)技术,进一步提升无线局域网的总体性能。IEEE 802.11 系列标准的主要技术参数如表 2-4 所示。

表 2-4　IEEE 802.11 系列标准

| 标准号 | 发布时间 | 工作频率 | 频宽 | 最大速率 | 调制方法/信道资源分配 |
| --- | --- | --- | --- | --- | --- |
| 802.11—1997 | 1997 | 2.4GHz | 20MHz | 2Mb/s | FHSS/DSSS |
| 802.11b | 1999 | 2.4GHz | 22MHz | 11Mb/s | DSSS/CCK |
| 802.11a | 1999 | 5GHz | 20MHz | 54Mb/s | OFDM |
| 802.11g | 2003 | 2.4GHz | 20MHz | 54Mb/s | OFDM<br>DSSS/CCK |
| 802.11n<br>(Wi-Fi 4) | 2009 | 2.4/5GHz | 20/40MHz | 600Mb/s | MIMO-OFDM |
| 802.11ac<br>(Wi-Fi 5) | 2015 | 5GHz | 20/40/80/160MHz | 6.8Gb/s | OFDM<br>下行 MU-MIMO |
| 802.11ax<br>(Wi-Fi 6) | 2019 | 2.4/5GHz | 20/40/80/160MHz | 9.6Gb/s | OFDMA<br>上下行 MU-MIMO |
| 802.11ax<br>(Wi-Fi 6E) | 2021 | 6GHz | 20/40/80/160MHz | 9.6Gb/s | OFDMA<br>上下行 MU-MIMO |
| 802.11be<br>(Wi-Fi 7) | 2024 | 2.4/5/6GHz | 20/40/80/160/320MHz | 30Gb/s | OFDMA<br>CMU-MIMO |

通常将符合 IEEE 802.11 标准的无线局域网称为 Wi-Fi。Wi-Fi 的名字来自于 Wi-Fi 联盟(Wi-Fi Alliance,WFA),该联盟是一个商业性联盟,拥有 Wi-Fi 商标,负责 IEEE 802.11 无线局域网产品相容性认证,以及 Wi-Fi 商标授权工作。Wi-Fi 联盟为了简化 IEEE 802.11 标准的命名方法,对 802.11ac 及之后的标准分别命名为 Wi-Fi 4、Wi-Fi 5、Wi-Fi 6 和 Wi-Fi 7(如表 2-4 所示)。

## 2.3.2　无线局域网组网模式

组建 IEEE 802.11 无线局域网的基本组件主要包括无线站点(Station,简称 STA)和无线接入点(Access Point,AP)。无线站点是否配备有 802.11 无线局域网接口的设备,可以是台式计算机、笔记本电脑、智能手机等。无线接入点的功能与以太网交换机类似,它具备无线信道的访问能力及连接分布式系统的能力,为与之关联的站点转发 MAC 帧。

基本服务集(Basic Service Set,BSS)是 802.11 无线局域网的基本组成单元。构建基本服务集有两种模式,即无固定基础设施模式和有固定基础设施模式。无固定基础设施模式也称为自组织模式,由能够相互直接通信的站点组成(至少包含两个站点),各站点地位平等,以这种方式构建的 BSS 称为独立基本服务集(Independent Basic Service Set,IBSS)。如图 2-49(a)所示,站点 A、B、C 构成一个独立基本服务集,每两个站点之间都能直接通信,不需要第三方进行转发。有固定基础设施模式也称为 AP 模式,每个基本服务集包含一个 AP 和一个或多个与 AP 关联的站点,如果一个站点希望与另一个站点通信,这个站点首先需要将 MAC 帧发送至 AP,然后由 AP 转发至目的站点。如图 2-49(b)所示,站点 A、B、C 关联到 AP,如果站点 A 向站点 C 发送 MAC 帧,需要首先将 MAC 帧发送给 AP,再由 AP 转发到站点 C。基本服务集使用基本服务集标识符(BSSID)进行标识,BSSID 长度为 48 位。在自组织模式中,BSSID 由 IBSS 的发起者随机选择;在 AP 模式中,BSSID 为 AP 的 48 位 MAC 地址。

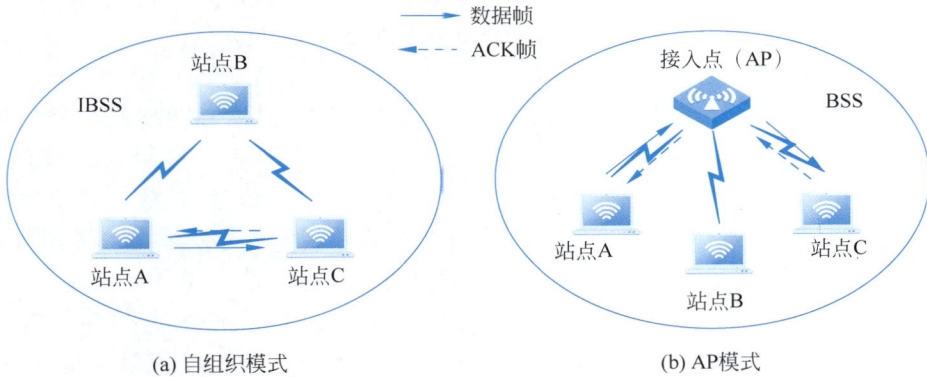

图 2-49　无线局域网组网模式

由于 AP 和站点发送功率的限制,一个基本服务集所能覆盖的地理范围有限。为了扩大无线局域网的覆盖范围,AP 之间可以通过分布式系统互相连接,形成扩展服务集(Extended Service Set,ESS)。如图 2-50 所示的 ESS 由三个 BSS 组成,三个 BSS 分别通过 AP 与分布式系统相连,分布式系统既可以是有线网络也可以是无线网络。如果站点 A 要与站点 G 进行通信,站点 A 首先将 MAC 帧发送给 AP1,AP1 通过分布式系统将 MAC 帧发给 AP3,AP3 再将 MAC 帧发送给站点 G。在该过程中,AP1 和 AP3 需要根据分布式系统的类型对 MAC 帧格式进行转换。例如,如果分布式系统为以太网,AP1 需要将 802.11 帧转换成以太帧,AP3 再将以太帧转换成 802.11 帧。

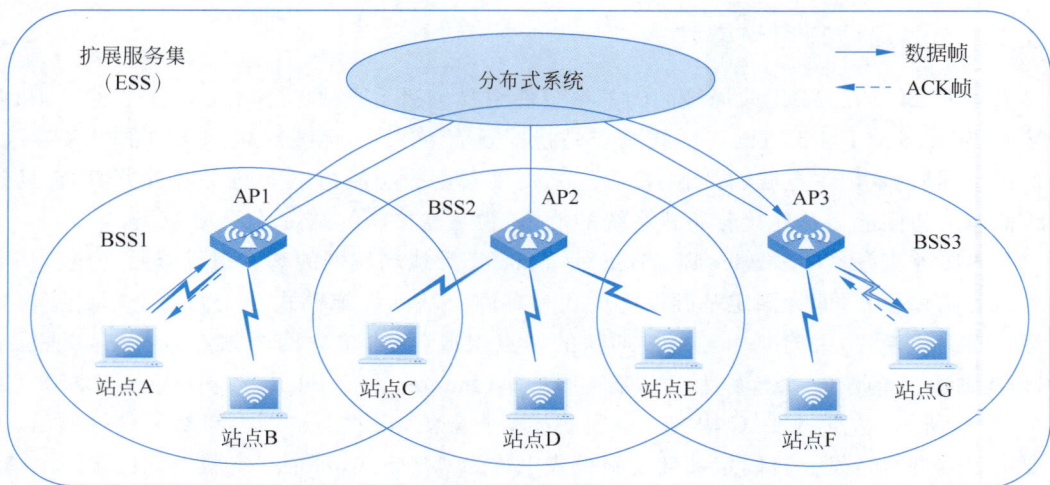

图 2-50　扩展服务集

### 2.3.3　无线局域网体系结构

　　IEEE 802.11 无线局域网主要定义了 IEEE 802 体系结构中的物理层和介质访问控制层,其中,物理层包含物理层汇聚协议(Physical Layer Convergence Protocol,PLCP)子层和物理介质相关(Physical Medium Dependent,PMD)子层。同时,针对物理层和 MAC 层分别定义了层管理功能。802.11 无线局域网体系结构如图 2-51 所示。

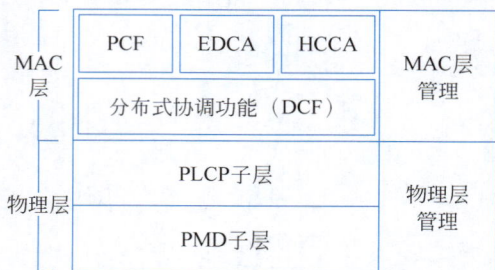

图 2-51　802.11 无线局域网体系结构

#### 1. PMD 子层功能

　　PMD 子层的核心功能是信号的调制和解调,发送方负责将二进制数据调制成在无线信道中传输的信号,接收方负责将从无线信道中接收到的信号解调成二进制数据。为了提高传输的可靠性,PMD 子层也提供前向纠错(Forward Error Correction,FEC)功能。802.11 的物理层技术发展最为迅速,最早使用的是基础载波调制技术和跳频扩频(Frequency Hopping Spread Spectrum,FHSS)技术,之后发展了直接序列扩频(Direct Sequence Spread Spectrum,DSSS)技术,目前广泛使用的是高阶 QAM 调制和正交频分多路复用(Orthogonal Frequency Division Multiplexing,OFDM)技术。每个 802.11 标准都支持多种调制方法,以提供不同的传输速率。例如,802.11a 支持 BPSK(6/9Mb/s)、QPSK(12/18Mb/s)、16-QAM(24/36Mb/s)、64-QAM(48/54Mb/s)等调制方法,其中,括号中为每种调制方法所支持的速率。

#### 2. PLCP 子层功能

　　PLCP 子层向 MAC 层提供独立于 PMD 子层的物理层服务,减少 PMD 子层对 MAC 层的影响。PLCP 子层的功能如下。

　　(1) 空闲信道评估(Clear Channel Assessment,CCA)。PLCP 子层基于 PMD 子层检

测到的信号强度是否超过某个阈值来判断无线信道的忙闲状态。

（2）PLCP 帧的发送。PLCP 接收到 MAC 层的发送请求后，如果信道空闲，将 PMD 从常规的接收模式转换到发送模式。MAC 层告知 PLCP 要发送数据的字节数和数据率，PLCP 构建 PLCP 帧。PLCP 帧通常包括前导码、帧首部、数据等部分，不同的 PMD 所对应的 PLCP 帧格式不尽相同。PLCP 帧发送完成后，将 PMD 从发送模式转换到接收模式。

（3）PLCP 帧的接收。如果 PLCP 通过信道评估检测到信道忙，并有合法的前导码，PLCP 子层开始接收 PLCP 首部，如果 PLCP 首部无误，通知 MAC 层帧的到达。PLCP 根据首部载荷长度字段设置字节计数器，使用计数器跟踪接收到的帧的字节数目。PLCP 收到帧的最后一个字节后，向 MAC 层发送指示，声明帧的结束。

PLCP 帧首部中都包含速率指示字段，发送方和接收方基于该速率选择对应的调制和解调方法（每种速率对应特定的调制和解调方法），由此可以支持发送速率的动态改变，以适应不同的无线信道质量。当信道质量下降时（如距离增加、干扰等），可以通过降低速率保证传输的可靠性。

### 3. MAC 层功能

在无线局域网中，一个基本服务集中的站点共享无线信道，因而 MAC 层的核心功能是对共享信道的访问控制。802.11 无线局域网 MAC 层中所提供的最基本介质访问控制方法是分布式协调功能（Distributed Coordination Function，DCF）（如图 2-51 所示），在此基础上，也提供了可选的点协调功能（Point Coordination Function，PCF），以及混合协调功能（Hybrid Coordination Function，HCF）。其中，HCF 包括 EDCA（Enhanced Distributed Channel Access）和 HCCA（HCF Controlled Channel Access）两种方式。后面将对 DCF 和 EDCA 进行介绍。除此之外，MAC 层也提供 MAC 帧的封装与拆封、差错检测与差错恢复、加密与解密等功能。MAC 层管理提供站点认证与关联、时钟同步、睡眠管理等功能。

## 2.3.4 MAC 帧格式与介质访问控制方法

MAC 帧格式定义以及介质访问控制方法是 802.11 无线局域网 MAC 层的两项核心内容，本节首先介绍 802.11 MAC 帧格式，之后对 DCF 和 EDCA 两种分布式介质访问控制方法进行介绍。

### 1. MAC 帧格式

MAC 帧是 802.11 无线局域网 MAC 层的协议数据单元。与以太帧格式相比，802.11 MAC 帧格式相对复杂，其一般结构如图 2-52 所示。802.11 MAC 帧包括 34B 的帧首部和 4B 的帧尾部，中间为可变长度的数据部分。802.11 MAC 帧分为数据帧、管理帧和控制帧，每种类型的帧又包含多个子类型，大多数管理帧和控制帧只会用到一般结构中的部分字段。

| 帧控制(2B) | 持续期/ID(2B) | 地址1(6B) | 地址2(6B) | 地址3(6B) | 序列控制(2B) | 地址4(6B) | QoS控制(4B) | 数据(可变长度) | 帧校验序列(4B) |
|---|---|---|---|---|---|---|---|---|---|

| 协议版本(2b) | 类型(2b) | 子类型(4b) | 发至DS(1b) | 源自DS(1b) | 更多分片(1b) | 重传(1b) | 功率管理(1b) | 更多数据(1b) | 受保护帧(1b) | 保留(1b) |
|---|---|---|---|---|---|---|---|---|---|---|

图 2-52  802.11 MAC 帧格式一般结构

802.11 MAC 帧各个字段的含义如下。

（1）帧控制：帧控制字段由多个子字段组成，各个子字段的作用解释如下。

① 协议版本：表示协议的版本号，目前的协议版本号通常为 0。如果站点接收到协议版本号高于自己能处理的版本号的帧，则应丢弃该帧。

② 类型和子类型："类型"和"子类型"字段共同指明具体的帧类型，802.11 MAC 帧分为数据帧、管理帧和控制帧三类，每一类下又包含多种子类型。802.11 中常用的 MAC 帧如表 2-5 所示。

表 2-5　802.11 MAC 帧类型

| 类　　型 | 子　类　型 | 解　　释 |
|---|---|---|
| 管理帧<br>（00） | 0000 | 关联请求（Association Request） |
| | 0001 | 关联响应（Association Response） |
| | 0010 | 重新关联请求（Reassociation Request） |
| | 0011 | 重新关联响应（Reassociation Response） |
| | 0100 | 探测请求（Probe Request） |
| | 0101 | 探测响应（Probe Response） |
| | 1000 | 信标帧（Beacon） |
| | 1001 | 通知传输指示消息（ATIM） |
| 控制帧<br>（01） | 1010 | PS-Poll 帧 |
| | 1011 | RTS 帧 |
| | 1100 | CTS 帧 |
| | 1101 | 确认帧（ACK） |
| | 1000 | 块确认请求帧（Block ACK Request） |
| | 1001 | 块确认帧（Block ACK） |
| 数据帧<br>（10） | 0000 | 数据帧（Data） |
| | 1000 | QoS 数据帧（QoS-Data） |

③ 发至 DS 和源自 DS："发至 DS"和"源自 DS"表示帧是从 AP 发送到站点，还是从站点发送到 AP。这两个子字段的取值决定了帧中 4 个地址字段的具体含义。

④ 更多分片：根据信道质量的不同，有时需要对一个较长的数据帧或管理帧进行分片传输，以提高传输的可靠性和信道利用率。如果所传输的帧不是最后一个分片，"更多分片"字段需要置成 1。

⑤ 重传：指示一个帧是否为重传帧。"重传"与"序列控制"字段结合使用可以帮助目的站点识别重复接收到的数据帧或管理帧。

⑥ 功率管理与更多数据：在 802.11 无线局域网中，站点可以工作在节能模式，以降低电量消耗。"功率管理"字段设置为 1，表示站点处于节能模式；设置为 0，表示站点处于活跃状态。在站点处于节能模式时，其他站点发送给该站点的数据帧会被缓存在 AP 中，站点定期转换到活跃状态接收信标帧，以判断是否有数据帧缓存在 AP 中。AP 在向站点发送缓存的数据帧时，如果有更多的属于该站点的缓存数据帧，则将"更多数据"字段置 1，提示站点继续取回被缓存的数据帧。

⑦ 受保护帧：该字段设置为 1，指示一个帧使用加密算法进行了保护。

（2）持续期/ID：该字段的内容与帧类型、帧的发送时机有关，主要携带的内容包括站点关联标识符(AID)、信道预约时间等信息。

(3) 序列控制：该字段由两部分构成，即"序号"和"分片号"。序号占 12b,站点为每个数据帧和管理帧分配一个序号，序号循环使用，重传帧和原始帧序号相同。分片号占 4b,指明是第几个分片，第 1 个分片或未分片帧的分片号为 0。

(4) QoS 控制：该字段存在于子类型字段的最高位设置为 1 的所有数据帧中，具体含义因帧类型和子类型而不同，主要存放与 QoS 相关的信息。

(5) 地址：MAC 帧格式中有 4 个地址字段，每个字段的具体含义与"发至 DS"和"源自 DS"两个字段的取值有关。表 2-6 列出了在"发至 DS""源自 DS"不同取值时 4 个地址字段的具体含义。

表 2-6 802.11 帧地址字段的含义

| 发至 DS | 源自 DS | 地址 1 | 地址 2 | 地址 3 | 地址 4 | 说　　明 |
|---|---|---|---|---|---|---|
| 0 | 0 | 目的地址 | 源地址 | BSSID | N/A | 相同 IBSS 或 BSS 中站点直接通信 |
| 0 | 1 | 目的地址 | BSSID | 源地址 | N/A | AP 发送,站点接收 |
| 1 | 0 | BSSID | 源地址 | 目的地址 | N/A | 站点发送,AP 接收 |
| 1 | 1 | 接收 AP | 发送 AP | 目的地址 | 源地址 | AP 发送至 AP |

注：N/A 表示不使用该地址字段

(6) 数据：数据部分用于封装上层的协议数据单元，长度可变，范围为 0～2312B。

(7) 帧校验序列：帧校验序列用于检测接收的帧是否存在差错。与以太网相同,802.11 也采用 32 位的循环冗余校验，生成多项式为 CRC-32(见表 2-2)。检测的范围包括从"帧控制"字段开始直到"数据"字段结束。

**2. 介质访问控制方法——CSMA/CA**

在 802.11 无线局域网中，基本服务集中的所有站点(包括 AP)共享相同的无线信道。与共享式以太网类似，如果多个站点同时发送数据则会产生"冲突"，因而需要一种有效的介质访问控制方法控制站点对共享信道的访问。IEEE 802.11 的 MAC 层最初定义了分布式协调功能(Distributed Coordination Function,DCF)和点协调功能(Point Coordination Function,PCF)两种访问机制。DCF 使用带冲突避免的载波侦听多路访问(Carrier Sense Multiple Access with Collision Avoidance,CSMA/CA)介质访问控制方法，是 MAC 层的基础。PCF 以 DCF 为基础，采用基于轮询的集中式控制方法，目前很少使用。鉴于此，下面仅对 DCF 所使用的 CSMA/CA 介质访问控制方法进行介绍。

1) CSMA/CA 基本工作过程

与 CSMA/CD 相似，CSMA/CA 是一种分布式介质访问控制方法，每个站点独立执行 CSMA/CA 机制，以协调站点对无线共享信道的使用。CSMA/CA 介质访问方法的工作流程如图 2-53 所示。发送站点准备好待发送的 MAC 帧后，启动 CSMA/CA 发送流程。首先，发送站点进行载波侦听，判断信道是否空闲。如果信道空闲，并空闲时间大于或等于一个帧间隙(Inter-Frame Space,IFS),则开始发送 MAC 帧，直到发送结束；否则，发送站点需要推迟发送。在推迟发送期间，发送站点一直侦听信道的状态，直到信道空闲。如果空闲时间大于或等于一个 IFS,则选择一个随机退后时间。在信道空闲时，退后时间递减；在信道忙时，退后过程挂起。当退后时间减至 0 时，开始发送 MAC 帧，直到发送结束。由于只有在信道空闲时才会递减退后时间,因此退后时间减至 0 时信道一定空闲。

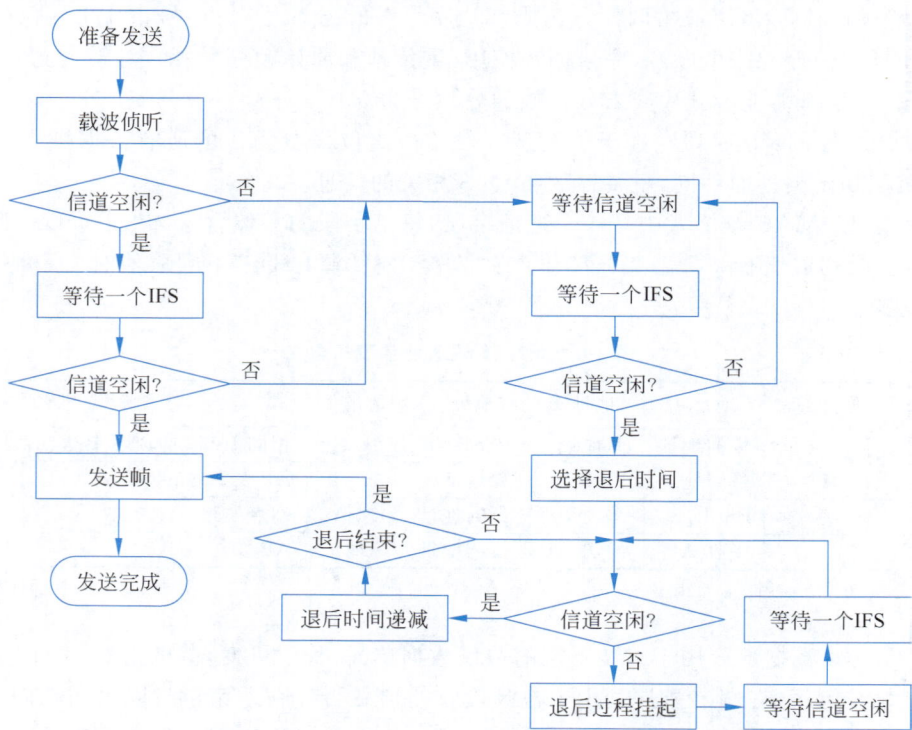

图 2-53　CSMA/CA 工作流程

　　实际上,冲突最有可能发生在信道由“忙”变“闲”的时候。如果不引入随机退后,多个等待发送的站点同时检测到信道空闲,会同时争用信道进行发送,从而产生冲突。CSMA/CA通过在推迟发送期间随机选择一个退后时间,能够最大限度地避免站点之间的冲突。每个站点在推迟发送期间只选择一次退后时间,当信道忙时,退后过程挂起,当信道空闲时,接着继续递减,这样可以保证站点之间的公平性,避免某个站点长期无法竞争到信道。

　　随机退后时间由一个随机整数与一个小的时间槽口(aSlotTime)相乘而产生。随机整数取自区间 $[0,CW]$,CW 为竞争窗口(Contention Window),aCWmin≤CW≤aCWmax,aCWmin 和 aCWmax 分别为竞争窗口的最小值和最大值。CW 初始值为 aCWmin,随着重传次数的增加,CW 值呈指数增长,当 CW 值达到 aCWmax 时不再增长。图 2-54 给出了一个 CW 指数增长示例,aCWmin 为 $7(2^3-1)$,初次发送时 CW 为 aCWmin,一次重传 CW 为 $15(2^4-1)$,以此类推,当 CW 达到 255 时不再增长。与共享式以太网类似,这种冲突窗口的选取方式使随机整数的取值范围随重传次数的增加而增大。这样既可以在重负载的情况下降低冲突的概率,又能够在轻负载的情况下及时将数据帧发送出去。

　　图 2-55 给出了一个站点之间竞争信道过程的示例,其中,$F_A$、$F_B$、$F_C$、$F_D$ 和 $F_E$ 分别是站点 A、B、C、D 和 E 发送的 MAC 帧。在 $t_1$ 和 $t_2$ 时刻,站点 A 和站点 B 分别要发送 $F_A$ 和 $F_B$。它们首先侦听信道状态,由于站点 E 正在发送 $F_E$,因此信道处于忙状态。站点 A 和站点 B 继续侦听信道,到 $t_3$ 时刻,$F_E$ 发送结束,信道处于空闲状态。此时,站点 A 和站点 B 并不能立即开始发送,需要在信道空闲时间大于或等于一个 IFS 后,各自选择一个随机退后

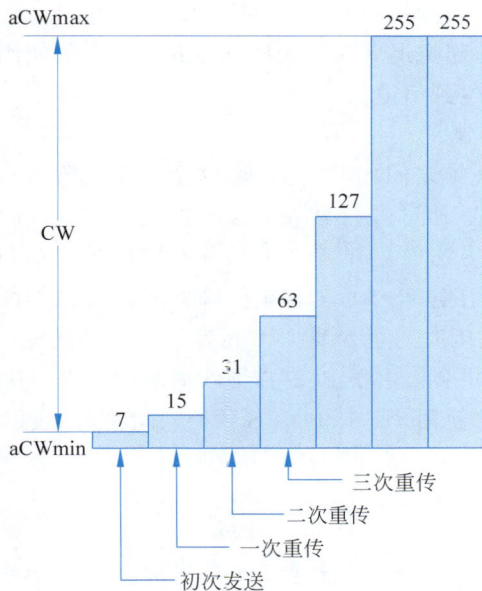

图 2-54 CW 指数增长示例

时间,并在信道空闲时递减。在 $t_4 \sim t_5$ 时信道处于空闲状态,站点 A 和站点 B 的随机退后时间递减。在 $t_5$ 时刻,站点 A 的随机退后时间递减为 0,于是开始发送 $F_A$。与此同时,站点 B 侦听到信道忙(站点 A 已经开始发送 $F_A$),停止其随机退后时间的递减并继续侦听信道。在 $t_6$ 时刻,站点 C 要发送 $F_C$,它侦听信道发现信道处于忙状态(站点 A 正在占用信道发送 $F_A$),则持续侦听信道。$t_7$ 时刻站点 A 发送结束,信道空闲。当信道空闲时间大于或等于一个 IFS 后($t_8$ 时刻),站点 B 继续对剩余的随机退后时间进行递减,站点 C 则选择一个随机退后时间并进行随机时间递减。在 $t_9$ 时刻,站点 C 的随机退后时间递减为 0,于是开始发送 $F_C$,站点 B 侦听到信道忙,停止其随机退后时间的递减并继续侦听信道。在站点 C 发送 $F_C$ 时,站点 D 在 $t_{10}$ 时刻要发送 $F_D$。与前面的过程类似,在 $t_{12}$ 时刻,站点 B 继续对剩余的随机退后时间进行递减,站点 D 选择一个随机退后时间并进行时随机时间递减。在 $t_{13}$ 时刻,两个站点的随机退后时间均递减为 0,同时开始发送 $F_B$ 和 $F_D$,由此便产生了冲突。

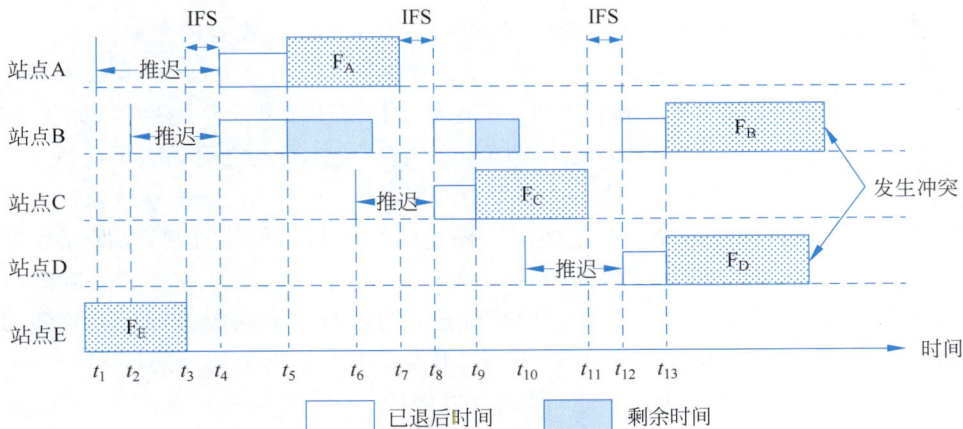

图 2-55 站点之间竞争信道过程

从上面的示例可以看出，随机退后时间的引入，能够在最大程度上避免站点之间的冲突，但不能完全消除冲突。随机退后时间会使站点获得信道的使用时机具有不确定性，但能够保证每个站点一定能竞争到信道。

2）帧间隙与优先级控制

帧间隙（IFS）是指两个帧之间的时间间隔，这个时间间隔可以使站点能够有足够的时间在发送状态和接收状态之间进行转换，也可以用于简单区分帧的边界。在基本的CSMA/CA介质访问控制方法中主要定义了三种不同的帧间隙，即短帧间隙（SIFS）、PCF帧间隙（PIFS）和DCF帧间隙（DIFS），三种帧间隙的时长关系如图2-56所示。由于站点在发送MAC帧之前，信道空闲时间至少要大于或等于一个帧间隙，等待较短帧间隙的MAC帧会优先获得信道访问的机会。由于PCF在无线局域网中很少使用，在基本的CSMA/CA介质访问控制方法中，主要使用SIFS和DIFS两种帧间隙来控制MAC帧的优先级，帧间隙越短，优先级越高。

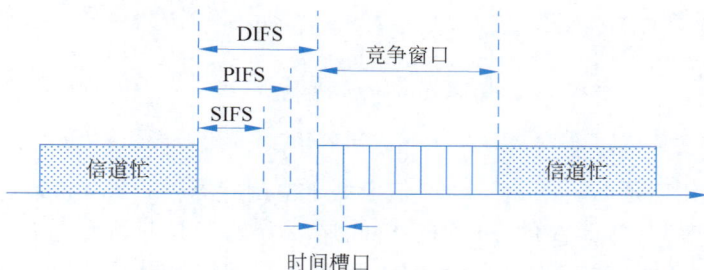

图 2-56　三种帧间隙之间的关系

SIFS是最短的帧间隙，站点能够在该时间内完成发送状态和接收状态之间的转换。当一个站点通过竞争获得信道的访问机会后，往往需要执行多次MAC帧的交互。为了使多次交互能够连续进行，在此期间需要避免其他站点占用信道。使用SIFS，可以优先获得信道的访问机会，能够避免由于其他站点抢占信道而中断MAC帧的交互过程。因此，SIFS主要用于ACK帧、CTS帧、分片帧等。DIFS比SIFS长两个时间槽口，使用DIFS的MAC帧的优先级低于使用SIFS的MAC帧，802.11中的大部分数据帧和管理帧使用DIFS。

3）数据帧的可靠传输

在无线局域网中，数据帧传输可能会产生差错。产生差错主要有两方面原因：一方面，无线信道的误码率较高，在传输过程中产生差错的概率较大；另一方面，CSMA/CA介质访问控制方法虽然尽可能地避免冲突的发生，但在某些情况下依然会产生冲突（如图2-55所示的示例），与此同时，无线局域网中隐藏终端问题的存在，使站点之间无法相互侦听到对方发出的信号，增加了冲突发生的可能。一旦发生冲突，接收方则无法正确接收数据帧。

鉴于上述原因，802.11在MAC层使用了停止等待的超时重传机制，以保证数据帧传输的可靠性。图2-57给出了一个数据帧传输示例，发送方通过竞争获得了信道的访问机会，发送一个数据帧，同时启动定时器，之后等待接收方的确认。接收方如果接收到的数据帧无差错，则等待一个SIFS，直接发送ACK帧，不需要退后。由于使用的是SIFS，ACK帧有最高的优先级，能够优先竞争到信道，因此可以保证ACK帧的及时返回。当ACK帧发送结束后，其他站点进行常规的信道竞争。如果定时器超时仍未收到接收方的ACK帧，则修改冲突窗口大小,并重新竞争信道。当信道竞争成功时,则重传原始数据帧。

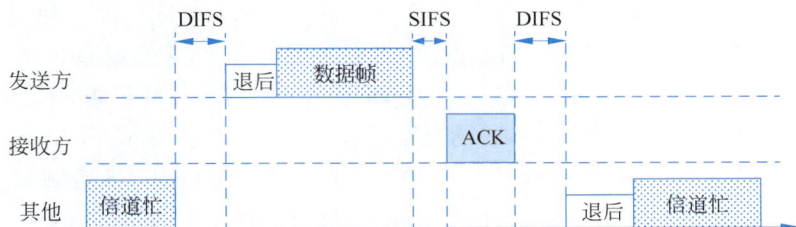

图 2-57　数据帧传输示例

4) 隐藏终端与 RTS/CTS 机制

隐藏终端是指站点之间由于距离太远或障碍物遮挡,导致站点无法相互侦听到对方发出的信号,但信号会干扰接收站点的接收。如图 2-58 所示,站点 B 既在站点 A 的传输范围内,也在站点 C 的传输范围内,站点 A 和站点 C 都能直接与站点 B 通信。但是由于覆盖距离或障碍物等的影响,站点 A 不在站点 C 的传输范围内,站点 C 也不在站点 A 的传输范围内,它们之间不能相互侦听到对方发出的信号,站点 A 和站点 C 相互隐藏。当站点 A 向站点 B 发送数据时,由于站点 C 侦听不到站点 A 发出的信号,它也可能向站点 B 发送数据,由此在站点 B 处便会产生冲突。隐藏终端引起的冲突是无线局域网冲突产生的主要原因。

与 CSMA/CD 介质访问控制方法不同,CSMA/CA 方法在发送过程中不进行冲突检测,发送方在发送过程中无法感知冲突的发生,一旦开始发送,就会把整个 MAC 帧发送完。如果所发送的 MAC 帧产生冲突,则接收方无法正确接收 MAC 帧,不能返回 ACK,发送方会在定时器超时后进行重传。由此可以看出,冲突会造成信道资源浪费,而长数据帧冲突造成的浪费会更为严重。

为了避免信道资源浪费,802.11 无线局域网引入了 RTS/CTS 机制,通过信道预约,避免长数据帧冲突。RTS 和 CTS 是两个长度很短的控制帧。在发送数据帧之前,发送方首先发送 RTS,接收方正确接收到 RTS 后,等待一个 SIFS 后返回 CTS。在发送方传输范围内的站点都会接收到 RTS,在接收方传输范围内的站点都会接收到 CTS。如图 2-59 所示,站点 B 向站点 C 发送 RTS,站点 B 传输范围内的其他站点(如站点 A)可以收到 RTS;站点 C 返回 CTS,站点 C 传输范围内的其他站点(如站点 D)可以收到 CTS。RTS 和 CTS 在其"持续时间"字段中指明信道预约时间,其他站点在接收到 RTS 或 CTS 时,会根据 RTS 或

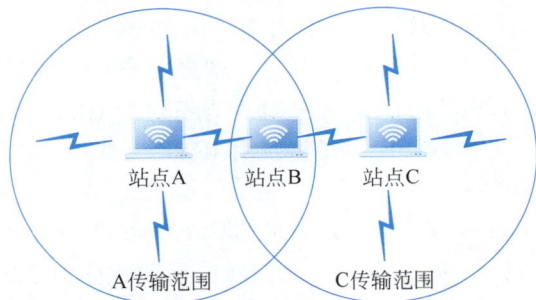

图 2-58　隐藏终端示例

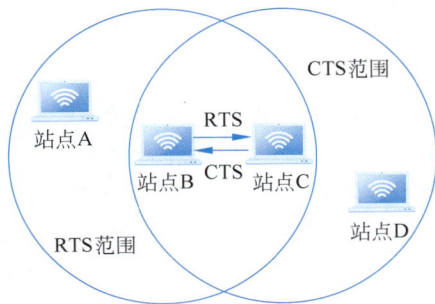

图 2-59　RTS 和 CTS

CTS 预约的时间维护网络分配向量（Network Allocation Vector，NAV）。一个站点在其 NAV 所指定的时间内不会发送 MAC 帧，从而可以避免在预约时间内产生冲突。

基于 RTS/CTS 机制的数据帧传输过程如图 2-60 所示。RTS 使用 DIFS，与其他 MAC 帧一样需要竞争信道，因而 RTS 也会产生冲突，但是由于 RTS 长度很短，不会造成信道资源的严重浪费。RTS 一旦发送成功，后续交互过程中的 CTS、数据帧、ACK 都使用 SIFS，这样可以避免其他站点抢占信道，保证交互过程的连续性。RTS/CTS 机制只对长数据帧传输有益处，如果数据帧很短，使用 RTS/CTS 机制反而会使信道利用率下降。

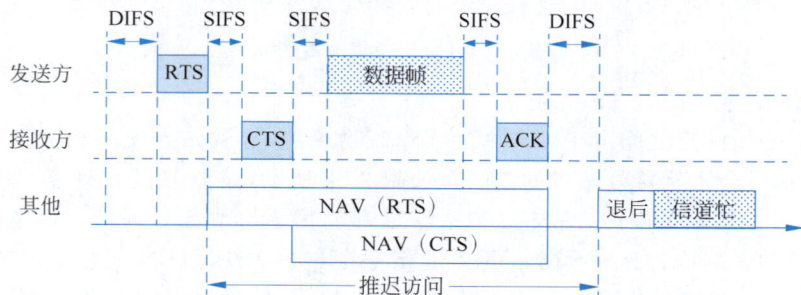

图 2-60　基于 RTS/CTS 机制的数据帧传输过程

RTS/CTS 机制可以与数据帧分片结合使用。为了提高传输效率，在信道质量较差的时候需要把一个较长的数据帧划分为多个较短的分片。通常使用 RTS/CTS 机制预约信道，并利用 SIFS 保证多个分片的连续传输。如图 2-61 所示，数据帧 F 被分成三个分片 $F_1$、$F_2$ 和 $F_3$，RTS 和 CTS 中的信道预约时间到 $ACK_1$ 传输结束，$F_1$ 中的预约时间到 $ACK_2$ 传输结束，$F_2$ 中的预约时间到 $ACK_3$ 传输结束，所有分片和 ACK 都使用 SIFS。

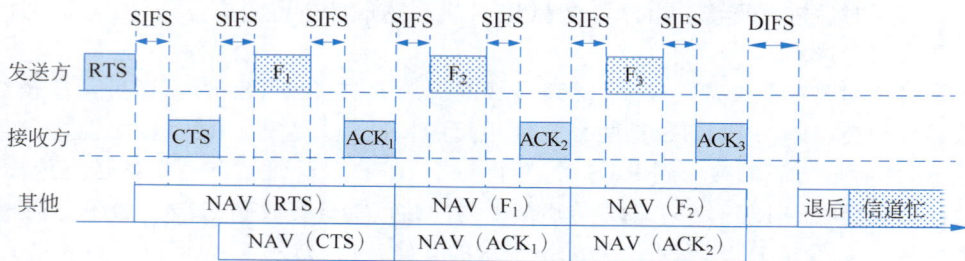

图 2-61　数据帧分片传输

### 3. 增强分布式信道访问

在前面介绍的分布式协调功能（DCF）中，所有数据帧都具有相同的优先级，无法满足语音、视频等实时流对传输服务质量（Quality of Service，QoS）的要求。增强分布式信道访问（Enhanced Distributed Channel Access，EDCA）在 CSMA/CA 基础上为不同类型的数据流提供不同的优先级，以满足各类数据流对 QoS 的要求。EDCA 机制由 IEEE 802.11e 定义，支持 EDCA 的站点称为 QoS 站点。

EDCA 定义了 4 个访问类别（Access Category，AC），分别对应语音流（AC_VO）、视频流（AC_VI）、尽力而为数据流（AC_BE）和背景流（AC_BK），4 个访问类别的优先级不同，AC_VO 的优先级最高，AC_BK 的优先级最低。QoS 站点为每个 AC 设立独立的 AC 发送队列，每个队列所涉及的主要参数如下。

（1）TXOP(Transmission Opportunity)：获得信道访问机会后,可以占用信道的最长时间。在 TXOP 时间内,一个站点可以发送属于相同 AC 队列的多个数据帧。

（2）最小竞争窗口 CWmin：冲突窗口取值的下界,CWmin 越小优先级越高。

（3）最大竞争窗口 CWmax：冲突窗口取值的上界,CWmax 越小优先级越高。

（4）AIFSN(Arbitration Interframe Space Number)：每个队列在开始传输或进行退后之前需要等待的帧间隙被称为仲裁帧间隙(AIFS),AIFS 在 SIFS 基础上增加 AIFSN 个时间槽口,AIFSN 最小值为 2,AIFSN 越小优先级越高。

针对每个 AC 队列,上述参数可以参照表 2-7 进行设置。如果将 AC 队列的仲裁帧间隙和冲突窗口分别表示为 AIFS(AC) 和 CW(AC),则 QoS 站点的 4 个队列首先基于 AIFS(AC) 和 CW(AC)进行内部独立竞争,内部竞争成功的队列再与其他站点进行信道竞争。图 2-62 给出了 4 个队列内部竞争的示意图。

表 2-7　AC 队列参数设置

| AC | CWmin | CWmax | AIFSN |
|---|---|---|---|
| AC_BK | aCWmin | aCWmax | 7 |
| AC_BE | aCWmin | aCWmax | 3 |
| AC_VI | $(aCWmin+1)/2-1$ | aCWmin | 2 |
| AC_VO | $(aCWmin+1)/4-1$ | $(aCWmin+1)/2-1$ | 2 |

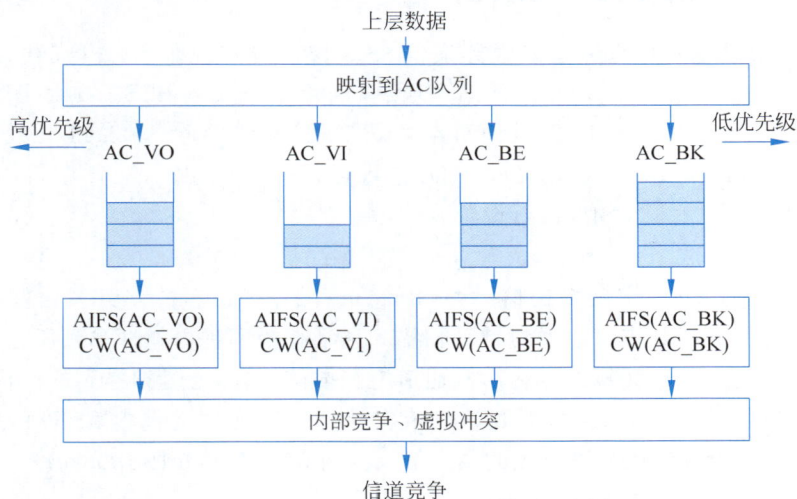

图 2-62　队列之间内部竞争

EDCA 使用 QoS 数据帧进行数据传输。QoS 站点在获得信道使用权后,在 TXOP 时间内可以发送多个数据帧,这些 QoS 数据帧要属于相同的 AC 队列,但接收地址可以不同。除第一个数据帧之外,之后的所有数据帧和 ACK 都使用 SIFS,以保证交互过程的连续性。在 TXOP 时间内首发的 QoS 数据帧需要利用"持续时间"字段预约信道的使用时间,预约的时间长度为 TXOP,在该时间内,其他站点推迟信道的访问。如果所发出的 QoS 数据帧接收地址相同,则可以利用块确认帧(Block ACK)进行一次确认。QoS 数据帧的传输过程如图 2-63 所示。

(a) 单独确认

(b) 块确认

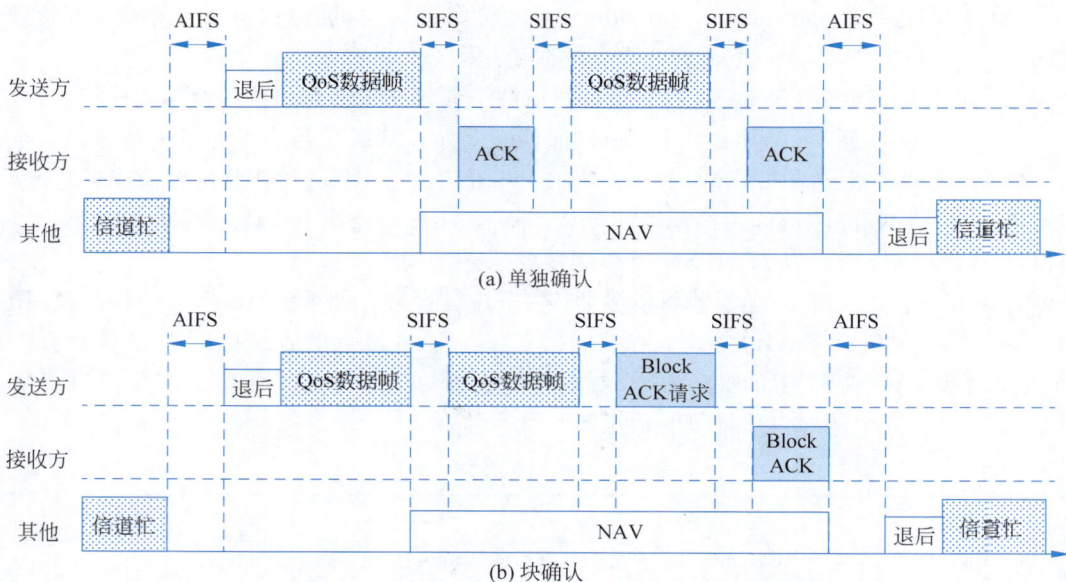

图 2-63　QoS 数据帧的传输过程

## 2.3.5　基本服务集的建立与加入

802.11 无线局域网有两种基本服务集(BSS)的构建模式,即 AP 模式和自组织模式。在 AP 模式中,AP 是 BSS 的核心,无线站点通过与 AP 关联加入 BSS。在自组织模式中,任何无线站点都可以开始一个 IBSS,其他站点可以加入 IBSS。每个 802.11 无线局域网通过服务集标识符(Service Set Identifier,SSID)进行标识。SSID 由 ASCII 字符组成,最长为 32B,网络管理员可以对其 SSID 进行设置。

### 1. AP 发现与关联

在 AP 模式中,AP 会定期发送信标帧(Beacon),信标帧包含 BSSID、信标帧的发送间隔、SSID 等信息。无线站点可以通过被动扫描和主动扫描两种方式探测到所在区域存在的 AP。在被动扫描方式中,无线站点在所有通道上扫描信标帧,通过扫描到的信标帧求得 AP 的相关信息。在主动扫描方式中,无线站点依次在每个通道发送包含 SSID 的探测请求帧 (Probe Request),接收到探测请求帧的 AP 用探测响应帧(Probe Response)进行应答,探测响应帧所包含的信息与信标帧类似。

无线站点发现 AP 后,可以选择某一个 AP 进行关联。关联到 AP 需要两个步骤:首先要进行安全认证,802.11 支持开放系统认证、共享密钥认证、WPA PSK 认证等认证方法。认证成功后,无线站点向 AP 发送关联请求(Association Request),AP 向站点返回关联响应(Association Response),其中包含 AP 为站点分配的站点 ID 等信息。AP 将与其关联站点的信息记录在站点关联表中,包括站点 ID、站点能力等。

如果一个 ESS 由多个覆盖范围相互交叠的 BSS 组成时(如图 2-64 所示),处于交叠区域的无线站点(如站点 C)可以发现多个 AP(如 AP1 和 AP2),这些 AP 的 SSID 相同。在这种情况下,无线站点通常会选择信号最强的 AP 进行关联。当一个无线站点从一个 BSS 区域(如图 2-64 所示的 BSS1)逐渐移动到另一个 BSS 区域(如图 2-64 所示的 BSS2)时,AP1

的信号强度将逐渐减弱,AP2 的信号强度将逐渐加强。当 AP2 的信号强度增大到一定程度时,站点 C 向 AP2 发送重新关联请求(Reassociation Request),如果 AP2 接受重关联请求,则返回重新关联响应(Reassociation Response),从而实现站点漫游。

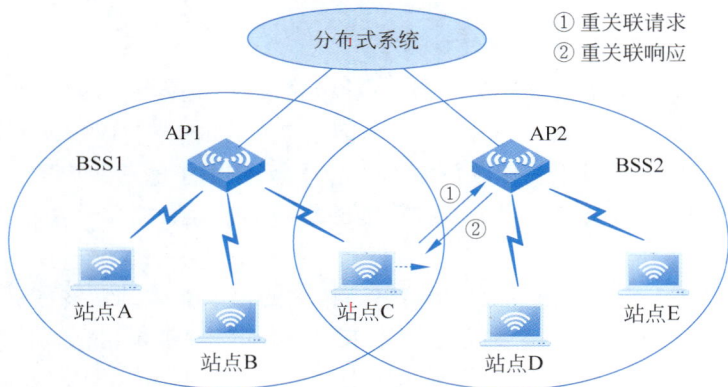

图 2-64　站点漫游

### 2. IBSS 建立与加入

在自组织模式中,当一个站点要加入一个指定 SSID 的 IBSS 时,它也可以通过被动扫描和主动扫描两种方式探测相应 IBSS 的存在。在被动扫描方式中,无线站点在所有通道上扫描信标帧。如果在一定的时间内没有收到包含指定 SSID 的信标帧,则说明相应的 IBSS 还未建立。该站点则选择一个 48 位的随机数作为 BSSID,并发送信标帧,建立指定 SSID 的 IBSS。如果在扫描过程中接收到一个包含指定 SSID 的信标帧,说明相应的 IBSS 已经存在,则加入该 IBSS。站点需要保存信标帧中的 BSSID 值,并在以后与其他站点通信时利用该值表明所属的 IBSS。在主动扫描方式中,无线站点依次在每个通道发送包含 SSID 的探测请求帧(Probe Request)。如果接收到探测响应帧(Probe Response),则加入该 IBSS;如果在一定的时间内未接收到探测响应,则开始一个 IBSS。

在 IBSS 中,所有站点都参与信标帧的发送。每个站点在 $[0,2 \times aCWmin]$ 区间产生一个随机整数 $k$,并等待 $k$ 个时间槽。在此期间,如果站点没有收到 IBSS 中其他站点发送的信标帧,则开始发送信标帧;如果收到了其他站点发送的信标帧,则进行下一轮的竞争。在主动扫描方式中,由最后一个发送信标帧的站点对探测请求进行响应。

## 2.4　接 入 网 络

通常可以利用前面介绍的以太网、无线局域网等技术构建用户网络,如机构网络、家庭网络等,用户网络或个人设备可以通过 ISP 提供的接入网络连接因特网。早期小型机构网络、家庭网络和个人设备主要借助已有的线路(如电话线、有线电视电缆等)接入因特网,典型的接入方式包括拨号方式、非对称数字用户线(Asymmetric Digital Subscriber Line,ADSL)、混合光纤/同轴电缆网(Hybrid Fiber Coaxial Cable,HFC)等;一些机构也会利用数字数据网(Digital Data Network,DDN)接入,即专线接入。但是,随着因特网中多媒体应用的快速增长,以及移动智能终端的普及,传统的接入方式已经不能满足用户对高带宽及移动性的需求,目前的接入方式主要采用无源光网络(Passive Optical Network,PON)和移动蜂窝网络(4G 和 5G)。下面首先对几种传统接入方式进行简要介绍,之后对 PON 和移动蜂窝网络进行讨论。

## 2.4.1 传统接入技术

### 1. 通过电话线接入

利用电话线通过拨号方式接入因特网(俗称拨号上网)是最早的接入方式。它借助传统的话音信道连接到中心局(Center Office,CO)网络,中心局网络与因特网连通,从而实现因特网的接入。由于话音信道主要用于传输话音信号,只使用了电话线中的 300~3400Hz 频带,其带宽非常有限,因而通过拨号方式接入能够达到的最大数据传输速率仅为 56kb/s,很难支撑大数据量的传输。

数字用户线(Digital Subscriber Line,DSL)技术的提出有效地解决了拨号接入方式面临的问题。DSL 技术依然使用电话线接入,它把 0~4kHz 频带留给话音使用,将其他的可用频带划分为上行和下行两个信道,分别用于上行(用户到因特网)和下行(因特网到用户)数据传输。ADSL 是 DSL 技术中的一种,其下行信道的数据传输速率远远大于上行信道的数据传输速率,这就是所谓的"非对称"性。ADSL 的"非对称"特性符合用户早期下载数据量大而上载数据量小的特点。

图 2-65 给出一个 ADSL 接入的示意图。在用户端,ADSL 调制解调器将计算机输出的数字信号调制为适合在上行信道传输的模拟信号,并将从下行信道接收的模拟信号解调为数字信号传输给计算机。在中心局端,数字用户线接入复用器(DSLAM)可以接纳若干个 ADSL 线路,对来自上行信道的模拟信号进行解调并汇聚流量,对下行数据进行调制并分发到不同 ADSL 线路。用户端到中心局端之间的电话线由每个用户专用,可以同时进行话音传输和上下行数据传输。

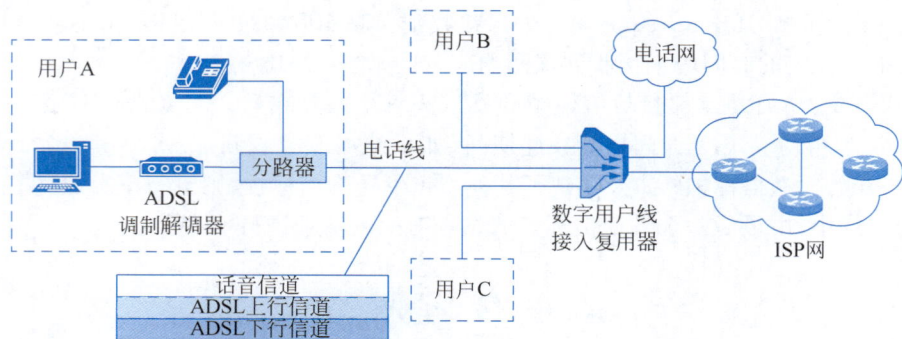

图 2-65　ADSL 接入示意图

ADSL 的数据传输速率与电话线的长度成反比。传输距离越长,信号衰减越大,越不适合高速传输。所以,ADSL 应用一般控制在 5000m 的半径范围内(5000m 也是一般电话局的服务半径)。随着 ADSL 技术的演进,ADSL 的传输速率也在不断提高。早期的 ADSL 可以提供上行 1.5Mb/s,下行 8Mb/s 的传输速率。ADSL Lite 可以提供上行 512kb/s,下行 1.5Mb/s 的传输速率(ADSL Lite 可以看成 ADSL 的简化版,可以降低 ADSL 的部署难度)。较新的 ADSL2 的传输速率可以达到上行 3.5Mb/s,下行 12Mb/s。而 ADSL2＋的传输速率可以达到上行 3.5Mb/s,下行 24Mb/s。ADSL 具有较高的传输速率,不仅适合单台计算机的接入,也可以将用户网络接入因特网。ADSL 是使用最广泛的一种因特网接入方式。

### 2. 通过 HFC 接入

除了通过电话线接入之外,另一种被广泛使用的接入因特网的方式是通过有线电视网接入。传统的有线电视网使用同轴电缆作为传输介质。目前,大部分的有线电视网都经过了改造和升级,信号首先通过光纤传输到光纤节点,再通过同轴电缆传输到有线电视网用户。这就是所谓的混合光纤/同轴电缆网(HFC)。利用 HFC,网络可以覆盖大中型城市,信号的传输质量有很大的提升。因此,通过 HFC 接入可以获得更好的传输性能。

图 2-66 给出一个 HFC 接入的示意图。HFC 接入主要利用用户端到头端的同轴电缆和光纤混合链路,为数据传输划分出上行和下行两个信道,从头端到用户方向的传输为下行,从用户向头端方向的传输为上行。在我国上行信道使用 5~65MHz 频带,下行信道使用 550~750MHz 频带,中间的 65~550MHz 保留给原有的有线电视,用于传输电视信号。与 ADSL 类似,在用户端,调制解调器将计算机输出的数字信号调制为适合在上行信道传输的模拟信号,通过分路器导入同轴电缆上;而将从下行信道接收的模拟信号解调为数字信号传输给计算机。头端主要负责有线电视信号的转发,以及数据信号的调制和解调,对来自上行信道的模拟信号进行解调并汇聚流量,对下行数据进行调制并分发。

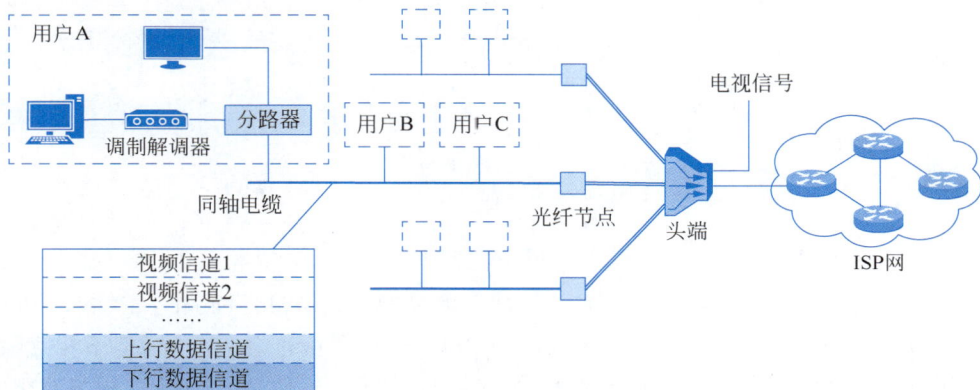

图 2-66 HFC 接入示意图

与 ADSL 类似,HFC 也采用非对称的数据传输速率。一般上行传输速率为 10Mb/s 左右,而下行传输速率可达 42Mb/s。但与 ADSL 不同的是,在 HFC 接入方式中,一条同轴电缆通常由多个用户共享,如图 2-66 中的用户 A、用户 B 和用户 C 共享一条同轴电缆。如果一条同轴电缆上连接的用户数量较多,则每个用户获得的实际传输速率就会降低,例如,下行速率为 42Mb/s,如果连接 6 个用户,则每个用户平均获得 7Mb/s 的传输速率。

## 2.4.2 无源光网络

光网络分为有源光网络(Active Optical Network,AON)和无源光网络(Passive Optical Network,PON)。AON 在光传输过程中使用有源器件,光放大器等都需要电源供电,通常支持点到点的网络结构。PON 在光传输过程中使用无源器件,光分路器等都无须电源供电,通常支持点到多点的网络结构。由于无源器件潜在故障点少,安全可靠,可以按照星状、树状等拓扑结构灵活组网。因此,目前 PON 在因特网接入中得到了广泛的应用,已经成为宽带接入的主要方式。

### 1. PON 结构

典型的 PON 由光线路终端(Optical Line Terminal,OLT)、光网络单元(Optical Network Unit,ONU)、无源光分路器(Passive Optical Splitter,POS)通过光纤连接而成,如图 2-67 所示。OLT 通常放置在中心局端,一侧与因特网相连,另一侧通过光口与 PON 接入网相连。OLT 可以是二层功能的交换机或三层功能的路由器,提供各路信道的集中和接入。OLT 控制各个信道的连接,完成光电转换,实时监控、管理和维护整个网络,是 PON 的核心设备。ONU 位于用户端,一侧通过光口与 PON 接入网相连,另一侧连接用户设备(如计算机、以太网交换机等)。ONU 具有数据帧收发、光电信号转换等功能。POS 用于分叉光路,分发下行的数据和集中上行的数据,将 PON 组成星状或树状等拓扑结构。OLT 与 ONU 之间的光网络称为光分配网络(Optical Distribution Network,ODN)。ODN 中部署的 POS 等设备和器件都无须电源供电,这也是其被称为无源光网络的原因。

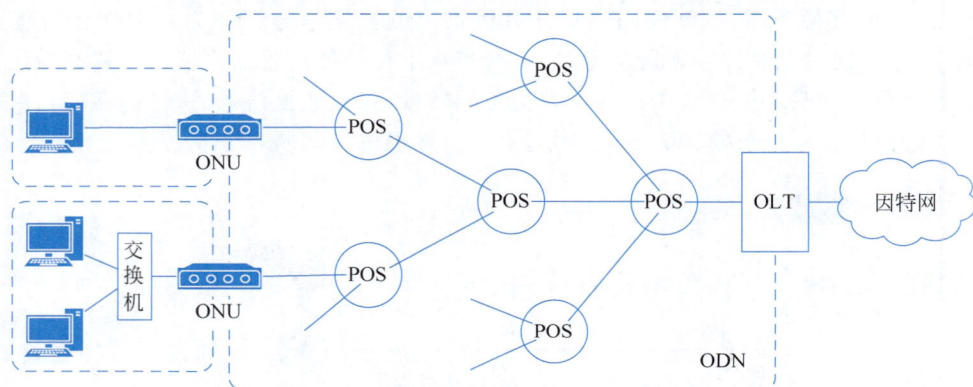

图 2-67　PON 结构

PON 有两种不同的技术标准,一种是千兆无源光网络(Gigabit-capable PON,GPON),另一种是以太无源光网络(Ethernet PON,EPON)。这两种标准各有千秋,但不相互兼容。它们的区别主要在于所使用的传输技术和数据链路层协议。GPON 与 ATM 网络有很大渊源,它在单根光纤上传输上行和下行两路信号,既可以采用对称数据传输速率(例如,上下行速率均为 1.25Gb/s),也可以采用非对称数据传输速率(例如,上行 1.25Gb/s,下行 2.5Gb/s),传输距离为 20km。在数据链路层,GPON 要求语音、数据等按照一个被称为 GTC 的格式进行封装。EPON 与以太网关系密切,它也在单根光纤上传输上行和下行两路信号,但只能采用对称数据传输速率(例如,上下行速率均为 1.25Gb/s),传输距离为 20km。在数据链路层,EPON 按照以太网帧格式对数据进行封装。本小节以 EPON 为例,简单介绍 PON 的数据传输过程。

### 2. EPON 工作原理

EPON 是以 PON 为基础的以太网,它以 PON 为传输介质,传输以太网帧。EPON 在单根光纤上传输上行(从 ONU 到 OLT)和下行(从 OLT 到 ONU)两路信号,上行信道的波长为 1310nm,下行信道的波长 1510nm,上下行信道传输的信号互不干扰。但是,由于 EPON 采用一个 OLT 对多个 ONU 的结构,因此会产生多个 ONU 同时发送数据时竞争上行信道的问题。与传统共享式以太网使用的 CSMA/CD 不同,EPON 通过 OLT 为 ONU 分配"时隙"的方式控制 ONU 对介质的访问,一个 ONU 只有在允许的时隙内才能发送数据。下面简单介绍 EPON 的数据传输过程。

(1) **ONU 向 OLT 注册**。OLT 启动之后会周期性地在 PON 一侧的接口上广播允许 ONU 接入的时隙信息。ONU 加电后按照 OLT 广播的信息,在允许的时隙内主动发送注册请求。OLT 收到 ONU 的注册信息后对 ONU 进行认证,如果允许该 ONU 接入,则虚拟化一个接口专门与该 ONU 进行通信,并将该虚拟接口用一个唯一的逻辑链路标识符 (Logical Link Identifier,LLID)标识。从上层看,每个 ONU 都连接到了一个专有接口,只不过该专有接口是虚拟出来的。

(2) **OLT 到 ONU 下行数据发送**。EPON 采用广播方式将下行数据从 OLT 发往 ONU。由于下行数据全部从 OLT 发出,一点发送多点接收,因此不存在多点同时发送竞争信道的问题。OLT 在每个需要发送的以太帧前面加上接收 ONU 的 LLID,并在下行信道上发送。无源光分路器 POS 将下行信道的光信号广播到不同的下行分叉上继续传输,广播给所有 ONU。ONU 收到 OLT 发送的数据后,首先判断该数据的 LLID 与自己的 LLID 是否相同。如果相同,则去掉 LLID,继续处理;如不同,则直接丢弃。在图 2-68 给出的例子中,OLT 需要将两个以太帧送往 ONU1,一个以太帧送往 ONU2,一个以太帧送往 ONU3。OLT 按照这些帧的发送顺序,在以太帧前面分别加上各自目的 ONU 的 LLID,依次从光纤接口送出。由于 POS 将收到的光信号不加区分地分路到下游的光纤上,因此 ONU1、ONU2 和 ONU3 收到了从 OLT 发出的所有以太帧。按照帧前面的 LLID,ONU1 抛弃发给 ONU2 和 ONU3 的以太帧,将发给自己的两个以太帧保留并做进一步处理。同理,ONU2 和 ONU3 也分别抛弃与自己 LLID 不同的帧,保留与自己 LLID 一致的帧。

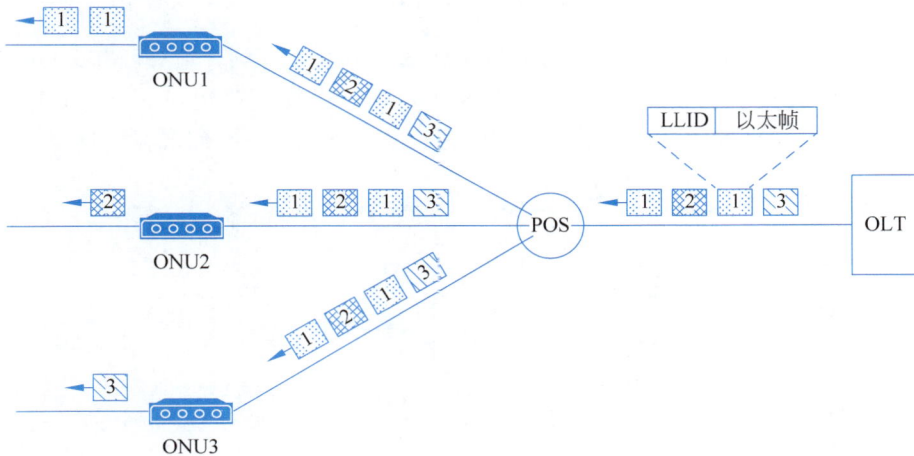

图 2-68 EPON 的下行数据发送

(3) **ONU 到 OLT 上行数据发送**。由于多个 ONU 需要向一个 OLT 发送数据,多点发送一点接收,因此必须解决多点同时发送竞争信道的问题。EPON 采用时隙的方式控制每个 ONU 的发送时刻。在 EPON 中,OLT 与每个 ONU 之间都有严格的时钟同步,OLT 为每个 ONU 分配可以发送数据的时隙,ONU 在允许自己发送的时隙中发送数据。无源光分路器 POS 将各个 ONU 发来的光信号耦合成一路,继续向 OLT 方向传播。由于各个 ONU 发送时刻都有严格的时间点控制,因此 POS 将不同光纤进来的信号耦合到一根光纤后不会出现冲突问题。在图 2-69 给出的例子中,ONU1 有两个以太帧需要发往 OLT,ONU2 和

ONU3 分别有一个以太帧需要发往 OLT。按照 OLT 为每个 ONU 分配的允许发送的时隙,ONU1 在时隙 1 的开始时刻发送一个以太帧,ONU2 在时隙 2 的开始时刻发送一个以太帧,ONU1 在时隙 3 的开始时刻再发送一个以太帧,ONU3 在时隙 4 的开始时刻发送一个以太帧。POS 将三路上行光信号耦合到连接 OLT 的光纤上。由于不同 ONU 发出的帧占用不同的时隙,因此耦合形成的光信号不会产生冲突。根据以太帧前面的 LLID,OLT 就可以知道每个帧的源 ONU,而后便可以进一步处理收到的每个帧。

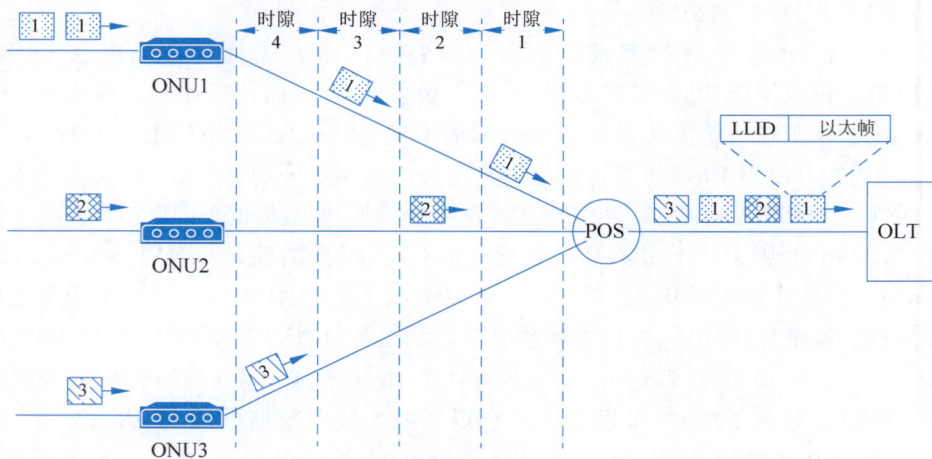

图 2-69　EPON 的上行数据发送

### 3. PON 应用场景

根据 ONU 部署的位置,可将 EPON 的应用场景分为光纤到户(Fiber To The Home,FTTH)、光纤到大楼(Fiber To The Building,FTTB)、光纤到路边(Fiber To The Curb,FTTC)等几种,如图 2-70 所示。从图中可以看到,FTTH 将 ONU 部署在用户房间,光纤端

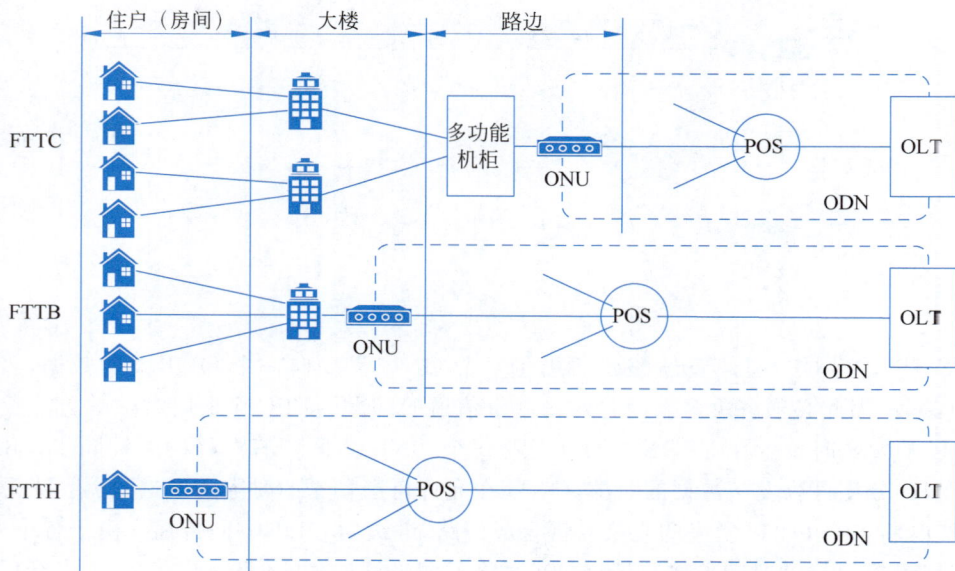

图 2-70　PON 应用场景示意图

点离用户最近；FTTB 将 ONU 部署在用户的大楼,光纤端点离用户稍近；FTTC 将 ONU 部署在路边,光纤端点离用户稍远。ONU 部署位置不同,用户获得的接入性能不同,需要的接入费用也不同。

(1) FTTH：FTTH 应用场景适用于带宽要求高、接入费用不敏感的用户和小区。在使用 FTTH 组网时,一般采用从局端的 OLT 引出光缆到住宅小区,在住宅小区内的一个相对中心的位置放置 POS,然后通过光纤连至用户家中的 ONU。用户可以根据需求,通过 ONU 提供的以太网口连接家中的主机、交换机、无线路由等设备。在这种场景下,一个 ONU 通常为一个用户(家庭)提供服务。

(2) FTTB：FTTB 应用场景适用于用户数量不多、带宽要求不高的单栋商业楼用户。在使用 FTTB 组网时,一般采用从局端 OLT 引出光缆到商务楼附近的光缆交接箱,在光缆交接箱中放置 POS,再从交接箱引光缆至大楼。ONU 放置在大楼交接间,通过连接以太网交换机为楼内用户提供宽带上网业务。在这种场景下,一个 ONU 通常可为 20～30 个用户提供服务。

(3) FTTC：FTTC 是带宽与投资的折中,它将原有的铜质干线替换成光纤,保持入户的铜质配线不变。在使用 FTTC 组网时,ONU 一般部署在路边的多功能机柜中,通过 ONU 与原有的设备和入户铜质配线相连。也就是说,FTTC 从局端到路边多功能机柜采用 PON 技术,路边多功能机柜到用户仍采用原有的接入技术(如 ADSL 等),这样既节省了投资,又在一定程度上提高了用户上网带宽,适用于对带宽要求不是太高的用户。在这种场景下,一个 ONU 通常可以为 200～300 个用户提供服务。

### 2.4.3 移动蜂窝网络

随着智能手机等移动智能终端的普及和移动应用的发展,人们希望能够随时随地接入因特网,获取需要的资源和服务。移动智能终端可以通过前面介绍的 Wi-Fi 接入因特网,但是 Wi-Fi 的传输距离有限,很难实现空间的全覆盖。移动蜂窝网络的发展为移动智能终端随时随地接入因特网提供了可能。

移动蜂窝网络已经经历了几代的发展,通常被称为 1G、2G、3G、4G 和 5G 等。1G 和 2G 主要用于话音通信,3G 才真正开始支持数据通信,可以达到几百千位每秒(kb/s)的数据传输速率。目前广泛部署和使用的是 4G 和 5G,4G 可以支持几十兆位每秒(Mb/s)的数据传输速率,而 5G 的数据传输速率可以达到 4G 的 10 倍。目前正在研制中的移动蜂窝网络称为 6G,6G 将结合卫星通信,实现全球无缝覆盖。从 3G 开始,其代号对应于 3GPP 定义的标准,包括 4G 和 5G。下面主要对 3G、4G 和 5G 移动蜂窝网络进行简要介绍。

#### 1. 3G 网络

在移动蜂窝网络的发展过程中,3G 可以视为从话音业务走向数据业务的过渡性技术,对催生移动蜂窝网络中数据业务的发展起到了非常重要的作用。3G 网络结构如图 2-71 所示,它由无线接入网(Radio Access Network,RAN)、核心网(Core Network,CN)两个部分组成。

1) 3G 核心网

3G 核心网没有改造已有的蜂窝话音网络,而是增加了平行的数据传输网络。3G 核心网包括电路交换域(Circuit Switching,CS)和分组交换域(Packet Switching,PS)两部分。

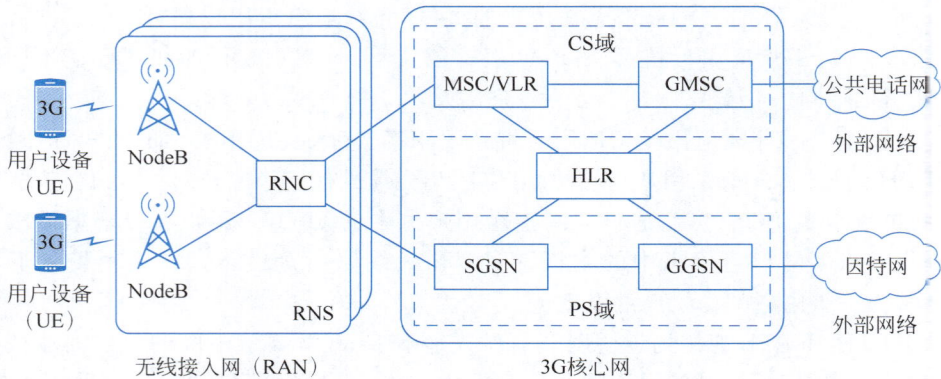

图 2-71　3G 网络结构示意图

CS 域支持话音通信,向外连接到公共电话网等外部网络;PS 域支持数据通信,向外连接到因特网等外部网络。归属位置寄存器(Home Location Register,HLR)是 CS 域和 PS 域共有的功能节点(或称为网元)。3G 核心网中几个功能节点的主要作用如下。

(1) 归属位置寄存器:HLR 可以看成一个静态数据库,用于保存用户的签约信息。当用户设备开机注册时,CN 利用 HLR 进行鉴权并查询该用户能够享受的服务。

(2) 移动交换中心(Mobile Switching Center,MSC):与有线电话网络中的程控交换机类似,MSC 主要完成 CS 域的呼叫控制、移动性管理、鉴权和加密等功能。

(3) 访问位置寄存器(Visitor Location Register,VLR):VLR 可以看成一个动态数据库,协助 MSC 记录漫游到所管辖区域内的所有用户信息。

(4) 网关移动交换中心(Gateway Mobile Switching Center,GMSC):GMSC 是 CS 域与外部网络之间的网关节点,实现呼入路由、网间接续、网间结算等功能。通过该节点,3G 网络可以与公共电话网等传统话音网络相连。

(5) 服务 GRPS 支持节点(Serving GPRS Support Node,SGSN):SGSN 的主要功能是提供 PS 域的路由转发、移动性管理、会话管理、鉴权和加密等功能。

(6) 网关 GPRS 支持节点(Gateway Support Node,GGSN):GGSN 提供数据分组在 3G 网络和外部数据网之间的路由和封装,连接外部网络。

2) 3G 无线接入网

3G 无线接入网由多个无线网络子系统(RNS)组成,每个 RNS 包括一个无线网络控制器(Radio Network Controller,RNC)和一个或多个基站(NodeB)。NodeB(与无线局域网中 AP 类似)主要完成扩频/解扩、调制解调、信道编解码等功能。NodeB 由 RNC 控制,一个 RNC 可以控制一个或多个 NodeB。RNC 主要完成用户的连接与断开、用户在不同 NodeB 之间的切换、发射功率的控制、无线资源的分配等功能。RNC 之间可以相互通信,以进行切换、资源分配等协调工作。RNC 通过 MSC 与核心网的 CS 域连接,通过 SGSN 与核心网的 PS 域连接。3G 的话音服务和数据服务共享一个无线接入网。

用户设备(User Equipment,UE)通过空中接口(简称为空口)连接到基站。与 Wi-Fi 类似,连接到相同基站的多个 UE 之间需要共享可用的无线频谱资源。与基于竞争的 Wi-Fi 不同,3G 无线频谱资源由 RNC 进行分配。3G 的空中接口采用码分多址(Code Division Multiple Access,CDMA)技术,共有三个标准,分别为起源于中国的 TD-SCDMA、起源于欧洲的 WCDMA 和起源于美国高通公司的 CDMA2000。在我国,中国移动、中国联通和中国电信三大运营商分别采用了不同的 3G 标准。其中,中国移动采用了 TD-SCDMA,中国联通采用了 WCDMA,中国电信采用了 CDMA2000。TD-SCDMA 的提出并被 ITU 正式接纳为国际移动通信标准,这是我国在移动通信领域取得的重要突破。

所谓的码分多址,就是利用不同的、相互正交的地址码区分不同的用户,发送方使用地址码对信号进行调制,接收方使用对应的地址码对信号进行解调,从中提取出要接收的信号。利用 CDMA 技术,多个用户可以同时在相同的频带上进行传输,提高了频谱资源的利用率,同时也免除了频分多路复用方式中复杂的频率划分工作。

### 2. 4G 网络

3G 网络的部署有效地推动了移动蜂窝网络数据服务的发展,但是 3G 网络的数据传输速率非常有限,无法支持高质量的图像和视频传输。为了进一步提高移动蜂窝网络的传输速率及性能,在 3G 之后,3GPP 又提出了 4G 标准。相对于 3G,4G 对核心网和无线接入网都进行了较大的改进和优化,其数据传输速率可以达到几十兆位每秒(Mb/s),相对于 3G 有很大的提升。4G 网络的部署促进了移动应用的繁荣和发展。

4G 网络结构如图 2-72 所示。4G 核心网被称为 EPC(Evolved Packet Core),它采用全 IP 分组交换网络,抛弃了 3G 核心网中的 CS 域。EPC 采用控制和承载分离的设计思想,将 3G 核心网中 SGSN 的移动性管理、信令处理等控制功能与用户数据转发功能进行分离,由移动管理实体(Mobility Management Entity,MME)负责移动性管理、信令处理等功能,由服务网关(Serving Gateway,S-GW)负责用户数据的处理及转发等功能。EPC 中的分组数据网关(Packet Data Network Gateway,P-GW)承担 3G 核心网中 GGSN 的功能,负责与外部网络连接,实现 IP 地址分配、监听、分组过滤等功能。归属用户服务器(Home Subscriber Server,HSS)的功能与 3G 核心网中 HLR 的功能类似,用于存储用户的签约信息,负责用户签约信息管理和用户位置管理。

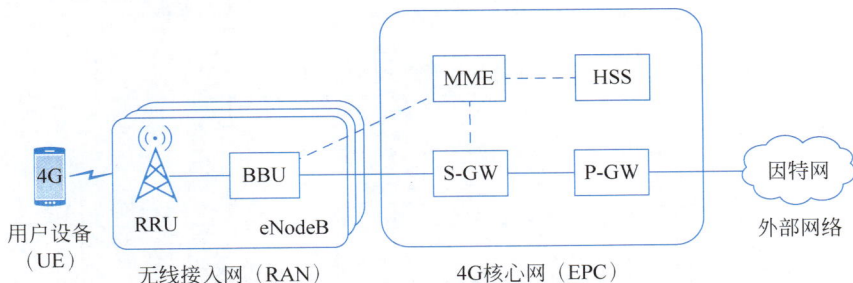

图 2-72　4G 网络结构示意图

4G 无线接入网由若干个基站(eNodeB,简称 eNB)组成,每个 eNodeB 包括射频拉远单元(Radio Remote Unit,RRU)和室内基带单元(Building Baseband Unit,BBU)两部分。RRU 主要负责基带信号与射频信号之间的转换,BBU 负责基带信号的生成、调制/解调、编解码等功能。一个 BBU 可以服务于多个 RRU,BBU 和 RRU 之间通过光纤连接。此外,BBU 负责与核心网的 S-GW 和 MME 网元相连,分别实现无线接入网到核心网的数据传输和信令传输。

从 4G 开始,空中接口被称为 LTE(Long-Term Evolution),即长期演进。LTE 采用正交频分多址(Orthogonal Frequency Division Multiple Access,OFDMA)技术,这是一种频分复用和时分复用相结合的方法,它将可用频谱划分成若干个正交的子信道,并在时间维度上划分成时隙,每个活跃的用户设备都可以在一个或多个子信道上被分配一个或多个时隙。这种方法细化了频谱资源的调度粒度,能够有效地提高频谱资源的利用率。此外,LTE 也引入了 MIMO(Multiple Input Multiple Output)多天线技术,基站可以在同一时间向多个用户设备发送数据,从而提高网络的吞吐量。

### 3. 5G 网络

5G 是 4G 的延伸,主要面向增强移动宽带(eMBB)、超高可靠低时延通信(uRLLC)、海量机器类通信(mMTC)三大类应用场景,具有高速率、低时延、大容量等特征。5G 不仅可以为智能手机等设备接入因特网提供近千兆的用户体验速率,而且可以支持自动驾驶、工业控制、远程医疗等对时延和可靠性具有极高要求的应用,同时也能够为海量物联网设备的连接提供有效的支持。

5G 网络结构如图 2-73 所示。5G 核心网(5G Core,5GC)相对于 4G 核心网的一个重要变化是采用了基于服务的架构(Service Based Architecture,SBA),其核心思想是以软件服务的概念重构 5G 核心网,将 5G 核心网控制面的功能分解成多个可重用的网络功能服务,每个网络功能服务对外呈现为通用的服务化接口。这种方式便于 5G 核心网中网络功能的部署、演进和扩展,以及网络功能的开放。图 2-73 给出了几个典型的网络功能服务,例如,AMF(接入和移动性管理功能)执行注册、连接、可达性、移动性管理,在用户接入时提供认证、鉴权功能,是 UE 和 RAN 的核心网控制面的接入点。SMF(会话管理功能)执行 IP 地址分配和管理、UPF 选择、策略实施控制、计费数据采集等功能。5G 核心网的用户面与控制面完全分离,UPF(用户面功能)实现了 4G 网元 S-GW 和 P-GW 的用户面功能,主要负责数据的路由和转发、数据和业务识别、动作和策略执行等。UPF 直接受 SMF 控制和管理,依据 SMF 下发的各种策略执行业务流的处理。

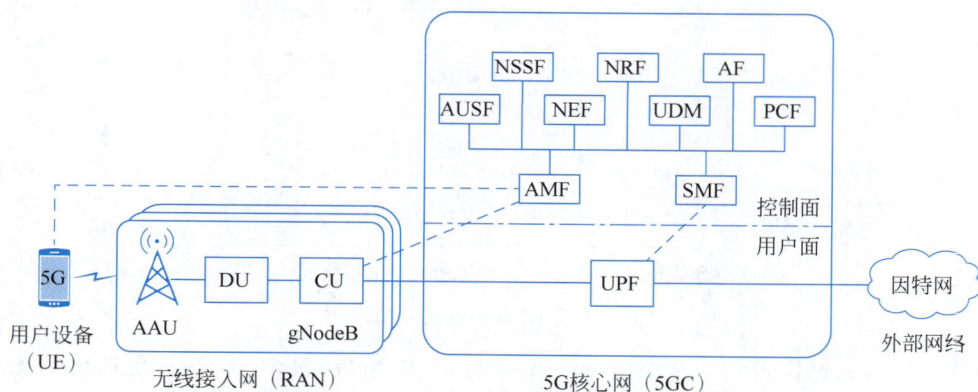

图 2-73　5G 网络结构示意图

5G 无线接入网由若干个基站(gNodeB,简称 gNB)组成,每个 gNodeB 包括有源天线单元(Active Antenna Unit,AAU)、分布单元(Distribute Unit,DU)和集中单元(Centralized Unit,CU)。DU 负责处理物理层协议和实时服务,CU 主要负责处理非实时协议和服务,一个 CU 可以连接多个 DU。这种 DU 和 CU 分离方式便于 CU 的集中化部署及云化。5G 的空中接口依然采用 OFDMA 技术,但对频谱范围进行了拓展(如毫米波段),以支持更高的传输速率。同时,5G 空口也采用大规模 MIMO 及波束成形技术来提高信道容量。

# 动手实践:数据帧的捕获与分析

Npcap 是一个开源的网络数据包捕获体系架构,它的主要功能是捕获和发送网络数据包。Npcap 包括两个层次级别的函数库。一个是低层次、内核级别的函数库,另一个是高级别、系统无关的函数库。Npcap 的开发工具包可以从因特网上下载。请尝试用 Npcap 高级别、系统无关函数库中提供的函数编写一个简单的数据帧捕获与分析程序,对流经网卡的数据帧进行捕获并分析,从中提取出目的 MAC 地址和源 MAC 地址。通过与 Wireshark 捕获的结果进行对比,确认所编写程序的正确性。

利用 Npcap
开发网络
应用程序

# 思考与练习

1. 如图 2-74 所示,节点 1 和节点 2 之间通过一条传输速率为 100Mb/s 的链路直接连接,链路长度为 8km,信号在物理介质中的传播速率为 $2×10^8$ m/s。请回答如下问题。

(1) 如果节点 1 向节点 2 发送的分组长度为 2000B,请计算从节点 1 开始发送分组到节点 2 完全接收到该分组所用的时间。

(2) 节点 1 向节点 2 发送分组,如果节点 2 接收到分组的第一位时节点 1 正在发送分组的最后一位,请计算分组的长度。

传输速率:100Mb/s
链路长度:8km

节点1 节点2

图 2-74 思考与练习 1

2. 如图 2-75 所示,节点 1 和节点 2 之间通过两条链路和一台存储转发设备(如交换机)进行连接,两条链路的传输速率和长度在图中给出。节点 1 向节点 2 发送长度为 2000B 的分组,采用存储转发式交换,信号在物理介质中的传播速率为 $2×10^8$ m/s。请计算端到端的最小时延(不考虑分组在存储转发设备中的排队延时)。

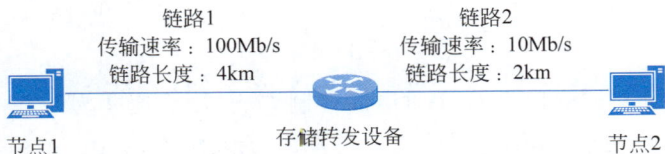

链路1 链路2
传输速率:100Mb/s 传输速率:10Mb/s
链路长度:4km 链路长度:2km

节点1 存储转发设备 节点2

图 2-75 思考与练习 2

3. 曼彻斯特编码、4B/5B +NRZ 编码都是自带时钟编码,请解释在编码中自带时钟的目的,并比较曼彻斯特编码和 4B/5B +NRZ 的编码效率。

4. 正交幅度调制(QAM)是目前使用最广泛的载波调制方法,典型的 QAM 调制有 16QAM、64QAM、256QAM、1024QAM、4096QAM 等,前面的数值代表符号个数。请说明

64QAM 和 4096QAM 每个符号分别代表的比特数。

5. CRC 是数据链路层最常用的差错检测方法。如果要发送的二进制位模式为 11001010,生成多项式 $G=x^4+x^2+1$,CRC 校验码放在数据之后传输,请给出实际传输的二进制位模式。如果接收方收到的二进制位模式为 100010100010,是否可以检测出差错?请解释原因。

6. 发送方与接收方通过一条传输速率为 100Mb/s 的链路直接连接,往返延时 RTT 为 5ms,数据帧长度为 2000B,如果在可靠传输中采用停止等待机制,请计算链路的利用率(在计算中忽略发送确认帧的传输时间)。

7. 发送方与接收方通过一条传输速率为 100Mb/s 的链路直接连接,往返延时 RTT 为 1ms,数据帧长度为 2000B,如果在可靠传输中采用流水线机制,滑动窗口大小为 N=4,请计算链路的利用率(在计算中忽略发送确认帧的传输时间)。

8. 在可靠传输的流水线机制中,需要通过序号(整数)来区分不同的数据帧,序号循环使用。如果序号长度为 $N$,则序号空间为 $[0,2^N-1]$,为了不引起二义性,那么在流水线机制中最多能连续发出多少个未确认的数据帧?请说明理由。

9. 如图 2-76 所示,发送方和接收方在可靠传输中使用流水线机制,请回答如下问题。

(1) 从图 2-76(a)和图 2-76(b)的交互过程中是否可以判断分别使用的是回退 N 帧(GBN)机制还是选择重传(SR)机制?进行简单解释。

(2) 在图 2-76(b)中,如果发送窗口和接收窗口的大小均为 4,序号空间从 0 到 15,请给出 $t$ 时刻(水平虚线)发送窗口和接收窗口在序列号空间上的位置(可以用图表示)。

(3) 根据 $t$ 时刻之前接收方返回给发送方的 ACK 情况推测未来在发送方可能发生的事件,对于每个事件,指明发送方可能执行的动作。

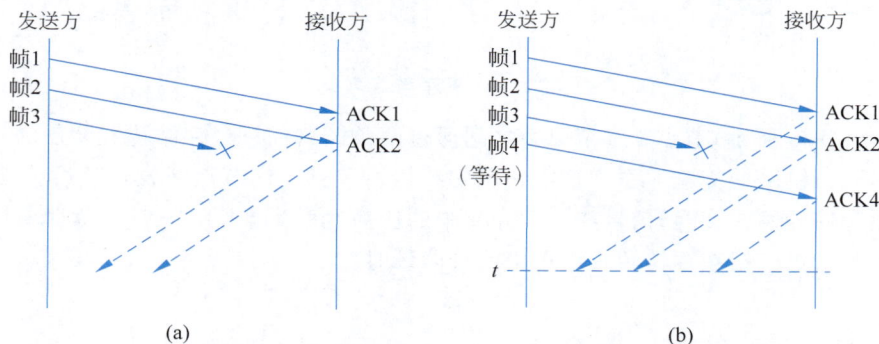

图 2-76 思考与练习 9

10. 一个网络使用 CSMA/CD 介质访问控制方法,传输速率为 100Mb/s,任何一对节点之间的最大距离不超过 5km,信号在电缆中传播的速率为 $2\times10^8$ m/s。为了在完成发送之前能够检测到冲突,最小帧长度至少为多少?请简单讨论 CSMA/CD 介质访问控制方法中最小帧长度、网络覆盖范围、传输速率之间的约束关系。

11. CSMA/CD 介质访问控制方法使用二进制指数退后算法选取冲突后再次重试的等待时间,冲突次数越多,选取到较长等待时间的概率越大,请解释这种做法的合理性。如果已经产生了 5 次突,随机整数 $k$ 选取 4 的概率为多少?

12. 图 2-77 中 S1~S4 是以太网交换机,所有交换机的 MAC 地址-端口映射表初始均为空。A、B、C、D 为以太网节点,MAC 地址分别表示为 $MAC_A$、$MAC_B$、$MAC_C$、$MAC_D$。如果首先 A 发送数据帧到 B,之后 D 发送数据帧到 A,接着 C 发送数据帧到 D,经历这三次数据帧传输之后,S1~S4 的 MAC 地址-端口映射表应记录哪些信息?

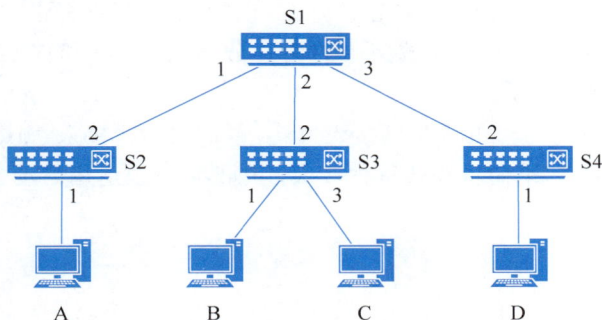

图 2-77　思考与练习 12

13. 图 2-78 中 S1~S4 是以太网交换机,所有交换机的 MAC 地址-端口映射表初始均为空。A~G 为以太网节点,MAC 地址分别表示为 $MAC_A$~$MAC_G$。在该网络中进行了如下数据帧传输过程:首先 A 向 B 发送数据帧,之后 D 向 A 发送数据帧,最后 F 向 D 发送数据帧。请回答如下问题。

(1) 请描述 A 向 B 发送数据帧时各个交换机的处理过程。

(2) 经过三个数据帧的传送后,写出交换机 S1~S4 的 MAC 地址-端口映射表应包含的内容。

(3) 在 F 向 D 发送数据帧时,该数据帧会到达哪些节点?这些节点会如何处理?

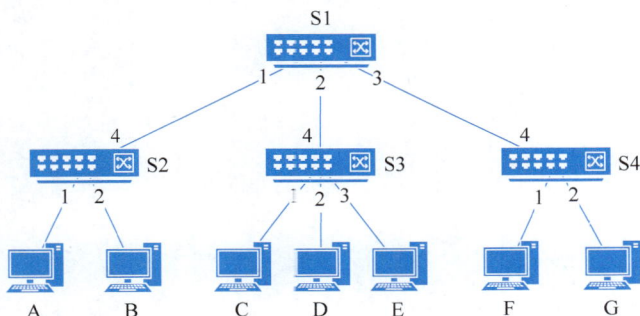

图 2-78　思考与练习 13

14. 在共享式以太网中,数据帧采用广播方式进行传输,攻击者可以很容易嗅探到以太网上传输的数据帧,但在交换式以太网中则比较困难。现在假设攻击者的节点连接在以太网交换机的一个端口上,交换机中的缓存非常有限,请尝试设计一种方法,使攻击者能够嗅探到尽可能多的发送给其他节点的数据帧。(注:设计的方法要保证不被其他节点察觉。)

15. 简单说明 VLAN 划分的作用,阐述跨交换机 VLAN 需要解决的问题,以及解决问题的具体方法。

16. IEEE 802.11 无线局域网使用 CSMA/CA 介质访问控制方法。与 CSMA/CD 介质访问控制方法的最大区别是 CSMA/CA 不再进行冲突检测,而是尽可能避免冲突,请解释这样做的原因,并说明 CSMA/CA 是如何避免冲突的。

17. IEEE 802.11 利用 RTS 和 CTS 机制预约信道以避免长帧冲突,试说明这样做的意义。如果要发送的数据帧较短,使用 CTS 和 RTS 是否有益?

18. 简述 IEEE 802.11 无线局域网数据链路层的可靠传输是如何实现的?在实现可靠传输时为什么使用停等机制,而没有使用流水线机制?请解释这样设计的考虑。

19. 描述 IEEE 802.11 无线局域网中的增强分布式信道访问(EDCA)机制解决的问题,以及解决问题的具体方法。

20. 本章介绍了几种典型的因特网接入方式,包括电话线接入、HFC 接入、无源光网络接入、移动蜂窝网络接入,请简单描述每种接入方式的特点及适用的场景。

# 第3章 网络互联

## 本章目标

\* \* \* \* \* \* \* \* \* \* \* \* \* \* \* \* \* \* \* \* \* \* \* \* \* \* \* \* \* \* \* \* \* \* \* \* \* \* \* \* \*

➢ **知识目标**：理解网络互联及 IP 协议的基本思想，熟知 IP 数据包格式、IP 地址结构、IP 数据包转发方法，以及 IPv6 的新特征，掌握几种典型的路由算法和协议的工作机制，了解多协议标签交换和软件定义网络的基本思想。

➢ **能力目标**：通过学习网络互联中解决系统可扩展性问题的方法，培养创新意识。

➢ **素质目标**：理解 IP 协议设计中平等、包容的理念，求同存异，尊重差别。

\* \* \* \* \* \* \* \* \* \* \* \* \* \* \* \* \* \* \* \* \* \* \* \* \* \* \* \* \* \* \* \* \* \* \* \* \* \* \* \* \*

第 2 章介绍了以太网、无线局域网等物理网络，不同的物理网络在介质访问控制方法、协议数据单元格式、寻址方式等方面存在差异，如何将各种物理网络进行互联，并进行数据转发是本章学习的主要内容。

## 3.1 网络互联概述

首先看一个简单的物理网络互联示例，如图 3-1 所示。在该示例中，三个物理网络通过两台路由器进行互联，形成一个互联网络（简称为互联网）。路由器 R1 连接物理网络 1 和物理网络 2，路由器 R2 连接物理网络 2 和物理网络 3。如果主机 H1 向主机 H2 发送分组，H1 的网络层需要组装分组，分组经过物理网络 1 到达 R1，由 R1 的网络层转发分组到物理网络 2，R2 接收到分组后再将其转发到物理网络 3，最终到达主机 H2，并由 H2 的网络层进行处理。

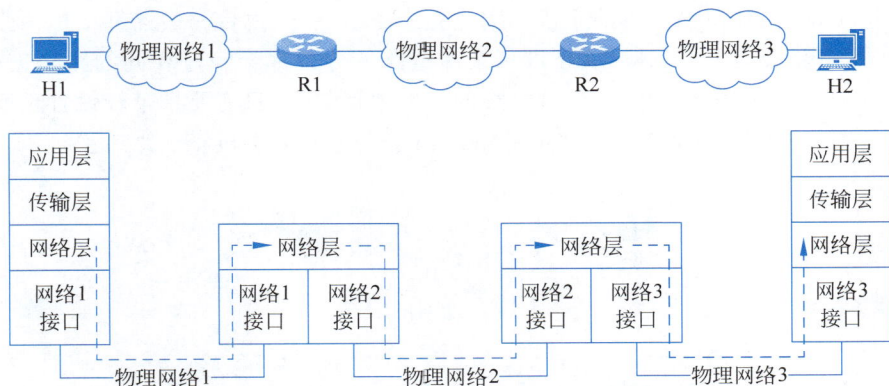

**图 3-1　物理网络互联示例**

从上述示例中可以看出，网络互联主要由 OSI 参考模型的网络层实现（在 TCP/IP 体系结构中由互联层实现）。网络层向下可以支持多种类型的网络接口，向上能够屏蔽各种物理网络的差异,为上层提供一致的主机到主机的数据传输服务。网络层在实现网络互联时需要解决两个核心问题,即路由选择和分组转发。路由选择是通过分布式路由算法和路由协议确定从源主机到目的主机的转发路径,通常被称为网络层的控制平面(Control Plane);分组转发是根据转发路径把从一个网络接口接收到的分组转发到另一个网络接口,通常被称为网络层的数据平面(Data Plane)。

网络互联可以采用面向无连接或面向连接的分组转发方式。面向无连接的分组转发方式通常被称为数据报方式。在该方式中,主机在发送分组之前不需要建立连接,分组的处理是相互独立的,每个分组都需要携带完整的目的地址信息,源和目的相同的多个分组可能会经过不同的路径到达目的主机,分组到达的顺序可能会与发送的顺序不一致。图3-2给出一个面向无连接的分组传输示例。如果主机H1向主机H2发送分组P1,H1首先根据自己当前掌握的路由信息为P1选路,将P1转发给R1。路由器R1收到P1后,也会基于自己掌握的路由信息为P1选路,将P1转发给R4。这样,P1经过多个路由器的转发,最终到达目的主机H2。在P1之后主机H1向主机H2发送另一个分组P2,如果H1及路由器掌握的路由信息发生了变化,P2可能会经过一条与转发P1不同的路径到达H2。

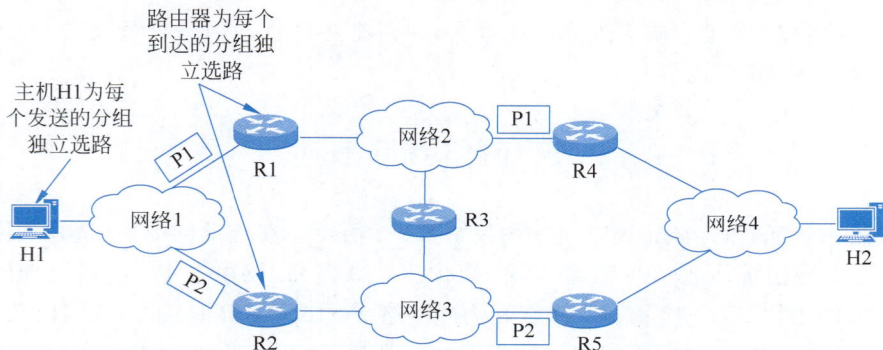

图 3-2　面向无连接的分组转发方式

面向连接的分组转发方式通常被称为虚电路方式。在该方式中,主机在发送分组之前需要建立连接,即在源主机与目的主机之间建立一条虚电路,每台路由器都维护一张虚电路表,并基于虚电路表为分组选路,属于同一个虚电路的分组都会经过相同的路径进行转发。在虚电路方式中,每个分组不需要携带完整的目的地址信息,只需要携带较短且长度固定的虚电路号。图3-3给出一个面向连接的分组传输示例。如果主机H1要向主机H2发送分

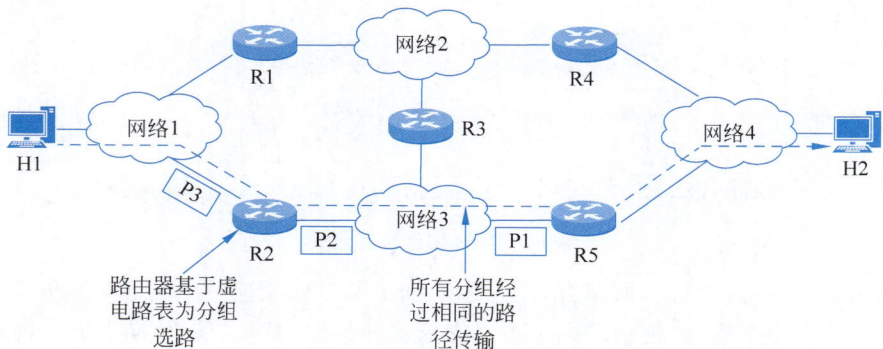

图 3-3　面向连接的分组转发方式

组，主机 H1 首先需要与主机 H2 建立连接，形成一条经过 R2 和 R5 的虚电路，之后主机 H1 发往主机 H2 的分组 P1、P2 和 P3 都沿着该虚电路进行传输。

数据报方式和虚电路方式有各自的优势和不足。数据报方式的主要优势是在分组传输之前不需要建立连接，中间的路由器也无须保留连接状态信息，协议实现简单；在物理网络或路由器出现故障时能及时切换路径，具有灵活性和健壮性。数据报方式的不足在于，每个分组都需要携带完整的目的地址信息，转发匹配速度慢；同时，由于路由器为每个分组进行独立选路，不能保证分组的按顺序到达，也很难实现资源预留以保证服务质量。虚电路方式的主要优点是属于同一个虚电路的分组都沿着相同的路径转发，每个分组只需要携带较短且长度固定的虚电路号，转发匹配速度快；同时，这种面向连接的方式方便资源预留机制的实现，可以提供服务质量保障。虚电路方式的不足在于，在发送分组之前需要建立连接，一旦某个物理网络或路由器出现故障，则需要重新建立连接，因而对网络故障的适应能力较弱。

## 3.2　TCP/IP 互联层

TCP/IP 体系结构中的互联层主要负责路由选择和分组转发两项核心功能。在路由选择方面（控制平面），主要涉及几种典型的路由协议，包括路由信息协议（Routing Information Protocol，RIP）、开放最短路径优先协议（Open Shortest Path First，OSPF）等自治域内路由协议，以及自治域间的边界网关协议（Border Gateway Protocol，BGP），利用这些路由协议可以实现路由的动态建立与更新。在分组转发方面（数据平面），主要采用面向无连接的数据报方式，其核心协议为互联网协议（Internet Protocol，IP）。由于物理网络的类型较多且具有异构性，为了能够支持多种物理网络的互联，IP 协议并未对物理网络做过多的约束，使 IP 协议具有很好的包容性，几乎能够支持所有类型物理网络的互联。TCP/IP 互联层所涉及的主要协议如图 3-4 所示。

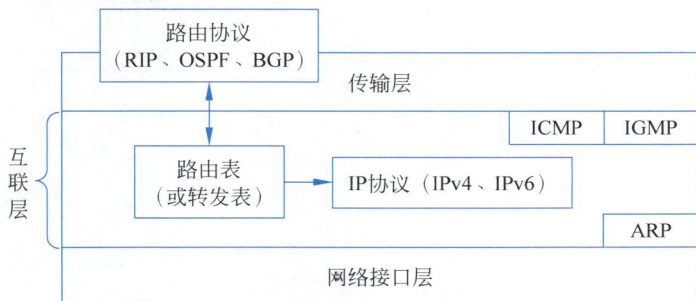

**图 3-4　TCP/IP 互联层所涉及的主要协议**

IP 协议是 TCP/IP 体系结构互联层的核心协议，它所传输的协议数据单元被称为 IP 数据包（或 IP 分组）。IP 层屏蔽了物理网络的差异，向上提供无连接、不可靠的数据传输服务。无连接是指在主机发送 IP 数据包之前不需要建立连接，IP 数据包的处理是相互独立的，源和目的相同的多个数据包可能会经过不同的路径到目的主机，数据包到达的顺序可能会与发送顺序不一致，这种现象称为失序。不可靠是指不能保证源主机所发出的 IP 数据包都能够成功到达目的主机，中间的路由器可能会丢弃数据包。例如，数据包发生某种错误、无法找到适当的转发路径、路由器缓冲区溢出等,都会造成数据包被丢弃。IP 协议不提供丢失恢复机制,其可靠性需要上层协议来提供(如 TCP),因而,IP 协议提供的是一种"**尽力而为**"的服务。

目前使用的 IP 协议有两个版本,即第 4 版(IPv4)和第 6 版(IPv6)。本章首先对 IPv4 的数据包格式、编址方法、数据包的封装与转发机制等进行讲解,之后对 IPv6 相对 IPv4 的改进及新特点进行介绍。为了叙述方便,在单独介绍 IPv4 的内容时将 IPv4 简称为 IP,在涉及 IPv6 内容及 IPv6 与 IPv4 的比较时,将给出 IPv6 和 IPv4 的全称。

IP 协议采用面向无连接的分组转发方式,其转发效率低、服务质量难以保障。为了克服面向无连接分组转发方式的不足,在因特网的一些主干网中引入了多协议标签交换(Multi-Protocol Label Switching,MPLS)技术。MPLS 将虚电路方式的一些特点与数据报方式的灵活性和健壮性进行结合,利用较短且长度固定的标签转发分组,以提高转发效率。MPLS 也可以与资源预留协议(RSVP)相结合,以提供更好的服务质量。在 3.7 节将对 MPLS 的基本工作机制和应用场景进行简要介绍。

# 3.3 IPv4 协议

## 3.3.1 IP 数据包格式

IP 协议的协议数据单元称为 IP 数据包,它由首部和可变长度的数据部分构成(如图 3-5 所示)。数据部分承载上层协议要传输的数据,首部包含 20B 的固定部分和可变长度的选项部分。首部各个字段的具体解释如下。

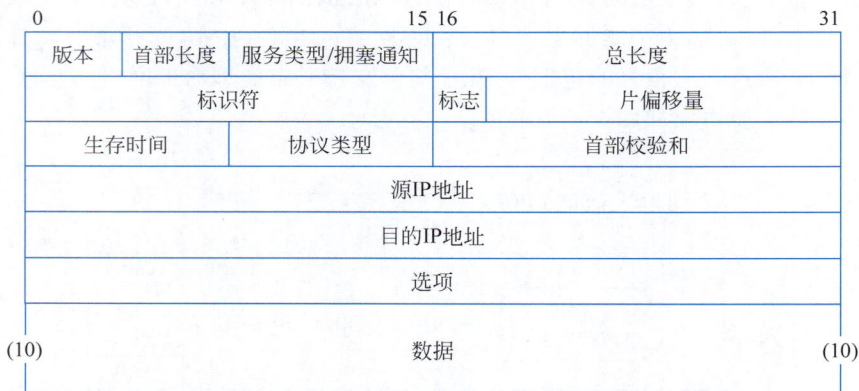

| 0 | | 15 | 16 | | 31 |
|---|---|---|---|---|---|
| 版本 | 首部长度 | 服务类型/拥塞通知 | | 总长度 | |
| 标识符 | | | 标志 | 片偏移量 | |
| 生存时间 | | 协议类型 | | 首部校验和 | |
| 源IP地址 | | | | | |
| 目的IP地址 | | | | | |
| 选项 | | | | | |
| (10) | | 数据 | | | (10) |

图 3-5  IP 数据包格式

(1)版本(4b):版本字段表示该数据包对应的 IP 协议版本,不同 IP 协议版本的数据包格式有所不同,目前使用的 IP 协议版本有"4"和"6"两种。为了避免错误解释数据包格式和内容,所有 IP 实体在处理数据包之前都必须检查版本号,以确保版本正确。

(2)长度:数据包首部中有两个表示长度的字段,一个为首部长度(4b),另一个为总长度(16b)。首部长度以 32b 为计数单位,指明首部固定部分和选项部分的总长度,最大长度为 60B。在没有选项和填充的情况下,该值为"5";如果包含选项,首部长度则取决于选项部分的长度。由于首部长度以 32b 为计数单位,当选项部分长度不是 32b 的倍数时,需要用

0 进行填充。总长度以 8b 为单位,表示整个 IP 数据包的长度(包含首部和数据部分)。

(3) 服务类型/拥塞通知(8b):前 6b 定义了 IP 数据包的优先级和服务质量需求,包括低延迟、高吞吐率或高可靠性。路由器基于设置的优先级和服务质量需求,确定数据包的转发策略。路由器能否按照 IP 数据包的要求进行处理,则依赖于路由器的实现方法和物理网络技术。后 2b 用于显式拥塞通知(Explicit Congestion Notification,ECN),用于对网络中产生的拥塞进行指示。

(4) 标识符(8b)、标志(3b)和片偏移量(13b):这三个字段主要用于 IP 数据包的分片和重组,详细的使用方式在后面进行介绍。

(5) 生存时间(8b):该字段由源主机设置为一个合理值,当 IP 数据包被路由器转发时,生存时间值递减。当该字段的值减至 0 时,IP 数据包被丢弃。该字段的目的是避免 IP 数据包在网络中被无限次转发(如在路由出现环路时),浪费网络资源。

(6) 协议类型(8b):该字段指明数据包中数据部分所属的上层协议,以实现对多种上层协议的支持。在接收方根据该字段中的值决定将 IP 数据包中的数据部分交给哪个上层协议。例如,协议类型为 6,则数据部分要交给 TCP;如果协议类型为 17,则数据部分要交给 UDP。

(7) 首部校验和(16b):首部校验和用于对 IP 数据包首部的正确性进行检测。首部校验和的计算方法如下:首先将该字段清零,然后对 IP 首部的每个 16b 进行二进制反码求和运算,并将计算结果取反写入该字段(具体计算方法可以参见 3.3.3 节)。由于路由器在转发 IP 数据包时,首部的某些字段会发生改变,如生存时间等,每台路由器在转发数据包时都要重新计算该校验和。IP 数据包不提供对数据部分的校验,这样做的好处是可以节省路由器处理数据包的时间,并允许不同的上层协议选择自己的数据校验方法。

(8) 源和目的 IP 地址(32b):源 IP 地址和目的 IP 地址分别表示该 IP 数据包发送方和接收方的 IP 地址。IPv4 采用 32b 的 IP 地址,IP 地址的具体格式和使用方法将在稍后进行详细介绍。

IP 数据包的选项部分最长为 40B,常用的选项主要包括源路由选项、记录路由选项、时间戳选项,每个选项由选项码、长度和选项数据三部分组成。

(1) 源路由选项:源路由是指 IP 数据包在互联网中的传输路径是由源主机指定的,源主机在源路由选项中给出转发 IP 数据包需要经过的 IP 地址列表。IP 数据包定义了严格源路由和松散源路由两种源路由选项。严格源路由选项指定了 IP 数据包经过的每台路由器,路由器之间必须直接相邻,并且所经过路由器的顺序不可更改。松散源路由选项只是给出 IP 数据包必须经过的一些"要点",并不给出一条完备的路径,无直接连接的路由器之间需要借助常规的逐跳路由进行转发。

(2) 记录路由选项:用于记录 IP 数据包从源主机到目的主机所经过的每台路由器的 IP 地址。利用记录路由选项,可以判断 IP 数据包传输过程中所经过的路径,通常用于测试互联网中路由器的路由配置是否正确。

(3) 时间戳选项:用于记录 IP 数据包经过的每台路由器时的本地时间。时间戳中的时间采用格林尼治时间表示,以千分之一秒为单位。时间戳选项提供了 IP 数据包传输中的时域参数,可以用于分析网络吞吐率、拥塞、负载等情况。

由于选项长度可变,且多数选项需要路由器进行处理,这会影响路由器处理 IP 数据包的速度。在 IPv6 的首部中不再提供选项部分，相应的功能由扩展首部完成。

### 3.3.2　IP 地址

在一个物理网络中，每个网络接口都可以通过物理地址进行标识，例如，在以太网和无线局域网中，网络接口可以通过 MAC 地址进行标识。但在多个物理网络进行互联时，由于不同物理网络的编址方式可能存在差异，无法直接使用物理地址跨物理网络进行寻址。因此，在网络互联时需要提供一种全局统一的编址方法，以便可以跨物理网络进行寻址。

在 TCP/IP 体系结构中，IP 协议提供了一种全局统一的编址格式，即 IP 地址。IP 地址与主机（或路由器）上的网络接口相关联，即每个网络接口都会配置一个 IP 地址。在互联网中，主机可以利用 IP 地址进行标识。但是，一个 IP 地址标识一台主机的说法并不准确。严格地讲，IP 地址指定的不是一台主机，而是主机中的一个网络接口。因此，具有多个网络接口的互联网设备应具有多个 IP 地址，如路由器。

#### 1. IP 地址结构与类别划分

IPv4 地址由 32 位二进制数值构成，其地址空间为 $2^{32}$。为了便于记忆和表达，IP 地址通常采用**点分十进制表示法**，即将 4 字节的二进制数值转换成 4 个十进制数值，每个数值小于或等于 255，数值之间用“.”隔开。例如，IP 地址“11001010 01011101 01111000 00111100”用点分十进制表示法表示为“202.93.120.60”。

为了使互联网有良好的可扩展性，IP 地址采用层次结构，即将 IP 地址划分成网络号（netid）和主机号（hostid）两部分。网络号用来标识互联网中的一个特定物理网络，而主机号则用来标识该物理网络中主机或路由器的一个特定网络接口。IP 地址的网络号长度决定能够支持的物理网络个数，主机号长度则决定每个物理网络中能够容纳的网络接口数量。在常规情况下，会为每个物理网络分配一个唯一的网络号，为同一个物理网络中所有网络接口分配的 IP 地址的网络号部分必须相同，而主机号部分各不相同。在某些特殊情况下，也可以为一个物理网络分配多个网络号，在一个物理网络中构建多个逻辑网络。为了便于阐述主要问题，本书中忽略这种特殊情况。

在互联网中，不同物理网络的规模有较大差别，有的物理网络包含几千台主机，而有的物理网络仅有几十台主机。为了适应不同的物理网络规模，IP 协议将 IP 单播地址划分成 A、B、C 三类，它们分别使用 IP 地址的前几位加以区分，每类地址所支持的网络数与主机数有所不同，如图 3-6 所示。A 类 IP 地址的第 1 位为 0，前 8 位为网络号，后 24 位为主机号，

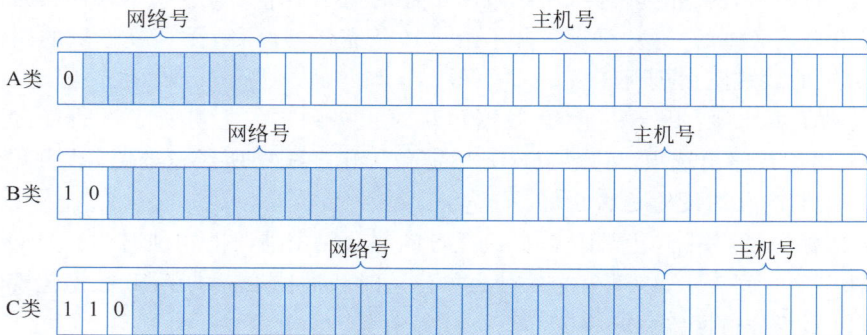

图 3-6　IP 单播地址的类别划分

因此,它可以用于大型物理网络。B 类 IP 地址的前 2 位为 10,前 16 位为网络号,后 16 位为主机号,可以用于中型物理网络。C 类 IP 地址的前 3 位为 110,前 24 位为网络号,主机号仅为 8 位,适用于较小规模的物理网络。对于大约 40 亿个 IP 地址来说,1/2 是 A 类,1/4 是 B 类,1/8 是 C 类。此外,IP 协议也定义了多播地址,称为 D 类 IP 地址,其前 4 位为 1110,后面 28 位为多播组号。

A、B、C 类 IP 地址中有一些地址有特殊的含义和作用,不能分配给普通的网络接口。下面对几个特殊 IP 地址的用途进行简要介绍。

1) 网络地址

网络地址用于标识一个特定的物理网络。在 IP 编址方法中规定,包含一个有效网络号和一个全 0 主机号的 IP 地址称为网络地址。例如,在 A 类 IP 地址中,IP 地址 116.0.0.0 为一个网络地址,IP 地址 116.18.6.10 属于该网络。网络地址不能被用作 IP 数据包中的源地址或目的地址。

2) 广播地址

IP 广播地址有两种形式,一种为直接广播地址,另一种为受限广播地址,两种地址都只能出现在 IP 数据包的目的地址字段,不能出现在源地址字段。如果 IP 地址包含一个有效的网络号和一个全 1 的主机号,则为直接广播地址。直接广播通常用于向目的网络中的所有主机发送 IP 数据包。例如,C 类地址 202.93.120.255 就是一个直接广播地址,前 24 位为网络号,后 8 位主机号部分为全 1,如果以该 IP 地址作为数据包的目的 IP 地址,则这个数据包会同时发送给 202.93.120.0 网络中的所有主机。如果 IP 地址的 32 位全为 1,即 255.255.255.255,则为受限广播地址。受限广播地址用于向源主机所在的物理网络中的所有主机发送 IP 数据包,以受限广播地址作为目的地址的 IP 数据包不会被路由器转发,这样可以将广播信息控制在最小的范围内。

3) 回送地址

以 127 开始的 A 类 IP 地址(如 127.0.0.1)被称为回送地址,它可以作为目的 IP 地址使用,主要用于网络软件测试以及本地进程间通信。以回送地址作为目的 IP 地址的 IP 数据包不会被发送到网络接口,而会被立即返回。因此,含有目的网络号为 127 的数据包不会离开主机出现在网络链路上。

4) 私有 IP 地址

私有 IP 地址是在内部网络中使用的 IP 地址,用于内部网络的通信和资源共享。IETF 在 A、B、C 类 IP 地址中分别划出一部分地址作为私有 IP 地址,私有 IP 地址的范围为 10.0.0.0~10.255.255.255(1 个 A 类网络地址)、172.16.0.0~172.31.255.255(16 个 B 类网络地址)、192.168.0.0~192.168.255.255(256 个 C 类网络地址)。这些私有 IP 地址可以被不同的私有网络重复使用,以私有地址作为源 IP 地址或目的 IP 地址的数据包不能在公共网络中出现。相对于这些私有 IP 地址,其他 A、B、C 类 IP 地址被称为全局 IP 地址。

表 3-1 简要总结了 A、B、C 三类 IP 地址能支持的网络数,以及每个网络中可用的 IP 地址数,通过第一个字节的范围很容易判断一个 IP 地址所属的类别。例如,地址 120.181.0.31 属于 A 类地址,171.64.74.155 属于 B 类地址,202.93.120.60 属于 C 类地址。每个网络中可用的 IP 地址数去掉了主机号为全 0 和全 1 的 IP 地址。例如,一个 C 类网络地址 202.93.120.0,可用的 IP 地址数为 254($2^8-2$),即 IP 地址范围为 202.93.120.1~202.93.120.254。

表 3-1　A、B、C 三类 IP 地址可以提供的网络数和可用的 IP 地址数

| 类别 | 第一个字节范围 | 网络数 | 每个网络可用的 IP 地址数 | 适用的网络规模 |
| --- | --- | --- | --- | --- |
| A | 1～126 | $2^7$ | 16 777 214 | 大型网络 |
| B | 128～191 | $2^{14}$ | 65 534 | 中型网络 |
| C | 192～223 | $2^{21}$ | 254 | 小型网络 |

图 3-7 给出了一个 IP 地址分配示例,其中包括三个小型网络和一个中型网络,通过路由器进行互联。可以为三个小型网络分配三个 C 类网络地址(如 200.23.16.0、200.23.17.0 和 200.23.18.0),为一个中型网络分配一个 B 类网络地址(如 128.202.0.0)。属于同一个网络的网络接口所分配的 IP 地址的网络号相同,主机号不同。例如,网络 1 中的两台主机 A 和主机 B 分别分配了地址 200.23.16.18 和 200.23.16.20,两个 IP 地址的网络号部分(前 24 位)相同,主机号部分不同(后 8 位)。路由器有多个网络接口,每个网络接口需要分配一个 IP 地址,分配的 IP 地址的网络号与所连接的网络地址一致。例如,路由器 R1 分别连接三个网络,网络地址分别为 200.23.16.0、200.23.17.0 和 128.202.0.0,因此该路由器被分配了三个不同的 IP 地址,连接网络 1 的接口的 IP 地址 200.23.16.2 的网络号与网络 1 相同,连接网络 2 的接口的 IP 地址 200.23.17.6 的网络号与网络 2 相同,连接网络 4 的接口的 IP 地址 128.202.0.1 的网络号与网络 4 相同。

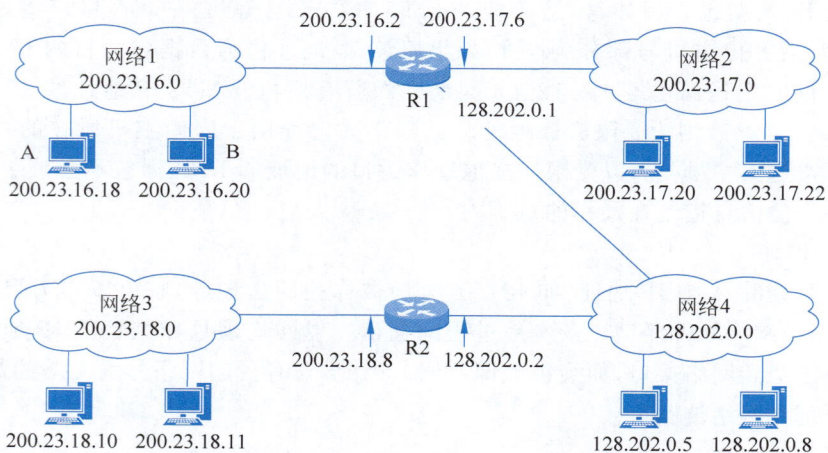

图 3-7　IP 地址分配示例

### 2. IP 地址配置

IP 地址是具有层次结构的地址,在一个给定的互联网中 IP 地址要具有唯一性,同时还要反映互联网的结构,属于同一个物理网络的 IP 地址要具有相同的网络号,如果设备跨物理网络移动,需要获取新的 IP 地址。IP 地址可以静态配置,也可以动态获取。对于互联网中的一些关键设备或提供服务的服务器通常采用静态 IP 地址,对于普通的用户主机多采用动态获取方法,这样可以免去烦琐的配置过程及避免配置错误,同时也可以有效地利用 IP 地址。目前所有的操作系统都提供 IP 地址的静态配置方法,而最常用的 IP 地址动态获取方法是采用动态主机配置协议(Dynamic Host Configuration Protocol,DHCP)。

DHCP 采用客户端/服务器模式,DHCP 服务器维护一个 IP 地址池及相关的配置信息,主机(DHCP 客户端)向 DHCP 服务器发起动态获取 IP 地址的请求,DHCP 服务器给出

响应。DHCP 服务器与客户端的具体交互过程如下（如图 3-8 所示）。

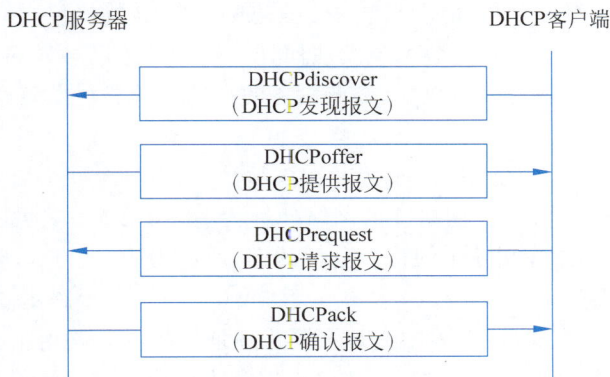

图 3-8　DHCP 服务器与客户端交互过程

（1）DHCP 服务器在 UDP 的 67 端口守候，DHCP 客户端从 UDP 的 68 端口发送 DHCP 发现报文（DHCPdiscover）。

（2）接收到 DHCP 发现报文的 DHCP 服务器发送 DHCP 提供报文（DHCPoffer），如果有多台 DHCP 服务器，客户端可能会收到多个 DHCPoffer。

（3）DHCP 客户端从提供 DHCPoffer 的服务器中选择一个 DHCP 服务器，并向该 DHCP 服务器发送 DHCP 请求报文（DHCPrequest）。

（4）DHCP 服务器接收到 DHCPrequest 后，发送 DHCP 确认报文（DHCPack），客户端收到 DHCPack，便可以开始使用服务器所提供的 IP 地址。

DHCP 服务器除提供可用的 IP 地址之外，还一同提供网络掩码、IP 地址租期、默认路由器的 IP 地址、域名服务器的 IP 地址等信息，这些信息的使用在后面的内容中会涉及。客户端在 IP 地址租期过半时需要重新发送 DHCPrequest 进行续租。客户端也可以发送释放报文（DHCPrelease）随时终止 IP 地址的租用。IP 地址租期的设定，可以在客户端没能正常释放 IP 地址的情况下，保证 IP 地址的回收及再分配。

DHCP 报文采用广播方式进行传输，所封装的 IP 数据包的目的 IP 地址为 255.255.255.255，这是受限广播地址，包含该目的地址的 IP 数据包不会被路由器转发，传输范围仅为请求主机所在的物理网络。因此，通常要在每个物理网络中设置自己的 DHCP 服务器。如果要访问其他物理网络中的 DHCP 服务器，需要在本物理网络中设置 DHCP 中继代理，由 DHCP 中继代理通过单播方式中继客户端与 DHCP 服务器的交互。

### 3.3.3　IP 数据包转发

在基于 IP 协议的互联网中，IP 数据包从源主机到达目的主机通常需要经过多台路由器进行转发。IP 协议采用无连接的分组转发方式，在发送 IP 数据包之前无须建立连接及预留资源，每个 IP 数据包基于路由器中保存的转发表进行独立转发。传统的路由器采用存储转发式交换，即先缓存接收到的 IP 数据包，完成选路和必要的数据包处理之后再进行转发。因此，在 IP 数据包转发时，路由器需要完成选路和数据包处理两项基本功能。

#### 1. 选路

IP 协议通常采用表驱动的选路方式，每台路由器和主机都保存着一张转发表（或称为选路表),该表可以采用动态或静态方式建立。理论上,转发表需要为每个网络地址保存一条转发表项,用于指明目的网络如何可达。在发送或转发 IP 数据包时,利用目的 IP 地址的网络号进行查表,以决定下一步把数据包发往何处。这种基于网络号而非 IP 地址的选路模式,可以有效地减少转发表的表项数量,降低设备的存储开销和转发表查询时间,使 IP 互联网具有良好的可扩展性。

图 3-9 给出了一个简单的互联网示例。在该示例中,为每个网络分配一个网络地址,如网络 1 的网络地址为 10.0.0.0、网络 2 的网络地址为 20.0.0.0 等,为主机和路由器的每个接口分配一个 IP 地址,如主机 H1 的接口分配的 IP 地址为 10.0.0.1,路由器 R1 的三个接口分配的 IP 地址分别为 10.0.0.2、20.0.0.1 和 30.0.0.1。对于路由器 R1,其转发表可以表达成如表 3-2 所示的形式,转发表中为每个网络地址维护一条路由信息,其中包含网络地址、下一跳 IP 地址和转发接口等信息,其他路由器和主机中的转发表结构与 R1 类似。

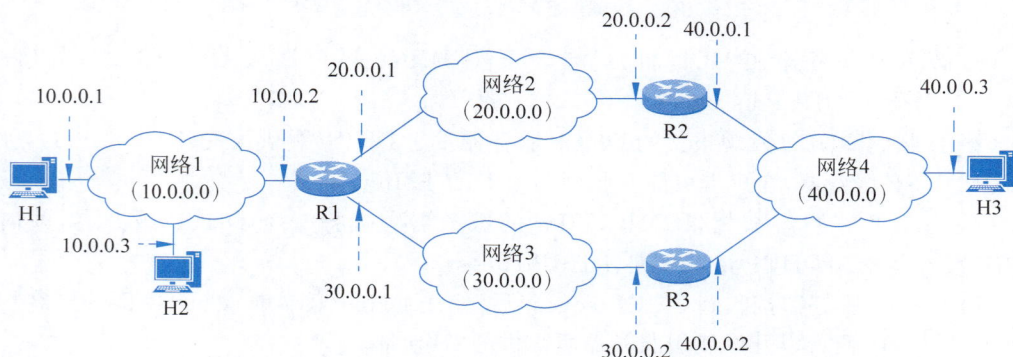

图 3-9　简单的 IP 互联网络示例

表 3-2　路由器 R1 的转发表

| 网 络 地 址 | 下一跳 IP 地址 | 转 发 接 口 |
| --- | --- | --- |
| 10.0.0.0 | 直接投递 | 10.0.0.2 |
| 20.0.0.0 | 直接投递 | 20.0.0.1 |
| 30.0.0.0 | 直接投递 | 30.0.0.1 |
| 40.0.0.0 | 30.0.0.2 | 30.0.0.1 |

不论是主机还是路由器,在发送或转发 IP 数据包时,都需要首先确定目的主机是否与自己在同一个物理网络中。如果目的 IP 地址的网络号与发送节点(主机或路由器)的某个接口的 IP 地址的网络号相同,则发送节点与目的主机位于同一个物理网络,发送节点可以利用 ARP 解析获得目的主机的 MAC 地址,并通过数据链路层封装后将 IP 数据包直接发给目的主机;否则,查找转发表,确定下一跳的 IP 地址和转发接口。例如,在图 3-9 中,如果主机 H1 向主机 H2 发送 IP 数据包,其目的 IP 地址为 10.0.0.3,源 IP 地址为 10.0.0.1,这两个 IP 地址的网络号部分相同,两台主机位于同一个物理网络,则可以直接将该 IF 数据包发送给目的主机 H2。如果主机 H1 向主机 H3 发送 IP 数据包,其目的 IP 地址为 40.0.0.3,源 IP 地址为 10.0.0.1,这两个 IP 地址的网络号不同,则基于主机 H1 的转发表确定下一跳 IP 地址(如 10.0.0.2)。R1 收到该 IP 数据包后,会完成类似的工作。它利用目的 IP 地址的网络号(40.0.0.0)查找转发表,确定下一跳 IP 地址(30.0.0.2),并将数据包转发给 R3。以此

类推,该 IP 数据包通过 R3 转发,最终送达主机 H3。

### 2. 数据包处理

路由器在转发 IP 数据包时,除了需要进行选路之外,还需要对 IP 数据包首部的部分字段进行处理。IP 数据包转发时处理的字段主要包括生存时间、首部校验和、拥塞通知等。如果 IP 数据包被分片,还需要处理与分片相关的字段。关于 IP 数据包分片与重组、拥塞通知的内容将在本章的后面和第 4 章中进行介绍。

1) 生存时间

在路由出错时或路由处于未收敛状态(即路由器之间的路由信息未达到一致的状态),互联网络中可能会出现路由环路。如图 3-10 所示,路由器 R2 转发表中的表项出错,导致路由器 R1 和 R2 之间形成路由环路,造成发往网络 200.23.19.0 的 IP 数据包会在路由器 R1 和 R2 之间循环转发。IP 数据包首部中的生存时间(Time To Live,TTL)字段的目的是避免 IP 数据包在网络中被无限次转发,浪费网络资源。该字段由源主机设置为一个合理值(如 64 或 255),当 IP 数据包被路由器转发时,生存时间值递减 1。当该字段的值减至 0 时,IP 数据包被丢弃,并向源主机送 ICMP 报文(关于 ICMP 将在后面进行介绍)。

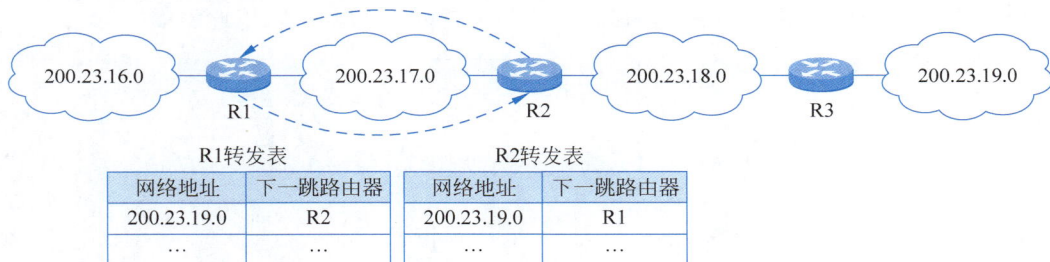

| 网络地址 | 下一跳路由器 |
|---|---|
| 200.23.19.0 | R2 |
| … | … |

| 网络地址 | 下一跳路由器 |
|---|---|
| 200.23.19.0 | R1 |
| … | … |

图 3-10　路由环路示例

2) 首部校验和计算

IP 协议只对 IP 首部进行校验,不对数据部分进行校验,这样可以提高路由器对 IP 数据包的处理速度,同时又能避免 IP 数据包被错误转发。IP 协议通过 IP 数据包的首部校验和字段来检查 IP 首部的正确性,数据部分的正确性由上层协议进行保障。例如,封装在 IP 数据包中的 TCP、UDP、ICMP 等协议的数据单元中都提供自己的校验和字段,以完成相应的差错检测功能。

在 IP 数据包转发过程中,每个路由器都会利用校验和检测 IP 首部的正确性,丢弃首部出现差错的 IP 数据包。由于路由器在转发 IP 数据包时,会修改首部的某些字段,如生存时间、拥塞通知等,因而路由器在转发 IP 数据包时需要重新计算校验和。IP 首部校验和的计算方法如下。

(1) 发送方:首先把首部校验和字段置成 0,并将 IP 首部看成 16 位二进制整数序列,进行二进制反码求和运算,之后将计算的结果取反,并写入首部校验和字段。

(2) 接收方:对接收到的 IP 数据包的首部进行 16 位二进制反码求和运算,如果计算的结果为全 1,表明未检测出错误;如果结果为非全 1,表明 IP 数据包的首部存在差错。

反码求和运算的规则很简单,即从低位到高位逐位进行计算,0 和 0 相加得 0,0 和 1 相加得 1,1 和 1 相加得 0,但要产生进位 1。如果最高位相加后产生进位,则要把它回送到最低位继续相加。例如,两个 16 位二进制整数 1110011001100110 和 1101010101010101 反码求和运算的过程和结果如图 3-11 所示。

```
 1 1 1 0 0 1 1 0 0 1 1 0 0 1 1 0
 1 1 0 1 0 1 0 1 0 1 0 1 0 1 0 1
─────────────────────────────
1 1 0 1 1 1 0 1 1 1 0 1 1 1 0 1 1
                              1
 1 0 1 1 1 0 1 1 1 0 1 1 1 1 0 0
```

**图 3-11　二进制反码求和运算**

收方的检测过程。

在发送方,二进制反码求和运算的结果再取反写入校验和字段主要是为了方便接收方的校验。如果在传输过程中未出现差错,连带首部校验和字段直接对首部进行 16 位二进制反码求和运算,结果为全 1。因此接收方可以利用计算结果是否为全 1 直接判断 IP 数据包首部是否存在差错,简化了接收方的检测过程。

### 3. 数据包分片与重组

IP 数据包在互联网络中传输通常需要跨越多个物理网络,在每个物理网络中都要经过网络接口层封装,并由物理网络进行传输。例如,如果物理网络是以太网,需要将 IP 数据包封装在以太帧中进行传输。图 3-12 给出了一个三个以太网互联的示例,图中显示了 IP 数据包从源主机到目的主机被以太网封装过程。源主机的 IP 层产生 IP 数据包,并由 MAC 层进行封装,增加帧首部 1 和帧尾部 1 形成以太帧;当以太帧到达路由器 R1 时,则去掉 MAC 层的封装;R1 完成 IP 数据包处理后,重新进行 MAC 层封装,以此类推。

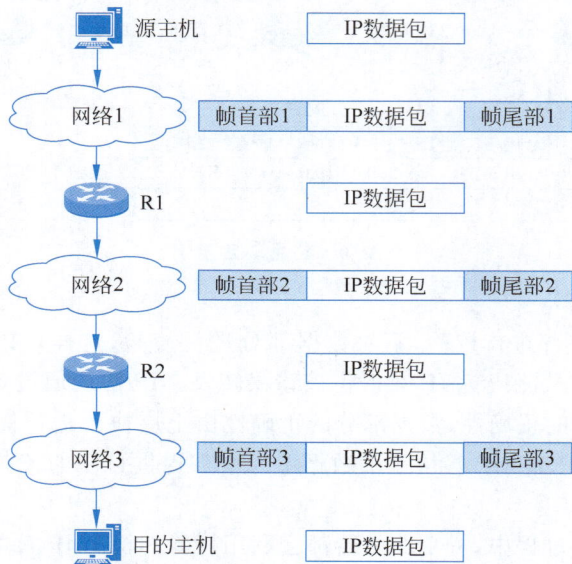

**图 3-12　IP 数据包封装过程**

物理网络是异构的,每种物理网络都规定了其协议数据单元能够承载的最大数据量,即最大传输单元(Maximum Transmission Unit,MTU)。例如,传统以太网的 MTU 为 1500B,不同类型物理网络的 MTU 不尽相同。一个 IP 数据包的长度只有小于或等于物理网络的 MTU,才能够由物理网络进行承载。在通常情况下,源主机可以感知直接连接的物理网络的 MTU,但要获得从源主机到目的主机沿途所有物理网络的 MTU 则比较困难。一种合理的方式是源主机依据其直接连接物理网络的 MTU 的大小产生 IP 数据包,当路由器转发 IP 数据包时,如果 IP 数据包的长度超出了下一个物理网络的 MTU,则对 IP 数据包进行分片。每个 IP 数据包分片依然是一个完整的 IP 数据包,可以在互联网中进行独立传输,属于同一个 IP 数据包的不同分片可能会经过不同的路径到达目的主机。如图 3-13 所示的互联网络,源主机 H1 发送一个 4000B 的 IP 数据包到目的主机 H2,路由器 R1 在转发该 IP 数据包时,由于网络 2 的 MTU 仅为 1500B,R1 将 IP 数据包分成分片 1、分片 2 和分片 3,三个分片在互联网络中独立转发。由于路由的变化,三个分片可能会经过不同的路径到达目的主机 H2。

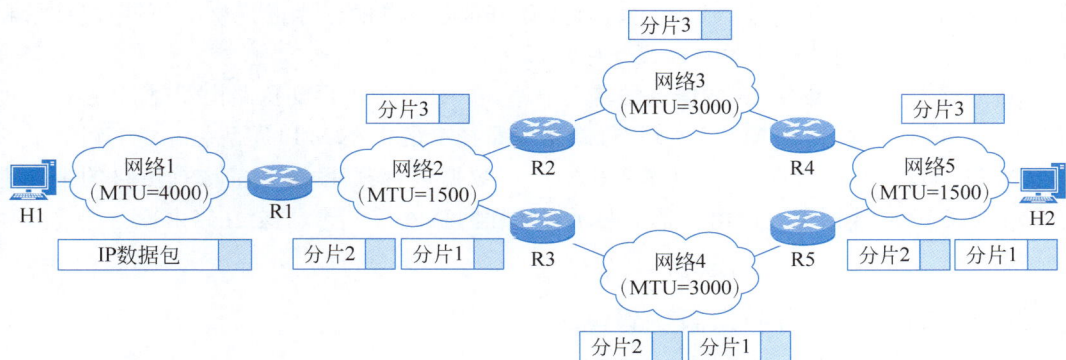

图 3-13　IP 数据包分片与转发

目的主机的 IP 层负责对分片的 IP 数据包进行重组,这基于两点考虑:一是每个分片是独立选路的,每个分片到达目的主机所经过的路径可以不同;二是路由器不需要感知一个 IP 数据包是否是分片的数据包,从而简化路由器的处理流程。如果目的主机接收到一个 IP 数据包的所有分片,则对其进行重组;如果超过一定时间未收到全部分片,则丢弃已到达的分片,并向源主机发送 ICMP 报文。IP 层并不对丢失的分片进行恢复。

为了支持 IP 数据包的分片与重组,IP 数据包首部中包含标识符、标志位、偏移量几个字段。在对 IP 数据包进行分片时,需要为每个分片产生一个 IP 首部,其中,标识符与原始数据包首部中的标识符相同,偏移量记录了每个分片中所包含的数据在原始数据包中的位置,标志位的最后一位(M 位)用于指明是否是最后一个分片,如果 M 位置 0,表明是最后一片,如果 M 位置 1,表明不是最后一片。

为了理解具体过程,下面用图 3-13 的例子对分片和重组的过程进行说明。源主机 H1 基于网络 1 的 MTU 发送一个长度为 4000B 的 IP 数据包到目的主机 H2,数据包格式如图 3-14(a)所示,这里只关注与分片和重组相关的字段,省略了其他字段。由于网络 2 的 MTU 只有 1500B,路由器 R1 在转发该 IP 数据包时需要对 IP 数据包进行分片。假设 IP 数

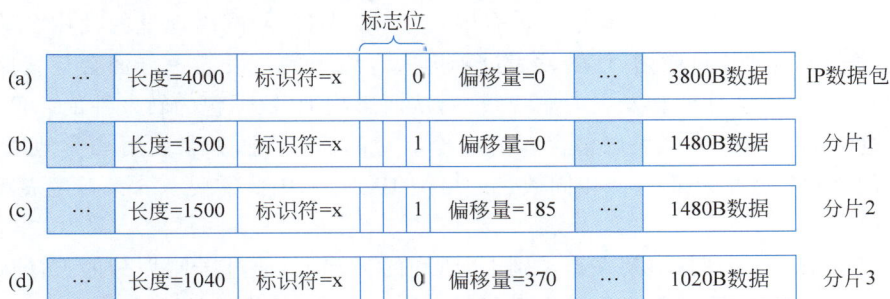

图 3-14　IP 数据包分片首部字段

据包的首部只包含固定部分的 20B,那么每个分片最多可以包含 1480B 的数据。图 3-14(b)和图 3-14(c)给出了分片 1 和分片 2 的格式,两个分片都包含 1480B 的数据,首部中的标识符与原 IP 数据包的标识符相同,偏移量指明所包含数据的第一个字节在原 IP 数据包中的位置,分别为 0 和 185,偏移量字段以 8B 为计数单位。由于这两个分片都不是最后一个分片,因而 M 位置 1。图 3-14(d)给出了分片 3 的格式,分片 3 只包含剩余的 1020B 数据,M 位置 0,指明是最后一个分片。目的主机对具有相同标识符的分片进行重组,利用偏移量和标志位判断分片之间的顺序关系以及分片是否缺失。

IP 数据包分片会影响 IP 数据包的转发效率,在 IPv6 中不再支持路由器对 IP 数据包进行分片,它可以通过"路径 MTU 发现"机制获取路径上的最小 MTU,源主机基于路径上的最小 MTU 封装 IPv6 数据包(允许源主机对上层数据进行分片,分片的数据由目的主机进行重组),该 IPv6 数据包可以由路径上的所有物理网络进行承载,不会在路由器处产生分片的需求。

### 3.3.4　IP 地址问题分析及解决策略

#### 1. IP 地址问题分析

在互联网中,不同物理网络的规模可能会有较大差别,在 IP 地址设计之初也充分考虑了这一问题,因此将 IP 单播地址划分成了 A、B、C 类,分别用于大、中、小规模的物理网络,对网络规模具有一定的适应性。但是这种网络号和主机号长度的划分方法依然不够灵活,可能会导致 IP 地址不能被充分利用。例如,一个机构的互联网络包含多个物理网络,对于每个物理网络不论需要几个 IP 地址,都至少需要分配一个 C 类网络地址。如果需要的 IP 地址数远小于 254,则会造成大量地址浪费。再例如,对于一个需要 300 个 IP 地址的物理网络,C 类网络地址无法满足要求,需要分配一个 B 类网络地址。而一个 B 类网络地址可以包含 65 534 个可用的 IP 地址($2^{16}-2$),如果只使用其中的 300 个地址,剩余的 65 234 个地址将会被浪费。由于 IP 地址不能被充分利用,加上 IPv4 的地址空间相对有限,为每个物理网络分配一个网络地址,会快速消耗可用的 IPv4 地址。事实上,IANA 于 2011 年 2 月 3 日已经完成了全部 IPv4 地址块的分配,这也标志着 IPv4 地址全部分配完毕。

A、B、C 类地址划分在选路时会引入另一方面的问题。在互联网中,路由器是基于 IP 数据包中目的 IP 地址的网络号进行选路的。每台路由器都保存着一张转发表,理论上需要针对每个网络地址建立一条转发表项,路由器利用 IP 数据包中目的 IP 地址的网络号进行查表,以决定 IP 数据包下一步向哪里转发,因此转发表中的表项数量决定于网络地址的数量。A 类($2^7$)和 B 类($2^{14}$)网络地址数量有限,大量 C 类($2^{21}$)网络地址的使用会造成核心路由器转发表的表项数量激增,使转发表过于庞大。庞大的转发表一方面会耗费路由器的存储资源,另一方面会降低转发表的查找效率,从而影响 IP 数据包的转发性能。例如,一个 B 类网络地址 172.123.0.0,可以包含 65 534 个有效的 IP 地址,如果使用 C 类地址,大约需要 256 个网络地址才能获得近似相同数量的可用 IP 地址,因此需要 256 条转发表项。

#### 2. 子网划分

针对上述第一个问题,早期在有类别 IP 地址的基础上,通过子网划分的方法来充分利用 IP 地址,避免 IP 地址浪费。其基本思想是:将一个 IP 网络地址分配给多个物理网络,不同的物理网络借助主机号的前面位数进行区分,即将原来的主机号部分进一步划分成子网号和主机号,每个物理网络分得一个子网号,用网络号和子网号共同标识一个物理网络。网络号和子网号的总长度通过 32 位的子网掩码进行标识,网络号和子网号对应的位为 1,主机号对应的位为 0。例如,将一个 B 类网络地址 172.123.0.0 等分给 128 个物理网络,则可以用原来主机号部分的前 7 位作为子网号来区分 128 个物理网络,其子网号划分和子网掩码如图 3-15 所示。

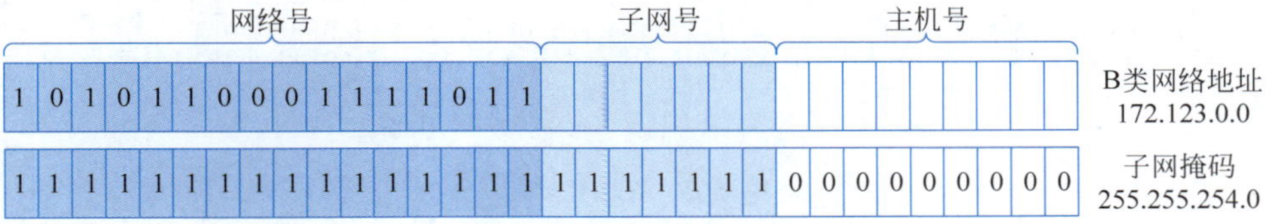

图 3-15　子网划分与子网掩码

实际上,在子网划分时不需要等分,可以根据每个物理网络所需的 IP 地址数进行划分。例如,将一个 C 类网络地址 200.23.16.0 分配给如图 3-16 所示的 4 个物理网络,每个物理网络所需的 IP 地址数分别为 30、30、60、60,可以根据所需的 IP 地址数划分子网号的长度。网络 1 和网络 2 分别需要 30 个 IP 地址,可以把原主机号前 3 位的"000"分配给网络 1,"001"分配给网络 2,其余 5 位作为主机号,子网地址分别为 200.23.16.0 和 200.23.16.32,地址区间分别为 200.23.16.0~200.23.16.31 和 200.23.16.32~200.23.16.63,子网掩码为 255.255.255.224。网络 3 和网络 4 分别需要 60 个 IP 地址,可以把原主机号前 2 位的"01"分配给网络 3,"10"分配给网络 4,其余 6 位作为主机号,子网地址分别为 200.23.16.64 和 200.23.16.128,地址区间分别为 200.23.16.64~200.23.16.127 和 200.23.16.128~200.23.16.191,子网掩码为 255.255.255.192。剩余的 IP 地址可以再分配给其他的物理网络。从这里可以看出,在对于 IP 地址需求数量不同的多个物理网络进行 IP 子网划分时,需要进行仔细规划,避免地址浪费或地址重复。

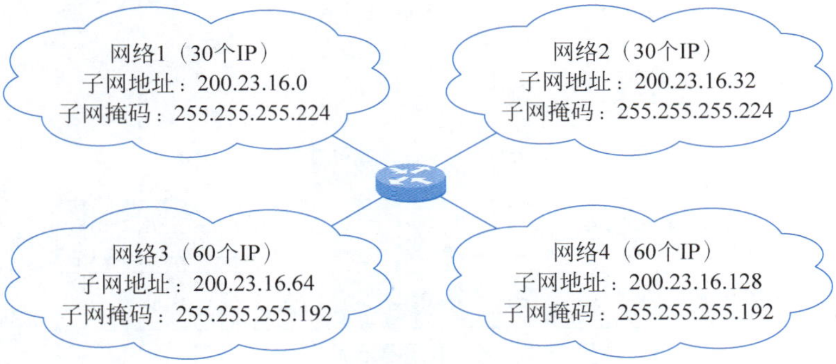

图 3-16　子网划分示例

### 3. 无类别 IP 地址

子网划分是对有类别 IP 编址方法的拓展,能够有效地解决 IP 地址的浪费问题,但无法解决转发表过于庞大的问题。为了解决这一问题,在 IP 中引入了无类别编址方法,也称为无类别域间路由(Classless Inter-Domain Routing,CIDR)。CIDR 摒弃了地址类别的划分,将 IP 地址划分为前缀和后缀两部分,前缀可以是任意长度。与子网掩码类似,CIDR 地址的前缀长度可以通过 32 位网络掩码进行标识,前缀部分对应的位为 1,后缀部分对应的位为 0。CIDR 地址也可以表示成 *a.b.c.d/x* 形式，其中，*x* 为前缀长度。一个 CIDR 地址的示例如图 3-17 所示，前缀长度为 20 位，后缀长度为 12 位，网络掩码为 255.255.240.0，用 *a.b.c.d/x* 形式可以表示为 200.23.16.0/20。

| | | | | | | | | | | | | | | | | | | | | | | | | | | | | | | | | |
|---|---|---|---|---|---|---|---|---|---|---|---|---|---|---|---|---|---|---|---|---|---|---|---|---|---|---|---|---|---|---|---|---|
| 1 | 1 | 0 | 0 | 1 | 0 | 0 | 0 | 0 | 0 | 0 | 1 | 0 | 1 | 1 | 1 | 0 | 0 | 0 | 1 | 0 | 0 | 0 | 0 | 0 | 0 | 0 | 0 | 0 | 0 | 0 | 0 | CIDR地址 200.23.16.0/20 |
| 1 | 1 | 1 | 1 | 1 | 1 | 1 | 1 | 1 | 1 | 1 | 1 | 1 | 1 | 1 | 1 | 1 | 1 | 1 | 1 | 0 | 0 | 0 | 0 | 0 | 0 | 0 | 0 | 0 | 0 | 0 | 0 | 网络掩码 255.255.240.0 |

前缀　　后缀

**图 3-17　CIDR 地址**

在 CIDR 中，一个前缀不一定只标识一个物理网络，它表示的是一个地址块，即具有相同前缀的连续多个 IP 地址。这些地址可以被进一步划分，分配给多个物理网络(类似子网划分)。例如，地址块 200.23.16.0/20 的前缀长度为 20，包含 200.23.16.0～200.23.31.255 共 4096 个 IP 地址。假设将该地址块等分给如图 3-18 所示的 4 个网络，则可以用原来后缀部分的前两位的 4 种组合 00、01、10、11 区分 4 个网络，4 个网络地址分别表示为 200.23.16.0/22、200.23.20.0/22、200.23.24.0/22、200.23.28.0/22，其对应的二进制形式及其网络掩码如图 3-19 所示。

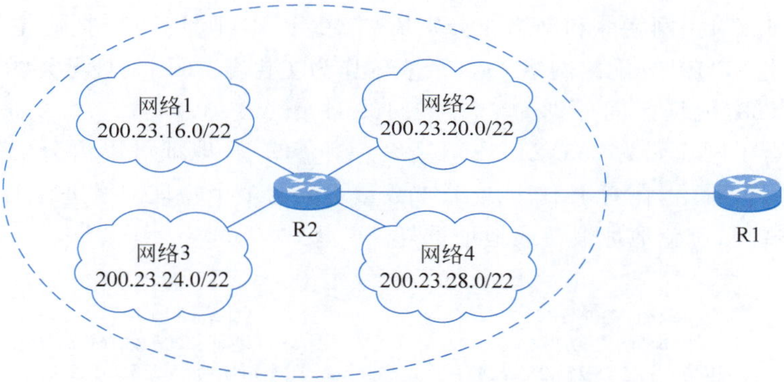


**图 3-18　地址块分配示例**

| | | | | | | | | | | | | | | | | | | | | | | | | | | | | | | | | |
|---|---|---|---|---|---|---|---|---|---|---|---|---|---|---|---|---|---|---|---|---|---|---|---|---|---|---|---|---|---|---|---|---|
| 1 | 1 | 0 | 0 | 1 | 0 | 0 | 0 | 0 | 0 | 0 | 1 | 0 | 1 | 1 | 1 | 0 | 0 | 0 | 1 | 0 | 0 | 0 | 0 | 0 | 0 | 0 | 0 | 0 | 0 | 0 | 0 | 地址块 200.23.16.0/22 |
| 1 | 1 | 0 | 0 | 1 | 0 | 0 | 0 | 0 | 0 | 0 | 1 | 0 | 1 | 1 | 1 | 0 | 0 | 0 | 1 | 0 | 1 | 0 | 0 | 0 | 0 | 0 | 0 | 0 | 0 | 0 | 0 | 地址块 200.23.20.0/22 |
| 1 | 1 | 0 | 0 | 1 | 0 | 0 | 0 | 0 | 0 | 0 | 1 | 0 | 1 | 1 | 1 | 0 | 0 | 0 | 1 | 1 | 0 | 0 | 0 | 0 | 0 | 0 | 0 | 0 | 0 | 0 | 0 | 地址块 200.23.24.0/22 |
| 1 | 1 | 0 | 0 | 1 | 0 | 0 | 0 | 0 | 0 | 0 | 1 | 0 | 1 | 1 | 1 | 0 | 0 | 0 | 1 | 1 | 1 | 0 | 0 | 0 | 0 | 0 | 0 | 0 | 0 | 0 | 0 | 地址块 200.23.28.0/22 |
| 1 | 1 | 1 | 1 | 1 | 1 | 1 | 1 | 1 | 1 | 1 | 1 | 1 | 1 | 1 | 1 | 1 | 1 | 1 | 1 | 1 | 1 | 0 | 0 | 0 | 0 | 0 | 0 | 0 | 0 | 0 | 0 | 网络掩码 255.255.252.0 |

**图 3-19　地址块分配的二进制表达**

在图 3-18 的示例中，如果 4 个网络属于同一个机构或由一个 ISP 提供服务，则机构之外或其他 ISP 的路由器(如 R1)的转发表中只需要针对地址块 200.23.16.0/20 保存一条转发表项,指明目的 IP 地址符合该前缀的 IP 数据包均可以转发到 R2,再由 R2 在内部进行进一步转发。在理想情况下,CIDR 通过合理的地址块划分可以有效降低核心路由器转发表的表项数量,解决转发表项激增的问题,提高路由器的性能。IPv6 也沿用了类似 CIDR 的地址分配机制。

#### 4. 无类别 IP 地址选路

图 3-20 给出了一个使用无类别 IP 地址的互联网示例。该示例与图 3-9 的网络结构相同,但采用了无类别 IP 地址,分配给每个网络的前缀和各个接口的 IP 地址已经在图中标出。对于无类别 IP 地址,IP 数据包在互联网中的转发模式没有变化,主要是转发表的结构和网络地址的匹配方式有所改变。对于有类别 IP 地址,很容易通过 IP 地址的前几位判断其所属的网络,而无类别 IP 地址需要使用网络掩码才能识别 IP 地址的前缀长度。因此在引入无类别 IP 编址以后,需要对转发表和选路方法进行修改和扩充。

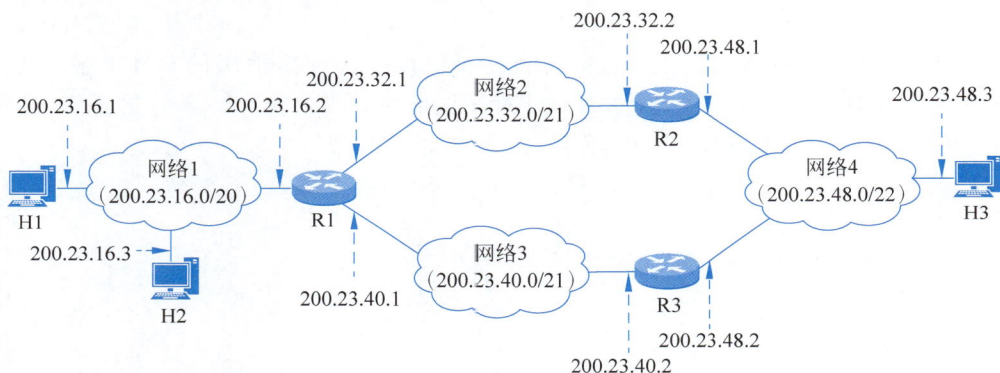

图 3-20　使用无类别 IP 地址的互联网示例

以图 3-20 中的路由器 R1 为例,其转发表可以表达成如表 3-3 所示的形式,转发表中增加了网络掩码一项。当进行选路时,其最基本的方法是从 IP 数据包中取出目的 IP 地址,与转发表的表项逐条匹配。具体匹配方法是:将目的 IP 地址与转发表表项中的"网络掩码"进行逐位"与"运算,运算的结果再与表项中的"网络前缀"进行比较,如果相同,说明匹配成功。例如,图 3-20 中的路由器 R1 接收到主机 H1 发给主机 H3 的 IP 数据包,从数据包中取出目的 IP 地址 200.23.48.3,与转发表中的表项逐条匹配。与第一条进行匹配时,将目的 IP 地址 200.23.48.3 与网络掩码 255.255.240.0 进行"与"运算,得到 200.23.48.0,与该表项的网络前缀 200.23.16.0 不同,因而该表项不匹配。之后与第二、三条进行匹配会得到类似的结果。与第四条进行匹配时,200.23.48.3 与网络掩码 255.255.252.0 进行"与"运算,得到 200.23.48.0,与该表项的网络前缀相同,因而匹配成功。如果转发表中不再有其他表项,则使用 200.23.40.2 作为下一跳 IP 地址,将数据包转发到 R3。

表 3-3　路由器 R1 的转发表(无类别 IP 编址)

| 网 络 前 缀 | 网 络 掩 码 | 下 一 跳 IP 地 址 | 转 发 接 口 |
|---|---|---|---|
| 200.23.16.0 | 255.255.240.0 | 直接投递 | 200.23.16.2 |
| 200.23.32.0 | 255.255.248.0 | 直接投递 | 200.23.32.1 |
| 200.23.40.0 | 255.255.248.0 | 直接投递 | 200.23.40.1 |
| 200.23.48.0 | 255.255.252.0 | 200.23.40.2 | 200.23.40.1 |

在使用无类别 IP 编址时,允许转发表表项的网络前缀之间有重叠,即所表示的地址块之间存在包含关系,导致某个目的 IP 地址可能会与转发表中的多个前缀匹配。例如,允许一台路由器的转发表中包含网络前缀为 200.23.0.0/16 和 200.23.20.0/22 的两个表项,对于目的 IP 地址为 200.23.22.6 的数据包与这两个网络前缀都能够匹配。在无类别 IP 编址中,选路采取"最长匹配"原则。例如,200.23.22.6 与 200.23.0.0/16 的匹配长度为 16 位,与 200.23.20.0/22 的匹配长度为 22 位,如果不再有其他匹配的表项,则基于最长匹配原则,选择 200.23.20.0/22 这一表项。

无类别 CIDR 地址的另一个优势是可以进行网络前缀路由聚合。通常情况下,一个 ISP 会获得一个较大的地址块,一个机构可以根据需要向 ISP 申请适当大小的地址块,而机构可以继续对地址块进行划分,最终每个物理网络会获得自己的地址块。例如,$ISP_A$ 获得地址块 200.23.0.0/16,并将地址分配给 6 个机构,网络前缀分别为 200.23.0.0/18、200.23.64.0/18、200.23.128.0/19、200.23.160.0/19、200.23.192.0/19、200.23.224.0/19,如图 3-21 所示。$ISP_A$ 的路由器 R1 的转发表需要保存每个网络前缀的具体转发信息,而 $ISP_A$ 之外的互联网的其他路由器(如 R2)针对该地址块只需要保存一条转发表项,这样可以有效减少主干路由器转发表表项的数目,避免转发表"爆炸"。

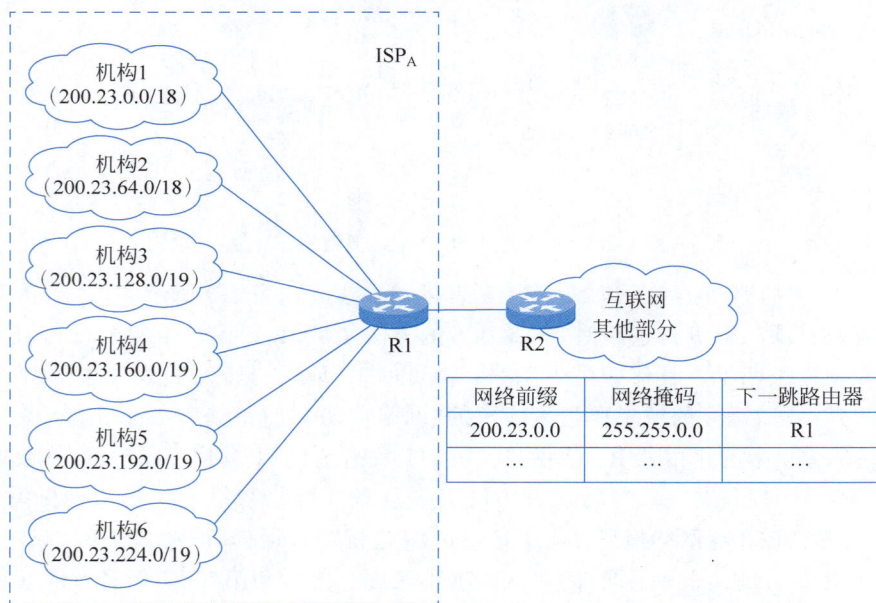

**图 3-21　CIDR 地址聚合**

在实际实现中,主机或路由器的转发表中除了包含基于特定网络前缀的转发表项外,还可以包含基于特定主机的路由和默认路由。

(1) 特定主机路由:转发表中的主要表项是基于特定网络前缀的路由。但是,IP 协议也允许为一台特定主机建立转发表项,其网络前缀为主机的 IP 地址,前缀长度为 32 位,网络掩码为 255.255.255.255。在网络安全、网络连通性调试、转发表正确性判断等方面,指明到某一台主机的特定路由非常有用。

(2) 默认路由:在互联网中,主机或某些路由器并不保留全部的路由信息,但会提供一条"默认路由",即网络前缀和网络掩码均为 0.0.0.0 的路由。当转发 IP 数据包时,如果其他路由表项均不能匹配,则使用默认路由。任何一个目的 IP 地址与网络掩码 0.0.0.0 进行逐位"与"运算,结果为全 0,一定与 0.0.0.0 网络前缀匹配。如果转发表中没有提供默认路由,对于未能匹配表项的数据包进行丢弃处理。一般情况下,为了简化主机的转发表,通常在主机的转发表中只简单地保留一条默认路由,其下一跳指向默认路由器。例如,在图 3-20 的网络中,如果在主机 H1 的转发表中建立一条指向路由器 R1 的默认路由,那么它可以不必保存到达网络 200.23.32.0/21、200.23.40.0/21、200.23.48.0/22 的路由表项。如果发送的数据包的目的 IP 地址与主机 H1 不属于同一个物理网络,则主机 H1 会根据默认路由将其转发至路由器 R1。

### 5. 网络地址转换

无类别 IP 地址能够较为有效地解决 IP 地址所面临的问题。一方面,可变长度的网络前缀使 IP 地址的分配具有足够的灵活性,能够避免 IP 地址的浪费;另一方面,网络前缀路由聚合可以缓解核心路由器转发表项的激增问题。但是,随着因特网规模的不断增长,32 位的 IP 地址长度已经不能满足因特网发展的需求,出现了严重的 IP 地址短缺问题。

解决 IP 地址短缺问题的最直接想法是抛弃现有的 IP 地址编址方案,重新设计新的地址编址方案,拓展 IP 地址空间。为此,IETF 发展了 IPv6 协议,将地址长度扩展到 128 位,理论上可以有 $2^{128}$ 个 IPv6 地址。这是一个巨大的地址空间,足可以支持因特网未来的发展。但是,部署 IPv6 协议需要对因特网中的主机、路由器等设备进行升级或更换,将 IPv4 协议完全升级到 IPv6 协议需要一个漫长的过程。因此,针对 IPv4 地址短缺问题需要寻求一种便于快速部署的过渡性解决策略。

IPv4 地址空间中有一部分是私有地址,即 10.0.0.0~10.255.255.255、172.16.0.0~172.31.255.255 和 192.168.0.0~192.168.255.255。在全局 IP 地址严重短缺的情况下,可以考虑为主机的网络接口分配私有 IP 地址。使用私有 IP 地址的网络区域被称为**私有网络**,而相对于私有网络,使用全局 IP 地址的网络区域被称为**公共网络**。由于相同的私有 IP 地址可以被不同的私有网络重复使用(这样可以有效地扩展可用的 IP 地址空间),因此从全局角度考虑,私有 IP 地址所标识的网络接口并不唯一。如果要将私有网络连接到公共网络上,需要在私有网络和公共网络之间进行 IP 地址转换,以保证以私有 IP 地址作为源地址或目的地址的 IP 数据包不会出现在公共网络中。

目前,私有网络主要通过网络地址转换(Network Address Translation,NAT)设备连接到公共网络。NAT 设备的主要功能是实现私有 IP 地址和全局 IP 地址之间的转换,可以是一台支持 NAT 功能的路由器或独立的 NAT 设备。相对于 NAT 设备,通常将私有网络称为内部网络,将公共网络称为外部网络。图 3-22 给出了一个内部网络通过 NAT 设备连接到外部网络的示例。在该示例中,内部网络使用私有网络地址 192.168.1.0/24,并为内部主机 A 分配 IP 地址 192.168.1.66。NAT 设备的内侧网络接口(连接到内部网络)分配私有 IP 地址 192.168.1.1,外侧网络接口(连接到外部网络)分配全局 IP 地址 200.23.16.1。如果主机 A 要通过外部网络访问一台 IP 地址为 128.26.58.10 的服务器,则主机 A 所产生的 IP 数据包的源地址(S)为 192.168.1.58,目的地址(D)为 128.26.58.10,该数据包首先被发往 NAT 设备。NAT 设备对 IP 数据包的源地址进行代换,用 NAT 外部网络侧的 IP 地址 200.23.16.1 代换 IP 数据包中的源地址,因此在外部网络上传递的 IP 数据包的源地址和目的地址均为全局 IP 地址。服务器接收到的是源地址被代换后的数据包,因而它只知道该数据包是从 200.23.16.1 发送过来的,当它要向主机 A 发送 IP 数据包时,所产生的 IP 数据包的源地址为 128.26.58.10,目的地址为 200.23.16.1。该数据包自然会被路由到 NAT 设备,NAT 设备对 IP 数据包中的目的地址进行反向代换,即将目的地址 200.23.16.1 代换成 192.168.1.66,再通过内部网络路由到主机 A。

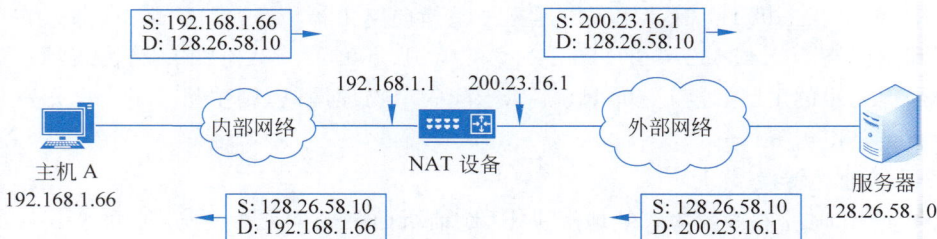

图 3-22　内部网络通过 NAT 设备连接到外部网络示例

NAT 主要包括三种类型,即静态 NAT(Static NAT)、动态 NAT(Pooled NAT)和网络地址端口转换(Network Address Port Translation,NAPT)。

1) 静态 NAT

静态 NAT 是最简单的网络地址转换方式。在使用静态 NAT 之前,网络管理员需要通过手工方式对 NAT 设备中的 **NAT 地址映射表**进行设置。NAT 地址映射表中的一个表项给出了一个私有 IP 地址和一个全局 IP 地址的对应关系。在静态 NAT 中,网络管理员将私有 IP 地址和全局 IP 地址的对应关系提前设置在 NAT 地址映射表中,只要网络管理员不重新设置,这种对应关系将一直保持不变。

图 3-23 给出了一个静态 NAT 示例。在该示例中,内部网络有三台主机,即主机 A、主机 B 和主机 C,分别分配了私有 IP 地址 192.168.1.66、192.168.1.67 和 192.168.1.68;NAT 设备内部网络侧的网络接口分配了私有 IP 地址 192.168.1.1,外部网络侧的网络接口配置了两个全局 IP 地址 200.23.16.1 和 200.23.16.2,两个全局 IP 地址与两个私有 IP 地址的映射关系提前在 NAT 地址映射表中利用手工方式进行了设置。当主机 A 或主机 B 要通过外部网络访问 IP 地址为 128.26.58.10 的服务器(或其他主机)时,其过程与如图 3-22 所示的过程类似,NAT 设备根据 NAT 地址映射表中的表项分别对离开内部网络的 IP 数据包的源地址进行代换,以及对进入内部网络的 IP 数据包的目的地址进行反向代换。由于

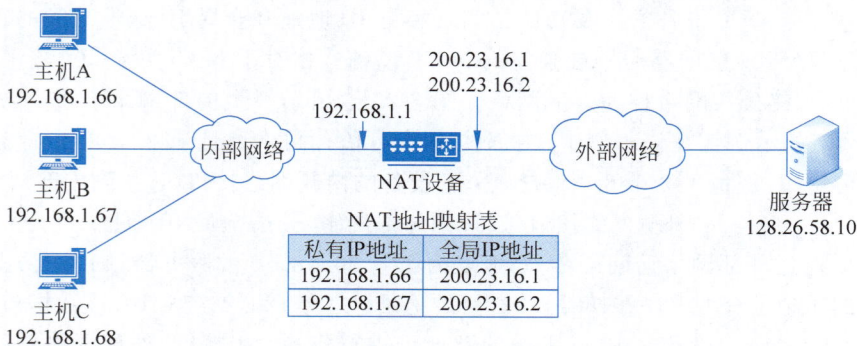

图 3-23　静态 NAT 示例

NAT 地址映射表中不包含地址 192.168.1.68 的映射表项,因此主机 C 不能利用静态 NAT 通过外部网络访问其他主机。

从上述示例可以看出,静态 NAT 比较适合只有少量内部主机有访问外部网络需求的场景。如果 NAT 设备要支持内部网络中的所有主机访问外部网络,则至少需要配置与内部主机数量相同的全局 IP 地址,在这种场景下静态 NAT 不能达到节省 IP 地址的目的。

2) 动态 NAT

在动态 NAT 方式中,网络管理员无须手工配置 NAT 地址映射表,但需要为 NAT 设备的外部网络接口分配一些全局 IP 地址,这些全局 IP 地址构成 NAT 地址池。当内部网络中的主机需要访问外部网络时,NAT 设备就在 NAT 地址池中为该主机选择一个目前未被占用的全局 IP 地址,并建立私有 IP 地址与全局 IP 地址之间的映射表项。该映射表项并不是永久的,当超过一定时间未被使用时,NAT 设备将删除该映射表项,并回收对应的全局 IP 地址。

依然借助图 3-23 的示例说明动态 NAT 的工作做过程。与静态 NAT 不同,动态 NAT 在初始状态时 NAT 地址映射表可以不包含任何表项。当内部主机 A、B、C 先后要通过外部网络访问其他主机时,NAT 设备会按照 IP 数据包到达的顺序对来自主机 A 和主机 B 的 IP 数据包进行地址代换,并在 NAT 地址映射表中建立相应的映射表项,所建立的表项与通过静态方式建立的类似,只是需要为每个映射表项设定一个超时时间。由于 NAT 设备只有两个全局 IP 地址,因此无法为来自主机 C 的 IP 数据包进行地址代换。只有在某个映射表项被删除,对应的全局 IP 地址被释放后,NAT 设备才能服务于主机 C。

相对于静态 NAT,动态 NAT 不需要配置与内部主机数量相同的全局 IP 地址,它通过私有 IP 地址到全局 IP 地址的动态映射,减少全局 IP 地址的使用。

3) 网络地址端口转换

网络地址端口转换(NAPT)是目前最常使用的一种 NAT 类型,它利用 IP 地址和 TCP (或 UDP)端口检索 NAT 地址映射表中的映射表项,可以使内部网中的多台主机共享一个 (或少数几个)全局 IP 地址,同时访问外部网络。

图 3-24 给出了网络地址端口转换的示例。在该示例中,NAT 设备的内侧网络接口分配了私有 IP 地址 192.168.1.1,外侧网络接口配置了一个全局 IP 地址 200.23.16.1,内部

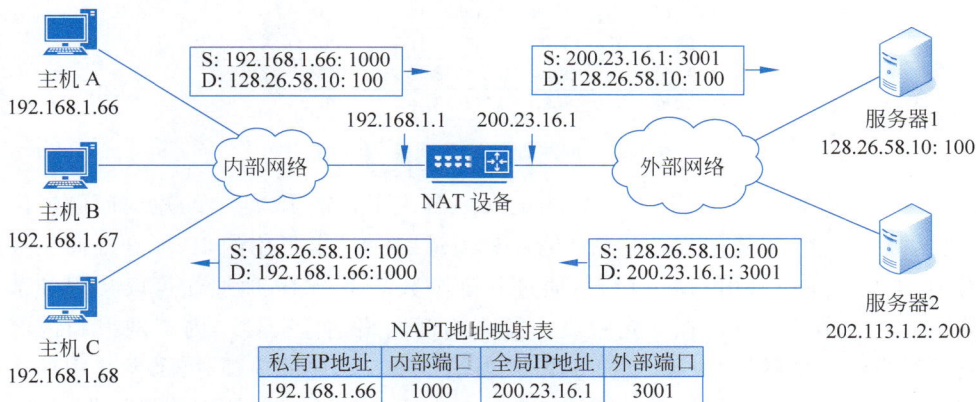

| 私有IP地址 | 内部端口 | 全局IP地址 | 外部端口 |
|---|---|---|---|
| 192.168.1.66 | 1000 | 200.23.16.1 | 3001 |

图 3-24　网络地址端口转换(示例 1)

网络中的三台主机 A、B、C 共享一个全局 IP 地址。当内部网络中的主机 A 使用 TCP(或UDP)访问外部网络中的服务器 1 时(IP 地址为 128.26.58.10,端口为 100),在所形成的TCP 段(或 UDP 数据报)中会携带 TCP(或 UDP)的源端口(1000)和目的端口(100)。当携带 TCP 段(或 UDP 数据报)的 IP 数据包到达 NAT 设备时,NAT 设备对 IP 数据包的源 IP地址(192.168.1.66)和 TCP(或 UDP)的源端口(1000)进行代换,分别代换成 200.23.16.1和 3001,并在 NAT 地址映射表中建立相应的映射表项。NAPT 地址映射表相对于前面介绍的 NAT 地址映射表增加了内部端口和外部端口两列,用于实现内部端口和外部端口之间的映射。当从服务器 1 发送给主机 A 的 IP 数据包到达 NAT 设备时,NAT 设备利用数据包中的目的 IP 地址和目的端口在 NAPT 地址映射表中查找对应的表项,并进行反向代换,将目的地址和端口分别代换成 192.168.1.66 和 1000,并转发到主机 A。

当内部网中的其他主机需要与外部网络中的主机进行通信时,NAT 设备依然可以使用 200.23.16.1 对 IP 数据包中的源 IP 地址进行代换,但需要为其分配不同的外部端口。例如,主机 B 要与服务器 2(202.113.1.2)进行通信,当主机 B 发往服务器 2 的 IP 数据包到达 NAT 设备时,NAT 设备依然可以使用全局 IP 地址 200.23.16.1 对 IP 数据包的源 IP 地址(192.168.1.67)进行代换,但需要使用除 3001 之外的另一个端口(如 3002)对 TCP(或UDP)的源端口(2000)进行代换,并在 NAPT 地址映射表中建立相应的映射表项,如图 3-25所示。同理,主机 C 要与外部网络中的主机通信,也需要做类似的代换,所建立的 NAPT 地址映射表项如图 3-25 中的 NAPT 地址映射表的第 3 条所示。

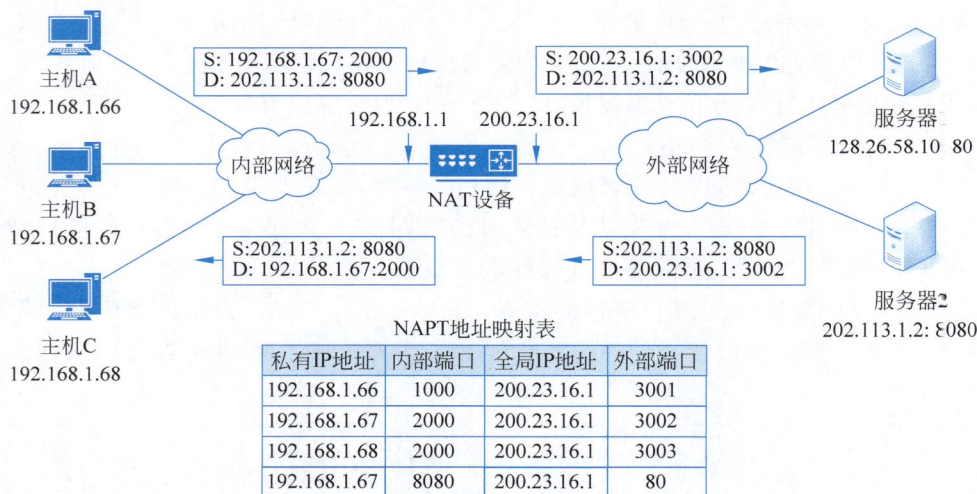

图 3-25　网络地址端口转换(示例 2)

NAT 技术(特别是 NAPT 技术)较为成功地解决了目前 IP 地址的短缺问题。由于私有 IP 地址可以重用,从某种意义上说,私有 IP 地址"拓展"了可用的 IP 地址空间。大量使用私有 IP 地址的主机利用 NAT 设备,通过共享少数的全局 IP 地址便可以实现外部网络的访问。此外,NAT 也可以在一定程度上提高内部网络的安全性。内部网络和内部主机并不直接暴露给外部网络,如果 NAT 地址映射表中没有相应的表项,外部网络中的主机无法访问内部网络中的主机。如果内部网络中的某台服务器希望向外部网络提供服务,可以手工在 NAT 表中增加静态表项。例如,在图 3-25 中,如果主机 B 要在 TCP 的 8080 端口上提供 Web 服务,则可以在 NAPT 地址映射表中增加一条静态表项(第 4 条),并对外部网络宣称在 IP 地址 200.23.16.1 和 TCP 的 80 端口上提供服务,访问该服务器的主机则将 IP 数据包发送到 200.23.16.1,其中所包含的 TCP 端口为 80,该数据包到达 NAT 设备时,经过目的 IP 地址和目的端口的代换后将数据包发给主机 B。

NAT 作为一种过渡技术,虽然有效地解决了 IPv4 地址紧张和匮乏问题,但它也破坏了 TCP/IP 体系结构的端到端特性,给一些应用(特别是点对点应用)带来了许多问题,造成了网络应用性能的下降。与此同时,由于多台主机共享一个全局 IP 地址,这也给网络安全溯源带来了较大的挑战。

## 3.3.5 IP 地址到物理地址映射

IP 地址能够屏蔽各种物理网络地址的差异,在网络层提供全局统一的寻址方式。但是,在 IP 数据包转发过程中,要经过网络接口层封装,并通过物理网络进行传输。例如,如果物理网络是以太网,需要将 IP 数据包封装在以太帧中,这就需要获得以太网的物理地址,即 MAC 地址。

将 IP 地址映射到物理地址的实现方法有多种(例如静态表格、直接映射等),每种物理网络都可以根据自身的特点选择合适的映射方法。地址解析协议(Address Resolution Protocol,ARP)是局域网中经常使用的地址映射方法,它充分利用了局域网的广播能力,将 IP 地址与物理地址进行动态映射。

### 1. ARP 的基本思想

局域网中的每个节点(主机或路由器)中都有一个 ARP 表,该表用于缓存 IP 地址与 MAC 地址的映射关系。假设在一个物理网络中(如图 3-26 所示),主机 A 要通过 ARP 获得主机 B 的 IP 地址 $IP_B$ 与 MAC 地址 $MAC_B$ 的映射关系,其工作过程如下。

(1) 如果主机 A 的 ARP 表中缓存有主机 B 的 IP 地址与 MAC 地址的映射关系,则直接从 ARP 表中获取。

(2) 如果主机 A 的 ARP 表中未缓存主机 B 的 IP 地址与 MAC 地址的映射关系,则主机 A 在局域网中广播包含 $IP_B$ 的请求报文。

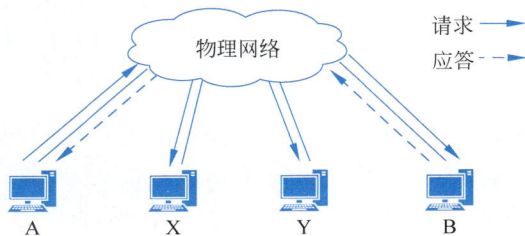

图 3-26 ARP 的基本思想

(3) 局域网中的所有主机都可以收到该请求报文,主机 B 返回应答报文,其中包含 $IP_B$ 和 $MAC_B$ 的映射关系,而其他主机(如主机 X、Y)忽略接收到的请求报文。

(4) 主机 A 接收到主机 B 应答报文,在 ARP 表中缓存 $IP_B$ 和 $MAC_B$ 的映射关系,并为该映射关系设定超时时间,一旦超时则被删除。超时时间的设定可以避免陈旧映射,在 IP 地址与物理地址的映射关系发生变化时,使映射关系能够得到及时更新。

### 2. ARP 的优化

为了提高 ARP 地址解析的效率,许多实现都对 ARP 进行了优化,通常的优化措施包括以下几种。

(1) 源节点在发送 ARP 请求报文时,报文中包含自己的 IP 地址与物理地址的映射关系。这样,目的节点就可以将该映射关系缓存在自己的 ARP 表中,以备后继使用。利用这种 ARP 优化方法,可以防止目的节点为解析源节点的 IP 地址与物理地址的映射关系而再发送一次 ARP 请求。

(2)由于 ARP 请求是通过广播方式进行发送的,因此网络中的所有节点都会收到源节点的 IP 地址与物理地址的映射关系。于是,它们也可以将该映射关系存入各自的 ARP 表中,以备后继使用。

(3)网络中的节点在启动时,可以主动广播自己的 IP 地址与物理地址的映射关系,其他节点收到后在 ARP 表中缓存该映射关系,以减少 ARP 请求报文的发送,降低 ARP 解析的响应时间。

### 3. ARP 报文格式

ARP 最初主要是针对 IP 地址与 MAC 地址之间映射而设计的,但理论上可以用于其他类型的物理网络。对于不同的物理网络,ARP 报文格式在细节上略有不同。为了便于讲解,这里以以太网为例介绍 ARP 报文格式。以太网中的 ARP 报文格式如图 3-27 所示。

| 0 | 15 16 | 31 |
|---|---|---|
| 硬件类型 | 协议类型 | |
| 硬件地址长度 | 协议地址长度 | 操作码 |
| 源MAC地址（0~3） | | |
| 源MAC地址（4~5） | 源IP地址（0~1） | |
| 源IP地址（2~3） | 目的MAC地址（0~1） | |
| 目的MAC地址（2~5） | | |
| 目的IP地址（0~3） | | |

图 3-27    ARP 报文格式

"硬件类型"字段指明物理网络接口的类型,以太网的硬件类型为 1。"协议类型"字段指明高层协议类型,IP 协议类型为十六进制 0x0800。"操作码"字段用于区分 ARP 请求报文和应答报文,请求报文为 1,应答报文为 2。"硬件地址长度"字段指明以字节为单位的物理地址长度,在以太网中,MAC 地址的长度为 6B。"协议地址长度"字段指明以字节为单位的上层协议地址长度,IP 地址长度为 4B。"源 MAC 地址"和"源 IP 地址"字段分别为发送方的 MAC 地址和 IP 地址。"目的 MAC 地址"字段在请求报中没有意义,在响应报文中为接收方的 MAC 地址。"目的 IP 地址"字段在请求报文中为请求解析的 IP 地址,在响应报文中为接收方的 IP 地址。

通常情况下,ARP 请求报文中的源 IP 地址和目的 IP 地址是不同的,但有时主机或其他设备会发送源 IP 地址和目的 IP 地址相同的 ARP 请求报文,这被称为免费 ARP。免费 ARP 可以被用于检测 IP 地址冲突:一台主机发送免费 ARP 请求报文后,如果收到了 ARP 应答报文,则说明网络中有其他设备在使用该 IP 地址。免费 ARP 也可以用于主动通告 IP 地址与 MAC 地址的对应关系。

免费 ARP 也可能被网络攻击者利用,进行 ARP 欺骗攻击。例如,攻击者可以构造包含路由器 IP 地址的免费 ARP 报文,而其中的 MAC 地址不是路由器的 IP 地址所对应的

MAC 地址。当攻击者把这个虚假的地址映射发送到网络中,所有其他节点都会接收到该免费 ARP 请求报文,并更新自己的 ARP 表中路由器 IP 地址对应的 MAC 地址。由此,会导致节点将 IP 数据包转发到错误的 MAC 地址。

## 3.3.6 ICMP

互联网控制报文协议(Internet Control Message Protocol,ICMP)是 IP 协议的辅助协议。它定义了当一台路由器或主机不能成功处理 IP 数据包时向源主机发回的差错报文,同时,ICMP 也定义了少量的控制报文和查询报文。ICMP 和 IP 同属于网络层协议,但为了利用 IP 协议提供的数据包传输能力,ICMP 报文作为 IP 数据包的数据部分进行承载,其协议类型为 1。图 3-28 给出了 ICMP 报文格式与封装示意图,其中,类型字段区分 ICMP 报文类型,代码字段对 ICMP 报文类型进一步划分,校验和字段用于差错校验,校验和计算覆盖 ICMP 报文首部和数据部分。ICMP 首部的其他部分及数据部分的内容取决于 ICMP 报文类型。ICMP 的主要报文类型在表 3-4 中给出,其中一些报文类型已不再使用,后面将对几种常用的报文类型进行介绍。

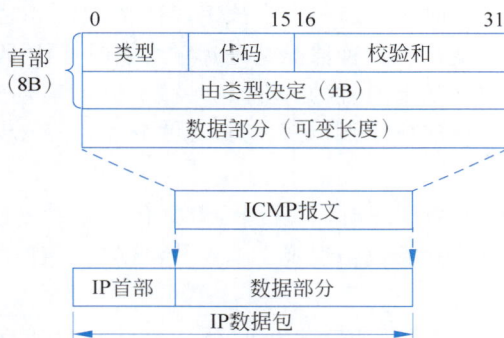

图 3-28  ICMP 报文格式与封装

表 3-4  ICMP 主要报文类型

| 类　　型 | 代　　码 | 说　　明 |
|---|---|---|
| 0 | 0 | 回送应答 |
| 3 | 0～15 | 目的不可达 |
| 5 | 0～3 | 重定向 |
| 8 | 0 | 回送请求 |
| 9 | 0 | 路由器请求 |
| 10 | 0 | 路由器通告 |
| 11 | 0～1 | 超时 |
| 12 | 0～1 | 参数错误 |
| 13 | 0 | 时间戳请求 |
| 14 | 0 | 时间戳应答 |
| 15 | 0 | 信息请求 |
| 16 | 0 | 信息应答 |
| 17 | 0 | 地址掩码请求 |
| 18 | 0 | 地址掩码应答 |

### 1. ICMP 差错报文

ICMP 的基本功能是提供差错报告。当主机或路由器在处理 IP 数据包时,如果发现问题则会丢弃出现问题的数据包,并产生 ICMP 差错报文,所有的差错报告都发送给源主机。ICMP 没有严格规定对出现的问题采取什么处理方式,事实上,源主机接收到 ICMP 差错报告后,常常需要将差错报告与应用程序联系起来才能进行相应的差错处理。ICMP 差错报文主要包括目的不可达、超时、IP 首部错误等。

1) 目的不可达报文

当路由器或主机不能转发或交付数据包时,会向源主机发送目的不可达报文。目的不可达分为网络不可达、主机不可达、协议不可达、端口不可达等多种情况,ICMP 根据不可达的具体原因,发出相应的目的不可达差错报文。例如,当路由器转发 IP 数据包时,如果查找不到可用的路由信息,则丢弃该数据包,并发送目的网络不可达差错报文。

2) 超时报文

ICMP 会在两种情况下发送超时报文。一种情况是传输超时。为了避免在路由出现问题时 IP 数据包在互联网中被无限次转发,IP 数据包首部中设置了一个生存时间字段,当 IP 数据包被路由器转发时,生存时间值递减。当该字段的值减为 0 时,路由器会丢弃该 IP 数据包,并产生 ICMP 超时报文。另一种情况是分片重组超时。IP 数据包被分片后由目的主机进行重组,目的主机接收到某个 IP 数据包的第一个分片时启动定时器,如果定时器超时仍未接收到该 IP 数据包的全部分片,则丢弃已接收的分片,并产生一个 ICMP 超时报文。

3) 参数错误报文

当路由器或主机处理 IP 数据包时,发现因为数据包首部的参数错误而不得不丢弃数据包时,需要向源主机发送 ICMP 参数错误报文。参数错误包括 IP 首部错误和缺少必需的选项两种情况。

典型的 Traceroute 命令借助于 ICMP 超时报文和目的端口不可达差错报文进行路径跟踪、往返时间测量,以及故障点定位。它向目的主机的一个不可达 UDP 端口发送一系列 UDP 数据报,UDP 数据报由 IP 数据包进行承载。第一个 IP 数据包的 TTL 设成 1,第二个 IP 数据包的 TTL 设成 2,第三个 IP 数据包的 TTL 设成 3,以此类推。第 $i$ 个 IP 数据包将终止于第 $i$ 台路由器,并产生 ICMP 超时报文。当目的主机接收到源主机发送的 UDP 数据报时,发现目的端口不可达,故产生 ICMP 目的端口不可达报文。当源主机接收到目的端口不可达报文时停止发送 UDP 数据报。如果发出第 $j$ 个 IP 数据包后未收到第 $j$ 个路由器返回的 ICMP 超时差错报文,可以推测该路由器不可达。

### 2. ICMP 控制报文

ICMP 提供的控制报文主要包括源抑制报文、重定向报文。

1) 源抑制报文

当路由器发现网络拥塞时,便向源主机发送源抑制报文,请求源主机降低 IP 数据包的发送速率。源抑制报文的产生和发送依赖具体的实现,通常可以采取以下方式。

(1) 如果路由器的缓存队列已满,则丢弃到达的 IP 数据包。每丢弃一个 IP 数据包,路由器便向该数据包的源主机发送一个 ICMP 源抑制报文。

(2) 为路由器的缓存队列设置一个阈值,当队列长度超过阈值时,如果再有新的 IP 数据包到达,路由器便向该数据包的源主机发送 ICMP 源抑制报文。

（3）更为复杂的源抑制技术可以考虑当网络出现拥塞时，有选择地抑制 IP 数据包发送速率较高的源主机。

当接收到路由器发送的 ICMP 源抑制报文后，源主机可以采取行动降低 IP 数据包的发送速率。但是需要注意，当拥塞解除后，路由器并不主动通知源主机。源主机是否可以恢复发送数据包的速率，以及什么时候恢复发送数据包的速率，可以根据一段时间内是否收到 ICMP 源抑制报文自主决定。

2）重定向报文

在通常情况下，主机的转发表中保存的路由信息较少，例如，主机在启动时可以只包含默认路由，利用该路由信息可以将 IP 数据包发送到默认路由器，但默认路由不一定是最优路由，主机可以通过 ICMP 重定向报文获得更优的路由信息。图 3-29 给出了一个互联网结构，如果主机 H1 将默认路由器设成 R1，当主机 H1 向 H2 发送 IP 数据包时，则首先将数据包发送到 R1，R1 根据保存的转发表将该数据包转发到 R3，R3 将继续对数据包进行转发。R1 在将数据包转发给 R3 的同时，检测到 R3 和 H1 都连在网络 1 中，H1 发给 H2 的数据包直接通过 R3 转发为更优路由，因此 R1 向 H1 发送 ICMP 重定向报文，通知去往相应目的主机的最优路径。利用 ICMP 重定向报文，主机可以不断积累路由信息。ICMP 重定向机制的优点是可以保证主机拥有一个动态的、小且优的转发表。

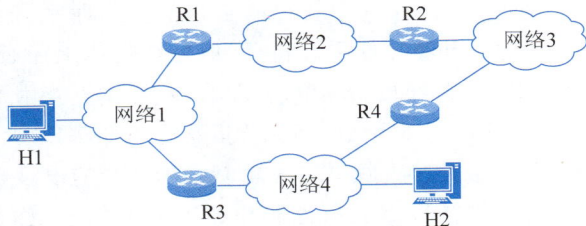

图 3-29　路由重定向

### 3. ICMP 查询报文

ICMP 查询报文是为了便于网络故障诊断而设计的。ICMP 查询报文是成对出现的，即包含 ICMP 请求报文和对应的应答报文。

1）回送请求与应答报文

回送请求/应答报文主要用于目的主机或路由器可达性测试。实际上，经常使用的 ping 命令就是利用回送请求/应答报文实现的。请求方向特定目的 IP 地址发送一个包含任选数据区的回送请求报文，要求具有目的 IP 地址的主机或路由器进行响应。当目的主机或路由器收到该请求后，返回回送应答报文，其中包含请求报文中任选数据的拷贝。

由于回送请求/应答报文被封装在 IP 数据包中在互联网中进行传输，因此如果请求者成功收到一个应答（应答报文中的数据拷贝与请求报文中的任选数据完全一致），则可以说明目的主机（或路由器）可达、源主机与目的主机（或路由器）的 ICMP 和 IP 协议功能正常，以及回送请求/应答报文所经过的中间路由器的路由选择功能正常。

2）时间戳请求与应答报文

设计 ICMP 时间戳请求/应答报文是在互联网上进行主机时钟同步的一种努力，尽管这种时钟同步技术的能力极其有限。ICMP 时间戳报文中有三个时间戳字段，即发起时间戳、接收时间戳和发送时间戳。发起时间戳为请求方发送 ICMP 时间戳请求报文的时间,接收时间戳和发送时间戳分别为应答方接收到请求报文的时间和发送应答报文的时间。利用这几个时间戳和请求方接收到应答报文的时间可以计算往返时间 RTT,并粗略估算应答方的当前时间,以此进行时间同步。

## 3.4 IPv6 协议

前面介绍了 IP 协议的第 4 版(即 IPv4)。IPv4 具有良好的兼容性和健壮性,可以支持几乎所有类型的物理网络进行互联。多年的实践证明,IPv4 的基本设计思想能够很好地满足异构网络互联的要求,在因特网的发展中起到了重要作用。但是,随着因特网规模的增长和应用的深入,IPv4 面临如下问题。

(1) 地址空间不足。IPv4 使用 32 位地址,理论上最多可以提供 $2^{32}$ 个 IP 地址。随着因特网规模的不断增长,IPv4 地址逐渐被耗尽。尽管网络地址转换(NAT)技术挖掘了 IPv4 保留的私有 IP 地址空间,减少了全局 IP 地址数量的需求,但多台主机共享一个全局 IP 地址,使 IP 协议失去了端到端的特性,同时也给网络安全溯源带来了巨大的困难。IPv4 地址危机是 IP 协议升级的最主要动力。

(2) 性能有待提高。使用 IP 协议的主要目的是在不同物理网络之间进行高效的数据转发。尽管 IPv4 在很大程度上已经实现了此目标,但是在性能上还有改进的余地。例如,IPv4 数据包首部的设计、选项和首部校验和等的使用严重影响了路由器的转发效率。

(3) 配置较为烦琐。早期 IPv4 地址、网络掩码等配置工作都以手工方式完成。随着互联网中主机数量的增多,手工配置方法显得非常烦琐。DHCP 的出现在一定程度上解决了地址的自动配置问题,但需要部署 DHCP 服务器并对其进行管理。因此需要一种更为简便和自动的地址配置方法。

(4) 服务质量欠缺。IPv4 中的服务质量保证(Quality of Service,QoS)主要依赖于数据包首部中的"服务类型"字段,但是"服务类型"字段的功能有限,不能很好地满足实时数据传输的 QoS 要求。为了支持互联网中的实时多媒体应用,需要 IP 协议能够提供有效的 QoS 保障机制。

(5) 安全性缺乏。在公共的因特网上进行隐私数据的传输需要提供加密和认证机制,但是 IPv4 在设计之初对安全问题考虑很少。尽管后来出现的 IPSec 协议可以作为 IPv4 在安全方面的重要补充,但是该协议只是 IPv4 的一个选项,在现实的解决方案中并不流行。

针对 IPv4 存在的局限性,IETF 推出了下一代 IP 协议标准——IPv6。IPv6 沿用了 IPv4 的核心设计思想,但对 IP 地址、数据包格式等进行了重新设计,并对 ICMP 进行了扩充。本节将对 IPv6 数据包格式、IPv6 地址,以及 ICMP v6 协议新增功能进行讲解。

### 3.4.1 IPv6 的新特征

相比于 IPv4,IPv6 的新特征主要包括以下几个方面。

(1) 全新的数据包结构。在 IPv6 数据包中,首部分为基本首部和扩展首部。基本首部的长度固定,包含路由器转发数据包所必需的信息。扩展首部位于基本首部之后,包含一些扩展字段。这种设计能使路由器快速定位转发所需的信息,提高转发效率。

（2）巨大的地址空间。IPv6 地址长度为 128b，可以提供超过 $3\times10^{38}$ 个 IP 地址。IPv6 地址空间是 IPv4 地址空间的 $2^{96}$ 倍。如果这些 IP 地址均匀地分布于地球表面，那么每平方米可以获得 $6.65\times10^{23}$ 个 IPv6 地址。

（3）有效的层次化寻址和路由结构。IFv6 巨大的地址空间能够更好地将路由结构划分出层次，允许使用多级子网划分和地址分配。由于 IPv6 地址可以使用的网络号位数较长，因此层次的划分可以覆盖从主干网到部门内部子网的多级结构。同时，合理的层次划分和地址分配可以使路由表的聚合性更好，有利于数据包的高效寻址和转发。

（4）内置的安全机制。IPSec 是 IPv6 协议要求的标准组成部分。它可以对 IP 数据包进行加密和认证，增强了网络的安全性。

（5）自动地址配置。为了简化主机的配置过程，IPv6 支持有状态和无状态两种自动地址配置方式。在有状态的自动地址配置中，主机借助于 DHCP 服务器获取 IPv6 地址；在无状态的自动地址配置中，主机借助于路由器获取 IPv6 地址前缀完成地址配置。即使没有 DHCP 服务器和路由器，主机也可以自动生成一个链路本地地址而无须人工干预。

（6）QoS 服务支持。IPv6 在其数据包首部中设计了一个流标签，用于标识从源到目的地的一个数据流。路由器可以基于流标签识别这些数据流并对它们进行特殊的处理。

## 3.4.2 IPv6 数据包格式

IPv6 数据包由一个基本首部、0 个或多个扩展首部，以及上层数据组成。IPv6 基本首部为固定长度，包含发送和转发 IPv6 数据包必须处理的一些字段。对于一些选项内容，IPv6 将其放在扩展首部中实现。由于软件比较容易定位这些必须处理的字段，因此路由器在转发 IPv6 数据包时具有较高的处理效率。IPv6 数据包格式如图 3-30 所示。

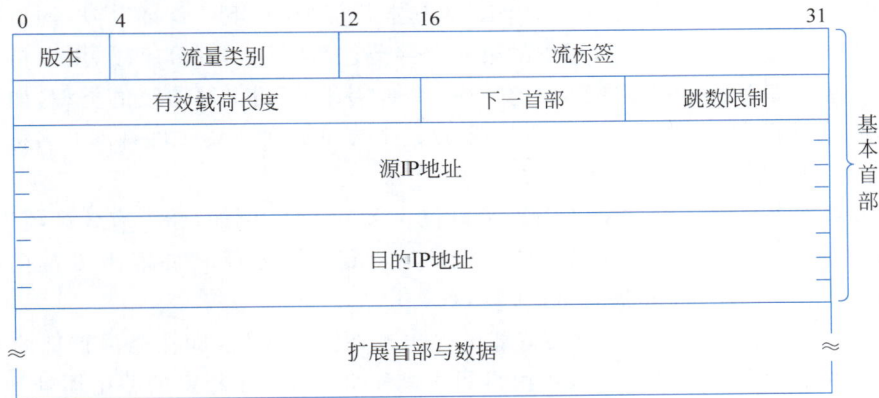

图 3-30　IPv6 数据包格式

### 1. IPv6 基本首部

IPv6 基本首部为 40B 固定长度，不再包含 IPv4 数据包首部中的首部校验和字段、首部长度字段，以及与数据包分片、重组相关的字段。IPv6 基本首部的各字段含义如下。

（1）版本（4b）：取值为 6，用于指明是 IPv6 数据包。

（2）流量类别（8b）：该字段包括两部分，前 6 位为差分服务代码点（Differentiated Services Code Point，DSCP），用于标识服务类型或优先级，以提供区分服务，类似于 IPv4 的服务类型字段；后 2 位用于显式拥塞通知（Explicit Congestion Notification，ECN），ECN 的具体使用方法将在第 4 章中介绍。

（3）流标签（20b）：用于标识需要 IPv6 路由器特殊处理的数据流，如实时音视频数据。相同的源和目的之间可能存在多种不同的数据流，可以用非"0"流标签加以区分。对于不要求路由器做特殊处理的数据包，流标签字段置为"0"。IPv6 通过"流量类别"和"流标签"字段的结合使用，可以提供服务质量保证。流标签通常由源主机产生，其产生方法决定于具体实现，但要尽可能保证流标签的唯一性和不易推测。

（4）有效载荷长度（16b）：指明 IPv6 数据包基本首部后面的有效载荷长度，包括扩展首部和数据部分。该字段以字节为单位，最大值为 65 535。如果有效载荷长度超过 65 535 字节，则该字段置为"0"，并使用逐跳选项扩展首部中的超大有效载荷选项指明有效载荷的长度。

（5）下一首部（8b）：如果存在扩展首部，该字段的值指明下一个扩展首部的类型。如果不存在扩展首部，该字段的值指明上层数据的类型，如 TCP、UDP 或 ICMPv6 等。

（6）跳数限制（8b）：与 IPv4 中的生存时间字段类似，表示 IPv6 数据包在被丢弃之前可以被路由器转发的次数。数据包每经过一个路由器该字段的值减 1，当该字段的值减至 0 时，路由器向源主机发送 ICMPv6 错误报文，并丢弃该数据包。

（7）源 IP 地址（128b）：数据包发送方的 IPv6 地址。

（8）目的 IP 地址（128b）：数据包接收方的 IPv6 地址。

### 2. IPv6 扩展首部

为了提高路由器对数据包的处理速度，IPv6 数据包中不再保留 IPv4 中的选项字段，相应的功能由扩展首部完成。IPv6 数据包可以包含 0 个或多个扩展首部。如果存在扩展首部，那么扩展首部位于基本首部之后，由 IPv6 基本首部中的"下一首部"字段的值指出第一个扩展首部的类型。每个扩展首部中的第一个字节也是"下一首部"字段，用以指出后继扩展首部的类型。最后一个扩展首部中的"下一首部"字段指明上层协议的类型，如果数据包中不包含上层数据，则"下一首部"字段设成 59。IPv6 的几种主要扩展首部的名称和用途如下（括号中标明了扩展首部的类型值）。

（1）逐跳选项首部（0）：该扩展首部可以包含多个选项（例如，超大有效载荷选项、路由器告警选项等），这些选项需要被转发路径上的所有路由器处理。如果 IPv6 数据包包含逐跳选项，则它必须是第一个扩展首部。

（2）目的选项首部（60）：该扩展首部可以出现在两个位置，即在路由首部前和上层协议首部前。在路由首部前的目的选项由目的主机和路由首部中指定的路由器处理；在上层协议首部前的目的选项只能由目的主机处理。

（3）路由首部（43）：该扩展首部用于列出数据包从源到目的必须经过的中间路由器的 IPv6 地址，以控制数据包的转发路径。该扩展首部的作用与 IPv4 中的松散源路由选项类似，包含路由首部的 IPv6 数据包中的目的地址在由指定路由器转发时进行逐段替换。

（4）分片首部（44）：该扩展首部用于 IPv6 数据包的分片和重组。在源主机发送的数据包超过路径 MTU 时需要对数据包进行分片，并增加分片首部。分片首部中包含分片的数据部分相对于原始数据的偏移量、是否是最后一片标志，以及数据包的标识符，目的主机利用这些参数进行分片数据包的重组。IPv6 不允许中间路由器进行分片。

(5) 认证首部(51)：该扩展首部用于 IPv6 数据包完整性验证、数据包来源认证和防重放攻击。认证首部中主要包含安全参数索引(Security Parameters Index,SPI)、序列号和完整性检查值。认证首部可以对 IPv6 首部中的一些字段进行完整性保护。

(6) 封装安全载荷首部(50)：该扩展首部用于 IPv6 数据包的数据保密、数据认证和数据完整性验证。与认证首部中的完整性验证不同,封装安全载荷首部中的完整性验证只针对数据,不覆盖 IPv6 首部字段。

图 3-31 给出了一个包含多个扩展首部的 IP 数据包示例,基本首部中的"下一首部"字段指出其后跟随的为"路由首部"；路由首部中的"下一首部"字段指出其后跟随的为"认证首部"；认证首部中的"下一首部"字段指出其后跟随的是 TCP 首部。

| 基本首部<br>下一首部=路由首部 | 路由首部<br>下一首部=认证首部 | 认证首部<br>下一首部=TCP首部 | TCP首部和数据 |
| --- | --- | --- | --- |

图 3-31　IPv6 扩展首部示例

### 3.4.3　IPv6 地址

与 IPv4 相同,IPv6 地址与路由器或主机上的网络接口相关联,具有多个网络接口的主机或路由器一般应具有多个 IPv6 地址。与 IPv4 不同,IPv6 地址由 128 位二进制数值构成,理论上可以有 $2^{128}$ 个 IPv6 地址。

#### 1. IPv6 地址表示

为了便于书写和表达,IPv6 地址通常采用冒号分隔的十六进制表示法,即将 128 位地址按每 16 位划分为一个位段,每个位段转换为 4 位十六进制数值,位段之间用冒号(:)隔开。例如,一个 128 位的 IPv6 地址如下。

0010000000000001 0000000000000001 0000000000000000 0000000000000000
0000000000000000 0000000000000000 1100000000110000 1011111101110110

用冒号分隔的十六进制表示法表示为 2001:0001:0000:0000:0000:0000:C030:BF76。

IPv6 地址比较长,可以对 IPv6 地址的表示进行简化,其方法是移除每个位段前导的 0,但每个位段至少保留一位数字。例如,可以将 IPv6 地址 2001:0001:0000:0000:0000:0000:C030:BF76 中第 2 个位段的"0001"中的前导 0 去掉,变成"1"；将第 3 个位段的"0000"仅保留 1 位,变成"0"。这样,上述 IPv6 地址可以表示为 2001:1:0:0:0:0:C030:BF76。

为了进一步缩减 IPv6 地址的长度,可以采用零压缩方法。所谓零压缩就是将几个连续为 0 的位段简写成双冒号"::",上述 IPv6 地址 2001:1:0:0:0:0:C030:BF76,可以写成 2001:1::C030:BF76。需要注意的是,一个 IPv6 地址中只能包含一个双冒号"::",双冒号代表的位段数需要根据":"前面和后面的位段数决定。即双冒号代表的位段数、双冒号前面的位段数、双冒号后面的位段数总和应为 8。例如,在 2001:1::C030:BF76 中,"::"代表 4 个"0"位段；而在 2001:1::BF76 中,"::"代表 5 个"0"位段。

#### 2. IPv6 地址结构和类型

IPv6 地址依然采用层次结构,地址前缀的表示方法与 IPv4 中的 CIDR 类似,采用"IPv6 地址/前缀长度"的地址前缀表示方法,例如,一个 64 位的 IPv6 地址前缀可以表示成

2001:2001:410:1::/64。IPv6 地址主要分为单播地址、多播地址和任播地址。任播地址取自于单播地址空间,在地址结构上不做单独定义。

1) 单播地址

与 IPv4 单播地址一样,IPv6 单播地址用于标识一个网络接口。发送到单播地址的 IPv6 数据包将被传送到该地址所标识的网络接口。IPv6 单播地址包括全局单播地址和链路本地单播地址,以及一些特殊地址。

(1) 全局单播地址。

IPv6 全局单播地址类似于 IPv4 中的全局 IP 地址,是在 IPv6 互联网全局范围内可路由的 IPv6 地址,要求在全局范围内是唯一的。全局单播地址由全局路由前缀、子网 ID 和接口 ID 组成,如图 3-32 所示。全局路由前缀由因特网注册管理机构(RIR)和网服务提供商进行分配,并具有层次结构。一个站点(包含多个子网)可以申请一个全局路由前缀,站点中不同的子网之间用子网 ID 进行区分,全局路由前缀与子网 ID 共同构成子网前缀。接口 ID 用于标识链路上的接口,在同一个子网前缀下,接口 ID 要求是唯一的。接口 ID 长度为 64 位,采用修改后的 EUI-64 格式。在局域网中,接口 ID 可以基于 MAC 地址产生,具体产生方法如图 3-33 所示,即在 48 位 MAC 地址的中间插入"FF"和"FE"两个字节,并修改第一个字节的第 7 位(1 代表全局地址,0 代表本地地址)。

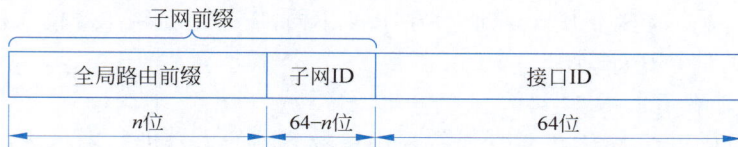

图 3-32　全局单播地址结构

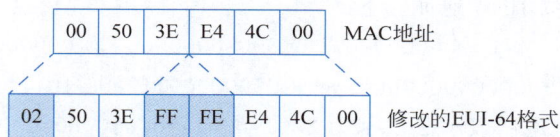

图 3-33　修改的 EUI-64 格式

目前分配的全局单播地址以"001"开始,即 2000::/3,其他前缀在未来会继续分配。全局路由前缀和子网 ID 共 64 位,全局路由前缀的长度决定于站点的规模,一种典型的分配方法如图 3-34 所示。

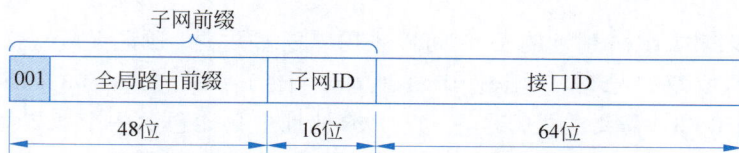

图 3-34　全局单播地址分配示例

(2) 链路本地单播地址。

链路本地单播地址结构如图 3-35 所示,它以"1111111010"开始,后面为 54 位"0",地址前缀可以表示成"FE80::/64",接口 ID 的格式与全局单播地址相同。在 IPv6 中,每个网络接口都配置有一个链路本地单播地址,该地址仅用于同一链路上主机之间的通信,如地址自

动配置、邻居发现等,路由器不会转发任何以链路本地单播地址为源地址或目的地址的
IPv6 数据包。

| 1111111010 | 54位0 | 接口ID |
|---|---|---|
| 64位 | | 64位 |

图 3-35    链路本地单播地址结构

(3) 特殊单播地址。

① 未指定地址:地址 0:0:0:0:0:0:0:0(或::)被称为未指定地址,表示一个网络接口
上的 IPv6 地址还不存在。该 IPv6 地址不能分配给一个网络接口,也不能作为目的地址使
用,但是在某些特殊场合中可以用作源地址,例如,如果主机在获得 IPv6 地址之前发送
IPv6 数据包,可以将该地址用作源地址。

② 回环地址:地址 0:0:0:0:0:0:0:1(或::1)被称为回环地址。该地址与 IPv4 的
127.0.0.1 地址类似,允许一台主机向自己发送数据包。该 IPv6 地址不能分配给一个实际
的网络接口,可以视为虚拟接口的链路本地单播地址。该地址不能用作源地址,以该地址作
为目的地址的 IPv6 数据包不会离开本主机。

③ 嵌入 IPv4 的 IPv6 地址:这种 IPv6 地址中嵌入了 IPv4 地址,其中一种是将 IPv4 地
址表示为 IPv6 地址,这种地址被称为映射 IPv4 的 IPv6 地址,其格式如图 3-36 所示。

| 0 | FFFF | IPv4地址 |
|---|---|---|
| 80位 | 16位 | 32位 |

图 3-36    映射 IPv4 的 IPv6 地址结构

2) 多播地址

IPv6 多播地址用于标识一组网络接口,发送到多播地址的 IPv6 数据包将被传送到该
地址所标识的所有网络接口,一个网络接口可以属于多个多播组。IPv6 多播地址以二进制
"11111111"开始,后面是标志(4 位)和范围(4 位),最后是 112 位的组 ID,如图 3-37 所示。
其中,标志的最后一位用于指明是永久分配的多播地址(由 IANA 分配)或是临时分配的多
播地址。范围用于限制多播组的范围,例如,链路本地范围、全局范围等。组 ID 用于标识一
个多播组,该值在其作用范围内要求唯一。

| 1111 1111 | 标志 | 范围 | 组ID |
|---|---|---|---|
| 8位 | 4位 | 4位 | 112位 |

图 3-37    多播地址结构

IPv6 中事先定义好了一些多播组,例如,FF02:0:0:0:0:0:0:1 分配给链路本地所有节
点多播组,该多播组包含链路本地的所有节点;FF02:0:0:0:0:0:0:2 分配给链路本地所有
路由器多播组,该多播组包含链路本地的所有路由器。IPv6 中有一个特殊的多播地址,即
被请求节点多播地址,其前缀为 FF02:0:0:0:0:1:FF00::/104,后 24 位由节点的单播地址
或任播地址的最后 24 位产生(即接口 ID 的后 24 位)。因此,在一般情况下,不论一个网络
接口配置多少个 IPv6 地址,通常所产生的被请求节点多播地址是相同的。例如,IPv6 地址

2001:1::C030:BF76 对应的被请求节点多播地址为 FF02::1:FF30:BF76。被请求节点多播地址通常在 IPv6 邻居发现功能中使用。

3）任播地址

任播地址用于标识一组网络接口，发送到任播地址的 IPv6 数据包会被传送到由该地址标识的最近的一个网络接口。任播地址取自于单播地址空间，当一个单播地址被分配给多个网络接口时，则转变为任播地址。任播地址可以应用于负载均衡、域名解析服务等场景，以提高系统的响应速度和可靠性。

### 3.4.4  ICMPv6 协议

ICMPv6 是与 IPv6 配合使用的互联网控制报文协议。ICMPv6 协议除包含原 ICMP 的基本功能之外，还增加了多播侦听者发现、邻居发现等功能，取代了 IPv4 中的 ARF 和互联网组管理协议（Internet Group Management Protocol，IGMP）。ICMPv6 报文格式与原 ICMP 报文格式类似，封装在 IPv6 数据包中进行传输，分配的协议号为 58。下面对 ICMPv6 特有的一些功能进行介绍。

#### 1. 多播侦听者发现

多播在 IPv6 中使用得较为广泛，因此多播的管理非常重要。ICMPv6 中的多播侦听者发现（Multicast Listener Discovery，MLD）功能是为管理多播而设计的。MLD 定义了一组路由器和主机之间交换的 ICMPv6 报文，允许路由器发现每个接口上都有哪些多播组。这些报文包括 MLD 查询报文、MLD 报告报文和 MLD 完成报文。

（1）MLD 查询报文（类型值＝130）：路由器使用 MLD 查询报文查询一条链路上是否有多播侦听者。MLD 查询报文分为两种：通用 MLD 查询用于查询一条链路上所有的多播组；特定 MLD 查询用于查询一条链路上某个特定的多播组。

（2）MLD 报告报文（类型值＝131）：多播侦听者在响应 MLD 查询报文时可以发送 MLD 报告报文。另外，多播侦听者希望接收发送到某一多播地址的数据包时也可以主动发送 MLD 报告报文。

（3）MLD 完成报文（类型值＝132）：多播接收者使用 MLD 完成报文指示它希望离开某个特定的多播组，不再接收发到该多播组的数据包。

#### 2. 邻居发现

所谓邻居，是指处于同一个物理网络中的节点。邻居发现（Neighbor Discovery，ND）是通过在邻居节点之间交换 ICMPv6 报文，实现物理地址解析、邻居不可达检测、重复地址检测、路由器发现、路由重定向、无状态地址自动配置等功能。邻居发现使用了 5 种不同的 ICMPv6 报文，即邻居请求报文、邻居公告报文、路由器请求报文、路由器公告报文·路由重定向报文。

1）邻居请求与公告

邻居请求报文（NS，类型值＝135）与邻居公告报文（NA，类型值＝136）是邻居节点之间交换的报文，这里的节点既可以是主机也可以是路由器。在 IPv6 中，物理地址解析、邻居不可达检测、重复地址检测等功能的实现都依赖邻居请求与公告报文的交换。

（1）地址解析与邻居不可达检测。

地址解析是 IP 数据包转发过程中的重要环节。由于 IPv4 所使用的 ARP 面临诸多安全问题,且不具有通用性,因此,IPv6 不再使用 ARP 进行地址解析,而是利用邻居发现功能来完成。IPv6 地址解析过程包括两部分:一部分是解析 IP 地址所对应的物理地址;另一部分是邻居可达性状态的维护,即邻居不可达检测。

在实现地址解析过程中,请求节点向"被请求节点多播地址"发送邻居请求报文,其中,"目标地址"字段包含待解析的 IPv6 地址。待解析的地址可以是链路本地地址或全局单播地址,但不能是多播地址。该邻居请求报文也包含请求节点的物理地址。当被请求的节点接收到邻居请求报文后,使用邻居公告报文进行响应,其中包含被请求节点的物理地址。此外,一个节点在其物理地址发生改变时,以链路本地范围所有节点多播地址 FF02::1 为目的地址主动发送邻居公告报文,通知链路上的其他节点更新邻居缓存表。

图 3-38 展示了一个利用邻居请求与公告报文进行物理地址解析的示例,即节点 A 要解析 IPv6 地址 2001::6 所对应的物理地址。示例中给出了 ICMPv6 报文的关键字段,以及封装 ICMPv6 报文的 IPv6 数据包的源地址和目的地址。节点 A 发送的邻居请求报文的目的地址为被请求节点多播地址 FF02::1:FF00:6,报文中的目标地址字段包含被解析的 IPv6 地址 2001::6,同时也包含节点 A 的 MAC 地址 04-56-E5-A5-1F-05。节点 B 接收到该邻居请求报文时,可以获知节点 A 的 IPv6 地址 2001::5 和物理地址的对应关系,并存入邻居缓存表。同时,节点 B 以单播方式返回邻居公告报文,其中包含节点 B 的 MAC 地址 04-56-E5-78-C9-06。节点 A 获得节点 B 的 IPv6 地址与 MAC 地址的对应关系后存入邻居缓存表中。

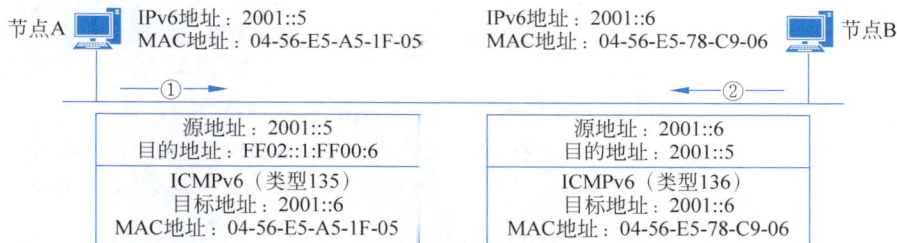

节点A　IPv6地址:2001::5　IPv6地址:2001::6　节点B
MAC地址:04-56-E5-A5-1F-05　MAC地址:04-56-E5-78-C9-06

①→　　←②

源地址:2001::5
目的地址:FF02::1:FF00:6
ICMPv6(类型135)
目标地址:2001::6
MAC地址:04-56-E5-A5-1F-05

源地址:2001::6
目的地址:2001::5
ICMPv6(类型136)
目标地址:2001::6
MAC地址:04-56-E5-78-C9-06

图 3-38　物理地址解析

在 IPv6 地址解析中,使用邻居缓存表记录已经获得的邻居节点的 IPv6 地址与物理地址的对应关系。对于在邻居缓存表中保存的一个表项,如果没有及时收到可达性证实信息,则会进入失效状态,但不会被直接删除。如果有 IPv6 数据包要发往该表项指示的邻居节点,则需要进行邻居不可达检测,以验证邻居是否仍然可达。邻居不可达检测过程与地址解析过程类似,也是通过发送邻居请求报文和接收邻居公告报文来完成,唯一的区别是邻居请求报文是通过单播方式发送的。如果请求节点收到邻居节点返回的邻居公告报文,则可以确定该邻居节点可达。邻居不可达检测可以避免在邻居不可达的情况下发送 IPv6 数据包,减少信道资源的浪费。

IPv6 利用邻居请求与公告进行地址解析的过程与 ARP 的解析过程非常相似,但相对于 ARP 解析具有许多优点。由于 ICMPv6 报文是封装在 IPv6 数据包中进行传输,IPv6 的地址解析方法具有较好的通用性和安全性,同时利用被请求节点多播地址发送邻居请求报文,也缩小了解析请求报文的传播范围。

(2)重复地址检测。

自动配置或手动配置的 IPv6 单播地址,在使用之前都必须做重复地址检测,以确定地址在本地链路上的唯一性。重复地址检测通过邻居请求报文和邻居公告报文实现。图 3-39 给出了一个重复地址检测的示例。主机 A 获得一个 IPv6 地址 2001::5,该地址在通过重复地址检测之前被称为临时地址,此时主机 A 还不能使用该地址进行单播通信,但可以加入两个多播组,即本地链路所有节点多播组以及与该地址对应的被请求节点多播组。主机 A 向 2001::5 所对应的被请求节点多播组(FF02::1:FF00:5)发送"邻居请求报文",其中的目标地址为临时地址 2001::5。由于临时地址 2001::5 还没有正式启用,所以源地址使用的是未指定地址(::)。如果该地址被其他节点使用(如节点 C),节点 C 则向本地链路所有节点多播地址发送邻居公告报文,其中目标地址为 2001::5。当节点 A 收到该邻居公告报文时,发现临时地址是重复的,则放弃使用该地址。如果该地址没有被其他节点使用,节点 A 不会收到相应的邻居公告报文,则该地址可以正常使用。

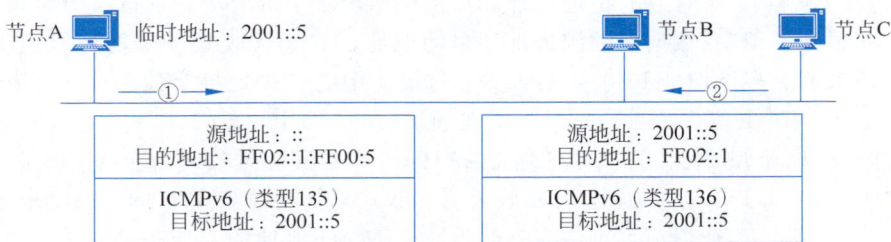

图 3-39　重复地址检测

2)路由器请求与公告

路由器请求报文(RS,类型值=133)与路由器公告报文(RA,类型值=134)是路由器与主机之间交换的报文,用于本地 IPv6 路由器的发现和链路参数配置。

(1)路由器请求报文:路由器请求报文由主机发送,用于发现链路上的 IPv6 路由器,其目的地址为"本地链路所有路由器多播地址"。该报文请求 IPv6 路由器立即发送路由器公告报文,而不需要等待路由器公告报文的发送周期。

(2)路由器公告报文:IPv6 路由器周期性地向"本地链路所有节点多播地址"发送路由器公告报文,以告知链路上的主机应使用的地址前缀、链路 MTU、是否支持地址自动配置等。如果是对路由器请求报文的响应,则使用单播方式发送。

路由器请求与公告报文的典型应用是无状态地址配置。IPv6 支持有状态地址自动配置和无状态地址自动配置。有状态地址自动配置使用 DHCPv6 协议;而无状态地址配置则需要借助于路由器请求与公告报文和邻居请求与公告报文,实现路由器发现、前缀发现、重复地址检测、参数发现等功能。无状态地址配置的基本过程如下。

(1)主机根据接口的物理地址产生链路本地单播地址。

(2)发送邻居请求报文,对产生的链路本地单播地址进行重复地址检测。

(3)如果链路本地单播地址已经在链路中使用,则停止地址自动配置。

(4)如果链路本地单播地址通过了重复地址检测,则链路本地单播地址生效。

(5)如果主机接收到路由器定期发送的路由器公告报文,则可以获得 IPv6 的路由前缀及其他参数信息;如果主机未接收到路由器的定期公告,则向本地链路所有路由器多播地址(FF02::2)发送路由器请求报文,路由器接收到路由器请求报文后会用路由器公告报文进行响应(如图 3-40 所示)。

（6）主机根据路由前缀与接口 ID 产生 128 位的 IPv6 全局单播地址。在如图 3-40 所示的例子中所产生的 IPv6 地址为 2001::0656:E5FF:FEA5:1F05。

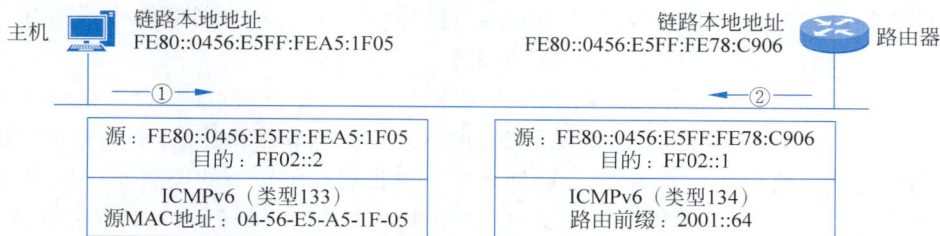

图 3-40　无状态地址自动配置

3）路由重定向

重定向报文由 IPv6 路由器发送，用于通知某台本地主机到达一个目的网络更好的路由，与 IPv4 中的路由重定向功能类似。路由重定向发生的过程如图 3-41 所示。

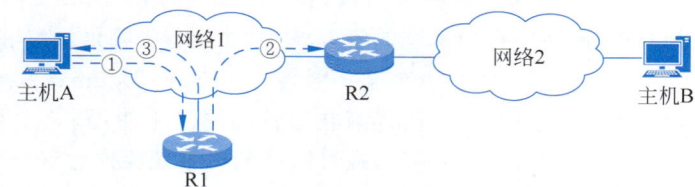

图 3-41　路由重定向示例

（1）主机 A 准备向主机 B 发送 IPv6 数据包，目的地址为主机 B 的 IPv6 地址。主机 A 的转发表中目前到达网络 2 的下一跳步为路由器 R1，因此主机 A 将该数据包发送给 R1（①）。

（2）R1 接收主机 A 发送的数据包并为其选路，确定该数据包应发送给 R2。路由器 R1 发现该数据包来自于自己的邻居节点主机 A，下一跳步 R2 也是自己在相同物理网络中的邻居节点，于是，R1 判定主机 A 与 R2 也是邻居，主机 A 发送给主机 B 的数据包可以直接发送给 R2，不需要经过 R1。

（3）R1 将主机 A 发送的数据包转发到下一跳步 R2（②），并向主机 A 发送重定向报文（③），通知主机 A 到达主机 B 所在网络的最优路径。

（4）主机 A 接收到 R1 发送的重定向报文后更新自己的转发表。之后再向主机 B 发送数据包时，则直接发送到 R2。

## 3.5　路由的建立与更新

到目前为止，主要探讨了互联层的数据包转发机制及相关协议，即互联层的数据平面。当数据包到达路由器时，路由器根据数据包的目的地址在其转发表中进行索引，以决定将数据包转发到哪个物理接口。转发表是基于路由表产生的（在实际中，这两个表可以用一张表实现），本节将关注路由表的建立过程，即互联层的控制平面。

路由表可以通过手工配置的方式建立，称为静态路由。静态路由的安全性高，并可以避免网络传输和计算开销，对于简单稳定的网络是一种很好的选择。对于复杂的网络结构，静态路由配置的工作量大且容易出错。当网络结构发生变化或节点、链路出现故障时，静态路由不能及时改变路径,需要手工重新配置。因此,对于拓扑结构复杂的互联网,通常采用动态路由。动态路由能够快速地响应网络结构的变化,及时更新路由信息。但是,动态路由也会由于路由信息和拓扑信息的传递以及路由的计算而产生额外的网络传输开销和计算开销,这也是动态路由机制设计时需要关注的问题。

动态路由可以通过分布方式或集中方式实现。所谓分布方式,即每台路由器在本地执行路由功能,通过路由协议与其他路由器交换网络拓扑信息和路由信息,利用路由算法计算到目的网络的最优路径。所谓集中方式,即在网络中设置逻辑集中的控制器,控制器与每台路由器进行通信,获取全局的网络拓扑信息,利用路由算法为每台路由器计算最优路由,并下发给路由器,路由器之间不进行网络拓扑信息和路由信息的交互。

分布方式实现在因特网中已经使用了几十年,目前依然是最主要的动态路由实现方式。因特网路由协议分为自治域内路由协议和自治域间路由协议。自治域内路由协议,也称为内部网关协议(Interior Gateway Protocol,IGP),主要包括 RIP 协议、OSPF 协议、ISIS 协议等。自治域间路由协议主要使用边界网关协议(Border Gateway Protocol,BGP)。这种层次化的路由机制能够很好地适应自治系统的管理模式,并能有效降低网络和存储开销,具有良好的可扩展性。集中方式主要源于软件定义网络(Software Defined Networking,SDN)的兴起,起初主要用于数据中心网络,目前逐渐在运营商网络中使用,其主要目的是实现数据平面和控制平面分离,降低路由器的成本,提升网络的可管理能力。这一节将重点介绍两种广泛使用的自治域内协议及相关算法,并对 BGP 进行简要描述。3.6 节将对软件定义网络进行简要介绍。

### 3.5.1 网络结构的抽象描述

在进行路由计算时,通常用图来描述网络拓扑结构。图中的节点通常代表路由器(有些情况下也可以代表网络或主机),图中的边代表物理链路,边上的权值代表相邻节点之间的链路代价。如果用 $G=(N,E)$ 表示一张无向图,其中,$N$ 表示节点集合,$E$ 表示链路集合。用 $c(i,j)$ 表示节点 $i$ 到节点 $j$ 的链路代价,$i,j \in N$;如果 $i$ 和 $j$ 之间没有直接链路相连,则 $c(i,j)=\infty$。用 $D_i(k)$ 表示从节点 $i$ 到节点 $k$ 的路径代价(路径上的链路代价之和),$i,k \in N$,路由计算问题就是寻找路径代价最小的路径。图 3-42 给出一个用图表示的网络结构示例,图中包括 5 个节点 $A \sim E$,边上的权值为链路代价,如 $c(A,B)=2$,$c(B,D)=3$,$A$ 和 $E$ 不相邻,则 $c(A,E)=\infty$。如果节点 $A$ 要计算到其他节点的最优路由,则需要利用适当的算法从多条可达路径中找出路径代价最小的路径。

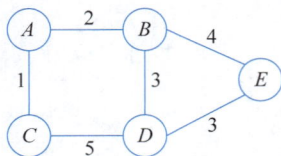

图 3-42    网络结构抽象

对于链路代价通常是对物理链路特征的抽象,它可以反映物理链路的传输能力、时延长短、距离远近、拥塞程度、可靠程度、费用高低等指标。不同的路由算法和路由协议可以采用一种或多种代价的度量方法。例如,后面介绍的 RIP 用"跳数"作为代价值,而 OSPF 协议则使用链路的带宽计算代价值。

### 3.5.2    距离向量路由算法与协议

距离向量路由算法是一种广泛使用的路由算法,例如,路由信息协议(Routing

Information Protocol,RIP)、增强内部网关路由协议(Enhanced Interior Gateway Routing Protocol,EIGRP)都采用距离向量算法。本节首先对距离向量算法的基本思想进行介绍,之后对 RIP 的工作机制进行简要分析。

**1. 距离向量算法基本思想**

距离向量(Distance Vector,DV)算法是一种分布式异步迭代算法,可以视为 Bellman-Ford 算法的分布式实现。距离向量算法的基本思想如下。

(1) 在初始状态下,对于任意节点 $x$ 可以获知其所有相邻节点 $m$ 及到其相邻节点 $m$ 的链路代价 $c(x,m)$,并用该链路代价初始化到相邻节点 $m$ 的路径代价,即 $D_x(m)=c(x,m)$,并产生初始路由表。在距离向量算法中将路径代价称为"距离",节点 $x$ 基于初始化的结果构造距离向量(其中包含节点 $x$ 到所有相邻节点的距离),并通告给其相邻节点。

(2) 当节点 $x$ 从相邻节点 $y$ 接收到距离向量通告,或节点 $x$ 到相邻节点的链路代价发生改变时,则使用 Bellman-Ford 公式重新计算自己到其他节点的路径代价 $D_x(v)$,并更新路由表。具体的计算方法如下。

$$D_x(v)=\min_m\{c(x,m)+D_m(v)\}$$

其中,$m$ 为节点 $x$ 的相邻节点,$D_m(v)$ 为相邻节点到节点 $v$ 的路径代价。利用该公式,节点 $x$ 可以确定在当前情况下经过哪个相邻节点到达节点 $v$ 的路径代价最小及对应的路径代价。如果节点 $x$ 到其他节点的路径代价 $D_x(v)$ 发生了变化,则会重新构造自己的距离向量,并将距离向量通告给其相邻节点。

节点之间经过第(2)步的多次迭代,最终节点 $x$ 到其他节点的路径代价 $D_x(v)$ 会收敛到实际的最小值,从而产生稳态的路由表。在上述算法中,节点 $x$ 不需要知道网络拓扑的全局视图,但需要保存相邻节点通告的距离向量。在接收到相邻节点通告之前,相邻节点到其他节点的距离被视为无穷。

图 3-43 给出了一个网络结构示例,下面从节点 $A$ 的视角说明距离向量算法的工作过程。由于没有全局视图,节点 $A$ 最初只知道它的相邻节点 $B$、$C$ 和 $D$,以及到 $B$、$C$ 和 $D$ 的链路代价,即 $c(A,B)=4$、$c(A,C)=1$、$c(A,D)=6$。节点 $A$ 利用到邻居的链路代价初始化到邻居的路径代价,即 $D_A(B)=4$、$D_A(C)=1$,$D_A(D)=6$,并建立初始路由表(如表 3-5 所示),其

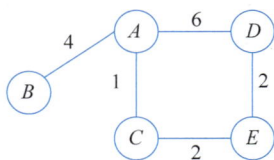

图 3-43　距离向量算法示例

中下一节点为节点 $A$ 的相邻节点,指明要到达目的节点,下一步要经过的节点。此时,节点 $A$ 路由表中给出的路径并不一定是最优路径,如到节点 $D$ 的路径。之后,节点 $A$ 构造自己的距离向量<$B$,4><$C$,1><$D$,6>,即到达节点 $B$ 路径代价为4,到达节点 $C$ 的路径代价为1,到达节点 $D$ 的路径代价为6,并将构造的距离向量发送给其相邻节点 $B$、$C$ 和 $D$。

表 3-5　节点 $A$ 的初始路由表

| 目 的 节 点 | 下 一 节 点 | 路 径 代 价 |
|---|---|---|
| B | B | 4 |
| C | C | 1 |
| D | D | 6 |

在初始化之后,假设节点 $A$ 首先接收到了相邻节点 $C$ 的距离向量通告<$A$,1><$E$,2>,

则节点 $A$ 记录该距离向量,并重新计算自己到其他节点的路径代价。例如,$D_A(E)$ 的计算过程如下。

$$D_A(E) = \min\{c(A,B) + D_B(E), c(A,C) + D_C(E), c(A,D) + D_D(E)\}$$
$$= \min\{4 + \infty, 1 + 2, 6 + \infty\} = 3$$

经过相邻节点之间的多次通告和迭代,算法最终收敛,达到稳定状态。表 3-6 绘出了节点 $A$ 在收敛状态下的路由表,表 3-7 为节点 $A$ 记录的相邻节点的距离向量。

表 3-6　算法收敛后节点 $A$ 的路由表

| 目 的 节 点 | 下 一 节 点 | 路 径 代 价 |
| --- | --- | --- |
| $B$ | $B$ | 4 |
| $C$ | $C$ | 1 |
| $D$ | $C$ | 5 |
| $E$ | $C$ | 3 |

表 3-7　节点 $A$ 相邻节点的距离向量

| | $A$ | $B$ | $C$ | $D$ | $E$ |
| --- | --- | --- | --- | --- | --- |
| $B$ | 4 | 0 | 5 | 9 | 7 |
| $C$ | 1 | 5 | 0 | 4 | 2 |
| $D$ | 5 | 9 | 4 | 0 | 2 |

如果在算法收敛后的某个时刻,节点 $A$ 到节点 $B$ 的链路发生了故障,链路代价 $c(A,B)$ 变为无穷(如图 3-44 所示),节点 $A$ 检测到该故障之后会重新计算自己到其他节点的路径代价,例如,$D_A(B)$ 的计算过程如下。

$$D_A(B) = \min\{c(A,B) + D_B(B), c(A,C) + D_C(B), c(A,D) + D_D(B)\}$$
$$= \min\{\infty + 0, 1 + 5, 6 + 9\} = 6$$

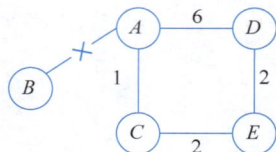

图 3-44　链路状态变化示例

在上述计算过程中,节点 $A$ 根据之前保存的相邻节点的距离向量计算到达节点 $B$ 的最小路径代价,得到经过 $C$ 到达 $B$ 的路径代价最小。但是,从全局视图以及之前 $C$ 发给 $A$ 的距离向量可以看出,$C$ 是经过 $A$ 到达 $B$ 的,这样在 $A$ 和 $C$ 之间就形成了一个路由环路。随后,节点 $A$ 将自己的距离向量通告给 $C$ 和 $D$,$C$ 和 $D$ 重新计算路径代价,并继续进行距离向量通告。只有当到 $B$ 的路径代价达到规定的上界时(被认为是无穷大),迭代过程才会停止。在反复迭代过程中,各个节点都不知道 $B$ 不可达,算法无法收敛,路由表不能达到稳态。这种问题被称为计数到无穷问题。

在距离向量算法的发展过程中,提出了多种方法来缓解计数到无穷问题,以提高算法的收敛速度。基本方法主要有两种:一种方法是水平分割。其基本思想是当一个节点向某个相邻节点 $m$ 发送距离向量时,需要排除路由表中下一节点为 $m$ 的信息,避免把从 $m$ 学到的路由信息再回送给 $m$。例如,基于图 3-43,节点 $C$ 的路由表中到目的节点 $B$ 的下一节点为 $A$,则 $C$ 在向 $A$ 通告距离向量时则不包含<$B$,5>。另一种方法是毒性逆转。毒性逆转是对水平分割方法的一种增强,当一个节点向某个相邻节点 $m$ 发送距离向量时,并不排除路由表中下一节点为 $m$ 的信息,但是需要把路径代价修改为无穷。例如,当 $C$ 在向 $A$ 通告距离向量时,把到 $B$ 的路径代价修改成无穷,即<$B$,$\infty$>,这样就可以避免 $A$ 再通过 $C$ 到达 $B$。这两种方法的局限性在于,它们只能解决两个节点之间的直接路由环路问题,对于更多节点形成的环路问题不能有效解决。

### 2. 路由信息协议

RIP 是因特网中广泛应用的自治内路由协议,是距离向量路由协议的典型代表。RIP 协议有三个版本:RIPv1、RIPv2 和 RIPng。前两个版本用于 IPv4,RIPng 用于 IPv6。三个版本的 RIP 在基本思想上保持一致,只是在一些细节上进行了优化和改进。下面主要基于 RIPv2 对 RIP 的报文格式、基本工作机制进行介绍。

1) RIPv2 报文格式

RIP 运行在 UDP 之上,RIP 报文被封装在 UDP 数据报中,使用 UDP 的 520 端口,在 IP 层采用多播方式进行传输。RIP 定义了请求和响应两种报文,请求报文用于向相邻路由器请求路由信息,响应报文用于主动发送路由更新信息或对请求报文进行响应。RIPv2 报文格式如图 3-45 所示,命令字段用于区分请求和响应报文(1-请求,2-响应),版本字段为 2,指明该报文为 RIPv2 报文。之后可以跟随 1 个或多个路由表项(Route Table Entry,RTE),最多可以包含 25 个路由表项。每个路由表项包含地址族标识符、路由标签、网络地址、网络掩码、下一跳、距离,用于通告到目的网络的路由信息。

| 0 | | 8 | | 16 | | 31 |
|---|---|---|---|---|---|---|
| 命令 | | 版本 | | 必须为0 | | |
| 地址族标识符 | | | | 路由标签 | | |
| 网络地址 | | | | | | |
| 网络掩码 | | | | | | |
| 下一跳 | | | | | | |
| 距离 | | | | | | |
| …… | | | | | | |

**图 3-45 RIPv2 报文格式**

RIP 与前面介绍的距离向量算法有所不同,其目标是确定到目的网络的最优路径,而非路由器节点。每个路由表项中目的网络用网络地址和网络掩码共同标识,到目的网络的距离使用跳步数进行度量,到直接相连网络的跳步数为 0,每经过一个路由器跳步数增 1,跳步数的最大值为 15,超过该值则被认为目的网络不可达;下一跳字段包含到目的网络下一跳的 IP 地址。地址族标识符字段指明适用的协议族,对于 IP 协议该字段设置为 2,该字段在 RIPng 不再使用。路由标签字段在传播外部路由信息时使用。

RIPv2 支持对响应报文来源进行认证,以提高 RIP 的安全性。如果 RIP 路由器开启认证功能,会使用 RIPv2 报文中的第一个路由表项携带认证信息,其中,地址族标识符字段设置为全 1,后面跟着认证类型和认证数据。RIPv2 提供简单口令认证和 MD5 认证两种认证方式。如果 RIP 报文携带认证信息,则最多只能包含 24 个路由表项。

2) RIPv2 基本工作机制

RIP 是距离向量路由算法的简单实现,其基本思想与前面介绍的距离向量路由算法一致。下面结合如图 3-46 所示的网络结构说明 RIPv2 的基本工作机制。

(1) **路由表的建立**。在路由器启动时,只能获得与此路由器直接相连网络的路由信息。例如,在图 3-46 的网络结构中,路由器 R1 的初始路由表只包含到三个直接连接网络的路由

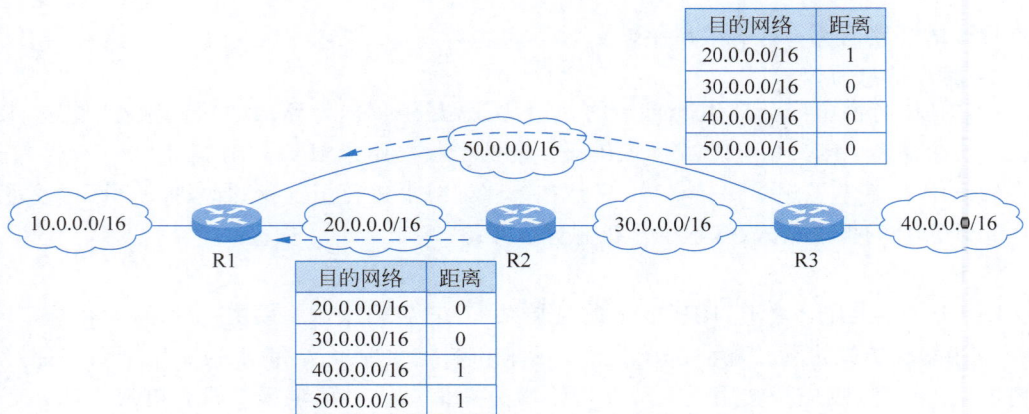

图 3-46　运行 RIP 的网络示例

信息,跳步数为 0,下一跳为直接投递(如表 3-8 所示)。之后路由器 R1 向相邻路由器发出请求报文,相邻路由器返回响应报文,响应报文中携带相邻路由器当前路由表中的路由信息,即距离向量。路由器 R1 利用相邻路由器返回的路由信息完善自己的路由表。例如,如果图 3-46 中路由器 R2 和 R3 分别向 R1 返回如图所示的路由信息,则 R1 更新后的路由表如表 3-9 所示,具体的更新方法依据后面的路由信息处理规则。

表 3-8　R1 初始路由表

| 目 的 网 络 | 下 一 跳 | 距 离 |
|---|---|---|
| 10.0.0.0/16 | 直接投递 | 0 |
| 20.0.0.0/16 | 直接投递 | 0 |
| 50.0.0.0/16 | 直接投递 | 0 |

表 3-9　R1 更新后的路由表

| 目 的 网 络 | 下 一 跳 | 距 离 |
|---|---|---|
| 10.0.0.0/16 | 直接投递 | 0 |
| 20.0.0.0/16 | 直接投递 | 0 |
| 30.0.0.0/16 | R2 | 1 |
| 40.0.0.0/16 | R3 | 1 |
| 50.0.0.0/16 | 直接投递 | 0 |

(2) **路由信息更新**。RIPv2 支持路由信息的周期更新和触发更新。所谓周期更新,是指路由器定期(默认值为 30s)向相邻路由器发送响应报文(或称更新报文)以通告自己路由表中保存的路由信息。所谓触发更新,是指在路由信息发生变化时,触发响应报文的发送。在触发更新时,不需要发送路由表中的全部路由信息,只需要发送发生改变的路由信息。接收到响应报文的路由器依据通告的路由信息更新自己的路由表,其处理规则如下。

---

路由信息处理规则(对于响应报文中的一个路由表项)

---

距离值增 1
在路由表中进行搜索,判断相应的网络前缀在路由表中是否存在
If 无匹配表项 and 距离小于 16
　　Then 增加路由表项(设置目的网络、下一跳、距离、超时时间等)
　　　　　　　　　　//下一跳为发送响应报文的路由器或下一跳字段的值
If 有匹配表项 and 新的距离小于当前的距离
　　Then 更新路由表项(修改下一跳、距离,重新设置超时时间)
　　　　　　　　　　//下一跳为发送响应报文的路由器或下一跳字段的值
If 有匹配表项 and 下一跳为发送响应报文的路由器 and 新的距离不等于当前的距离
　　Then 更新路由表项(修改距离,重新设置超时时间)

---

（3）**路由失效处理**。当相邻路由器出现故障或到达相邻路由器的链路出现故障时,经过相邻路由器的路由则失效。RIPv2 通过对每条路由信息设定超时时间来感知路由的失效,默认值为 180s。每次路由信息更新时,对超时时间进行重置。如果超过超时时间,路由器未收到针对此路由信息的响应报文,则认为这条路由失效,将其距离设置为 16,并向相邻路由器发送响应报文,进行触发更新。同时,启动垃圾收集定时器（默认值为 120s）,如果在垃圾收集定时器到期前没有收到针对此路由的更新信息,相应的路由信息则从路由表中删除。例如,图 3-46 中路由器 R1 到 R3 的链路出现故障,R1 超过 180s 未收到 R3 的响应报文,则将到 40.0.0.0/16 的距离设成 16,并启动垃圾收集定时器。R2 定期向 R1 发送响应报文,包含到 40.0.0.0/16 的距离为 1 的路由表项,R1 依据该路由表项,将到 40.0.0.0/16 的距离更新为 2,下一跳修改为 R2（如图 3-47 所示）。

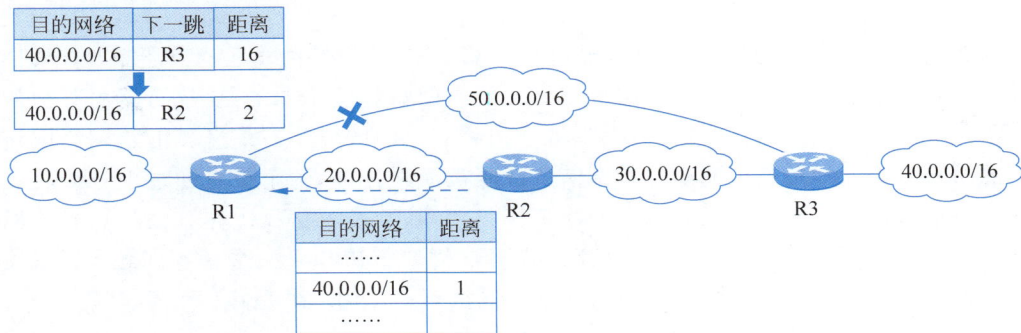

图 3-47　路由失效处理

3）计数到无穷问题的解决策略

计数到无穷问题是距离向量路由算法固有的问题,其本质是路由通告的某种顺序,可能导致利用陈旧路由信息更新路由表,从而在路由器之间产生环路。计数到无穷问题会严重影响路由的收敛速度,RIPv2 采用了以下几种策略解决计数到无穷问题。

（1）**限制路径的最大距离**。如果在路由器之间产生了环路,路由信息通告的反复迭代会使路径的"距离"越来越大。为此,可以通过限制路径的最大"距离"加速路由的收敛。一旦"距离"到达最大值,说明目的网络不可达,可以将其标记为无效路由。RIP 规定"距离"的最大值为 15,距离超过或等于 16 时为不可达路由。当然,在限制路径最大距离为 15 的同时,也限制了应用 RIP 自治系统的规模。在使用 RIP 的自治域中,每条路径经过的路由器数目不能超过 15 个。

（2）**触发更新**。触发更新是指当路由信息发生变化的时候,立即向相邻路由器发送更新报文,以通知路由表项的改变,而不必等待下一个更新周期,从而避免产生路由环路,加快路由的收敛速度。例如,在图 3-46 的网络结构中,如果 R1 到网络 10.0.0.0/16 的链路出现故障,则 R1 将其对应的路由表项的距离设置为 16,表明该网络不可达。如果更新的路由信息在下一个更新周期才能发送,在此期间可能会收到来至 R2 的更新报文,通告到网络 10.0.0.0/16 的距离为 1,则 R1 更新对应的路由表项（下一跳为 R2,距离为 2）,从而在 R1 和 R2 之间形成环路。如果采用触发更新,R1 能够立即将不可达信息发送出去,R2 能够及时更新路由表项,则可以避免上述问题的产生。

（3）**水平分割与毒性逆转**。当路由器从某个接口发送路由通告时,其中不包含从该接口获取的路由信息,称为水平分割。例如,图 3-46 中的 R2 从 R1 学到经过 R1 可以到达网络 10.0.0.0/16,那么 R2 在向 R1 发送响应报文时,则不包含该路由表项,这样就不会在 R1 和 R2 之间出现环路。而毒性逆转则在发送路由通告时,包含上述路由表项,但是将其距离设成无穷(大于或等于 16),表明网络不可达。

### 3.5.3 链路状态路由算法及协议

链路状态路由算法是另一类广泛使用的路由算法,如开放最短路径优先(Open Shortest Path First,OSPF)路由协议、中间系统到中间系统(Intermediate System-to-Intermediate System,IS-IS)路由协议都使用链路状态路由算法。本节首先对链路状态路由算法需要解决的基本问题及解决方法进行讨论,之后对开放最短路径优先协议进行介绍。

#### 1. 链路状态路由算法基本原理

与距离向量路由算法类似,在链路状态路由算法中,执行路由算法的节点需要能够感知到其所有相邻节点的链路状态及链路开销。与距离向量算法不同的是,执行路由算法的节点并不向其相邻节点传递路由信息,而是将到相邻节点的链路状态信息扩散给网络限定区域内的所有节点。如果所有的链路状态信息都能被成功传递,各个节点通过汇总接收到的链路状态信息便可以建立一张完成的网络拓扑图,并基于最短路径优先算法计算到达网络中任意节点的最短路径。因此,链路状态路由算法需要解决如下三个基本问题:邻居关系维护与链路状态感知、链路状态信息传播、基于网络拓扑结构的最短路径计算。

1)邻居关系维护与链路状态感知

维护邻居关系及感知链路状态是链路状态路由算法运行的基础。一个节点可以定期与邻居节点交换 Hello 报文来维护邻居关系,Hello 报文一般包含节点标识符、邻居节点列表、Hello 间隔等信息。如果长时间未收到某个邻居发送的 Hello 报文,则认为该邻居不可达(链路或节点出现故障),将其从邻居列表中删除。同时,节点可以通过接口的配置信息获得链路的代价及相关参数。由此,每个节点都能获得自己到邻居的链路状态信息。

2)链路状态信息传播

链路状态信息的有效传播是链路状态路由算法实施的关键。每个节点基于自己的链路状态信息创建链路状态(Link State,LS)报文。LS 报文一般包含创建节点标识符、邻居节点列表及到邻居节点的链路代价、序列号、报文生存期等信息,一个 LS 报文由节点标识符和序列号标识,报文生存期可以避免 LS 报文在网络中被无限次转发。每个节点周期性地或在链路状态发生变化时,将自己的链路状态信息扩散给网络限定区域内的所有节点,其扩散方法通常采用洪泛机制。

图 3-48 给出了一个简单的 LS 报文扩散示例。R1 基于自己的链路状态信息创建 LS 报文,并将该报文发送给它的邻居节点 R2 和 R3(图 3-48(a))。如果 R2 和 R3 接收到的 LS 报文是正确的,分别向 R1 返回确认信息(虚线箭头),同时检查是否保存有来自 R1 的 LS 报文。如果没有,则存储 R1 的 LS 报文。如果已存在,则比较序列号;如果序列号更大,说明是更新的 LS 报文,则替换原来保存的 LS 报文,否则丢弃。如果是更新的 LS 报文,则 R2 和 R3 将该 LS 报文转发给除 R1 之外的所有邻居(图 3-48(b))。假设 R4 首先从 R2 接收到该 LS 报文,其处理方式与 R2 和 R3 相同。R5 接收到 R2 发送的 LS 报文也采用同样的处理方式(图 3-48(c))。之后 R4 还会接收到 R3 和 R5 发送的 LS 报文,由于序列号相同(不

是更新的 LS 报文),R4 则丢弃接收到的 LS 报文。至此,R1 发出的 LS 报文被成功地扩散到整个网络,且该 LS 报文不再被继续转发。在此过程中,邻居节点之间的 LS 报文传输采用确认重传机制来保证可靠性,即如果未收到邻居节点的确认,则进行重传。

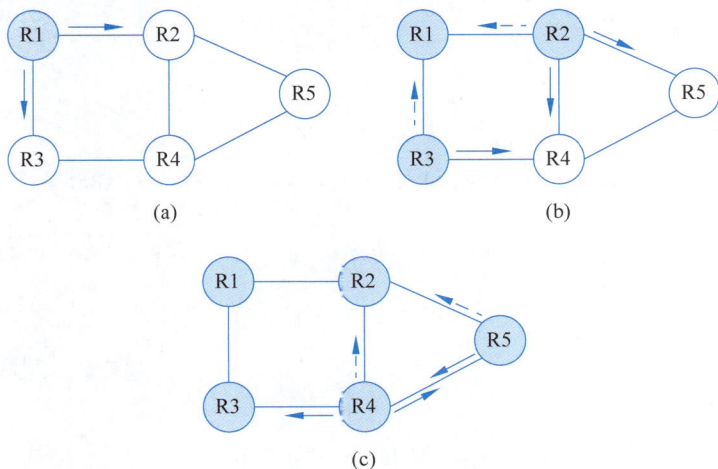

图 3-48　LS 报文扩散示例

3) 基于网络拓扑结构的最短路径计算

如果网络中的一个节点能得到其他所有节点的链路状态信息,便可以建立一张完整的网络拓扑图,并根据所形成的网络拓扑计算到其他所有节点的最优路径。最优路径的计算通常采用 Dijkstra 最短路径算法。利用该算法,一个节点可以计算到其他所有节点的最短路径,即路径代价最小路径。

利用 3.5.1 节给出的网络结构抽象描述方法,将网络拓扑抽象成一张图 $G = (N, E)$,$N$ 表示节点集合,$E$ 表示链路的集合。用 $c(i, j)$ 表示节点 $i$ 到节点 $j$ 的链路代价,$i, j \in N$;如果 $i$ 和 $j$ 之间没有直接链路相连,则 $c(i, j) = \infty$。用 $D(k)$ 表示从计算节点到节点 $k$ 的当前路径代价,用集合 $M$ 表示已经确定了最小路径代价的节点集合。如果计算节点用 $x$ 表示,则算法的基本步骤如下。

(1) 将节点 $x$ 加入集合 $M$,对所有未加入集合 $M$ 的节点 $k$,初始化 $D(k)$,使 $D(k) = c(x, k)$,如果 $k$ 不是 $x$ 的相邻节点,则 $D(k) = \infty$。

(2) 从未加入集合 $M$ 的节点中选择当前路径代价最小的节点 $v$ 加入集合 $M$,对于其他未加入集合 $M$ 的所有节点 $k$,重新计算 $D(k)$,即

$$D(k) = \min\{D(k), D(v) + c(v, k)\}$$

(3) 重复步骤(2),直到集合 $N$ 中的节点都加入集合 $M$。

上述算法执行结束后,节点 $x$ 将获得到其他所有节点的最短路径。网络中的每个节点均需要基于网络拓扑独立计算自己到其他所有节点的最短路径。

下面用一个例子说明最短路径的计算和路由的产生过程。一个网络的拓扑结构如图 3-49 所示,每条链路的代价值在图中标出,R1 利用该网络拓扑计算到 R2～R5 的最短路径。在图中,已经加入集合 $M$ 的节点用灰色表示,未加入的节点用白色表示。R1 到未加入集合 $M$ 节点的当前路径代价在每张图的下面给出。图 3-49(a)为初始化后的状态,之后每次选择一个当前路径代价值最小的节点加入集合 $M$,并重新计算剩余节点的路径代价。经

过 4 次迭代，所有节点都加入了集合 $M$，完成最短路径的计算。R1 到 R2～R5 最短路径中的所有链路形成一棵以 R1 为根的树（在图 3-49(e)中用粗线表示），基于这棵树可以产生 R1 到 R2～R5 的路由信息（如表 3-10 所示）。

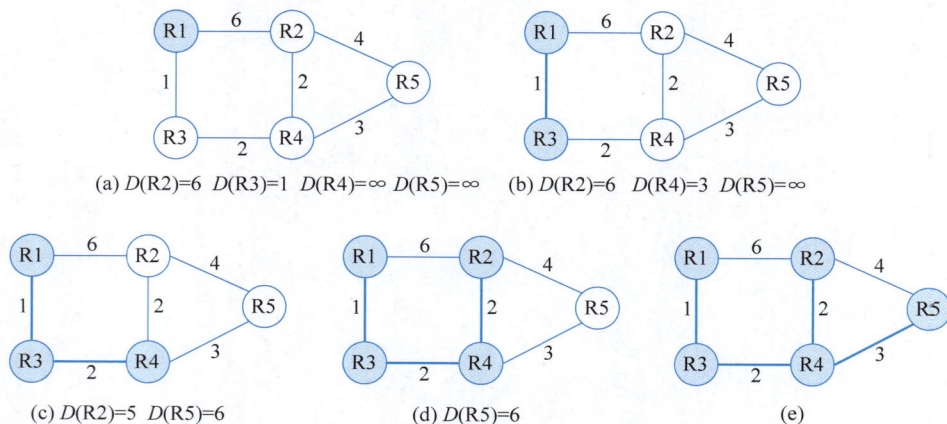

(a) $D(R2)=6$ $D(R3)=1$ $D(R4)=\infty$ $D(R5)=\infty$      (b) $D(R2)=6$ $D(R4)=3$ $D(R5)=\infty$

(c) $D(R2)=5$ $D(R5)=6$      (d) $D(R5)=6$      (e)

图 3-49 最短路径的计算示例

表 3-10 R1 的路由表

| 目 的 节 点 | 下 一 跳 | 代 价 |
|---|---|---|
| R2 | R3 | 5 |
| R3 | R3 | 1 |
| R4 | R3 | 3 |
| R5 | R3 | 6 |

与距离向量路由算法相比，链路状态路由算法收敛速度快，可以快速地适应网络的变化，相对来说能够支持更大规模的网络。但是，由于每个节点都需要保存完整的链路状态信息，且最短路径优先算法的时间复杂度为 $O(n^2)$，因此，链路状态路由算法的计算和存储开销较大，其可扩展性仍受到限制。

### 2. 开放最短路径优先协议

开放最短路径优先（OSPF）协议是互联网中广泛使用的自治域内路由协议，是链路状态路由协议的典型代表。目前使用的 OSPF 协议有两个版本，OSPFv2 与 IPv4 配合使用，OSPFv3 用于支持 IPv6。

OSPF 协议的基本思想与前面介绍的链路状态路由算法一致。但是为了提供更好的可扩展性，以支持大规模的自治系统，OSPF 提供了区域划分机制，即可以把一个自治系统划分为多个区域，其中一个为主干区域，其他的为非主干区域，非主干区域通过区域边界路由器（Area Border Router，ABR）与主干区域连接。描述详细拓扑结构的链路状态信息仅在每个区域内扩散，区域间只传递抽象的路由信息，这样既可以缩小链路状态信息的扩散范围，也可以有效降低路由器的存储和计算开销。如图 3-50 所示的是一个自治系统示例，其中包含一个主干区域（区域 0）和三个非主干区域。ABR 汇总每个区域的路由信息，在主干区域内进行通告，以保证跨区域可路由。

下面基于 OSPFv2 对 OSPF 的报文格式、基本工作机制进行介绍，主要侧重于区域内链路状态信息的传播和维护。

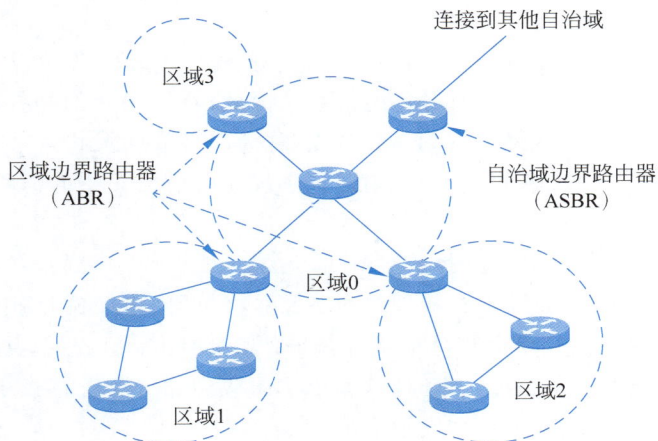

图 3-50  OSPF 区域划分示例

1) OSPF 报文格式

OSPF 直接运行在 IP 协议之上,OSPF 报文由 IP 数据包承载,协议类型为 89。OSPF 报文的首部格式如图 3-51 所示。版本字段为 2,指明该报文为 OSPFv2 报文;类型字段取值 1~5,用于区分 5 种 OSPF 报文;报文长度字段指明报文的总长度,以字节为单位;32 位的路由器 ID(Router ID,RID)用于标识发送该报文的路由器,路由器 ID 要求在一个自治系统内具有唯一性;32 位区域 ID 用于标识发送该报文的路由器所属的区域,主干区域为 0.0.0.0;校验和字段用于对除认证数据之外的整个报文进行校验;认证类型字段取值 0~2,0 表示不认证,1 表示简单口令认证,2 表示 MD5 认证;认证数据字段的内容与认证类型相关。

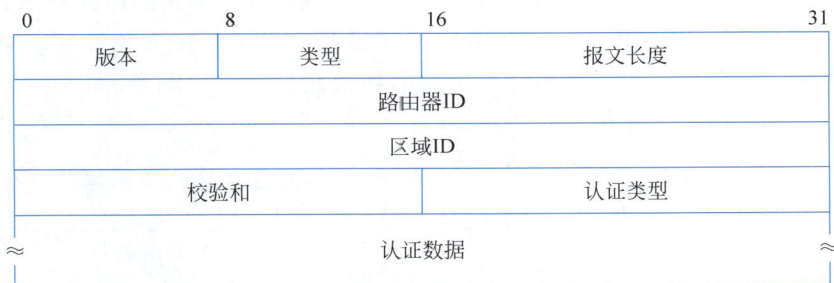

图 3-51  OSPF 报文的首部格式

OSPF 定义了 5 种报文,即 Hello 报文、DD 报文、LSR 报文、LSU 报文、LSACK 报文,各种报文的描述如表 3-11 所示。

表 3-11  OSPF 报文类型

| 类型 | 报 文 名 称 | 描　　述 |
| --- | --- | --- |
| 1 | Hello | 用于建立和维护邻居关系;在多路访问网络中用于选举指定路由器(Designated Router,DR)和备份指定路由器(Backup DR,BDR) |
| 2 | 数据库描述(DD) | 在邻居之间交换链路状态数据库(Link State Database,LSDB)摘要,携带链路状态通告(Link State Advertisement,LSA)首部信息 |
| 3 | 链路状态请求(LSR) | 向邻居请求特定的链路状态通告(LSA) |
| 4 | 链路状态更新(LSU) | 携带各种 LSA,向邻居通告拓扑信息或对链路状态请求进行回复 |
| 5 | 链路状态确认(LSACK) | 对从 LSU 报文中获取到的 LSA 进行确认 |

2）OSPF 基本工作机制

前面介绍过 IP 数据包是基于目的网络号进行选路的,OSPF 作为互联网路由协议,它必须能够提供到一个目的网络如何可达的信息。因此,在 OSPF 的拓扑结构中,节点除包含路由器之外,还需要把物理网络视为一个节点(称为网络节点),最终的目标是获得到每个网络节点的最优路径。为了实现此目标,OSPF 协议相对前面介绍的链路状态路由算法会引入更多的内容。

（1）邻居关系维护与指定路由器。

OSPF 路由器周期性(如每隔 10s)地向所有邻居路由器发送 Hello 报文,以建立和维护**邻居关系**。如果一台 OSPF 路由器与相邻路由器成功交换 Hello 报文,并参数协商成功,则会将其加入**邻居列表**。如果超过一定时间(如 40s)未收到邻居发送的 Hello 报文,则认为该邻居路由器不可达,并将其从邻居列表中删除。

两台路由器建立邻居关系后,如果成功交换数据库描述报文(DD)及链路状态通告,则形成**邻接关系**。并非所有的邻居路由器之间都需要建立邻接关系,在多路访问网络中(如以太网),只需要在指定路由器(DR)/备份指定路由器(BDR)与其他路由器(DRother)之间形成邻接关系,DRother 路由器之间不需要形成邻接关系,这样可以减少邻接关系的数量,从而降低过多的 OSPF 报文对网络带宽的消耗。DR/BDR 不需要手工设定,可以通过 Hello 报文及 DR/BDR 选举算法产生。

Hello 报文格式如图 3-52 所示(未包含 OSPF 基本首部)。网络掩码字段为发送 Hello 报文的接口所在网络的掩码;Hello 间隔字段为发送 Hello 报文的时间间隔,默认为 10s;路由器优先级字段用于 DR/BDR 选举,如果设置为 0,指明该路由器接口不参与 DR/BDR 选举;路由器失效时间字段默认为 40s,如果在此时间内未收到邻居路由器发来的 Hello 报文,则认为邻居失效;DR 字段为指定路由器接口的 IP 地址,BDR 为备份指定路由器接口的 IP 地址。建立邻居关系的两台相邻路由器的网络掩码、Hello 间隔、路由器失效时间需要保持一致,否则不能建立邻居关系。

| 0 | 16 | 24 | 31 |
|---|---|---|---|
| 网络掩码 | | | |
| Hello间隔 | 选项 | 路由器优先级 | |
| 路由器失效时间 | | | |
| DR | | | |
| BDR | | | |
| 邻居列表 | | | |

图 3-52　Hello 报文格式

（2）链路状态数据库与链路状态更新。

在 OSPF 中,路由器利用**链路状态数据库**(LSDB)存储链路状态信息,并基于 LSDB 构造所属区域的完整网络拓扑图。该网络拓扑图可以抽象成一个有向加权图,并利用最短路径优先算法计算最优路径。为了同步 LSDB,OSPF 路由器在与相邻路由器建立邻接关系时会交换数据库描述报文(DD),路由器通过该报文对自己的链路状态数据库进行描述,其中包含自己保存的所有链路状态通告(LSA)的首部信息。邻接路由器通过交换的 DD 报文,可以了解到自身缺少的 LSA,并发送链路状态请求报文(LSR)获得 LSA 的具体信息,被请求的路由器用链路状态更新报文(LSU)进行响应。当两台邻接路由器的链路状态数据库达到同步后,称它们之间建立了**完全邻接关系**。

OSPF 路由器利用 LSU 报文向邻接路由器通告链路状态的改变,一个 LSU 报文可以包含多个不同类型的 LSA,LSA 的首部格式如图 3-53 所示。链路状态生存期字段记录了 LSA 产生后所经过的时间,以秒为单位,当该值达到设定的最大值时,LSA 失效;类型字段指明 LSA 类型,OSPF 定义了多种 LSA 类型,其中用于区域内的 LSA 主要有两种,即 1 类 LSA 和 2 类 LSA,其他类型的 LSA 用于支持区域间及自治域间路由信息的传递;链路状态 ID 字段中的信息与 LSA 类型有关,对于不同类型的 LSA,链路状态 ID 字段携带的信息有所不同;通告路由器字段为产生 LSA 的路由器 ID;序列号字段用来检测旧的或重复的 LSA;校验和字段用于检验 LSA 的正确性,由于链路状态生存期字段的值随时间不断变化,校验和的计算不包含该字段;长度字段为整个 LSA 的长度,以字节为单位。下面主要对 1 类 LSA 和 2 类 LSA 进行介绍。

| 0 | 16 | 24 | 31 |
|---|---|---|---|
| 链路状态生存期 | 选项 | 类型 | |
| 链路状态ID | | | |
| 通告路由器 | | | |
| 序列号 | | | |
| 校验和 | | 长度 | |

图 3-53 LSA 首部格式

1 类 LSA 是 OSPF 中最基本的 LSA 类型,也称为路由器 LSA。1 类 LSA 描述了 OSPF 路由器直接连接的所有链路和链路代价,每台 OSPF 路由器都会生成 1 类 LSA,并将其洪泛到自己所在的区域内的所有其他路由器。当链路状态发生变化时,路由器会更新自己的 1 类 LSA,并向邻接路由器发送新的 LSA。1 类 LSA 的格式如图 3-54 所示,其中 LSA 首部中的通告路由器和链路状态 ID 取值相同,均为创建此 LSA 的路由器 ID。1 类 LSA 可以包含一条或多条链路信息,每条链路由链路类型、链路 ID、链路数据、度量值等来描述。OSPF 支持多种链路类型,包括点到点链路、末端网络(StubNet)、传输网络(TransNet)等(如图 3-55 所示),不同的链路类型,链路 ID 和链路数据字段的内容有所不同。以图 3-55 中的路由器 R1 产生的 LSA 为例,对于点到点链路,链路 ID 为邻居路由器 ID(2.2.2.2),链路数据为自己接口的 IP 地址(10.1.0.1);对于末端网络,链路 ID 为网络号(10.1.0.0),链路数据为网络掩码(255.255.0.0);对于传输网络,链路 ID 为 DR 的接口 IP 地址(10.1.0.3),链路数据为自己接口的 IP 地址(10.1.0.1)。对于传输网络,需要 2 类 LSA 的配合,才能给出完整的拓扑信息和路由信息的通告。

2 类 LSA,也称为网络 LSA,由多路访问网络中的 DR 产生。如果一个多路访问网络为传输网络,通常连接有多台路由器,路由器之间会形成较多的邻居关系(如图 3-56(a)所示,带箭头的虚线表示邻居关系)。如果在邻居路由器之间均进行链路状态通告及 LSDB 同步,

| 0 | | 8 | | 16 | | 31 |
|---|---|---|---|---|---|---|
| LSA首部 | | | | | | |
| 0 | 标志 | | 0 | | 链路数目 | |
| 链路ID | | | | | | |
| 链路数据 | | | | | | |
| 链路类型 | | TOS值 | | | 度量值 | |
| 可选ToS信息 | | | | | | |
| …… | | | | | | |

图 3-54　1 类 LSA 格式

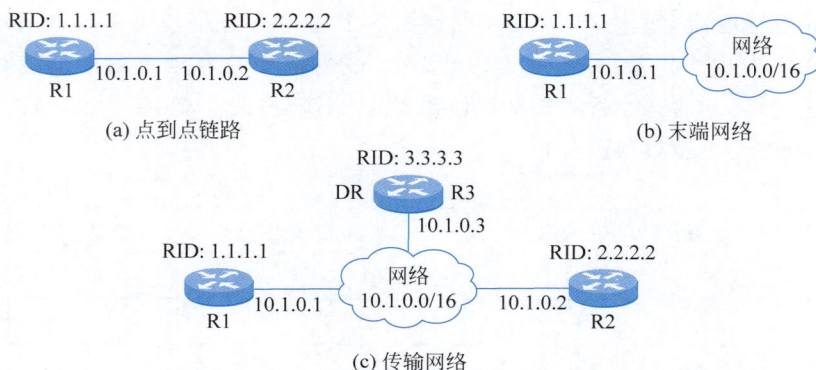

(a) 点到点链路　　　　　　　　　　　(b) 末端网络

(c) 传输网络

图 3-55　OSPF 链路类型示例

会产生许多重复的信息,从而造成资源的浪费。因此,在多路访问网络中,路由器之间通过选举产生出 DR/BDR,其他路由器只与 DR/BDR 建立邻接关系(如图 3-56(b)所示,图中省略了 BDR)。在这种情况下,可以将网络抽象成一个伪节点,伪节点的路由器 ID 用 DR 在此网络中的接口 IP 地址表示,其他路由器与 DR 建立的邻接关系可以描述为连接到表示网络的伪节点,DR 代表网络产生 2 类 LSA 并进行 LSDB 同步(如图 3-56(c)所示)。2 类 LSA 主要用于描述 DR 所在网络的信息及所连接的路由器,其结构如图 3-57 所示。LSA 首部中的链路状态 ID 字段为 DR 的接口 IP 地址,通告路由器字段为 DR 的路由器 ID,后面的字段分别给出了此网络的网络掩码,以及连接的所有路由器的 ID。

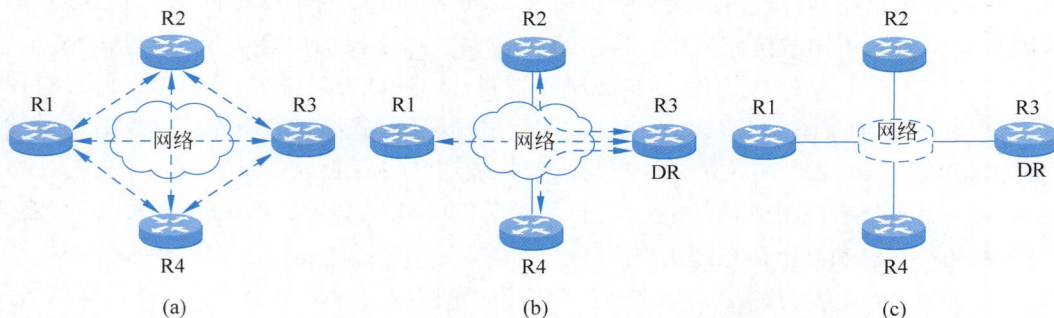

(a)　　　　　　　　　　(b)　　　　　　　　　　(c)

图 3-56　多路访问网络示例

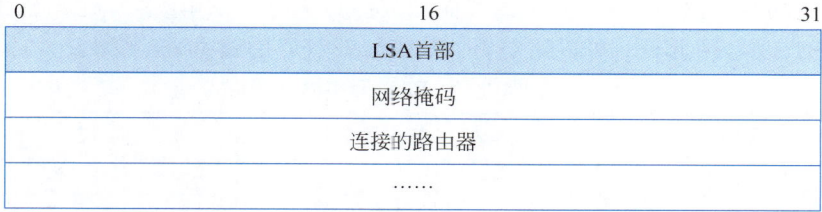

图 3-57　2 类 LSA 格式

OSPF 通过可靠的洪泛机制进行 LSA 传播。当一台路由器接收到 LSU 报文时,它会逐一检查其中所包含的 LSA;如果 LSA 的校验和正确,则发送 LSACK 对该 LSA 进行确认。如果 LSA 在自己的 LSDB 中不存在或是更新的 LSA(通过路由器 ID 和序列号判断),则保存该 LSA。如果路由器的 LSDB 发生变化,则产生新的 LSU 报文,并进行洪泛。这里需要注意的是,路由器对每个正确接收到的 LSA 进行独立确认,且路由器并不直接转发接收到的 LSU 报文,而是根据自己的 LSDB 生成新的 LSU。

下面用一个具体的网络示例说明所生成的有向加权图,以及利用有向加权图所计算的最短路径。网络结构如图 3-58(a)所示,其中包含一个点到点链路、两个末端网络、两个传输网络,每台路由器的接口都标有代价值。与该网络结构对应的有向加权图如图 3-58(b)所示。在这里值得注意的是,在两个传输网络中,网络被抽象成节点 N2 和 N3,R1、R2、R3 连接到 N2,R1、R2 连接到 N3,从路由器到网络节点的代价是每个路由器接口标出的代价,但从网络节点到路由器代价为 0。原因是在广播网络上,所有节点都可以直接通信,并不真正

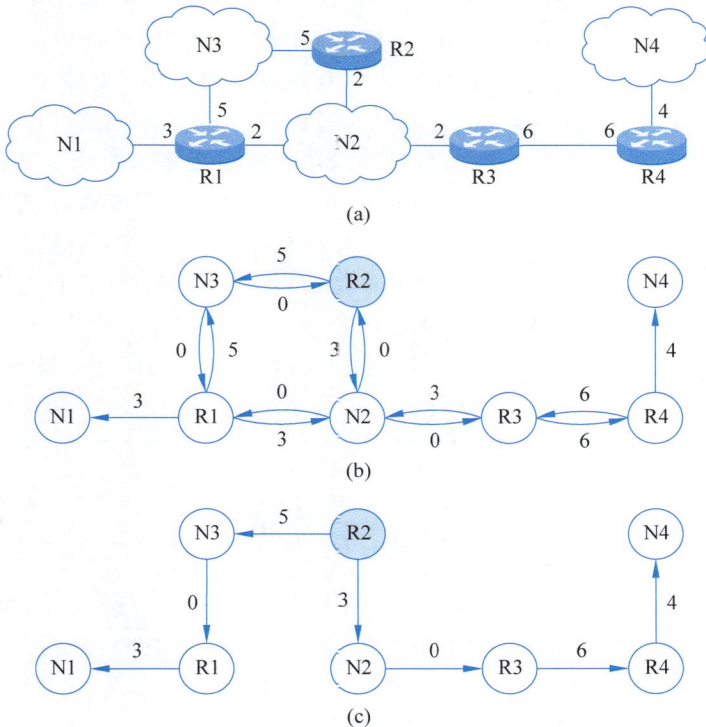

图 3-58　OSPF 链路类型示例

需要网络节点转发。路由器 R2 利用该有向加权图计算出的从 R2 到其他节点的最短路径如图 3-58(c)所示。由此,R2 可以建立到 N1、N2、N3、N4 的路由表项(如表 3-12 所示)。

表 3-12　R2 的路由表

| 目 的 网 络 | 下 一 跳 | 代 价 |
|---|---|---|
| N1 | R1 | 8 |
| N2 | 直接投递 | 3 |
| N3 | 直接投递 | 5 |
| N4 | R3 | 13 |

### 3.5.4　边界网关协议

前面介绍了两种自治域内的路由协议,即 RIP 和 OSPF,路由器通过运行自治域内路由协议能获得到达本自治域内所有网络的最优路径。目前的因特网由众多自治域(或称为自治系统)构成,一台路由器如何获得到达其他自治域的各个网络的转发路径是本节中将要探讨的问题。

在目前的因特网中,BGP 是唯一广泛使用的自治域间路由协议。BGP 不具备发现路由的能力,其主要的功能是在自治系统之间通告网络可达信息。由于 BGP 是跨自治系统的路由协议,每个自治系统独立管理,且具有各自的路由策略,这使得 BGP 相对 IGP 要复杂很多。在这里只对 BGP 的核心思想进行介绍,以便读者能够了解 BGP 的基本工作原理。

#### 1. BGP 报文格式

在因特网中,目前广泛使用的 BGP 为第 4 版,即 BGP-4。BGP 运行在 TCP 之上,使用 TCP 的 179 端口,其报文被封装在 TCP 段中进行传输,由 TCP 保证 BGP 报文传输的可靠性。位于 TCP 连接两端的两个 BGP 进程被称为 **BGP 对等体**,BGP 报文在 BGP 对等体之间交互。BGP 报文由首部和具体报文内容两部分组成,报文首部格式如图 3-59 所示,其中,标记字段用于检查对等体的同步信息是否完整及鉴别 BGP 报文,如果不使用鉴别,该字段置为全 1。长度字段指明包括报文首部在内的报文总长度,以字节为单位,范围为 19～4096。类型字段取值 1～5,用于区分 5 种 BGP 报文。5 种 BGP 报文的具体内容各不相同,每种报文的用途在表 3-13 进行了描述。

| 标记（16B） |
|---|
| 长度（2B） |
| 类型（1B） |

图 3-59　BGP 报文首部格式

表 3-13　BGP 报文类型

| 类型 | 报 文 名 称 | 描　　　　述 |
|---|---|---|
| 1 | Open(打开报文) | 建立 BGP 对等体之间的会话关系 |
| 2 | Update(更新报文) | 对等体之间交换路由信息,通知新的路由或撤销原来的路由 |
| 3 | Notification(通知报文) | 通知检测到的错误,结束 BGP 会话 |
| 4 | Keepalive(保活报文) | 维持对等体之间的会话关系,以及对 Open 报文进行确认 |
| 5 | Route-refresh(路由刷新报文) | 向对等体请求重新发送指定的路由信息 |

#### 2. BGP 基本工作机制

1) BGP 会话的建立

BGP 的核心是在运行 BGP 的路由器之间交换网络可达性信息,在交换可达性信息之前需要利用 Open 报文在两个 BGP 对等体之间建立会话关系。Open 报文中包含 BGP 版本号、发送方 AS 号、维持 BGP 会话的时间、BGP 标识符（路由器 ID），以及描述路由器所支持功能的选项参数。如果接收方返回 Keepalive 报文，会话建立成功；如果双方在所支持的功能上不能达成一致，则接收方返回 Notification 报文，会话建立失败。如果会话成功建立，两个 BGP 对等体之间会周期性地发送 Keepalive 报文，用来保持会话的有效性。

BGP 建立的会话分为两类：如果建立会话的两台 BGP 路由器属于不同的 AS，则所建立的会话被称为外部 BGP(eBGP) 会话；如果建立会话的两台 BGP 路由器属于同一个 AS，则所建立的会话被称为内部 BGP(iBGP) 会话。例如，在如图 3-60 所示的网络结构中，R3 与 R4、R5 与 R4 之间建立的会话为 iBGP 会话，R1 与 R2、R1 与 R3、R2 与 R5 之间建立的会话为 eBGP 会话。

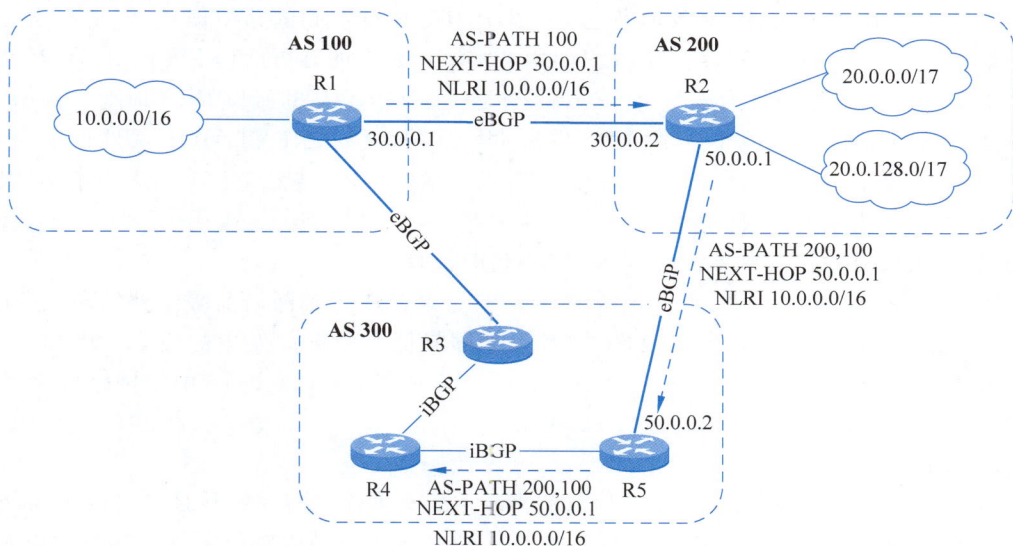

图 3-60   iBGP 和 eBGP 会话

2）路由信息通告

在 BGP 对等体之间成功建立 BGP 会话之后，双方可以利用 Update 报文进行路由信息通告。在建立会话之初，BGP 对等体之间交换 BGP 路由表中的全部路由信息，之后只需要在路由信息发生变化时通告变化的部分，以减少网络带宽的消耗。Update 报文可以发布可达路由信息，也可以撤销不可达路由信息。

Update 报文格式如图 3-61 所示。前两部分为撤销路由的长度和可变长度的撤销路由列表，撤销路由列表中的每一项包含网络前缀和前缀长度，如果没有撤销路由，则撤销路由长度为 0。之后的两部分为路径属性长度和路径属性列表，如果长度为 0，则不包含路径属性。最后一部分为网络层可达路由信息列表（Network Layer Reachability Information，NLRI），列表中的每一项包含网络前缀和前缀长度。

| 撤销路由长度（2字节） |
| 撤销路由（可变） |
| 总路径属性长度（2字节） |
| 路径属性（可变） |
| 网络层可达信息（可变） |

图 3-61   Update 报文格式

Update 报文中可以包含多种路径属性，其中比较重要的两个路径属性是 AS-PATH 属性和 NEXT-HOP 属性。AS-PATH 属性记录了到达 NLRI 需要经过的所有 AS,当 BGP 路由器向 eBGP 对等体发送 Update 报文时,会将自己的 AS 号添加到 AS-PATH 属性列表的最前面。当 BGP 路由器向 iBGP 对等体发送 Update 报文时,则不改变 AS-PATH 属性列表。如果 BGP 路由器接收到的 Update 报文中的 AS-PATH 属性列表中包含自己的 AS 号,则丢弃该 Update 报文,从而避免 AS 间的路由环路。例如,在如图 3-60 所示的网络结构中,R1 向 R2 发送 Update 报文时,AS-PATH 属性列表中包含 AS 号 100,R2 向 R5 转发 Update 报文时,在 AS-PATH 属性列表中增加了自己的 AS 号 200,R5 向 R4 通过 iBGP 转发 Update 报文,则不改变 AS-PATH 属性列表。

NEXT-HOP 属性描述了 BGP 路由的下一跳。当 BGP 路由器向 eBGP 对等体发送 Update 报文时,NEXT-HOP 属性设置为该路由器与对等体建立 eBGP 会话的接口的 IP 地址;当 BGP 路由器向 iBGP 对等体发送从 eBGP 对等体学习到的路由信息时,则不改变该路由信息的 NEXT-HOP 属性;当 BGP 路由器将本地始发的路由信息发布给 iBGP 对等体时,NEXT-HOP 属性设置为该路由器与对等体建立 iBGP 会话的接口的 IP 地址。例如,在如图 3-60 所示的网络结构中,R1 向 R2 发送 Update 报文时,NEXT-HOP 属性设置为 R1 和 R2 建立 eBGP 会话的接口的 IP 地址 30.0.0.1,R2 向 R5 转发 Update 报文时,NEXT-HOP 属性设置为 R2 和 R5 建立 eBGP 会话的接口的 IP 地址 50.0.0.1,R5 向 R4 通过 iBGP 转发 Update 报文,则不改变其 NEXT-HOP 属性。

BGP 支持 CIDR 路由聚合,即将多个网络前缀聚合成一个网络前缀向外发布,这样可以有效减少 BGP 路由表的表项数量,同时也能够降低路由振荡发生的概率。例如,在如图 3-60 所示的网络结构中,R2 可以对 20.0.0.0/17 和 20.0.128.0/17 两个网络前缀进行聚合,向 R1 和 R5 通告单一网络前缀 20.0.0.0/16。

3）路由信息处理

BGP 本身并不发现路由,其路由信息的来源主要有两个途径:一种是将自治域内的路由信息引入 BGP 路由表中,例如,可以将 RIP、OSPF 等自治域内路由协议的路由信息或静态路由信息引入 BGP 路由表,由此产生始发的 BGP 路由信息通告;另一种是从 BGP 对等体接收到的路由信息,BGP 依据输入策略决定是否接收或过滤相应的路由信息,例如,如果一个 AS 不想通过 AS-PATH 属性列表中的某个 AS 转发自己的流量,则可以过滤掉接收到的路由信息。如果接收某条路由信息,则将其加入到 BGP 路由表中。

BGP 路由器可以从不同的对等体接收到达相同网络前缀的多条路由信息。在这种情况下,BGP 路由器需要从中选择一条"最好"的路由加入到 BGP 路由表。BGP 路由选择规则非常复杂,需要考虑下一跳的可达性、协议首选值、本地优先级、路由聚合方式、路由信息来源等诸多因素。如果单纯地从 AS-PATH 属性考虑,则选择 AS-PATH 属性最短的路由。

BGP 路由器加入 BGP 路由表中的路由信息是否通告给它的对等体,受其输出策略和对等体之间的交互原则的约束。例如,如果一个 AS 不希望某个 AS 的流量流经本 AS,则不向该 AS 的 BGP 路由器通告路由信息。对于 BGP 对等体之间的交互遵从以下原则。

(1) 从 iBGP 对等体获得的 BGP 路由,只发布给它的 eBGP 对等体。

(2) 从 eBGP 对等体获得的 BGP 路由,发布给它所有 eBGP 和 iBGP 对等体。

(3) 当存在多条到达同一网络前缀的有效路由时,只将最优路由发布给对等体。

## 4）在域内引入域间路由

前面讨论了 BGP 对等体之间路由信息通告和路由信息处理的方法，但还未说明一个 AS 内的路由器如何利用这些路由信息产生到其他 AS 的网络前缀的路由。

对于简单的单连接末端 AS，它只有一个边界路由器连接到其他 AS，因而可以在 AS 内路由器的路由表中增加一条默认路由，将送往未知网络前缀的所有数据包都引向该边界路由器，边界路由器通常已知到所有网络前缀的可达信息，从而可以保证数据包的正确转发。

对于具有多个边界路由器的 AS，问题变得稍微复杂一些。一种直观的解决策略是将从其他 AS 学到的路由信息直接由边界路由器引入 IGP，并参与 IGP 的路由信息通告或链路状态通告。但是如果网络前缀数目较大，会消耗大量的网络带宽资源，也会增加路由计算的复杂性。

在大型 AS 内，每台路由器均运行 BGP 和 IGP。BGP 利用 AS 内部建立的 iBGP 会话，将从其他 AS 学习到的路由信息分发给 AS 中的其他路由器，由此每台路由器都能获得到达其他 AS 的网络前缀的 NEXT-HOP，我们称之为 BGP 下一跳。BGP 下一跳在物理上并不一定直接可达，通常需要 IGP 路由信息的辅助，来获得到达 BGP 下一跳的直接下一跳 IP 地址。

图 3-62 给出了一个在域内引入域间路由的示例，在 AS 300 中所有路由器都运行 BGP 和 IGP，R3 和 R5 分别与 AS 100 的 R1 和 AS 200 的 R2 建立 eBGP 会话，与 AS 300 的 R4、R6、R7 建立 iBGP 会话，下面以 R6 为例说明域间路由的引入过程。R6 通过 IGP 建立如表 3-14 所示的路由表，R3 和 R5 通过 eBGP 会话分别从 R1 和 R2 接收到 BGP 路由信息通告，指明到达网络前缀 10.0.0.0/16 的下一跳为 40.0.0.1，到达网络前缀 20.0.0.0/16 的下一跳为 50.0.0.1。R3 和 R5 分别通过 iBGP 会话将该可达信息发布给 AS 300 中的其他路由器，R6 建立如表 3-15 所示的 BGP 路由表。R6 将 IGP 路由表和 BGP 路由表进行结合，便可以得到到达网络前缀 10.0.0.0/16 和 20.0.0.0/16 的直接下一跳地址（如表 3-16 所示）。

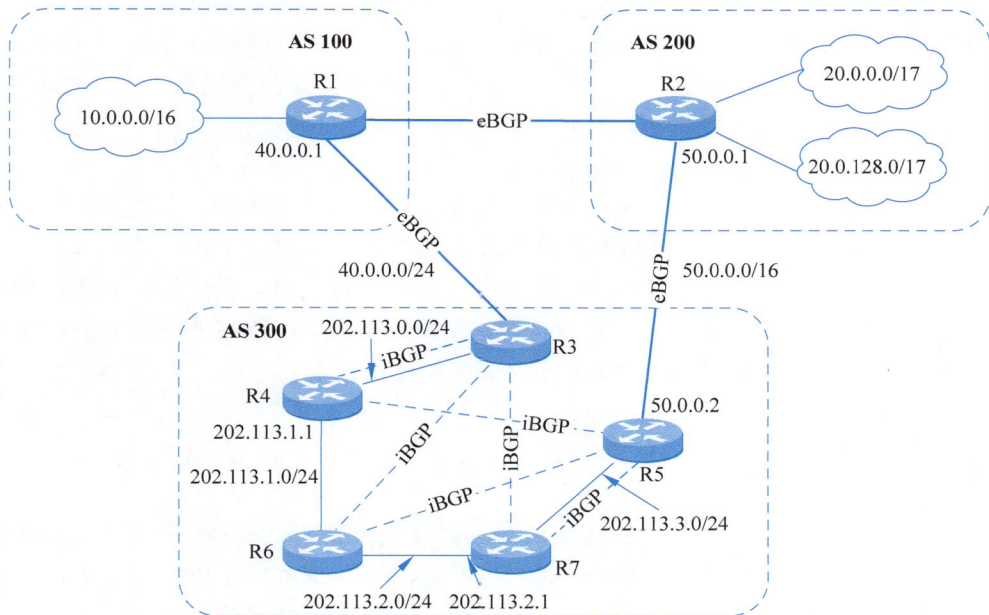

图 3-62　域内引入域间路由示例

**表 3-14　R6 的 IGP 路由表**

| 网　络　前　缀 | 下　一　跳 |
|---|---|
| 202.113.0.0/24 | 202.113.1.1 |
| 202.113.1.0/24 | 直接投递 |
| 202.113.2.0/24 | 直接投递 |
| 202.113.3.0/24 | 202.113.2.1 |
| 40.0.0.0/24 | 202.113.1.1 |
| 50.0.0.0/16 | 202.113.2.1 |

**表 3-15　R6 的 BGP 路由表**

| 网　络　前　缀 | 下　一　跳 |
|---|---|
| 10.0.0.0/16 | 40.0.0.1 |
| 20.0.0.0/16 | 50.0.0.1 |

**表 3-16　R6 合成的路由表**

| 网　络　前　缀 | 下　一　跳 |
|---|---|
| 10.0.0.0/16 | 202.113.1.1 |
| 20.0.0.0/16 | 202.113.2.1 |
| …… | …… |

# 3.6　软件定义网络

在传统的 TCP/IP 网络互联结构中,每台路由器既要实现数据平面的数据包转发功能,又要实现控制平面的路由选择功能。数据包转发功能相对简单,是路由器本地执行的转发过程,负责将数据包从入口转发到适当的出口。例如,路由器接收到一个 IP 数据包,则对 IP 包进行适当处理,并根据选路结果将数据包转发到相应的出口。路由选择则依赖于不断演进的、复杂的分布式算法(如前面介绍的 RIP、OSPF、BGP 等),实现最优路径选择。传统的路由器通常是一个封闭系统(也被称为"黑盒"系统),硬件、操作系统和网络应用相互依赖,控制平面和数据平面之间形成紧耦合。网络设备厂商一般会为用户预留简单的命令接口或图形界面,便于用户进行基本的配置和操作,但用户无法增加新的控制平面功能,任何新的控制平面功能的改变都需要对路由器进行升级或更新。这种传统结构灵活性差,新技术演进周期长,限制了网络技术的发展。

软件定义网络(Software Defined Network,SDN)给出了一种有别于传统网络结构的设计思想,其主要目的是希望克服传统网络结构的局限性,提供一种开放、灵活、可控的新型网络结构。SDN 的核心思想是将控制平面和数据平面进行分离,控制平面和数据平面的实现不再相互依赖,双方只需要遵循标准接口便可以独立地进行技术演进。在 SDN 结构中,数据平面依然是分布式的,通常由开放式的"白盒"交换机实现;而控制平面则由逻辑集中的控制软件实现,可以通过软件编程的方式定义和控制网络。本节将对 SDN 的体系结构及相关技术进行简要介绍。

## 3.6.1　SDN 体系结构

基于 SDN 的核心思想,SDN 从整体结构上被划分为控制平面和数据平面,如图 3-63 所示。数据平面由若干台 SDN 交换机(可以是物理交换机,也可以是虚拟交换机)构成,负责数据包的转发。依据控制平面下发的规则,SDN 交换机可以实现交换机、路由器、防火墙等功能。控制平面的核心是 SDN 控制器(通常也被称为网络操作系统)。SDN 控制器通过南向接口(Southbound Interface,SBI)与数据平面的 SDN 交换机进行交互,可以获取网络的全局视图,监测网络设备的状态,向 SDN 交换机下发转发规则等。SDN 控制器对网络资源进行抽象,并提供开放的北向接口(Northbound Interface,NBI)。网络控制应用无须关心 SDN 交换机的细节,可以利用北向接口通过编程的方式访问各种网络资源以及控制网络。例如,SDN 控制器可以通过与 SDN 交换机的交互获得网络的全局视图,路由选择应用可以利用北向接口使用该全局视图,并通过最短路径优先等路由算法为每个节点计算到其他节点的最优路径,再通过 SDN 控制器下发给 SDN 交换机。

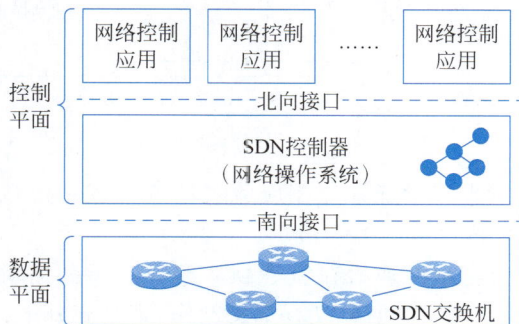

图 3-63　SDN 体系结构

目前 SDN 控制器的南向接口和北向接口都没有形成统一的标准,广泛支持的南向接口主要采用 OpenFlow 协议,而北向接口多采用 REST 风格的 API,其具体内容取决于 SDN 控制器,典型的 SDN 控制器包括 NOX、RYU、ONOS、Floodlight、OpenDaylight 等。后面主要基于 OpenFlow 协议对 SDN 控制器与 SDN 交换机的交互机制,以及 SDN 交换机的数据转发机制进行介绍。

## 3.6.2　OpenFlow 流表结构

OpenFlow 是运行在 SDN 控制器和 SDN 交换机之间的协议,以实现 SDN 控制平面与数据平面之间的交互。OpenFlow 协议引入了"流"的概念,用流来描述具备相同特征的数据包集合。例如,具有相同源 IP 地址和目的 IP 地址的数据包可以视为同一个流。每台支持 OpenFlow 的 SDN 交换都保存有一个或多个流表(Flow Table),每个流表可以包含多个流表项,每个流表项标识一个流。流表项由 SDN 控制器通过 OpenFlow 协议进行下发,SDN 交换机对进入交换机的数据包进行流表项匹配,并执行相应的动作(例如,修改、转发等)。OpenFlow 协议有多个版本(1.0～1.5),广泛支持的版本主要有 OpenFlow 1.0 和 OpenFlow 1.3,不同版本的流表结构存在一定的差异。在这里首先对 OpenFlow 1.0 的流表结构进行介绍,之后对 OpenFlow 1.3 在流表结构上的扩展进行简要说明。

如图 3-64 所示,OpenFlow 1.0 流表中的每个流表项由首部域、计数器和动作三个部分组成,主要定义了数据包的匹配规则、匹配成功后需要执行的动作,以及相关的统计信息。流表项三个部分的具体含义如下。

图 3-64　OpenFlow 1.0 流表结构

（1）首部域：该部分定义了流表项的匹配规则，由 12 个字段（也被称为 12 元组）组成，包含物理层、数据链路层、网络层和传输层的相关信息，具体字段如图 3-65 所示。SDN 交换机对接收到的数据包进行解析，并对这 12 个字段逐一进行匹配。该部分的每个字段都可以设置为通配，即所有数据包都能与之匹配。首部域的不同设置，可以使 SDN 交换机实现不同层次的转发功能。例如，如果将目的 IP 地址之外的所有字段都设置为通配，则可以实现类似于传统 IP 路由器的基于目的 IP 地址的选路及 IP 数据包转发功能。

| 交换机入端口 | 源MAC地址 | 目的MAC地址 | 以太网类型 | VLAN号 | VLAN优先级 | 源IP地址 | 目的IP地址 | IP协议类型 | IP服务类型 | 传输层源端口号 | 传输层目的端口号 |
|---|---|---|---|---|---|---|---|---|---|---|---|
| 物理层 | 数据链路层 | | | | | 互联层 | | | | 传输层 | |

图 3-65　首部域格式

（2）计数器：该部分用来实时统计与相应流表项匹配成功的数据包数目、字节数等信息，这些统计信息是用于分析流量的关键信息。

（3）动作：该部分用于指示交换机在流表项匹配成功后如何对数据包进行操作，每个流表项可以包含 0 个或多个动作。如果没有定义动作，则丢弃分组；如果定义了多个动作，则按照指定的先后顺序依次执行。动作可以分为必备动作和可选动作，必备动作主要包括转发和丢弃等，可选动作主要包括排队、修改数据包首部域等。

OpenFlow 1.0 只支持单流表，即每个 OpenFlow 交换机中仅有一个流表。单流表只能支持较为简单的处理逻辑，无法满足复杂业务逻辑的需求。OpenFlow 1.3 支持多级流表，它将数据包处理逻辑划分为多个子逻辑，并由多个流表分别进行匹配和处理，使数据包的处理过程变成一条流水线。多级流表能够提高资源的利用率及数据包的处理效率，增强处理逻辑的灵活性。OpenFlow 1.3 也对流表结构进行了扩展，每个流表项包含 6 个部分，即匹配域、优先级、计数器、指令、超时时间和 Cookie，如图 3-66 所示，其中最重要的是匹配域和指令。匹配域和 1.0 版本中的首部域类似，用于定义流表项的匹配规则。该部分由原来的 12 元组扩展到 40 元组，增加了对 MPLS、IPv6 等的支持，提高了数据包匹配的精度和控制的灵活性。指令定义了流表项匹配成功后需要执行的指令集，指令包括动作指令、跳转指令和专用指令三种类型。

| 匹配域 | 优先级 | 计数器 | 指令 | 超时时间 | Cookie |
|---|---|---|---|---|---|

图 3-66　OpenFlow 1.3 流表结构

OpenFlow 1.3 除定义了多级流表外，还增加了组表（Group Table）和计量表（Meter Table）。组表中的每个组表项定义了一组动作，这组动作可以被多个流表项共同使用，以实现多播、负载均衡等功能。计量表主要用于对流制定限速规则，以实现丰富的 QoS 功能。

## 3.6.3　OpenFlow 通道

SDN 控制器和 SDN 交换机之间通过 OpenFlow 通道传递 OpenFlow 报文。OpenFlow 通道基于 TCP 连接进行建立，使用 TCP 的 6633 端口。OpenFlow 通道的安全性可以通过传输层安全（Transport Layer Security，TLS）协议来保障。

OpenFlow 定义了 10 余类报文,主要用于通道建立与维护、流表项下发、数据包传递、交换机信息查询,以及状态上报等功能,其中几类较为常用的报文解释如下。

(1) Hello:当交换机连接到控制器时,交换机与控制器之间会相互发送 Hello 报文,Hello 报文主要用于协商 OpenFlow 协议的版本。

(2) Echo:Echo 包括请求报文(Echo-Request)和响应报文(Echo-Reply)。OpenFlow 通道建立后,控制器和交换机之间会相互发送 Echo 报文对连接的对端设备进行检测。发起检测的一端会定期发送 Echo-Request 报文,另一端收到 Echo-Request 报文后会返回 Echo-Reply 报文。如果连续发送 5 次 Echo-Request 报文都没有收到对端的 Echo-Reply 报文,则判定连接出现故障。

(3) Features:Features 包括请求报文(Features-Request)和响应报文(Features-Reply),控制器发送请求报文,交换机返回响应报文。控制器利用该报文获取交换机的特征信息,主要包括交换机 ID、可以缓存的数据包数量、支持的流表数量、端口及端口属性等。

(4) Configuration:Configuration 包括设置报文、查询请求报文和查询响应报文。控制器可以利用该类报文设置和查询交换机的配置参数,交换机响应来自控制器的查询。

(5) Modify-State:Modify-State 包括 Flow-Mod、Port-Mod、Group-Mod、Meter-Mod 等报文,利用该类报文可以增加、删除、修改交换机中的流表项、组表项,修改计量表及设置交换机的端口属性。

(6) Packet-In:Packet-In 报文由交换机发往控制器,一般在两种情况下交换机会向控制器发送 Packet-In 报文。一种是交换机在接收到一个数据包后,在流表中没有匹配的流表项,交换机会将数据包封装在 Packet-In 报文中发送给控制器,交由控制器去处理。另一种是数据包所匹配的流表项的动作列表中包含转发给控制器的动作,交换机也会将数据包封装在 Packet-In 报文中发送给控制器。

(7) Packet-Out:Packet-Out 报文由控制器发往交换机。Packet-Out 报文可以由 Packet-In 报文触发,也可以由控制器直接发送。如果由 Packet-In 报文触发,Packet-Out 报文会包含之前接收到的 Packet-In 报文中所携带的数据包。Packet-Out 报文中会包含一个动作列表,当交换机接收到 Packet-Out 报文时会对其中携带的数据包执行相应的动作。

### 3.6.4　基于流表的数据转发

传统的交换机和路由器等网络设备都是基于特定的表进行数据转发,其转发功能是针对特定的网络协议而设计,一旦设计完成就只能处理固定格式的数据包。例如,以太网交换机基于 MAC 地址-端口映射表进行查表转发,只能转发以太帧;IP 路由器基于转发表进行查表转发,只能转发 IP 数据包。相对于传统网络设备的数据平面,OpenFlow 交换机将数据转发抽象成通用的"匹配-动作",对网络设备中的各种查表进行了通用化处理,形成一种通用的基于流表的转发模型。

OpenFlow 交换机的通用转发模型如图 3-67 所示。一台 OpenFlow 交换机的数据通路一般包含一个或多个流表、一个组表和一个计量表,用于数据包的处理和转发。OpenFlow 交换机通过 OpenFlow 通道连接到 SDN 控制器,SDN 控制器可以通过该通道管理和控制交换机,例如,查询交换机的状态,增加、修改和删除交换机中的流表项等。

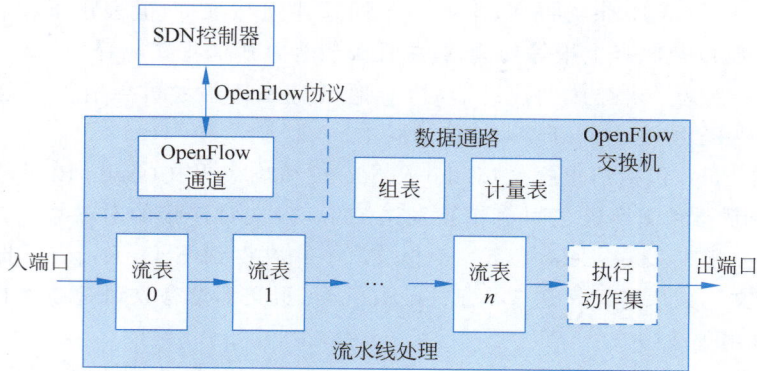

图 3-67　OpenFlow 交换机的通用转发模型

　　OpenFlow 流水线包含一个或多个流表,OpenFlow 流水线处理定义了数据包如何与这些流表进行交互。当数据包从入端口进入交换机时,交换机为之分配一个动作集(通常为空),并从第一个流表(流表 0)开始处理。交换机首先从数据包中提取待匹配的协议字段,如目的 MAC 地址、目的 IP 地址、TCP 源端口号和目的端口号等,之后利用入端口和协议字段在当前流表中查找匹配的流表项。如果查找到一个匹配的流表项,则更新该流表项的计数器,并执行该流表项中的指令。指令可以包括执行、清空、修改动作集,以及跳转到下一个流表,动作集中的动作可以包括修改数据包、转发数据包、丢弃数据包、数据包排队等。如果流表项中不包含跳转指令,则终止流水线处理,并对数据包执行动作集中动作;如果流表项中包含跳转指令,则将数据包(可能已经被修改)及动作集交给相应的流表继续进行处理。如果查找到多个匹配的流表项,则选用优先级最高的流表项。

　　数据包在当前流表中没有匹配到流表项被称为漏表。每个流表需要提供一个漏表流表项来指定如何处理没有匹配到流表项的数据包,处理方法可以包括丢弃数据包、把数据包发给控制器或直接交给后继的流表进行处理等。漏表流表项匹配域中的所有字段都设置成通配,优先级设置为最低优先级(0)。所有数据包都能与漏表流表项匹配,在数据包没有其他匹配的流表项时,则使用该流表项处理数据包,这类似于传统路由器中的默认路由。如果当前流表中没有提供漏表流表项,未匹配到流表项的数据包将会被丢弃。

　　如果一个数据包需要交给控制器进行处理,交换机会将数据包封装在 Packet-In 报文中进行发送,此时交换机可以缓存或者不缓存该数据包。如果交换机缓存该数据包,则在 Packet-In 报文中携带缓存 ID。控制器接收到 Packet-In 报文后,依据自身策略制定转发规则,并通过 Flow-Mod 报文向交换机下发一个流表项。Flow-Mod 报文中携带与 Packet-In 报文中相同的缓存 ID,并指明相应的数据包按照下发的流表项进行处理。如果交换机不缓存该数据包,则 Packet-In 报文中不携带缓存 ID,控制器接收到 Packet-In 报文后,依据自身策略制定转发规则,并将数据包和动作列表封装在 Packet-Out 报文中发送给交换机,交换机基于动作列表处理该数据包。

　　图 3-68 给出了一个简单的数据包转发示例。在该示例中,S1、S2、S3 为 OpenFlow 交换机,为了便于叙述,假设每台交换机中只有一个流表,最初只包含漏表流表项,其处理方法是把数据包发给控制器。如果主机 1 要向主机 2 发送数据包,则首先将数据包发送给交换机 S1(①);由于交换机 S1 的流表中没有匹配的流表项,所以 S1 可以缓存该数据包,并将

缓存 ID 和数据包封装在 Packet-In 报文中发送给控制器(②);控制器接收到 Packet-In 报文后,根据路由算法确定转发策略(例如从 S1 转发到 S2),并利用 Flow-Mod 报文向交换机 S1 下发流表项(③);交换机基于下发的流表项处理相应的数据包,将缓存的数据包转发到交换机 S2(④)。S2 接收到数据包后,处理过程与 S1 类似(⑤⑥⑦)。

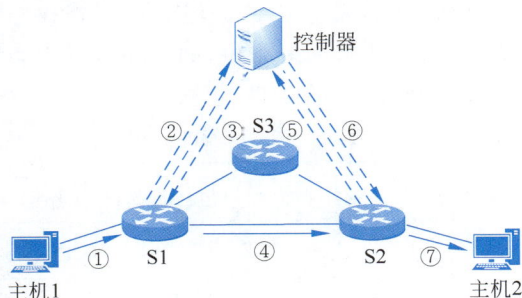

图 3-68　简单的数据包转发示例

上述对软件定义网络的基本思想和广泛支持的 OpenFlow 协议进行了简要介绍。OpenFlow 能够通过修改流表项来指导交换机的数据转发,赋予交换机一定的可编程能力。但是 OpenFlow 交换机能够处理哪些协议的数据包以及如何处理这些数据包,取决于流表结构及特定协议的处理逻辑。OpenFlow 无法对交换机的流表结构和数据包的处理逻辑进行编程和修改,使之很难实现对更广泛协议及未来新协议的支持,因此需要一种完全可编程的南向接口。为此,华为公司提出了协议无感知转发(Protocol Oblivious Forwarding,POF)架构,以实现协议无关的转发;学术界也提出了协议无关的数据包处理器编程语言(Programming Protocol-Independent Packet Processors,P4),以增强数据平面的可编程性。关于这两方面的详细内容可以参阅文献[37]和[38]。

## 3.7　多协议标签交换

IP 协议采用面向无连接的数据报传输方式,主机在发送 IP 数据包之前不需要建立连接,IP 数据包基于目的地址独立转发,源和目的相同的多个数据包可能会经过不同的路径到达目的主机。IP 数据包传输方式具有灵活性和健壮性,对网络故障的适应能力强。但是基于目的地址的转发方式会降低路由器的转发性能,特别是无类地址的最长匹配规则会严重影响转发表的查找速度。此外,这种无连接的 IP 数据包传输方式很难保证服务质量。

多协议标签交换(Multi-Protocol Label Switching,MPLS)将虚电路方式的一些特点与数据报方式的灵活性和健壮性相结合,通过静态或动态方式建立标签交换路径(Label Switching Path,LSP),利用较短且长度固定的标签转发分组。MPLS 的初衷是提高路由器的转发速度,随着 ASIC 技术及硬件交换技术的发展,MPLS 在提高路由器转发速度方面的优势不再明显,但其支持多层标签及面向连接的特性,使其在流量工程、虚拟专用网络等方面得到了广泛应用。MPLS 主要用于 IP 骨干网,其核心技术可以扩展到多种网络协议。下面对 MPLS 标签格式、MPLS 的基本工作原理,以及典型应用进行简要介绍。

### 3.7.1　MPLS 标签格式

所谓标签是较短、定长、具有本地意义的标识符。MPLS 标签放置在数据链路层首部和网络层首部之间,最多可以支持三层标签,如图 3-69 所示。每个 MPLS 标签长度为 32 位,包含 4 个字段。标签值为 20 位,在转发 MPLS 分组时用于查找标签转发表项;EXP 为 3 位,目前主要用于指示服务类别;S 为栈底标志位,如果该位置 1 表明该标签为最后一层标签;TTL 为 8 位,其作用与 IP 数据包中的 TTL 字段类似。

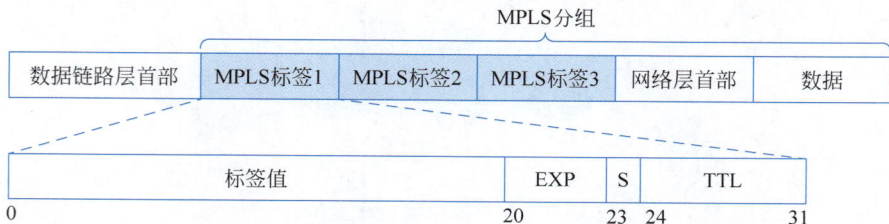

图 3-69　MPLS 标签格式

### 3.7.2　MPLS 基本工作原理

**1. MPLS 域**

MPLS 域是由多台支持 MPLS 功能的路由器构成的网络区域。支持 MPLS 功能的路由器被称为标签交换路由器(Label Switching Router,LSR),位于 MPLS 域的边缘,与非 MPLS 域相连的 LSR 被称为标签边缘路由器(Label Edge Router,LER),位于 MPLS 域内的 LSR 被称为核心 LSR(Core LSR)。在如图 3-70 所示的网络结构中,路由器 A、D、F 为 LER,路由器 B、C、E 为核心 LSR。

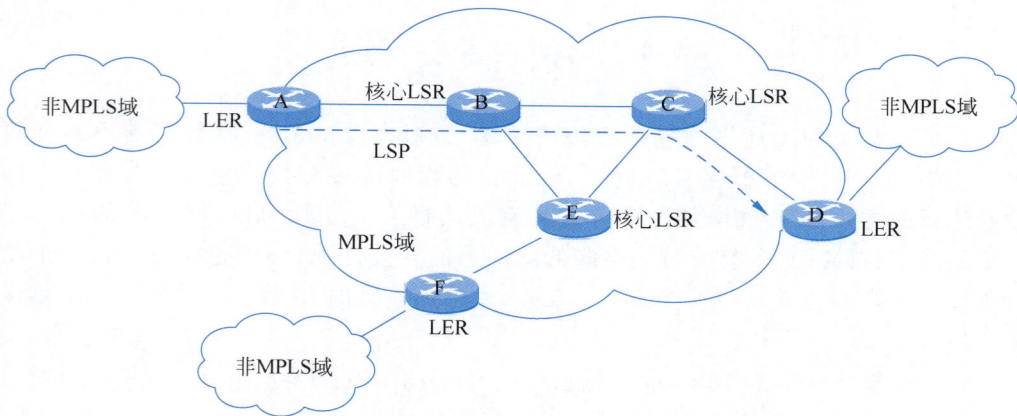

图 3-70　MPLS 域及标签转发路径

**2. MPLS 分组转发**

在 MPLS 域中,分组基于标签交换路径(Label Switching Path,LSP)进行转发(如图 3-70 所示)。通常情况下,标签交换路径与 IP 数据包的转发路径保持一致,只是路由器中的匹配算法和转发机制有所不同。基于一条 LSP,LSR 又可以分为入口 LSR(Ingress LSR)、中转 LSR(Transit LSR)和出口 LSR(Egress LSR)。入口 LSR 负责在 IP 数据包前面增加

MPLS 标签形成 MPLS 分组,中转 LSR 负责对 MPLS 分组进行转发及标签置换,出口 LSR 负责将 MPLS 分组中的 MPLS 标签移除,还原 IP 数据包。LSP 是一个单向路径,根据数据 传送的方向,相邻的 LSR 分别称为上游 LSR 和下游 LSR。例如,在图 3-70 中,对于相邻路 由器 B 和 C,B 为上游 LSR,C 为下游 LSR。对于一条 LSP,IP 数据包在入口 LSR 处增加标 签,中转 LSR 基于标签进行转发,不需要对 IP 数据包进行解析。从某种意义上看,可以将 一条 LSP 看成一条隧道,IP 数据包利用 LSP 隧道进行传输。

MPLS 域中的每台 LSR 都需要建立一张标签转发表,标签转发表包含网络前缀、转发 接口、入标签、出标签等信息(如图 3-71 所示),上游 LSR 的出标签与下游 LSR 的入标签保 持一致,各个 LSR 中相同网络前缀的标签联系起来就形成了标签交换路径。在图 3-71 中, 路由器 B 标签转发表对应网络前缀 10.0.0.0/24 的出标签为 30,与路由器 C 标签转发表对 应网络前缀 10.0.0.0/2 的入标签保持一致。入口 LSR 的入标签为空,出口 LSR 的出标签 为空。

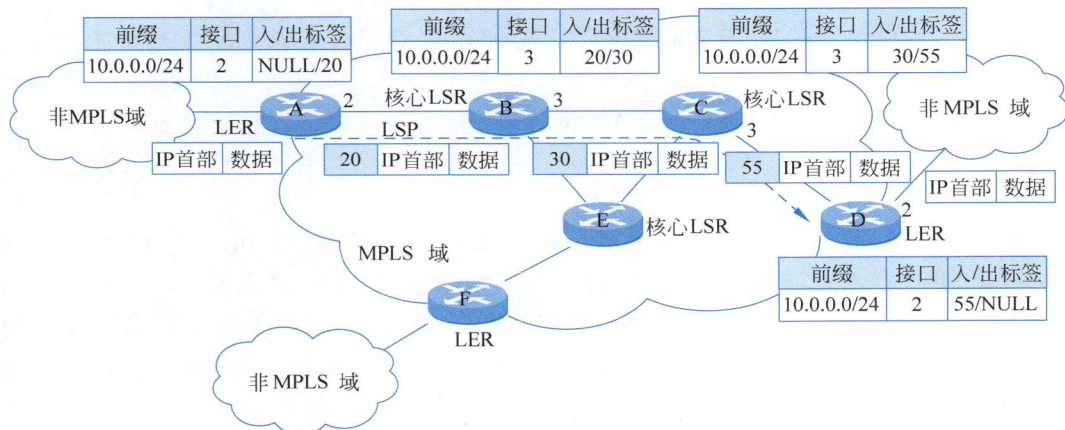

图 3-71　MPLS 分组转发

例如,在图 3-71 中,当一个目的 IP 地址为 10.0.0.1 的 IP 数据包从非 MPLS 域到达入 口路由器 A 时,A 依据最长匹配规则,利用目的 IP 地址在标签转发表中匹配网络前缀(与 IP 转发表的匹配方式一致)。如果最终匹配的网络前缀为 10.0.0.0/24,则在 IP 数据包前 面增加 MPLS 标签,形成 MPLS 分组,标签值为 20,并将分组转发到 A 的接口 2。当分组到 达路由器 B 时,通过分组中携带的标签在标签转发表的入标签中进行匹配,查找到对应的 出标签 30 和转发接口 3,将 MPLS 标签中的标签值置换成 30,并将分组转发到 B 的接口 3。 当分组到达路由器 C 时,执行的动作与 B 类似,把标签值置换成 55,并转发到 C 的接口 3。 当分组到达出口路由器 D 时,去掉 MPLS 标签,恢复原来的 IP 数据包。在实际实现中,通 常在倒数第二跳去掉 MPLS 标签,以减轻出口 LSR 的负担。

**3. 标签交换路径建立**

在 MPLS 域中转发 MPLS 分组之前需要建立标签交换路径,标签交换路径可以通过静 态方式或动态方式建立。静态方式采用手工配置,适合于拓扑结构简单并且稳定的网络。 动态方式主要通过标签分发协议(Label Distribution Protocol,LDP)进行建立。

LDP 与路由协议(如 OSPF 等)一同工作在 LSR 的控制平面。LSR 利用路由协议交换路由信息,生成 IP 路由表,并依据 IP 路由表中的最优路由产生 IP 转发表。LSR 利用 LDP 进行标签通告,并结合 IP 路由表的信息,产生标签转发表。LSP 与路由协议的关系如图 3-72 所示。

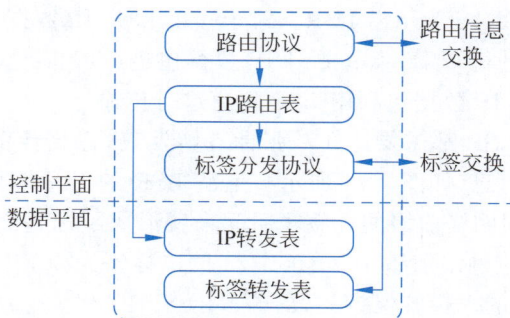

图 3-72 LDP 与路由协议的关系

LSR 之间在进行标签通告之前首先需要建立 LDP 邻接关系和 LDP 会话。每台运行 LDP 的 LSR 通过多播或单播方式周期性地向 UDP 的 646 端口发送 Hello 报文,如果一台 LSR 接收到 Hello 报文,两台 LSR 之间便建立了邻接关系。邻接关系建立之后,在邻居之间建立 TCP 连接,并基于 TCP 连接建立 LDP 会话。如果 LDP 会话能够成功建立,便可以通过 LDP 会话进行标签通告。

对于一台 LSR,标签转发表中的入标签是自己分配的。LSR 基于转发等价类 (Forwarding Equivalence Class,FEC)分配标签,属于相同 FEC 的分组在转发过程中被 LSR 以相同方式处理。例如,匹配相同网络前缀的 IP 数据包可以属于同一个 FEC,因此可以为每个网络前缀分配一个标签,不同的网络前缀分配不同的标签。为了便于理解,后面使用网络前缀代替 FEC。

标签由下游 LSR 产生,向上游 LSR 通告,下游 LSR 产生的入标签作为上游 LSR 的出标签。如果采用有序方式,由最下游 LSR(出口 LSR)首先分配入标签,并向与之建立会话的 LSR 发送标签映射信息,其中包含分配的入标签和对应的网络前缀。如果一台中转 LSR 收到标签映射信息,则根据自己保存的路由信息判断标签映射信息的发送者是否为对应网络前缀的下一跳。如果是,则在标签转发表中增加相应的表项(包括网络前缀、转发接口、出标签),同时为该网络前缀分配入标签,并继续向与之建立会话的 LSR 发送标签映射信息;如果不是,则忽略。如果入口 LSR 接收到标签映射信息,则根据自己保存的路由信息判断标签映射信息的发送者是否为对应网络前缀的下一跳。如果是,则在标签转发表中增加相应的表项,入标签设置为空。至此,一条 LSP 建立完成。在实际实现中,每个 LDP 报文通常包含多条标签映射信息,可以同时建立多条 LSP。

图 3-73 给出了一个简单的网络结构示例,这里假设 A 和 B、B 和 C、C 和 D 之间已经建立了邻接关系和 LDP 会话。出口路由器 D 在标签交换表中增加前缀为 10.0.0.0/24 的表项,分配入标签为 55,出标签设置为空,并将标签映射信息发送给 C。C 根据自己的路由表可知,到网络前缀 10.0.0.0/24 的下一跳为 D,因此在自己的标签转发表中增加网络前缀为 10.0.0.0/24 的表项,对应的出标签为 55,分配入标签 30,并将标签映射信息发送给 B。B 与 C 的处理方法类似,在标签转发表中增加相应的表项,对应的出标签为 30,并分

配入标签 20。B 将标签映射信息发送给入口路由器 A,A 根据自己的路由表可知,到网络前缀 10.0.0.0/24 的下一跳为 B,因此在标签转发表中增加相应的表项,出标签为 20,入标签设置为空。这样,从入口路由器 A,经过 B、C,到达出口路由器 D 的一条 LSP 建立完成。

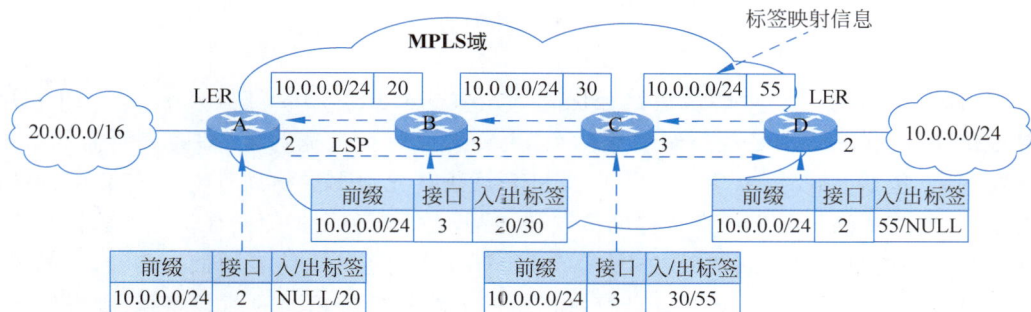

图 3-73　LSP 建立示例

## 3.7.3　MPLS 流量工程

前面介绍的标签交换路径与基于 IP 路由表的 IP 数据包转发路径是一致的。在传统的 IP 路由机制中,最优路径的选择主要考虑距离、链路带宽等因素,没有考虑网络流量的动态变化和网络拥塞问题,不能优化网络资源的使用。例如,在图 3-74 的网络中,如果每条链路的带宽都为 200Mb/s,链路代价相同,那么基于 IP 路由表建立的 A 到 G、B 到 G 的两条标签交换路径 LSP1 和 LSP2 都会经过 C、D、G。假设 A 向 G 发送的流量速率为 120 Mb/s,B 向 G 发送的流量速率为 150 Mb/s,则总流量超出了链路的承载能力,C 无法将流量及时转发出去,因而会产生拥塞。与此同时,路径 C、E、F、G 则处于空闲状态,如果能够将 A 到 G 或 B 到 G 的流量引导到该路径上,则可以解决上述拥塞问题。

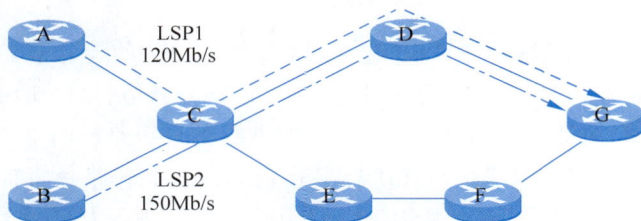

图 3-74　流量分配不均衡示例

MPLS 流量工程(MPLS Traffic Engineering,MPLS TE)是传统 MPLS 的拓展,它通过建立基于一定约束条件的 LSP 隧道(Constraint-based Routed Label Switched Path,CR-LSP),并将流量引入这些隧道中进行转发,使网络流量按照指定的路径进行传输,优化网络资源的使用,提高网络传输性能。由于 MPLS TE 比较复杂,下面对 MPLS TE 的基本工作机制进行简要介绍。

### 1. 信息发布

MPLS 域中的每台 LSR 除发布网络拓扑信息外,还发布与 MPLS TE 相关的信息,例如,最大链路带宽、最大可预留带宽、当前预留带宽、链路的 TE 度量值等。MPLS TE 信息的发布需要对现有的链路状态路由协议进行扩展。例如,OSPF 定义了新的 LSA 类型以支持 MPLS TE 信息的发布,扩展后的协议被称为 OSPF TE。IS-IS 也做了类似扩展,扩展后的协议被称为 IS-IS TE。LSR 接收其他 LSR 发布的信息,形成描述网络链路属性和拓扑属性的数据库,即流量工程数据库(TEDB),根据 TEDB 中的信息计算出到达其他 LSR 的最合适的路径。

### 2. 路径计算

MPLS TE 通过带约束的最短路径优先(Constrained Shortest Path First,CSPF)算法计算最优路径。CSPF 算法受隧道属性约束,主要约束包括带宽约束(即隧道所需的带宽)和路径约束(包括显式路径、优先级等)。CSPF 算法首先根据隧道属性对 TEDB 中的链路进行裁剪,删除不满足隧道约束条件的节点和链路,之后再利用最短路径优先算法计算最短路径。与普通的最短路径优先算法不同,CSPF 只计算到达隧道终点的最短路径,不需要计算到所有节点的最短路径。如果在计算过程中产生路径代价相同的两条路径,则根据策略保留其中的一条。

### 3. 路径建立

CR-LSP 可以通过静态方式或动态方式建立,静态方式主要通过手工配置方式建立,动态方式可以借助于 RSVP-TE 建立。RSVP 为资源预留协议,用于在传输路径上的各个节点上进行带宽资源预留。RSVP-TE 在原始 RSVP 基础上进行了一定程度的扩展以满足 MPLS TE 的需求。

利用 RSVP-TE 建立 CR-LSP 主要使用 Path 和 Resv 两个消息。Path 消息由入口 LSR 产生,沿着通过 CSPF 算法计算出的最短路径逐跳转发到出口 LSR,途经的 LSR 会依据 Path 消息生成路径状态,并建立路径状态块(PSB)。出口 LSR 接收到 Path 消息后,产生携带资源预留信息和标签的 Resv 消息,Resv 消息沿着反向路径逐跳转发到入口 LSR,途经的 LSR 会建立资源预留状态块(RSB),并分配标签。当入口 LSR 收到 Resv 消息时,CR-LSP 建立成功。

下面用图 3-75 的例子说明 CR-LSP 建立过程。CR-LSP 的建立开始于入口 LSR(A),基于配置好的隧道属性,利用 CSPF 算法计算从入口 LSR(A)到出口 LSR(D)的最短路径,获得沿途每一跳的 IP 地址。A 构造 Path 消息,将获得的最短路径的 IP 地址列表作为显式路径写入 Path 消息(类似于源路由),并建立 PSB。A 基于显式路径将构造好的 Path 消息发送给 B,B 收到 Path 消息后,建立 PSB,更新 Path 消息,并基于显式路径将 Path 消息发送给 C。C 做类似的处理,并基于显式路径将 Path 消息发送给 D。D 接收到 Path 消息,并从中可知自己为待建立 CR-LSP 的出口 LSR。D 分配标签和预留资源,并构造 Resv 消息,

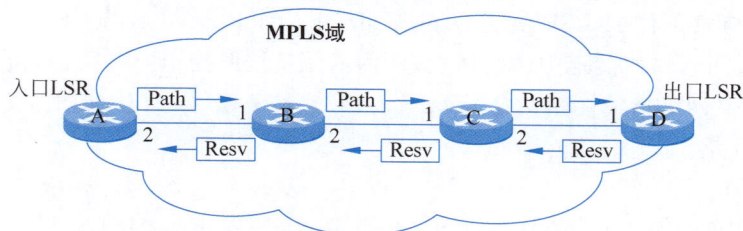

图 3-75　CR-LSP 建立示例

Resv 消息中包含 D 分配的标签。Resv 消息沿着反向路径转发给 C, C 收到 Resv 消息后, 在 RSB 中记录相关信息, 并分配一个新的标签写入 Resv 消息。C 将更新的 Resv 消息发送给 B, B 收到 Resv 消息做类似的处理, 并将更新的 Resv 消息发送给 A。A 收到 Resv 消息, 表明 CR-LSP 建立成功。

MPLS TE 支持带宽预留, 能够为网络流量提供带宽保证。同时, MPLS TE 也可以优化网络资源的使用, 提高网络传输性能。在图 3-74 的示例中, 利用 MPLS TE, 能够在 C 和 G 之间建立两条 MPLS TE 隧道, 即 A、C、D、G 和 B、C、E、F、G, 预留带宽分别为 120Mb/s 和 150Mb/s。将 A 发给 G 的流量和 B 发给 G 的流量分别引入两个隧道, 由此便可以解决上述网络拥塞问题。

## 3.7.4 MPLS 虚拟专用网

MPLS 虚拟专用网(Virtual Private Network, VPN)是 MPLS 最典型的应用, 它借助 MPLS 隧道连接 VPN 客户的多个站点, 承载第二层数据(如以太网数据帧)或第三层数据 (如 IP 数据包), 分别被称为二层 VPN 和三层 VPN。由于二层 MPLS VPN 目前应用并不广泛, 这里只对三层 MPLS VPN 的基本工作机制进行介绍。

### 1. MPLS VPN 基本结构

MPLS VPN 的基本结构如图 3-76 所示。服务提供商运营 MPLS 骨干网, 提供 VPN 服务。每个 VPN 客户通常有多个站点, 站点通过客户边缘设备 CE(如路由器)接入 MPLS 骨干网。MPLS 骨干网中的 LSR 分为两种: PE 位于骨干网的边缘(如 A 和 E), 与 CE 直接相连, 为 VPN 客户提供连接和服务; P 位于骨干网的内部(如 C、B 和 D), 不与 CE 直接相连, 不需要知道站点的路由信息, 只需要具备基本的标签交换能力。

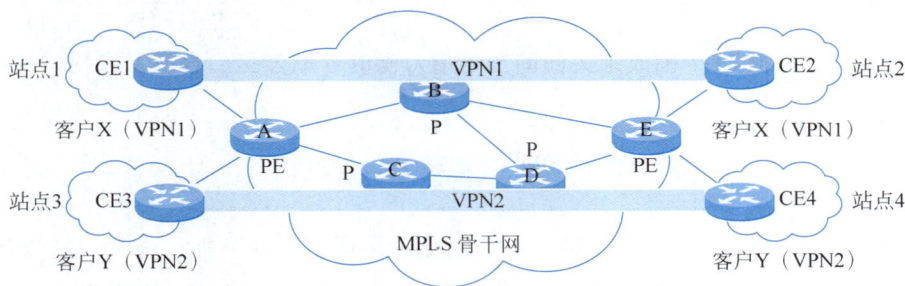

图 3-76 MPLS VPN 逻辑结构

服务提供商在 MPLS 骨干网中为每个客户建立一个 VPN, 不同的 VPN 之间相互隔离且不可见。同一个 VPN 客户的不同站点之间通过 MPLS 骨干网发布路由信息和传输数据。在图 3-76 中, 为客户 X 建立了 VPN1, 为客户 Y 建立了 VPN2, VPN1 包括站点 1 和站点 2, VPN2 包括站点 3 和站点 4。站点 1 和站点 2 之间能够动态交互路由信息和传输数据, 站点 3 和站点 4 之间也是如此。VPN1 和 VPN2 之间相互隔离, 不能相互访问。

### 2. MPLS VPN 控制平面

MPLS VPN 控制平面主要负责同一个 VPN 的不同站点之间路由信息的发布。MPLS VPN 支持地址空间重叠, 即属于不同 VPN 的多个站点可以使用相同的地址空间。MPLS

VPN 在路由信息发布时需要着重解决地址空间重叠问题。由于 MPLS VPN 控制平面的工作机制较为复杂,下面利用如图 3-77 所示的示例描述 VPN1 中的站点 1 向站点 2 发布路由信息的过程。

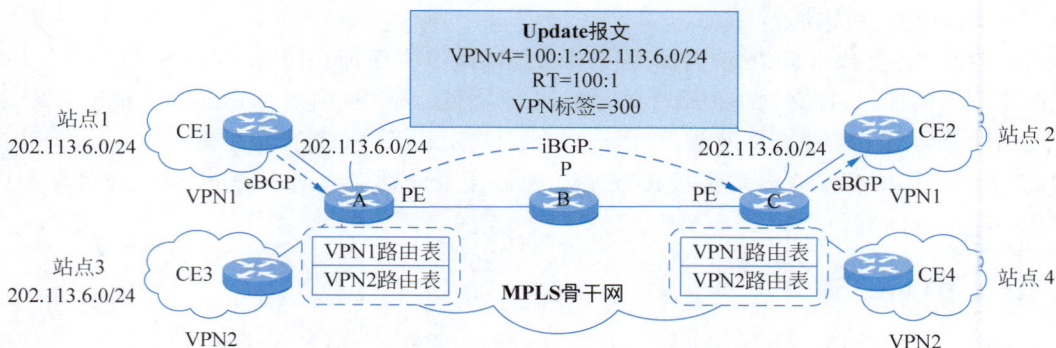

图 3-77　MPLS VPN 控制平面

首先,CE1 通过路由协议(如 eBGP)将站点 1 的网络前缀 202.113.6.0/24 通告给 A (PE 路由器)。这里注意到站点 3 的网络前缀与站点 1 的网络前缀是相同的,且都与 A 直接相连。那么 A 如何区分这两个网络前缀呢?为了解决这种地址空间重叠问题,并实现 VPN 之间相互隔离,MPLS VPN 使用虚拟路由及转发(Virtual Routing and Forwarding, VRF)实例为不同的客户提供服务。每个 VRF 实例可以看作一台虚拟路由器,有独立的路由表、转发表、接口等,不同的 VRF 实例之间相互隔离。A 为 VPN1 和 VPN2 分别建立了 VRF 实例,并拥有独立的路由表,站点 1 通告的网络前缀 202.113.6.0/24 被写入 VPN1 的路由表。与之类似,CE3 通告的网络前缀 202.113.6.0/24 被写入 VPN2 的路由表。

之后,A 将路由信息通过 iBGP 传递给 C。由于站点 1 和站点 3 的网络前缀相同,而 BGP 不支持两个相同网络前缀的通告,因此需要为每个 VRF 实例分配一个唯一的标识,称为 RD。例如,可以为 VPN1 分配 100:1,为 VPN2 分配 100:2。A 向 C 通告站点 1 的路由时,将 100:1 增加到网络前缀前面,构成新的网络前缀 100:1:202.113.6.0/24;A 向 C 通告站点 3 的路由时,将 100:2 增加到网络前缀前面,构成新的网络前缀 100:2:202.113.6.0/24。这个新的网络前缀被称为 VPNv4 前缀,VPNv4 前缀可以保证全局唯一性。为了支持 VPNv4 前缀的通告,需要对传统的 BGP 进行扩展,被称为 MP-BGP。与此同时,BGP 的 Update 报文还携带"路由标记 RT"(如 100:1)和"VPN 标签"等信息(如图 3-77 所示),当 C 接收到 Update 报文时,根据其中的 RT 值(100:1)匹配 VPN 路由表,将路由信息注入对应的 VPN1 路由表中,并通过路由协议(如 eBGP)将网络前缀 202.113.6.0/24 通告给对应的 CE2。由此,就可以成功地将站点 1 的路由信息通告给站点 2,反之亦然。上述提及的 RD 和 RT 值,在配置 VPN 服务时设置。

### 3. MPLS VPN 数据平面

MPLS VPN 数据平面主要负责在相同 VPN 的不同站点之间转发 IP 数据包。如图 3-78 所示,站点 2 中的主机通过 CE2 向站点 1 的主机发送 IP 数据包。CE2 根据自己的路由表将数据包发给 C,C 为该数据包增加两层标签并传入 MPLS 骨干网。外层标签从 C 的标签转发表中获得(如 200),基于该标签,MPLS 分组将沿着已建立好的从 C 到 A 的 LSP 路径进行转发。分组经过 B 时,进行外层标签代换(如 210)。分组到达 A 时,去掉外层标签(在实际实现中,通常由倒数第二跳去掉标签)。内层标签为 A 发送给 C 的 Update 报文中携带的 VPN 标签(如 300),A 利用该标签确定使用哪个 VPN 路由表对 IP 数据包进行路由。A 去掉内层标签,并基于选定的 VPN 路由表将 IP 数据包发送给 CE1,之后再通过站点 1 的内部转发机制将 IP 数据包送达目的主机。

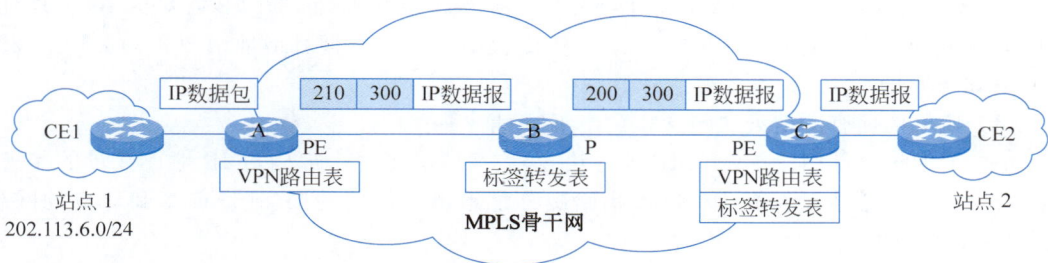

图 3-78　MPLS VPN 数据平面

总而言之,MPLS 将虚电路方式和数据报方式的特点进行有机融合,面向 IP 骨干网,在流量工程和虚拟专用网方面得到了广泛应用。但是 MPLS 也存在控制平面协议相对复杂、维护困难等问题。近年来,随着软件定义网络的发展,推出了分段路由 MPLS(Segment Routing MPLS,SR-MPLS),以简化 MPLS 的控制平面功能。

# 动手实践：简单路由器程序设计

利用 Npcap 的数据包捕获和发送功能,设计一个简单的路由程序。所设计的路由程序应包含静态路由表维护和 IP 数据包处理两部分。静态路由表维护部分应提供静态路由的添加、修改和删除等维护功能。IP 数据包处理部分仅需实现 IP 数据包的接收、选路及 IP 数据包的发送等基本功能,可以忽略分片处理、选项处理、动态路由表生成等功能。为了简单,IP 地址到 MAC 地址的映射也可以采用静态 ARP 表。

所设计的路由程序可以采用如图 3-79 所示的实验环境进行测试。该实验环境包括三个物理网络,路由器 R1 为普通的计算机,运行所编写的路由器程序,路由器 R2 为常规的路由器(如华为路由器或运行路由软件的普通计算机),主机 A 和主机 B 为两台测试主机。可以通过在主机 A 上使用 ping 命令去 ping 主机 B,观察 ping 命令的响应能否正确返回,判断所设计路由程序的正确性;也可以通过 Wireshark 捕获数据包,判断转发 IP 数据包的正确性,进而验证程序的正确性。另外,通过在局域网上划分逻辑网络,也可以在局域网环境下对编写的程序进行测试。如何在局域网下划分逻辑网络,以及如何配置路由,请参见"局域网环境下的路由配置"视频。

简化的路由程序设计

局域网环境下的路由配置

图 3-79　实验环境

# 思考与练习

1. IPv4 数据包中的首部校验和字段只对 IP 首部进行校验,并不对数据部分进行校验,请分析这样做的原因。IPv6 数据包不再包含首部校验和字段,试解释这样做的好处。

2. 某个机构有 4 个部门 A、B、C、D,部门 A 需要 64 个 IP 地址,部门 B 需要 50 个 IP 地址,部门 C 需要 30 个 IP 地址,部门 D 需要 20 个 IP 地址。该机构拥有地址块 202.113.10.0/23,请回答如下问题。

（1）该机构拥有的地址块包含多少个 IP 地址?

（2）请为每个部门分配一个 IP 地址块,一方面要满足每个部门对 IP 地址数量的需求,另一方面要尽可能少地浪费 IP 地址,请给出分配给每个部门的 IP 地址前缀和对应的网络掩码(或前缀长度)。

3. 从有类别 IP 地址角度,172.110.192.0～172.110.203.0 为 12 个 C 类 IP 网络地址。从 CIDR 角度,可以对这 12 个地址进行分段聚合,形成较大的地址块。请给出聚合后的每个网络前缀及对应的掩码(用十进制点分割形式表示)。

4. 网络地址转换(Network Address Translation,NAT)是解决 IPv4 地址短缺的一种过渡性方案,目前被大量部署和广泛使用。在 IPv4 地址严重短缺、IPv6 还未被完全支持的情况下,NAT 对因特网的发展起到了非常重要的作用。请说明 NAT 的基本工作原理,解释私有 IP 地址是如何被重复利用的。

5. DHCP 是最常用的动态 IP 地址配置协议。主机(DHCP 客户端)向 DHCP 服务器发起获取 IP 地址的请求,DHCP 服务器给出响应,这个过程需要 4 次交互,请求解释 4 次交互的必要性。通过 DHCP 获得的 IP 地址都有一个租期,请解释设置租期的目的。

6. 如图 3-80 所示,三个 IP 网络通过两台路由器进行连接,每个 IP 网络所分配的 IP 地址前缀及前缀长度在图中给出,MAC1～MAC6 为主机和路由器网络接口的 MAC 地址。请为每个网络接口分配一个 IP 地址。

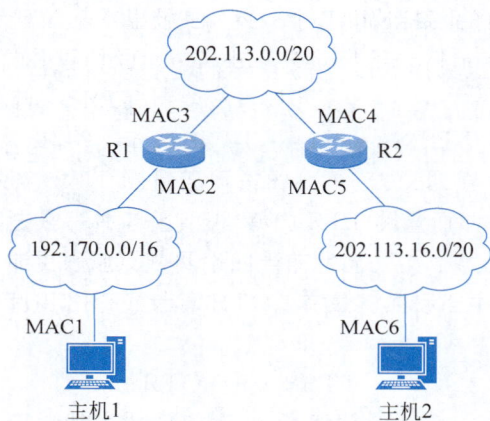

图 3-80　思考与练习 6

7. 路由器在转发 IP 数据包时,需要对 IP 数据包首部中的一些字段进行处理,请描述路由器对数据包的处理过程,分析影响路由器转发性能的主要因素。为了提高路由器的转发性能,IPv6 对其首部进行了哪些优化?

8. 路由器 R 采用 CIDR 选路策略，其转发表如表 3-17 所示。如果路由器 R 接收到目的 IP 地址为 196.94.34.9、196.94.18.46、196.108.66.28 的 IP 数据包，请分别给出对应的下一跳 IP 地址，并给出计算过程。

**表 3-17　路由器转发表**

| 网 络 前 缀 | 网 络 掩 码 | 下一跳 IP 地 址 |
| --- | --- | --- |
| 196.80.0.0 | 255.240.0.0 | 201.100.0.1 |
| 196.94.16.0 | 255.255.240.0 | 202.120.0.2 |
| 196.104.0.0 | 255.252.0.0 | 204.130.0.3 |
| 0.0.0.0 | 0.0.0.0 | 205.140.0.4 |

9. 一台路由器 R 的转发表如表 3-18 所示，该路由器采用 CIDR 机制。如果路由器接收到的目的地址为 196.94.19.135、196.94.34.9、195.65.128.2、194.67.145.18、196.109.49.46、196.107.49.46 的 IP 数据包，请分别给出对应的下一跳 IP 地址，并给出计算过程。

**表 3-18　路由器 R 的转发表**

| 网络前缀/前缀长度 | 下一跳 IP 地 址 |
| --- | --- |
| 196.80.0.0/12 | 202.100.10.1 |
| 196.94.10.0/20 | 202.120.10.2 |
| 196.96.0.0/12 | 202.130.10.3 |
| 196.104.0.0/14 | 202.140.10.4 |
| 0.0.0.0 | 202.150.10.5 |

10. 在 IP 数据包转发过程中，如果一个 IP 数据包的长度大于物理网络的 MTU，则路由器需要对 IP 数据包进行分片，IP 分片在目的主机中进行重组，请简要叙述目的主机处理 IP 分片的方法。如果目的主机接收到如表 3-19 所示的 IP 分片，这些分片能重组成原始的 IP 数据包吗？说明理由。

**表 3-19　IP 分片**

| 长　　度 | 标志位(M) | 偏　移　量 |
| --- | --- | --- |
| 1020 | 1 | 125 |
| 500 | 0 | 375 |
| 1020 | 1 | 250 |

11. 一个单位的网络结构如图 3-81 所示，4 个 IP 子网 net1、net2、net3、net4 通过三台路由器 R1、R2、R3 进行连接，主机 1、主机 2、主机 3、主机 4 的 IP 地址和所在 IP 子网的网络掩码在表 3-20 中给出，路由器每个接口的 IP 地址在图中给出。请写出路由器 R1 和 R2 到 4 个 IP 子网的转发表（不使用默认路由表项）。

**表 3-20　主机的 IP 地址和网络掩码**

| 主　　机 | IP 地　址 | 网 络 掩 码 |
| --- | --- | --- |
| 主机 1 | 202.99.98.18 | 255.255.255.240 |
| 主机 2 | 202.99.98.35 | 255.255.255.240 |
| 主机 3 | 202.99.98.51 | 255.255.255.240 |
| 主机 4 | 202.99.98.66 | 255.255.255.240 |

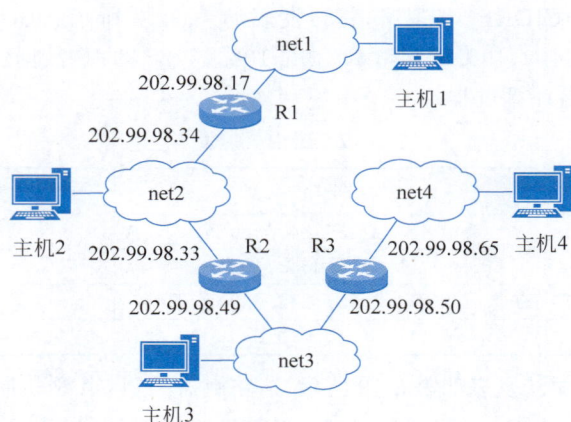

图 3-81　单位的网络结构

12. 路由器 R1 的转发表如表 3-21 所示。主机 A 的 IP 地址为 202.113.24.78，主机 B 的 IP 地址为 176.11.64.129，主机 C 的 IP 地址为 176.11.34.72，主机 D 的 IP 地址为 176.11.31.168，主机 E 的 IP 地址为 176.11.60.239，主机 F 的 IP 地址为 200.36.8.73。请根据路由器 R1 的转发表信息(见表 3-21)给出可能的网络结构。如果路由器 R1 接收到目的地址为主机 A～主机 F 的数据包，分别从哪个出接口转发出去？

表 3-21　路由器 R1 的转发表

| 网 络 前 缀 | 网 络 掩 码 | 下 一 跳 | 出 接 口 |
|---|---|---|---|
| 176.11.64.0 | 255.255.240.0 | R3 的 E1 | E2 |
| 176.11.16.0 | 255.255.240.0 | 直接投递 | E1 |
| 176.11.32.0 | 255.255.240.0 | 直接投递 | E2 |
| 176.11.48.0 | 255.255.240.0 | 直接投递 | E3 |
| 0.0.0.0 | 0.0.0.0 | R2 的 E2 | E1 |

13. 在 IPv4 数据包发送的过程中，如果物理网络是局域网，通常使用 ARP 获取下一跳 IP 地址对应的 MAC 地址。简述 ARP 的基本工作机制，并给出两种优化策略。IPv6 不再使用 ARP，试说明在 IPv6 中如何获得 IP 地址对应的 MAC 地址。

14. Traceroute 命令借助于 ICMP 超时报文和目的端口不可达差错报文进行路径跟踪、往返时间测量，以及故障点定位。但是 Traceroute 命令在某种情况下可能会返回在网络拓扑中不存在的路径，例如，第 $i$ 跳与第 $i+1$ 跳之间可能没有连接。试解释发生这种情况可能的原因。

15. 相对于 IPv4，IPv6 增加了无状态地址自动配置功能。请举例说明 IPv6 无状态地址自动配置的基本过程，并分析重复地址检测的必要性。

16. 如图 3-82 所示，每个节点最初只知道到邻居的路径代价(相邻节点之间的链路代价在图中标出)，请回答如下问题。

(1) 使用距离向量算法，给出稳态情况下 $C$ 节点保持的相邻节点的距离向量(不使用毒性逆转方法)，以及自己的路由表。

(2) 在(1)的基础上，通过改变 $C$、$D$ 之间的链路代价，使 $B$、$C$ 之间构成一个暂时的直接环路，请给出 $C$、$D$ 之间链路代价的最小改变。

(3) 使用毒性逆转方法,可以在一定程度上解决(2)中的问题。请基于图 3-82,使用毒性逆转方法,重新给出稳态情况下 C 节点保持的相邻节点的距离向量,并解释如何解决(2)中的问题。

(4) 毒性逆转方法在解决计数到无穷问题时存在什么局限性?

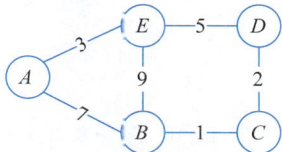

图 3-82    思考与练习 16

17. 有如图 3-83 所示的网络结构,节点之间的链路代价已经在图中给出,请回答如下问题。

(1) 利用 Dijkstra 最短路径算法计算 A 节点到其他节点的最短路径,用图示的方法说明计算过程。

(2) 给出节点 A 的路由表,包含目的节点、下一跳和代价几个基本项。

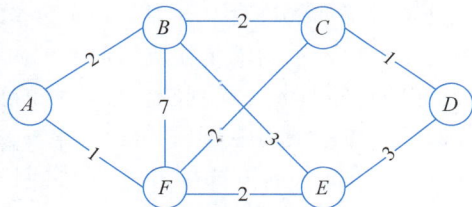

图 3-83    网络结构

18. 距离向量算法中的水平分割与毒性逆转方法都不能完全解决计数到无穷问题,请说明在 RIP 中增加了何种限制,以克服毒性逆转方法在解决计数到无穷问题时的局限性。请尝试对距离向量协议进行改进,使其从根本上解决计数到无穷问题。

19. OSPF 是一个比较复杂的路由协议,链路状态通告(LSA)是 OSPF 路由协议的核心内容。请以 1 类 LSA 和 2 类 LSA 为例,简单描述 OSPF 链路状态通告的基本过程。

20. 以如图 3-62 所示的网络结构为例,请回答如下问题。

(1) 基于 CIDR 思想,说明 R5 应该向 R3 通告怎样的网络层可达信息,以及 NEXT-HOP 属性。

(2) 请描述在域内引入域间路由的过程。

21. 多协议标签交换(MPLS)结合了虚电路方式和数据包方式的优点,目前在 ISP 骨干网上得到了广泛应用。请对 MPLS 标签交换路径的建立过程及 MPLS 分组的转发过程进行简要描述。

# 第 4 章　端到端传输协议

## 本章目标

❋❋❋❋❋❋❋❋❋❋❋❋❋❋❋❋❋❋❋❋❋❋❋❋❋❋❋❋❋❋❋❋❋❋❋❋❋❋❋❋❋❋❋❋❋❋❋❋❋❋❋❋❋

➢ **知识目标**：理解传输层的作用，了解 UDP 的基本原理，掌握 TCP 中的可靠数据传输、流量控制、拥塞控制的实现原理，理解 TCP 面临的问题及扩展和替代方案，了解 RTP 的基本工作机制。

➢ **能力目标**：提高思辨能力和创新能力，培养网络编程能力。

➢ **素质目标**：理解因特网中遵守规则、保持公平性的重要性，在协议设计和实现上要遵守职业操守，培养大局意识。

❋❋❋❋❋❋❋❋❋❋❋❋❋❋❋❋❋❋❋❋❋❋❋❋❋❋❋❋❋❋❋❋❋❋❋❋❋❋❋❋❋❋❋❋❋❋❋❋❋❋❋❋❋

第 3 章主要介绍了多个物理网络如何进行互联，以及如何将数据包从源主机传递到目的主机。本章在网络互联的基础上讨论端到端传输协议需要解决的基本问题及具体的工作机制，以便为应用层提供端到端的传输服务。端到端传输协议的功能取决于互联层提供的服务和应用层的需求。在 TCP/IP 体系结构中，主要包含两个核心的端到端传输协议，即用户数据报协议（User Datagram Protocol，UDP）和传输控制协议（Transport Control Protocol，TCP）。UDP 提供面向无连接的、不可靠的传输服务，TCP 提供面向连接的、可靠的字节流服务。除此之外，在 TCP/IP 中，也包含一些运行在 UDP 之上的端到端传输协议，如实时传输协议（Real Transport Protocol，RTP）、快速 UDP 网络连接协议（Quick UDP Internet Connections，QUIC）等，这些协议在传统的网络层次划分中一般会被划分到应用层，但从功能角度它们依然属于传输协议，主要为应用提供传输服务，因此在本书中将其放在本章进行讨论。

## 4.1　用户数据报协议

UDP 是一个轻量级的端到端传输协议，主要在 IP 层之上实现多路复用和分用功能，以及简单的差错检测功能，向上层提供面向无连接、不可靠的传输服务。应用进程发送的每个报文都被封装成一个 UDP 数据报，并交至 IP 层进行传输。UDP 数据报之间相互独立，后发的数据报可能会早于先发的数据报到达接收方，接收方按照数据报到达的顺序进行处理并将报文提交给相应的应用进程。UDP 服务不具有可靠性，数据报在传输过程中可能会出现差错或丢失，而 UDP 不提供数据报恢复功能，使用 UDP 服务的应用需要自行解决可靠性问题。下面将对 UDP 的数据报格式、多路复用和分用功能、差错检测功能进行介绍。

### 4.1.1　UDP 数据报

UDP 数据报是 UDP 使用的协议数据单元。它由 8B 的首部和可变长度的数据部分组成(如图 4-1 所示)。数据报首部包含 4 个字段,各个字段的具体含义如下。

(1) 源端口与目的端口:源端口标识发送进程,目的端口标识接收进程。每个端口字段的长度为 16 位,可以区分一台主机中的 65 536 个进程。

(2) 长度:长度字段为 16 位,指明包括数据报首部在内的 UDP 数据报的长度,计数单位为字节。因此,UDP 数据报的总长度最大为 65 535B,最小为 8B。

(3) 校验和:校验和字段为 16 位,用于对 UDP 伪首部和 UDP 数据报进行校验,具体计算方法见 4.1.3 节。

| 0 | 15 16 | 31 |
|---|---|---|
| 源端口 | 目的端口 | |
| 长度 | 校验和 | |
| 数据 | | |

图 4-1　UDP 数据报格式

## 4.1.2　多路复用和分用

多路复用和分用是 UDP 的主要功能,UDP 使用端口标识每台主机中运行的应用进程,相同主机中的不同应用进程需要使用不同的端口进行标识。在发送方,UDP 从应用进程接收数据,增加 UDP 首部(包含源端口和目的端口),组成 UDP 数据报,并通过互联层发送出去,这个过程称为多路复用。在接收方,UDP 对到达的 UDP 数据报进行解析,根据目的端口,将数据写入对应的接收缓冲区,这个过程称为多路分用。由于每台主机中的 UDP 端口是独立分配的,不同主机的应用进程可能会使用相同的端口,因此需要将主机寻址与 UDP 端口相结合来唯一标识一个使用 UDP 服务的应用进程,即通过 IP 数据包中的目的 IP 地址寻址一台主机,通过 UDP 数据报中的目的端口来标识特定主机中的一个应用进程。

图 4-2 给出了一个 UDP 复用和分用的示例,主机 A、主机 B 和主机 C 的 IP 地址分别用 $IP_A$、$IP_B$ 和 $IP_C$ 表示,进程 $P_{A1}$ 使用端口 2000,$P_{A2}$ 使用端口 3000,$P_{B1}$ 使用端口 6000,$P_{B2}$ 使用端口 7000,$P_{C1}$ 使用端口 6000,$P_{C2}$ 使用端口 8000。如果进程 $P_{A1}$ 向 $P_{B1}$ 发送数据,封装的 UDP 数据报的源端口为 2000,目的端口为 6000,封装的 IP 数据包的源 IP 地址为

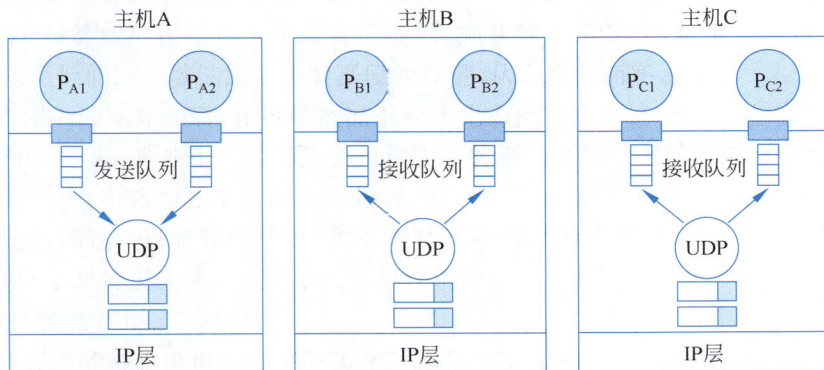

图 4-2　UDP 复用和分用示例

IP$_A$,目的 IP 地址为 IP$_B$,该 IP 数据包将被发送到主机 B,主机 B 中的 UDP 会根据目的端口将 UDP 数据报中的数据写入端口 6000 所对应的接收缓冲区中。如果进程 P$_{A2}$ 向 P$_{C1}$ 发送数据,封装的 UDP 数据报的源端口为 3000,目的端口为 6000,封装的 IP 数据包的源 IP 地址为 IP$_A$,目的 IP 地址为 IP$_C$,该 IP 数据包将被发送到主机 C,主机 C 中的 UDP 会根据目的端口将 UDP 数据报中的数据写入端口 6000 所对应的接收缓冲区中。

UDP 端口的范围为 0~65 535,其中,0~1023 为知名端口(Well-known Ports),由 IANA 分配给一些知名的应用,例如,53 端口分配给 DNS、67 端口分配给 DHCP、161 端口分配给 SNMP、520 端口分配给 RIP、547 端口分配给 DHCPv6 等,知名端口与应用的对照关系会定期在 RFC 网站上公布。由于这些知名端口已经分配给了特定的应用,因此在编写其他应用程序时应避免使用。

### 4.1.3　差错检测

UDP 提供差错检测功能,其检测范围包括 UDP 伪首部和整个 UDP 数据报,其伪首部的格式如图 4-3 所示,其中,"协议类型"为 17,"长度"与 UDP 数据报的长度字段相同。发送方将 UDP 数据报中的校验和字段置成 0,并将数据报用 0 补齐为 16 位的倍数,之后利用自己产生的伪首部和待发送的 UDP 数据报进行 16 位二进制求和运算,计算结果取反写入校验和字段。接收方接收到 UDP 数据报后重新产生伪首部,并将数据报用 0 补齐为 16 位的倍数,对伪首部和 UDP 数据报进行 16 位二进制求和运算。如果计算结果为全 1,没有检测到错误;否则,说明数据报存在差错,接收方对出错的数据报做丢弃处理。图 4-4 给出了一个 UDP 校验和计算示例,左侧白色部分为待发送的 UDP 数据报,灰色部分为伪首部和 0 填充,右侧是 16 位二进制求和运算结果及得到的校验和。

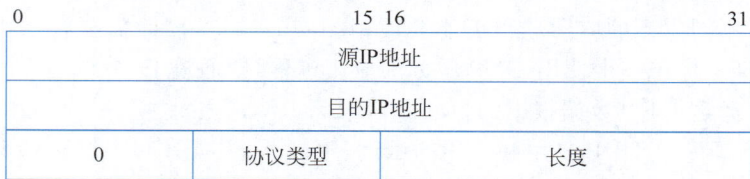

图 4-3　UDP 伪首部格式

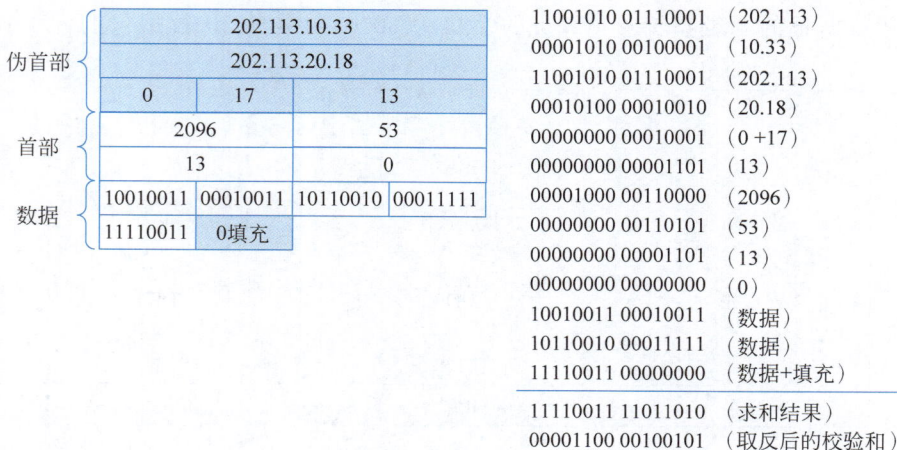

图 4-4　UDP 校验和计算示例

运行在 IPv4 之上的 UDP 的校验和是可选项。如果校验和字段为 0,则代表发送方未进行差错校验;如果校验和字段为非 0,则代表发送方进行了差错校验。如果发送方计算的校验和为 0,则以全 1 代替。UDP 校验和的计算覆盖了 UDP 伪首部和 UDP 数据报,使用伪首部的目的是检验 UDP 数据报是否到达了正确的目的主机。伪首部和 0 填充部分不随用户数据报一起传输,接收方需自己形成伪首部进行校验。

## 4.2　传输控制协议

UDP 可以实现多路复用和分用功能,以及简单的差错检测功能,但并不保证传输的可靠性。然而传输可靠性是许多应用的共性需求,因而需要在 IP 层提供的不可靠服务的基础上通过传输层功能的实现向上层提供可靠传输服务,以降低应用协议的复杂性和设计难度。TCP 除了实现多路复用和分用功能外,它通过差错检测、确认及重传、流量控制等机制,向上层提供面向连接的、可靠的字节流服务。由于 TCP 为端到端协议,中间跨越互联网络,其可靠性的实现相对于点到点链路上的可靠性需要考虑更多的因素。

### 4.2.1　TCP 段

TCP 提供面向连接的字节流服务。发送方的应用进程将待发送的数据以字节流的方式写入发送缓冲区(不区分报文的边界),发送方的 TCP 从发送缓冲区中取出适当字节的数据,增加 TCP 控制信息,将其封装成 TCP 段,并交至 IP 层传送到目的主机。接收方的 TCP 对接收到的 TCP 段进行处理,去掉 TCP 控制信息,将按序正确接收到的数据放入接收缓冲区,接收方的应用进程从接收缓冲区中以字节流的方式读取数据。图 4-5 给出了面向字节流服务与 TCP 段之间关系的示意图。

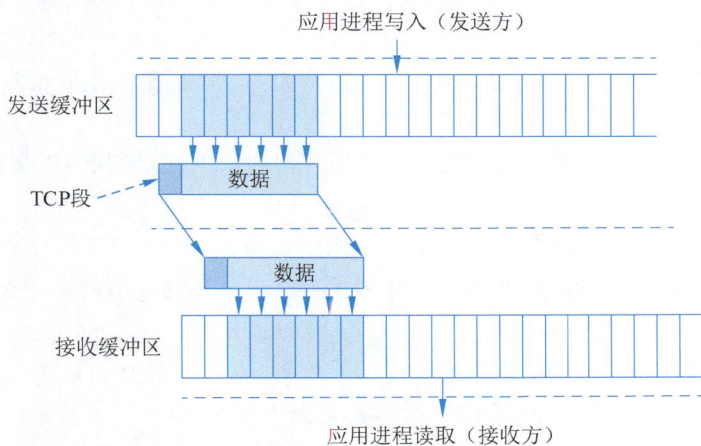

图 4-5　面向连接的字节流服务与 TCP 段

TCP 段由首部和可变长度的数据部分构成(如图 4-6 所示),其首部包含 20B 的固定部分和可变长度的选项部分,各个字段的具体解释如下。

(1)源端口与目的端口:与 UDP 类似,每个端口字段的长度为 16 位,分别表示发送方应用进程所使用的端口与接收方应用进程所使用的端口。

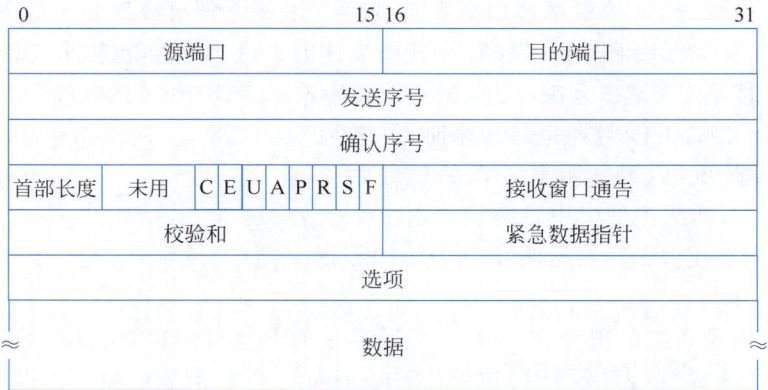

图 4-6　TCP 段格式

（2）发送序号：发送序号（在后面的叙述中简称为序号）字段的长度为 32 位。由于 TCP 是面向字节流的，它传输的每个字节都有序号，发送序号字段中写入的是该段所携带数据的第一个字节的序号。在建立 TCP 连接时，该字段携带的是初始序号（Initial Sequence Number，ISN）。

（3）确认序号：确认序号字段的长度为 32 位。由于 TCP 主要采用累积确认，接收方利用该字段告诉发送方期望接收字节的序号，即表明该序号之前的所有数据都已经被按序正确接收。

（4）首部长度：首部长度字段的长度为 4 位。TCP 段首部长度以 32 位为计数单位，固定部分和选项部分的长度均需为 32 位的整数倍。由于 TCP 段首部长度范围为 2C～60B，因此该字段值的范围为 5～15。

（5）标志位：标志位在发送方和接收方 TCP 实体之间传递控制信息，TCP 中定义了 8 种控制标志，分别为 CWR、ECE、URG、ACK、PUSH、RESET、SYN、FIN，每个标志与 1 位，主要用于 TCP 连接建立与终止、报文段确认、拥塞通知、携带紧急数据指示等，具体使用方法将在后面介绍。

（6）接收窗口通告：该字段长度为 16 位，用于端到端的流量控制，由接收方通告给发送方其目前能收的最大字节数。

（7）校验和：校验和字段的长度为 16 位，用于差错检测。与 UDP 计算方法类似，是对 TCP 伪首部和 TCP 段进行计算所得。TCP 伪首部与 UDP 伪首部的格式类似，唯一区别是协议类型字段，在 UDP 伪首部中为 17，在 TCP 伪首部中为 6。

（8）紧急数据指针：紧急数据指针字段的长度为 16 位。只有当标志位 URG＝1 时，紧急数据指针才有效，它指明该 TCP 段中所含紧急数据的位置。

（9）选项：TCP 段首部最多可以包含 40B 的选项。选项有单字节选项和多字节选项两类。单字节选项包含选项结束和无操作两种；多字节选项包含最大段长度、窗口扩展因子、时间戳、选择确认选项等。TCP 多字节选项的格式如图 4-7 所示，由类型、长度和信息三部分组成，其中，长度字段指明整个选项的字节数。

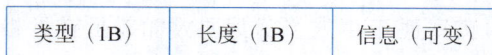

| 类型（1B） | 长度（1B） | 信息（可变） |
| --- | --- | --- |

图 4-7　TCP 选项格式

## 4.2.2　TCP 连接管理

TCP 提供面向连接的字节流服务,因此在使用 TCP 服务时首先要建立连接,并在数据传输结束时关闭连接。TCP 连接由<源 IP、源端口、目的 IP、目的端口>四元组唯一标识,TCP 连接的端点可以抽象为一对套接字,用于标识一对利用该 TCP 连接进行通信的应用进程。TCP 通过三次握手建立连接,通过四次挥手关闭连接。下面讨论 TCP 连接管理的具体方法。

### 1. TCP 连接建立

TCP 实体之间通过三次交互过程建立 TCP 连接,建立 TCP 连接有两个目的:①确认对方的应用进程是否在特定的端口上运行;②为后继的数据传输通告和商定一些参数,包括初始序号(Initial Sequence Number,ISN)、最大段长度(Maximum Segment Size,MSS)、接收窗口大小等。图 4-8 给出了利用三次握手建立 TCP 连接的一个示例。在该示例中,由客户(主机 A)首先发起建立连接请求,服务器(主机 B)被动等待。三次交互的具体过程如下。

(1) 主机 A 向主机 B 发出连接建立请求,该 TCP 段中的 SYN 标志位置位(通常被简称为 SYN 段),并在序号字段声明主机 A 选择的初始序号 $x$。

(2) 主机 B 收到连接建立请求后,向主机 A 返回确认,该 TCP 段中的 ACK 和 SYN 标志位置位(通常被简称为 SYN＋ACK 段),确认序号为 $x+1$(表示主机 B 对主机 A 初始序号 $x$ 的确认,实现发送方序号与接收方序号的同步,即发送方从 $x+1$ 序号开始发送,接收方从 $x+1$ 序号开始接收),同时在序号字段声明主机 B 选择的初始序号 $y$。

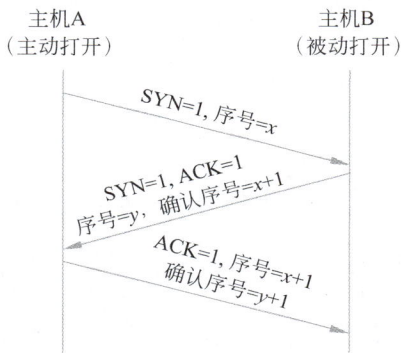

图 4-8　三次握手建立 TCP 连接过程

(3) 主机 A 向主机 B 发送确认,该 TCP 段中的 ACK 标志位置位(通常被简称为 ACK 段),确认序号为 $y+1$(表示主机 A 对主机 B 初始序号 $y$ 的确认)。在第三次交互过程中,主机 A 可以开始向主机 B 发送数据,发送序号为 $x+1$。

在 TCP 连接中数据可以双向流动,双向数据流的 ISN 由各自的发送方确定。通常 ISN 不是一个固定值,具体生成方式依赖于操作系统的具体实现。TCP 在最初的 RFC 793 文档中给出了一种建议的生成方法,即每个 TCP 实体维护一个 32 位计数器,该计数器每 4μs 增加 1,建立连接时从中读取计数器当前值作为 ISN。RFC 6528 文档中提出了一种更为随机的 ISN 生成方法,即利用本地 IP、本地端口、远端 IP、远端端口及密钥,通过哈希运算产生一个伪随机数,并与计数器中的当前值求和。

由于套接字是可以被重用的,生成随机 ISN 的主要目的是避免使用相同套接字的新旧 TCP 连接中 TCP 段的混淆。由于网络传输存在延时,旧连接中发送的 TCP 段可能会在新连接建立后到达。如果连接标识相同(相同的套接字对),且序号恰巧落在可接收的范围内,就可能会出现混乱。在快速连续打开和关闭连接,以及连接中断并重新建立连接的情况下,这个问题会比较明显。在一般情况下使用随机 ISN,基本可以避免这种情况的发生。此外,使用随机 ISN 也可以避免攻击者猜测某个 TCP 连接的 ISN。

在图 4-8 的示例中，主机 A 发出的连接请求可能在设定的时间内得不到主机 B 的确认，则主机 A 会重传连接请求。重传的时间间隔设定与具体实现有关，我们在 Windows 10 上通过 Wireshark 捕获 TCP 段，其重传间隔分别约为 1s、2s、4s、8s，呈指数增长。4 次重传后仍未得到确认，则放弃了 TCP 连接请求。

TCP 连接的建立通常由一端执行主动打开，另一端执行被动打开，但也允许两端同时执行主动打开，这种情况称为同时打开。如图 4-9 所示给出了一个同时打开的示例，主机 A 和主机 B 几乎同时发送连接请求，双方在接收到连接请求后，返回连接确认。在实际中，这种情况发生的可能性很小。

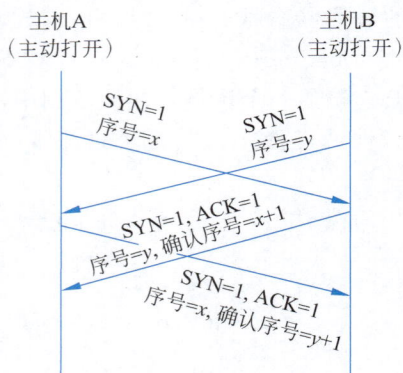

图 4-9　同时打开建立 TCP 连接

## 2. TCP 连接关闭

TCP 连接是全双工的，数据可以在两个方向上进行传输。为了避免数据丢失，在关闭连接时需要在两个方向上分别进行关闭。原则上，当一方完成数据发送任务后就可以发送连接关闭请求，告知对方该方向上的数据传输已经完成。通常情况下，连接双方中的一方执行主动关闭（首先发起连接关闭请求），而另一方执行被动关闭。TCP 连接关闭过程如图 4-10 所示。在图 4-10(a)中，由主机 A 执行主动关闭。主机 A 首先发送连接关闭请求，该 TCP 段中的 FIN 标志位置位（通常被简称为 FIN 段），序号字段为发送方当前的发送序号 $x$。主机 B 接收到连接关闭请求后，向主机 A 返回确认，即 TCP 段中的 ACK 标志位置位，确认序号为 $x+1$。经过这两次交互后，主机 A 不能再向主机 B 发送数据，但仍然可以接收主机 B 发送的数据，这个状态被称为半关闭状态。当主机 B 完成数据发送后，则发送连接关闭请求，该 TCP 段中的 FIN 标志位置位，序号字段为发送方当前的发送序号 $y$。主机 A 接收到连接关闭请求后，向主机 A 返回确认，即 TCP 段中的 ACK 标志位置位，确认序号为 $y+1$。经过上述 4 次交互过程则完成了 TCP 连接的关闭。图 4-10(b)给出了双方同时关闭 TCP 连接的示例，其交互过程与图 4-10(a)类似，只是在发送连接关闭请求的时间上有所差别。

## 3. 复位段的使用

复位(Reset)段是指 RST 标志位置位的 TCP 段，主要用于处理 TCP 连接中的一些异常情况。例如，向没有应用进程监听的端口发送连接建立请求，接收到的 TCP 段并没有对应的 TCP 连接存在，连接的一方在交互过程中发生异常等。接收到复位段的一方不需要给出确认，直接终止连接。目前在一些实现中也经常使用复位段快速关闭 TCP 连接。

在 TCP 连接中也经常会出现一种半打开连接，即连接的一方已经关闭或异常终止连接而未告知另一方，另一方还处在正常的连接状态。例如，在客户端/服务器交互模式中，由于客户端的非正常关机，会使服务器产生较多的半打开连接，半打开连接的积累会消耗大量的系统资源。TCP 实体可以通过启用保活定时器及发送空闲探测报文段来识别半打开连接，对于半打开连接，可以使用复位段终止 TCP 连接。

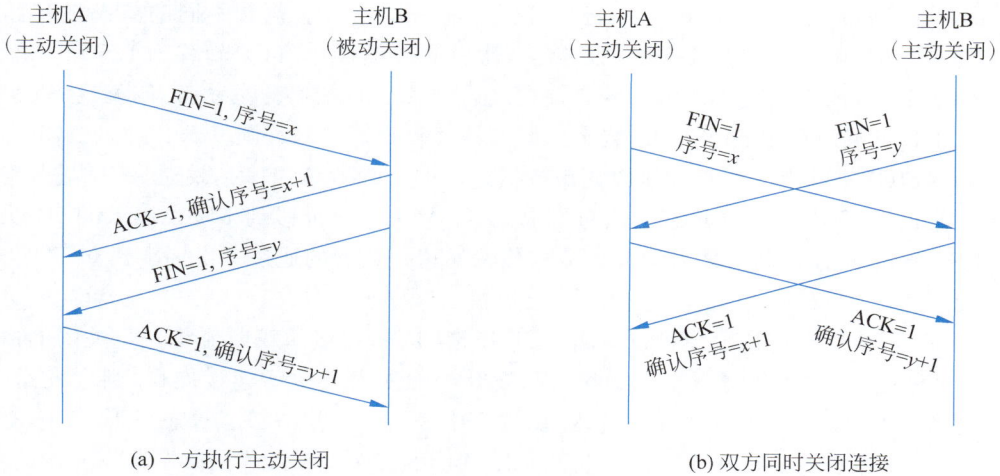

图 4-10　关闭 TCP 连接过程

### 4. TCP 状态图

由于 TCP 比较复杂，在 TCP 规范中使用状态图描述建立连接和关闭连接的过程。TCP 状态图包含 11 种状态（如图 4-11 所示），每个矩形框表示一种状态，每条线用"事件/动作"标记，事件触发状态的转移。触发状态转移的事件主要有两类：来自对等实体的 TCP 段或本地应用进程调用 TCP 操作。

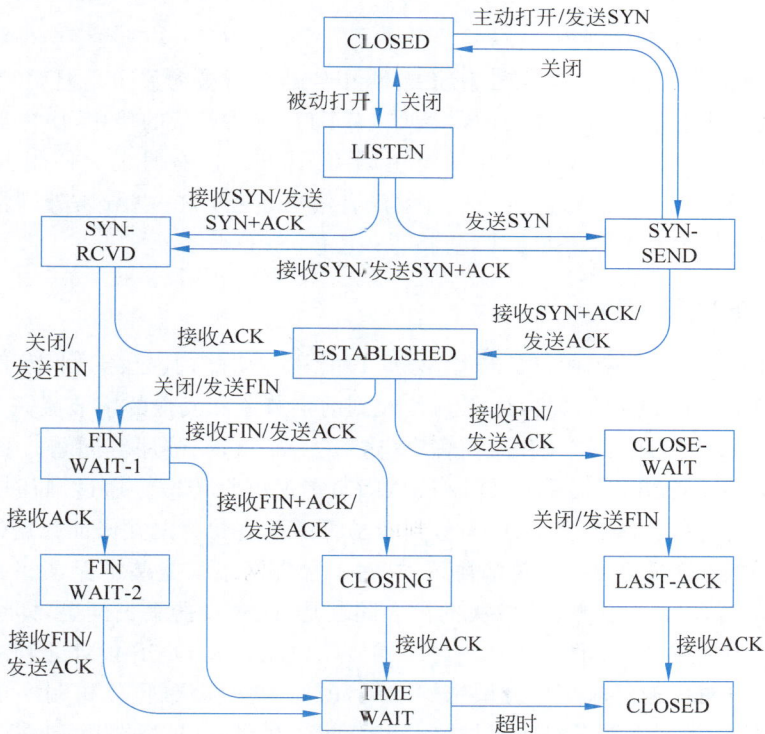

图 4-11　TCP 连接状态图

每个连接都从 CLOSED 状态开始,不同的 TCP 实体可能执行不同的状态转移路径。例如,在客户端/服务器交互模式中,服务器进程首先被动打开,TCP 转移到 LISTEN 状态,等待客户端发来的连接建立请求。客户端在之后的某个时刻执行主动打开,发送 SYN 段,客户端的 TCP 转移到 SYN-SEND 状态。服务器接收到 SYN 段,则发送 SYN+ACK,并转移到 SYN-RCVD 状态。客户端接收到服务器返回的 SYN+ACK 时,发送 ACK 进行确认,并转移到 ESTABLISHED 状态。服务器接收到 ACK 后,转移到 ESTABLISHED 状态。进入 ESTABLISHED 状态便可以开始数据传输。这是典型的通过三次握手建立 TCP 连接过程。

应用进程结束数据传输便可以关闭 TCP 连接,TCP 连接的双向流是独立关闭的,可以由双方同时发起,也可以由一方先发起。假设客户端先发起关闭连接操作,则会发送 FIN 段,并进入 FIN WAIT-1 状态;服务器收到 FIN 段后发送 ACK,状态转移到 CLOSE-WAIT 状态;客户端接收到 ACK 后,进入 FIN WAIT-2 状态,表示客户端向服务器的数据传输结束。之后服务器执行关闭连接操作,发送 FIN 段,并进入 LAST-ACK 状态;客户端接收到 FIN 段后发送 ACK,并转移到 TIME WAIT 状态,之后经过一个延时关闭连接,进入 CLOSED 状态。延时时间通常设置为 TCP 段最大生存期的 2 倍,以解决端口被立即重用造成的二义性问题。例如,客户端不经过延时直接进入 CLOSED 状态,其释放的端口可能会被立即重用,建立一个四元组相同的新连接,假设前面连接的最后一个 ACK 丢失,服务器会重传 FIN 段,这个 TCP 段会被误认为是新连接中的 TCP 段,使新连接被错误地关闭。

从 ESTABLISHED 状态到 CLOSED 状态,不同的 TCP 段交互顺序会使状态转移路径不尽相同。传统上通常由客户端执行主动关闭,服务器执行被动关闭。但对于 HTTP 应用进程,经常需要由服务器执行主动关闭,特别是 HTTP 持久连接的使用,服务器需要借助保活定时器及发送空闲探测报文段,确定执行主动关闭的时机,有时也会使用 RESET 段,直接关闭连接。在图 4-11 中还有一些转移过程没有给出,特别是一些异常处理情况,例如,从 ESTABLISHED 状态发送 RESET 段,直接进入 CLOSED 状态。

### 4.2.3　TCP 可靠数据传输

在 TCP 连接上实现数据的可靠传输是 TCP 的核心功能,其目标是将发送缓冲区中的数据按序、正确地传送到接收缓冲区,保证接收到的字节流和发送的字节流完全一致。由于 IP 层提供的是尽力而为服务,TCP 需要解决出错、丢失、重复、乱序等问题。TCP 主要基于自动重传请求(Automatic Repeat reQuest,ARQ)实现可靠传输。通过确认以及超时重传机制恢复出错和丢失的 TCP 段,利用序号判断是否是重复的数据并保证数据的顺序性。

TCP 是面向互联网的端到端传输协议,在每个物理网络都能基本保证相邻节点传输可靠性的前提下,TCP 可靠机制需要解决的核心问题是 TCP 段的丢失问题,即由于路由器拥塞造成 IP 数据包被丢弃,因而导致其中封装的 TCP 段丢失。TCP 设计之初主要面向的是对可靠性要求高、对传输延时不十分敏感的应用,因此采用确认、重传机制实现可靠数据传输。这种可靠传输机制不适合对实时性要求较高的交互式应用,特别是实时多媒体应用。

#### 1. TCP 段发送与确认

TCP 支持双向数据流,但为了便于讲解,首先只考虑数据单向流动的情况,即数据从发送方流向接收方,接收方给出确认。TCP 连接建立之后,双方均开辟发送缓冲区和接收缓冲区。对于单向流,则只考虑一边为发送缓冲区,另一边为接收缓冲区。在一个 TCP 连接上,发送方的 TCP 实体将应用进程写入发送缓冲区的数据视为字节流,它从发送缓冲区中取出若干字节的数据封装成 TCP 段,并调用 IP 服务进行传输。由于 TCP 不区分应用层报文的边界,TCP 需要确定封装和发送一个 TCP 段的时机,即何时应该发送一个 TCP 段。TCP 通常在以下三种情况下封装并发送 TCP 段。

(1) 当发送缓冲区中的数据达到最大段长度(MSS)时。

(2) 发送方的应用进程指明要求发送 TCP 段,即 PUSH 操作。

(3) TCP 实体维护的定时器超时。

最大段长度表示每个 TCP 段所能承载数据部分的最大长度(不包括 TCP 首部),这个值可以在建立连接时通过 TCP 选项进行协商,选项格式如图 4-12 所示,MSS 最大可达 $65\,536(2^{16})$B。如果一方不接受来自另一方通告的 MSS 值,则 MSS 使用默认值 536B。一般来说,MSS 受限于物理网络的 MTU,尽可能地保证 IP 数据包不被分片。例如,以太网的 MTU 为 1500B,减去 20B 的 IP 首部和 20B 的 TCP 首部,则 MSS 可设置成 1460B。

| 类型=2 | 长度=4 | 最大段长度(2B) |
|---|---|---|

图 4-12　MSS 选项格式

TCP 是面向字节流的,每个字节的数据均有序号,这为数据分割组装 TCP 段提供了灵活性,也便于在接收方按序合成字节流。TCP 连接的初始序号(ISN)在连接建立时选择并通告给对方,由于 SYN 段占用 1 个序号,数据从 ISN+1 序号开始,共 $2^{32}$ 个序号,循环使用。TCP 段的序号字段写入所承载数据的第一个字节的序号。当接收方按序接收到无差错的 TCP 段时则返回确认段,也称为 ACK 段(简称为 ACK),即将 TCP 段中的 ACK 标志位置位,并给出确认序号。发送序号和确认序号之间的关系如图 4-13 所示。

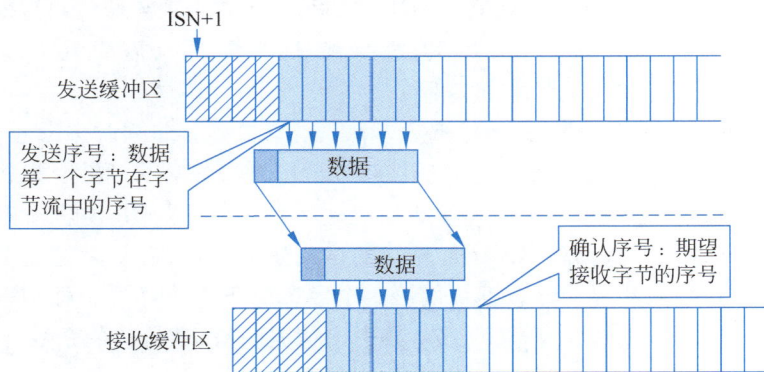

图 4-13　发送序号和确认序号

TCP 的基本确认方式是累积确认,确认序号为按序正确接收到的最后一个字节的下一个序号,即后继期望接收的字节的序号,这意味着该序号之前的数据都已经被接收方按序正确接收。通常 TCP 在接收到 TCP 段时并不一定立即发送 ACK,可能会推迟 ACK 的发送,但推迟时间必须小于 500ms(例如,Linux 系统通常设为 40ms)。推迟发送 ACK 主要有两点考虑:①应用进程通常是交互的,TCP 希望能够通过反向的数据传输将 ACK 捎带回去,从而减少网络带宽消耗；②由于 TCP 是累积确认，对于持续的数据流可以考虑每两个 TCP 段确认一次，从而减少 ACK 段的数量。

　　TCP 利用首部中的校验和对 TCP 段进行差错检测，校验和的计算方法与 UDP 类似，主要差别是伪首部中的协议字段设置为 6，指明协议类型为 TCP。如果接收方接收到的 TCP 段有错误，则丢弃该 TCP 段。如果接收方接收到未按顺序到达的 TCP 段，可以缓存也可以丢弃(TCP 标准没有明规定)。但目前的 TCP 实现都会缓存失序的 TCP 段，以减少重传段的数量，提高 TCP 的性能。失序的 TCP 段不论被缓存或丢弃，都会立即返回一个 ACK 段(不推迟确认)，其中，确认序号为按序正确接收到的最后一个字节的下一个序号。该 ACK 是重复的 ACK，之前针对该确认序号已经发送过 ACK。这里需要注意的是，接收方是否缓存失序的 TCP 段，对发送方的处理逻辑没有影响。

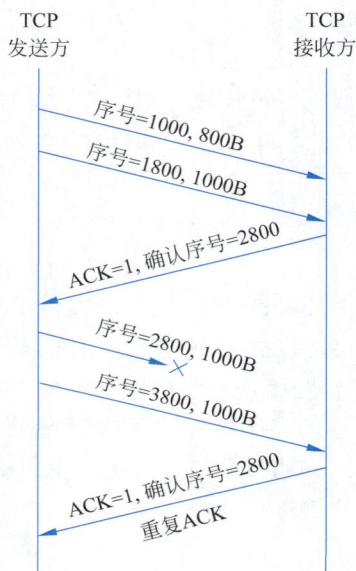

图 4-14　累积确认和重复 ACK 示例

　　图 4-14 给出了一个累积确认和重复 ACK 的示例，其中，第一个 ACK 的确认号为 2800，表明接收方按序收到了 2800 之前的所有字节，期望接收第 2800 字节；之后序号为 2800 的数据段丢失，序号为 3800 的数据段正确到达接收方，则发送重复确认，依然告诉发送方期望接收第 2800 字节，接收方不能直接对序号为 3800 的数据段进行确认。

　　TCP 累积确认只能对按序正确接收的数据进行确认，无法提供对未按序到达的 TCP 段的确认，已经被正确接收的数据也可能会被重传，造成网络资源的浪费，同时也会影响 TCP 的性能。如果一个发送窗口中有多个 TCP 段丢失，TCP 的吞吐量会明显受到影响。作为对 TCP 累积确认的补充，TCP 提供了选择确认(Selective ACK，SACK)选项，利用该选项接收方可以对所有成功接收的数据进行确认，发送方只需要重传出错或丢失的数据。

　　发送方是否能够接收和处理 SACK 选项，可以在 TCP 连接建立时进行通告，即在 SYN 段中携带 SACK 允许选项，指明连接建立后接收方可以发送 SACK 选项。SACK 允许选项只包含类型(4)和长度(2)两个字节。连接成功建立后，SACK 选项由数据的接收方发送，以通告正确接收的非连续的数据块。SACK 选项的格式如图 4-15 所示，块左边界为该数据块第一个字节的序号，块右边界为该数据块最后一个字节的下一个序号。标识一个数据块需要 8 字节，SACK 选项长度为 $(8N+2)$ 字节，其中，$N$ 为非连续数据块的个数。由于 TCP 选项最长为 40 字节，因此最多可以包含 4 个非连续的数据块。

| 类型=5 | 长度=8N+2 | 第1块左边界 | 第1块右边界 | …… | 第N块左边界 | 第N块右边界 |
| --- | --- | --- | --- | --- | --- | --- |

图 4-15　SACK 选项格式

　　如果允许接收方发送 SACK 选项，当它接收到未按序到达的 TCP 段时，在发送的 ACK 段中携带 SACK 选项。该 ACK 段对按序接收的数据依然进行累积确认，对失序的数据进行选择确认，SACK 选项不会改变确认序号字段的含义。如果 TCP 选项部分长支允许，

SACK 选项应对尽可能多的数据块进行确认。当发送方接收到包含 SACK 选项的 ACK 时,对确认的数据进行标记。选择确认的一个示例如图 4-16 所示,2800 之前的数据按序正确接收,序号为 2800 和 5800 的两个数据段丢失。接收方在正确收到序号为 3800 的数据段后,所发送的 ACK 中确认序号为 2800,同时包含对 3800~4799 字节的选择确认选项(①)。接收方在正确收到序号为 4800 的数据段后,所发送的 ACK 中确认序号也为 2800,同时包含对 3800~5799 字节的选择确认选项(②)。接收方在正确收到序号为 6800 的数据段后,所发送的 ACK 中确认序号依然为 2800,同时包含对 3800~5799 和 6800~7799 两个数据块的选择确认(③)。

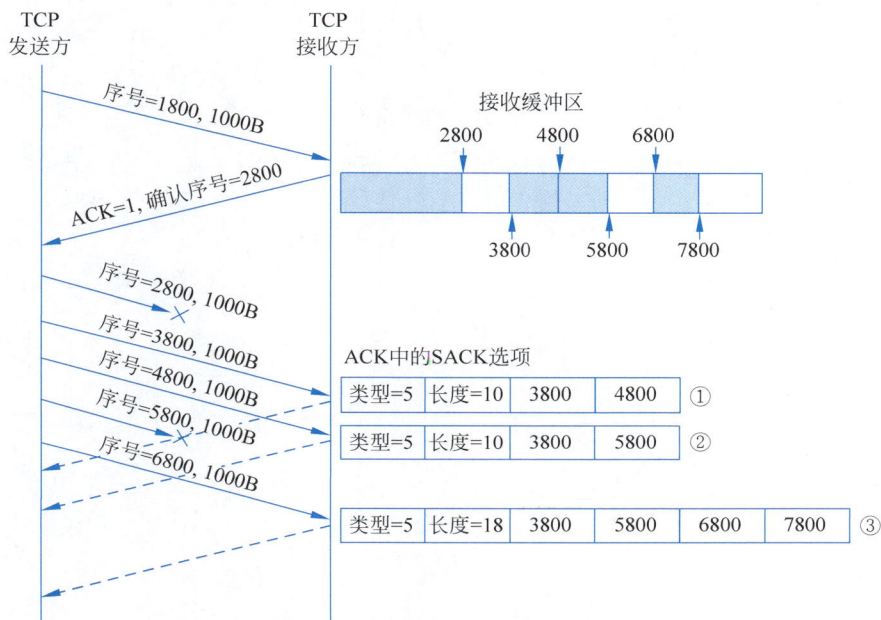

图 4-16　SACK 选项示例

### 2. TCP 重传机制

由于 TCP 要保证数据传输的可靠性,因此需要对出错或丢失的数据段进行重传。重传是解决可靠问题的基本方法,其关键问题在于何时触发重传。TCP 使用了两种触发重传机制,即超时重传和快速重传。

1)超时重传机制

TCP 实体在发出一个数据段时,同时启动一个重传定时器。当该定时器超时,如果仍未接收到接收方返回的确认(可能是数据丢失,也可能是 ACK 丢失),则重传该数据段(如图 4-17 所示)。超时重传机制的核心是重传超时时间(Retransmission TimeOut,RTO)的设定。RTO 设置过短,可能会提前超时,引入不必要的重传,浪费网络带宽资源;RTO 设置过长,对于丢失的数据段,等待重传的时间过长,会引入较大的时延(如图 4-18 所示)。

TCP 是面向互联网的端到端传输协议,不同的 TCP 连接的往返时间(Round-Trip Time,RTT)有较大的差别,对于同一个 TCP 连接,由于网络负载的动态变化及路径的改变,RTT 也会发生较大的变化,这给 RTO 的设置带来困难。TCP 采用自适应的 RTO 计算方法,它基于 RTT 的测量值,不断进行调整,以适应 RTT 的变化。

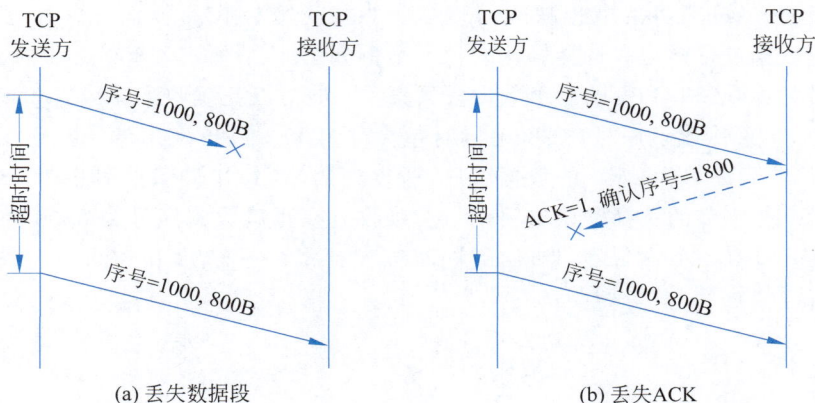

(a) 丢失数据段　　　　　　　　　　　　(b) 丢失ACK

图 4-17　TCP 超时重传示例

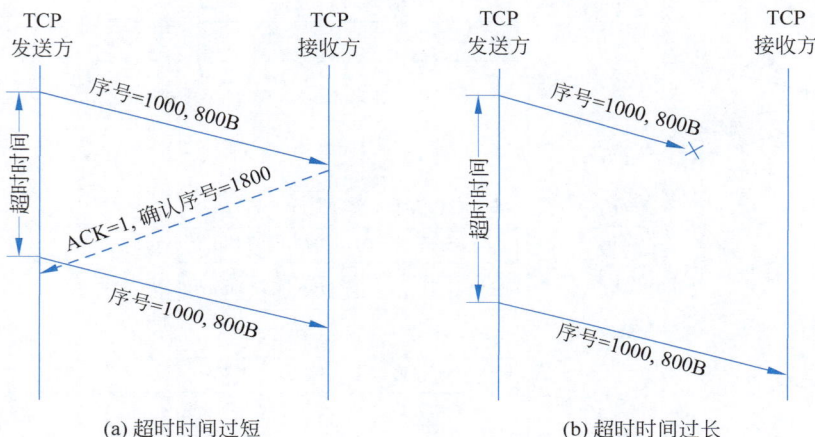

(a) 超时时间过短　　　　　　　　　　　(b) 超时时间过长

图 4-18　过长或过短的超时时间示例

TCP 自适应 RTO 计算的基本思想是:对一个 TCP 连接上的 RTT 测量值进行指数加权移动平均,得到平滑过的往返时间(Smoothed Round Trip Time,SRTT)。每次得到新的 RTT 测量值,SRTT 被更新。SRTT 计算公式如下。

$$SRTT = \alpha \times SRTT + (1-\alpha) \times RTT$$

其中,$\alpha$ 为平滑因子,它决定 RTT 测量值所占的权重,建议取值为 $0.8 \sim 0.9$,为了实现方便,一般取 $\alpha = 7/8$。该算法是一种老化算法,新的 RTT 测量值的权重较大,老的 RTT 测量值的权重较小,使 SRTT 能更好地反映网络的当前状况。

获得 SRTT 后,需要利用 SRTT 计算 RTO。在最初的标准中(RFC 793)推荐月下面的公式计算 RTO。

$$RTO = \beta \times SRTT$$

其中,$\beta$ 为时延方差因子,建议取值为 $1.3 \sim 2.0$,一般取 $\beta = 2$。

这种常数因子灵活性差,当 RTT 变化范围很大时,上述 RTO 的计算方法不能很好地适应 RTT 的变化,可能会引起不必要的重传。特别是在网络处于拥塞状态时,不必要的重传会加重网络的负担。为了解决上述问题,Jacobson 提出了一种改进算法,在利月 SRTT 计算 RTO 时要考虑 RTT 测量值的变化。它使用 RTT 的均值偏差(记为 DevRTT)反映

RTT 的变化情况。DevRTT 和 RTO 计算公式如下。

$$DevRTT = \delta \times DevRTT - (1-\delta) \times |SRTT - RTT|$$
$$RTO = \mu \times SRTT + \varphi \times DevRTT$$

其中,$\delta$ 与 $\alpha$ 的作用类似,推荐取值 3/4;$\mu$ 一般设为 1;$\varphi$ 一般设为 4。

至此,我们可以基于持续测量的 RTT 进行 RTO 的计算,但还面临 RTT 如何测量的问题。在实际中,TCP 并不是每发送一个数据段都进行 RTT 测量。在测量 RTT 时,TCP 记录发送数据段的时刻和确认的返回时刻,之间的差值便得到测量的 RTT。对于在这期间发送的其他数据段,TCP 不进行 RTT 测量,即一个 RTT 间隔内只进行一次测量。如果用于 RTT 测量的数据段由于超时被重传,发送方无法判断接收到的 ACK 是针对原始数据段的确认,还是针对重传数据段的确认,存在二义性,导致 TCP 无法准确测量 RTT。如图 4-19 所示,由于发送方无法获知接收方的具体行为,无论是基于原始数据段进行测量,还是基于重传数据段进行测量,都可能产生错误的 RTT 测量值。针对上述问题,Karn 提出了一个简单修正策略。如果用于测量 RTT 的数据段被重传,则停止 RTT 的测量,不再重新计算 SRTT 和 RTO 值。当重传数据段被确认后,重新启动 RTT 测量。Karn 算法也对重传数据段的超时时间进行更改,即每次重传,将 RTO 设置成上一次的 2 倍。

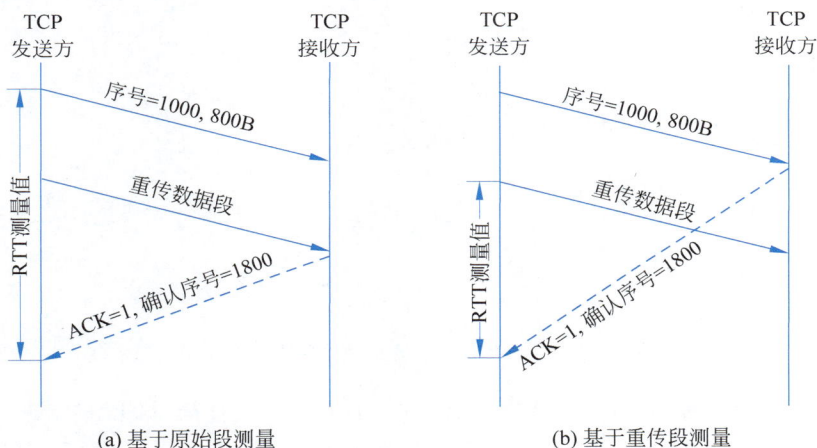

图 4-19　无法准确测量 RTT 示例

当 TCP 连接上出现大量重传数据段时,Karn 算法使 RTT 不能有效测量。为了测量 RTT,TCP 中增加了时间戳选项,选项格式如图 4-20 所示。例如,发送方发送数据段时刻记为 TS1,该值被放入"时间戳值"(timestamp)字段。接收方在返回 ACK 时,把数据段中的"时间戳值"复制到"时间戳回送"(timestamp echo)字段。发送方接收到 ACK 的时刻记为 TS2,则 RTT = TS2 - TS1。TCP 是否使用时间戳选项可以在 TCP 连接建立时进行协商。虽然时间戳选项可以很好地解决 RTT 的测量问题,但也带来了额外的开销。

| 类型=8 | 长度=10 | 时间戳值 | 时间戳回送 |

图 4-20　时间戳选项格式

2)快速重传机制

在超时重传机制中,RTO 时间相对较长,超时重传会引入较长的时延。在有些情况下,发送方会连续发出多个数据段,如果一个数据段丢失,而其后续的数据段正确到达接收方,接收方接收到失序的数据段会立即返回 ACK。该 ACK 为重复 ACK,告知发送方期望接收的序号。如果发送方接收到对同一个序号三次重复的 ACK,表明该序号的数据段之后已经有三个数据段到达了接收方。发送方可以据此推断重复 ACK 中确认序号指示的数据段已经丢失,并在超时之前重传丢失的数据段,以降低延迟,这种重传机制称为**快速重传**。图 4-21 给出了一个快速重传的示例。在该示例中,序号为 100 的数据段被正确收到,接收方返回确认序号为 300 的 ACK 段;序号为 300 的数据段丢失,当之后的三个数据段到达接收方时,接收方返回三个确认序号为 300 的重复 ACK;发送方收到三个重复 ACK 后,重传序号为 300 的数据段。

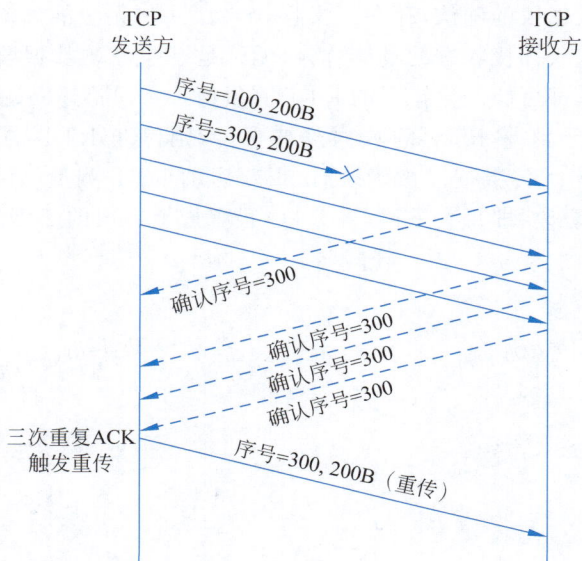

图 4-21　快速重传示例

　　TCP 快速重传机制与 SACK 选项结合使用,能够有效地提高 TCP 的性能。图 4-22 给出了一个快速重传与 SACK 结合的示例。在该示例中,接收方缓存失序的数据段,并在 SACK 选项中进行确认,当接收方接收到序号为 300 的重传数据段时,则序号为 1100 之前的数据都被按序正确接收,返回确认序号为 1100 的 ACK。如果该 ACK 在所有数据段超时之前返回,则不会触发其他数据段的重传。

### 3. 流量控制

　　前面在讨论数据段发送、确认、重传机制时,没有对发送方可以发送多少未确认的数据进行约束。但是在实际中,发送方能够发出未确认的数据量会受发送方缓存能力、接收方的接收能力,以及网络传输能力等的约束。这一部分只考虑接收方的接收能力对发送方能够发出未确认数据量的影响,即**流量控制**。

　　1）基于窗口的流量控制

　　在通常情况下,发送方总是希望尽快地将数据发送出去。但是发送方发送得过快,会造成接收方缓冲区溢出,接收的数据会被丢弃。为了保证可靠性,发送方需要对被丢弃的数据进行重传,因而会造成网络带宽资源的浪费。TCP 使用窗口机制限制发送方能够发出未确

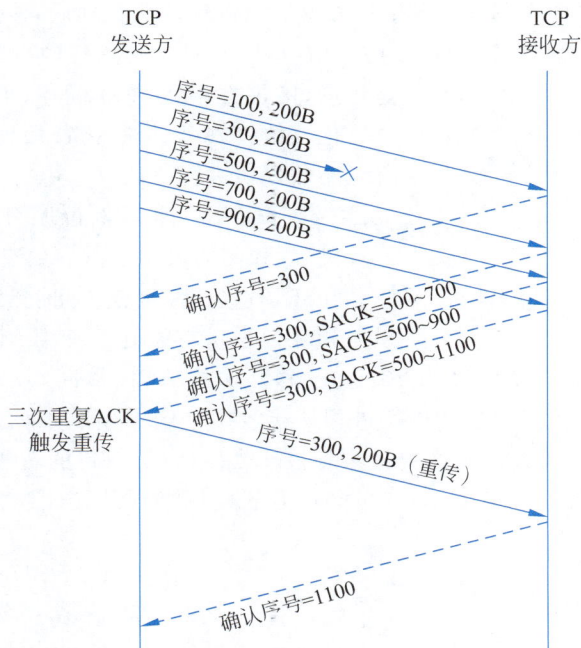

图 4-22　快速重传与 SACK 结合示例

认的数据量。对于单向 TCP 流,发送方维护一个发送窗口,接收方维护一个接收窗口,两个窗口的大小是动态变化的。当前接收窗口的大小会通过 ACK 段中的接收窗口通告字段告知发送方,发送方根据该窗口通告调整发送窗口。初始的接收窗口大小在 TCP 连接建立时进行通告。

　　图 4-23 给出了一个发送窗口的示意图。假设序号是无限的(32 位序号可以循环使用),发送方的序号空间可以划分成 4 部分,分别是已经发送并被确认的序号、已经发送还未被确认的序号、还未发送但接收方可以接收的序号、接收方暂时不可接收的序号。发送窗口的左边界是未确认的最低序号,它之前的数据都已被确认。如果发送的未确认数据用完发送窗口中的全部序号,则停止发送。当接收到 ACK 时,其确认号大于发送窗口左边界的序号时,则发送窗口的左边界向右移动到确认序号指示的位置;当通告窗口大于当前的发送窗口时,发送窗口的右边界向右移动。如果 ACK 段中包含 SACK 选项,SACK 选项所确认的序号不会引起发送窗口左边界的移动,只需要把确认的序号标记为已确认。

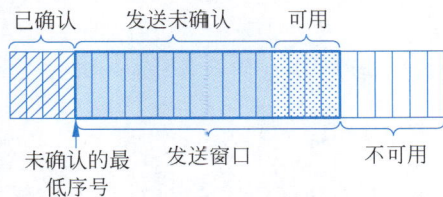

图 4-23　发送窗口

　　图 4-24 给出了一个接收窗口的示意图。接收方的序号空间可以划分成三部分,分别是已经接收并已经确认的序号、未接收但可以接收的序号、不可接收的序号。接收窗口的左边界是下一个期望接收的序号,它之前的数据都已按序正确接收。当接收到按序到达的数据

时,接收窗口的左边界向右移动;当接收方的应用进程读取数据后,该部分数据所占用的接收缓冲区空间被释放,接收窗口的右边界向右扩展。对于落入接收窗口中未按序到达的数据,接收方可以进行缓存,但接收窗口不发生变化。接收方可以随 ACK 段发送 SACK 选项,对失序数据块进行确认。

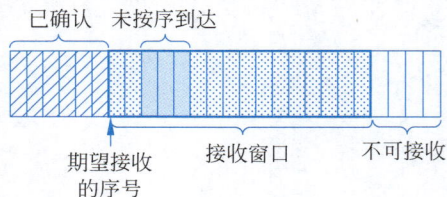

图 4-24　接收窗口

下面用一个示例说明 TCP 流量控制的工作机制(如图 4-25 所示)。在该示例中,假设 MSS 为 200B,建立 TCP 连接时接收方通告的窗口为 500B。发送方发送三个数据段(共 500B)后停止发送。当发送方接收到确认序号为 201、401 和 501 的 ACK 段时,发送窗口的左边界向右移动,右边界不改变。当接收方的应用进程从接收缓冲区中读取 400B 后,接收方发送窗口更新通告,通告窗口为 400B。发送方接收到该通告后,发送窗口的右边界向右移动,发送方可以继续发送两个数据段(共 400B)。当接收方的应用进程从接收缓冲区中读取 300B 后,继续通告窗口更新。

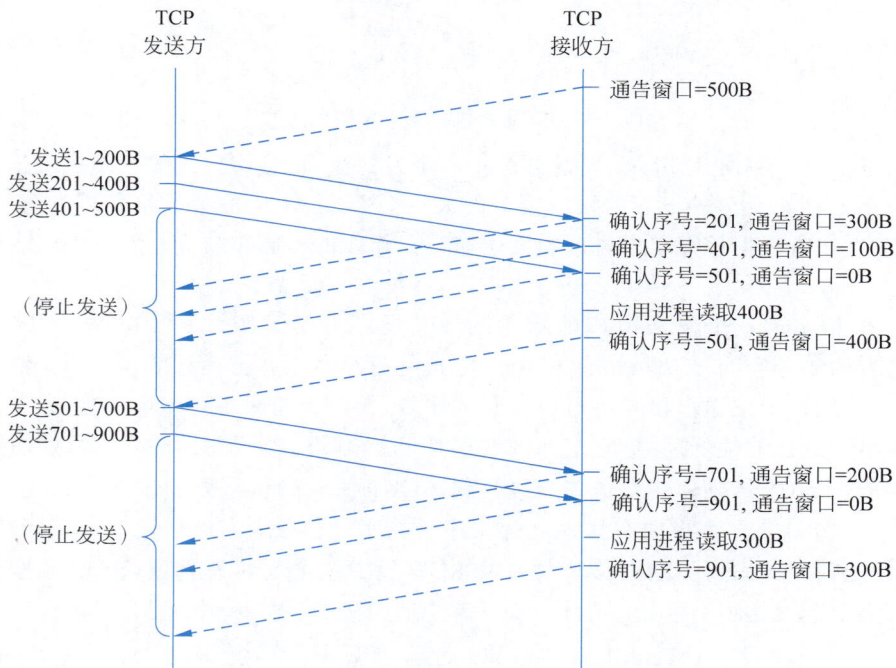

图 4-25　TCP 流量控制示例

2) 问题分析及解决策略

(1) 窗口探测。

在图 4-25 的示例中,需要考虑一种特殊情况,即发送方接收到的窗口通告为零,但后面接收方发送的非零窗口通告丢失(记住 TCP 不保证 ACK 段的可靠传输),那么发送方如何获知接收窗口不再是零呢?为解决这种死锁问题,TCP 实体在接收到零窗口通告且有数据待发送时,则启动一个定时器。定时器初始值设成 RTO,之后执行指数退后算法。在定时器超时后,发送一个只包含 1B 数据的窗口探测段,同时重新启动定时器。接收方接收到窗口探测段后会返回一个 ACK 段,并在其中通告当前接收窗口的大小。发送方会持续发送窗口探测段,直至获得非零窗口通告。如果接收方的当前接收窗口仍为零,窗口探测段中携带的 1B 数据会被丢弃。

(2) 糊涂窗口综合征。

在图 4-25 的示例中可以看到,如果接收方接收数据而应用进程未及时读取,则接收窗口会缩小到 0。此后应用进程只读取少量字节的数据,如 5B,则接收方可以继续接收 5B 的数据。如果这时接收方向发送方进行窗口通告(通告窗口大小为 5B),而发送方接收到通告后立即发送 5B 的数据,则又会把接收缓冲区再次填满。反复这样的过程,发送方会发送大量的小数据段。这种现象称为糊涂窗口综合征(Silly Window Syndrome,SWS)。小数据段会产生相对大的额外开销,例如,携带 5B 的 TCP 数据段,在传输过程中,至少要加上 20B 的 TCP 首部和 20B 的 IP 首部,以及物理网络的封装开销。大量小数据段会降低网络资源的利用率。

为了解决上述问题,可以从接收方和发送方两方面着手。对于接收方,限制其发送小增量的窗口更新通告。如图 4-26 所示,可以将接收缓冲区划分成三部分,即缓存应用进程还未读取的按序正确接收到的数据、已经通告的接收窗口、可以使用但还未通告部分。当第三部分大于接收缓冲区的一半或达到一个 MSS 时,才移动接收窗口的右边界,并向发送方通告窗口的变化。

对于发送方,解决 SWS 问题的策略是尽可能地减少其发送小数据段的数量。所谓小数据段是指数据部分长度小于 MSS 的数据段。这就意味着,如果发送窗口中可用序号数少于 MSS 字节或发送方的应用进程没有写入足够的数据,就可能产生小数据段。如果完全不允许发送小数据段,对于某些应用可能会引

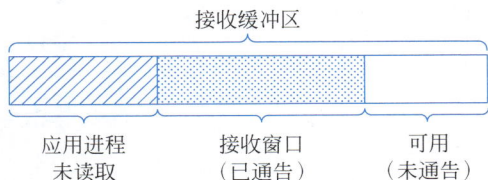

图 4-26　接收缓冲区结构

入过长的时延甚至死锁,特别是一些交互式应用。因此,在 TCP 中使用 Nagle 算法来确定何时能够发送一个小数据段的问题。

Nagle 算法的思路很简单:如果发送窗口中有足够的可用序号且应用进程写入了足够的数据,发送方可以封装一个满载数据段(包含 MSS 字节数据),则可以立即发送;否则,只有在发送窗口中所有数据都被接收方确认后,才可以发送一个小数据段(忽略应用进程的 PUSH)。Nagle 算法的优点在于它是自适应的,确认到达得越快,数据也发送得越快。因此,可以有效降低低速广域链路上小数据段的数量,从而避免拥塞。

TCP 启用 Nagle 算法后,在极端情况下会演化为停等协议。对于一些对时延要求较高的交互式应用,Nagle 算法引入的延迟不可接受。特别是在接收方同时启用推迟 ACK 算法时,情况更为严重,即接收方累积两个数据段确认一次,而发送方在 ACK 返回之前只能发一个小数据段,接收方只能等待推迟 ACK 定时器超时才能返回 ACK。因此,在 TCP 具体实现时都提供了在特定连接上关闭 Nagle 算法的方法。

(3) 接收窗口扩展。

TCP 首部中的接收窗口通告字段为 16 位,这意味着接收方能够通告的最大接收窗口为 65 535B。在不考虑其他因素的情况下,发送方最多能连续发送 65 535B 未确认的数据,

这在有些网络条件下会影响 TCP 连接的吞吐率。例如，一个 TCP 连接的 RTT 为 20ms，带宽为 1Gb/s，接收窗口为 65 535B，则发送方发送 65 535B 数据所用的传输时间为

$$传输时间 = \frac{65\,535 \times 8}{1 \times 10^9} = 0.5\text{ms}$$

发送方连续发送 65 535B(当然需要封装成多个数据段)后需要等待接收方的确认，当第一个数据段的确认返回后，才有可能继续发送数据。可以利用下面的公式粗略计算 TCP 连接的吞吐率。

$$吞吐率 = \frac{传输时间}{\text{RTT}} \times 1\text{Gb/s} = \frac{0.5}{20} \times 1\text{Gb/s} = 25\text{Mb/s}$$

在上面的例子中，TCP 连接的吞吐率仅为 25Mb/s。这种问题对于长肥管道(即高带宽、长往返时间的 TCP 连接)比较突出。为了解决这一问题，可以考虑扩大接收通告窗口的大小。如果将接收窗口扩大 10 倍，其吞吐率便可以达到 250Mb/s。为了通告更大的接收窗口，TCP 使用窗口扩展因子选项对通告的接收窗口进行扩展。

窗口扩展因子选项如图 4-27 所示。选项类型为 3，选项长度为 3B，移位数取值为 0 ~ 14，0 代表没有扩展。如果移位数用 $S$ 表示，通告窗口为 $W$，则接收窗口可以扩展到 $W \times 2^S$，接收窗口最大可以扩展到 $65\,535 \times 2^{14}$，约为 $2^{30}$。TCP 序号空间为 $2^{32}$，大于 $2 \times 2^{30}$，满足滑动窗口的基本要求。窗口扩展因子选项只能在 SYN 段中出现，连接一旦建立，扩展因子选项是固定的。

| 类型=3 | 长度=3 | 移位数（1B） |
|---|---|---|

图 4-27　窗口扩展因子选项

## 4.2.4　TCP 拥塞控制

前面章节中介绍过，在 TCP/IP 体系结构中，IP 层采用分组交换方式转发 IP 数据包，链路共享采用统计多路复用方式。受限于路由器的转发能力和链路带宽，当 IP 数据包到达过快时路由器可能不能及时对数据包进行转发，会在路由器中排队等待。当缓冲队列排满时，路由器会将后继到达的数据包丢弃(在实际中，何时丢弃数据包、基于什么原则丢弃，与路由器中的队列管理策略有关)。如果数据包在网络中经历较长的排队延时或由于缓冲队列溢出而被丢弃，则出现了网络拥塞。

在分组交换网络中，为了有效地利用链路带宽资源，路由器中的适当排队是可以接受的，但长时间排队以及分组丢失应该避免。拥塞控制的目标是尽可能快地传输数据，并要避免网络拥塞发生，而且在网络拥塞发生时能够进行有效恢复。实现拥塞控制需要解决两方面的问题：一是如何感知网络的状态，二是如何控制发送速率。

网络状态的感知可以由路由器给出显式的反馈，也可以由主机根据数据流的某些特征进行推断。前者称为网络辅助的拥塞控制，如显式拥塞通知（Explicit Congestion Notification，ECN）；后者称为基于主机的拥塞控制，网络中的路由器无明确的反馈，主机通过观察数据的丢失、延迟等情况推断是否发生拥塞及发生拥塞的程度。

发送速率可以利用拥塞窗口的增减进行控制，拥塞窗口限定了发送方能够发出未确认数据的数量。结合流量控制中的接收方通告窗口，TCP 发送窗口的实际大小取决于拥塞窗

口和接收方通告窗口的小者,即发送方的发送速率受网络的转发能力和接收方的接收能力共同约束。为了叙述方便,这里只关注拥塞窗口,不考虑接收方通告窗口对发送窗口的限制。在基于拥塞窗口的拥塞控制方法中,其关键是确定拥塞窗口的大小。过大的拥塞窗口可能会造成网络拥塞,较小的拥塞窗口会降低网络资源的利用率,因此通常需要在拥塞和利用率之间找到平衡。

TCP 拥塞控制从 20 世纪 80 年代末开始部署,网络拥塞问题得到了持续关注,研究人员也不断探索新的方法来解决网络拥塞问题。传统的 TCP 拥塞控制采用的是基于主机的拥塞控制机制,近年来也引入了网络辅助的拥塞控制机制,以降低网络拥塞状态感知的时延。TCP 拥塞控制算法种类很多,后面主要对广泛部署的 Reno 算法进行详细讲解,并对其他几种算法进行简要介绍,如 CUBIC、BBR、DCTCP 等。

### 1. TCP Reno

Reno 算法是传统的 TCP 拥塞控制算法,最早在 UNIX 系统中实现,后来被各种操作系统广泛支持。Reno 算法包括慢启动、拥塞避免、快速恢复三种机制,以数据段丢失作为网络拥塞的标志,通过调整拥塞窗口的大小控制发送方的发送速率。以数据段丢失作为网络拥塞标志基于这样的假设:由于传输错误造成 TCP 段被丢弃的概率很小(远小于 1%),数据段丢失主要源于网络拥塞。TCP 拥塞控制为每个 TCP 连接维护两个额外的变量,即拥塞窗口(cwnd)和慢启动阈值(ssthresh),两个变量都以 MSS 作为计数单位。当 cwnd 小于 ssthresh 时,TCP 处于慢启动状态;当 cwnd 达到 ssthresh 时,则进入拥塞避免状态。

#### 1)慢启动

在 TCP 连接建立之初,发送方无法获知网络的可用带宽,因此它从一个较低的起点开始探测,即将 cwnd 设置为一个 MSS,之后每收到一个新的 ACK,cwnd 增加一个 MSS,直到拥塞窗口大小达到 ssthresh,这个过程被称为慢启动。如图 4-28 所示,发送方开始时发送一个数据段,然后等待 ACK。当收到对应的 ACK 时,cwnd 从 1 增加到 2,即可以发送两个数据段。当收到这两个数据段的 ACK 时,cwnd 增加到 4,以此类推。从该示例中可以看出,在慢启动阶段拥塞窗口经历了一个指数增长过程,其目的是使发送方的发送速率能够快速接近网络的可用带宽。之所以称为"慢启动",只是起点较低。对于长肥管道,一个 MSS 的拥塞窗口起点会严重限制 TCP 的吞吐率,因此在目前的一些实现中,通常会

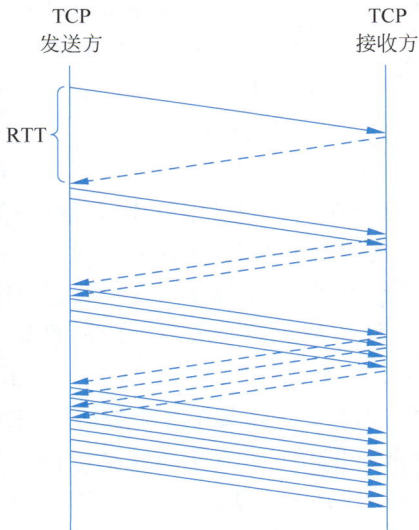

图 4-28 慢启动示例

将初始拥塞窗口设置为较大的值以提高 TCP 的性能。例如,在 RFC 6928 文档中,建议将拥塞窗口的初始值设置成 10 个 MSS。

#### 2)拥塞避免

拥塞窗口持续的指数增长会造成发送速率过快而导致网络拥塞,因此人为地给出了一个慢启动阈值(ssthresh),当拥塞窗口达到慢启动阈值时,则进入拥塞避免状态。在拥塞避

免阶段,拥塞窗口中的所有数据段都得到确认,拥塞窗口增加一个 MSS(理论上可以简单视为经过一个 RTT,拥塞窗口增加 1)。如图 4-29 所示,如果 ssthresh 设为 16 个 MSS,拥塞窗口从一个 MSS 开始,经过 4 个 RTT 后达到 ssthresh,之后进入拥塞避免阶段。在拥塞避免

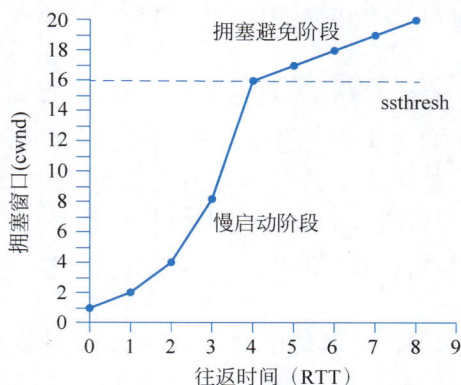

图 4-29　拥塞窗口变化示例

阶段,拥塞窗口呈线性增长,相对慢启动阶段拥塞窗口的增长速度减缓,尽可能避免拥塞的发生。在实际实现中为便于操作,发送方通常每收到一个 ACK,拥塞窗口按如下方式进行增长。

$$cwnd = cwnd + \frac{1}{cwnd}$$

3) 拥塞感知与快速恢复

Reno 算法通过数据段的丢失感知网络拥塞。前面介绍过,TCP 有两种检测数据段丢失的方法,一种是重传定时器超时,另一种是收到三次重复 ACK。两种丢失表征方法所反映的网络拥塞程度有所不同。发送方如果收到三次重复

ACK,可以据此推测数据段的丢失,同时也可以获知丢失的数据段后面至少有三个数据段已经到达了接收方,网络拥塞并不十分严重,收发双方之间仍然有数据流动。

在 Reno 算法中,如果通过超时检测到丢失,则将 ssthresh 设置成当前拥塞窗口的一半,将 cwnd 设置成一个 MSS,并执行慢启动过程。如果通过三次重复 ACK 检测到丢失,则不执行慢启动过程,而是将 ssthresh 设置成当前拥塞窗口的一半,将 cwnd 设置 ssthresh 加 3,并进入快速恢复状态。在快速恢复状态,每收到一个重复 ACK,则 cwnd 加 1;如果收到一个新的 ACK,则将 cwnd 设置成 ssthresh,退出快速恢复状态,进入拥塞避免状态。

4) 拥塞控制示例

下面用一个示例说明 Reno 算法的总体工作机制,并分析其存在的问题。如图 4-30 所示,假设在 $t_1$ 时刻发送方处于拥塞避免状态,cwnd 为 8 个 MSS,MSS 大小为 100B。发送方持续有数据要发送,接收方缓存失序的数据段。受拥塞窗口的约束,发送方发送 8 个数据段后停止发送(每个数据段携带数据的序号范围在左侧标出),其中,第 2 个和第 3 个数据段丢失。在 $t_2$ 时刻第一个数据段的确认(ACK200)返回,发送方可以继续发送下一个数据段(900~999),忽略一个 ACK 对 cwnd 大小的少量影响。在 $t_3$ 时刻发送方接收到三次重复的 ACK200,则重传第 2 个数据段(200~299),并将 ssthresh 设成 4(cwnd/2),cwnd 设成 7(ssthresh+3),进入快速恢复状态。之后每收到一个重复的 ACK,cwnd 增 1。在 $t_4$ 时刻发送方接收到一个新的确认(ACK300),则返回拥塞避免状态,cwnd 设成当前 ssthresh 的值(4)。之后由于受拥塞窗口约束发送方不能再发送新的数据段,直到 $t_5$ 时刻收到三次重复的确认(ACK300),则重传第 3 个数据段,ssthresh 设成 2(cwnd/2),cwnd 设成 5(ssthresh+3),进入快速恢复状态。在 $t_6$ 时刻,发送方接收到新的确认(ACK1200),返回拥塞避免状态,cwnd 设成当前 ssthresh 的值(2)。在该示例中假设没有超时事件发生。

从上述示例中可以看出,在一次网络拥塞引起的多个数据段丢失的场景中,会使拥塞窗口多次折半。另外,在后继没有足够的数据段发送或由于拥塞窗口限制不能发送更多的数据段时,丢失的数据段只能等到超时才能被重传,并进入慢启动状态。这会增大丢失数据段

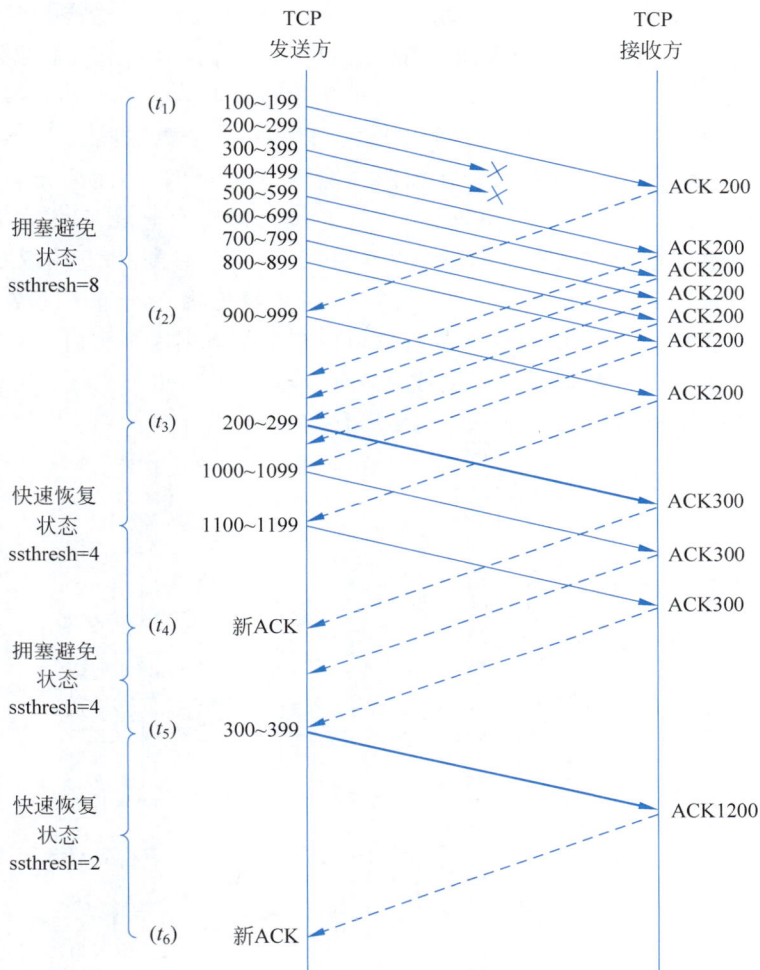

图 4-30 执行 **Reno** 算法的交互示例

的恢复时间,并严重降低 TCP 的吞吐率。

5) NewReno 算法

针对 Reno 算法存在的问题,NewReno 算法对 Reno 算法进行了改进。在 Reno 算法中造成拥塞窗口和阈值多次折半的原因是过早地退出了快速恢复状态,使其在拥塞避免状态和快速恢复状态之间多次切换。在 Reno 快速恢复算法中,发送方接收到一个新的 ACK 就退出了快速恢复状态,而在 NewReno 算法中,只有当所有数据段都被确认后才退出快速恢复状态。

NewReno 中引入两个概念:部分确认(Partial ACK,PACK)和恢复确认(Recovery ACK,RACK)。发送方在进入快速恢复状态时会记录发出且尚未得到确认字节的最大序号(记为 $y$)。如果发送方在快速恢复阶段接收到的新 ACK 的确认序号大于 $y$,则该确认被称为 RACK,否则被称为 PACK。例如,在图 4-30 的示例中,在 $t_3$ 时刻进入快速恢复状态,其所发送字节的最大序号为 999,在 $t_4$ 时刻发送方接收到新 ACK,其确认序号为 300,因此该确认为部分确认 PACK。

在 NewReno 算法中,发送方在快速恢复状态收到 PACK 时,不会退出快速恢复状态,而是重传下一个丢失的数据段。如果拥塞窗口允许,也可以继续发送新的数据段。当发送方收到 RACK 时,cwnd 设置为 ssthresh 并退出快速恢复状态。NewReno 算法大约每个 RTT 重传一个丢失的数据段,如果在一个发送窗口中有 $m$ 个数据段丢失,NewReno 算法的快速恢复状态将持续约 $m$ 个 RTT。在如图 4-31 所示的示例,前面部分与 Reno 算法一致,在 $t_4$ 时刻发送方接收到一个新 ACK(ACK300),该 ACK 为 PACK,发送方不退出快速恢复状态,继续重传下一个丢失的数据段(300~399)。在 $t_5$ 时刻,发送方又接收到一个新 ACK(ACK1200),该 ACK 为 RACK,发送方返回拥塞避免状态,cwnd 设成当前 ssthresh 的值(4)。从该示例中可以看出,在一个拥塞窗口内有多个数据段丢失时,cwnd 和 ssthresh 的值没有被多次折半,丢失数据段的恢复时间会有所降低,并且也可以在一定程度上避免由于超时而进入慢启动阶段的问题,从总体上会提升 TCP 的吞吐率。

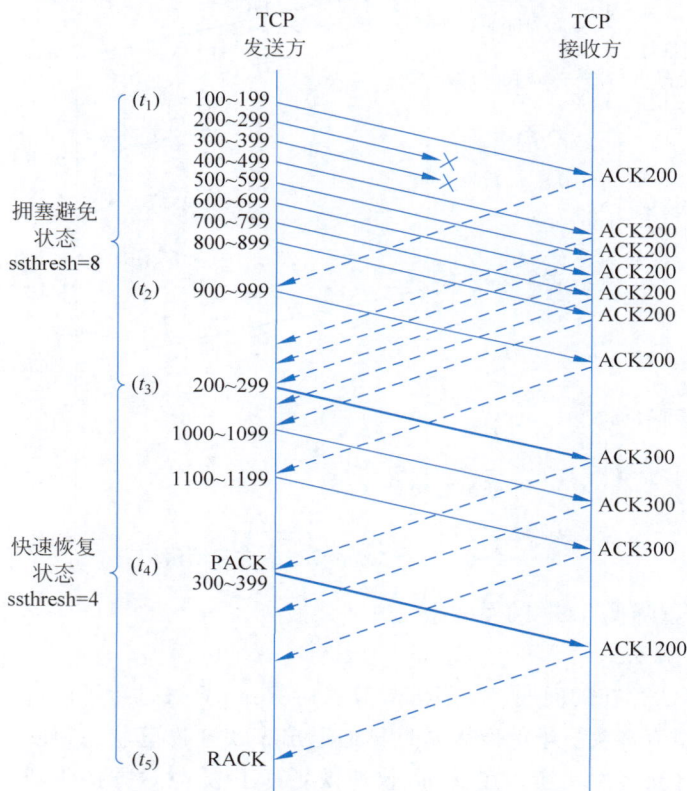

图 4-31　执行 NewReno 算法的交互示例

## 2. TCP CUBIC

传统的 TCP 拥塞控制算法,如 TCP-Reno、TCP-NewReno、TCP-SACK、SCTP 等,在拥塞避免阶段拥塞窗口增长缓慢,即每个 RTT 增 1。这种增长方式在高速长距离网络中不能充分利用网络的带宽资源,会限制 TCP 的吞吐率,从而影响用户的体验。CUBIC 是对传统 TCP 拥塞控制算法的改进,是当前 Linux 系统中默认使用的拥塞控制算法。CUBIC 在拥塞避免阶段使用三次函数的凸凹曲线来代替拥塞窗口的线性增长,可以提高在高速长距离网络中的可扩展性和稳定性。CUBIC 拥塞窗口的增长独立于 RTT,因此能更好地保证

TCP 连接之间的公平性。

相对于传统的 TCP 拥塞控制，CUBIC 的改进主要是在拥塞避免阶段。当 TCP 通过三次重复 ACK 或显式拥塞通知检测到拥塞事件时，则将该时刻拥塞窗口的大小保留在变量 $W_{max}$ 中，并对慢启动阈值和拥塞窗口进行乘性减少，即 ssthresh=$W_{max}\times\beta$，cwnd=$W_{max}\times\beta$，$\beta$ 为 CUBIC 的乘性递减因子，取值为 0.7（传统 TCP 拥塞控制算法中取值为 0.5）。之后利用图 4-32 左侧所示的三次函数的凸形曲线增加拥塞窗口，三次函数的稳定点设置为 $W_{max}$。在窗口大小达到 $W_{max}$ 之后，三次函数进入凹形曲线区域（如图 4-32 右侧），窗口大小开始沿着凹形曲线增长。这种先凸后凹的窗口调整方式可以提高算法的稳定性，同时保持较高的网络利用率。从图 4-32 中可以看出，拥塞窗口在接近 $W_{max}$ 时保持接近零增长，大多数窗口样本都接近于 $W_{max}$，围绕 $W_{max}$ 形成一个稳态区域，而拥塞窗口在偏离 $W_{max}$ 时加速增长。

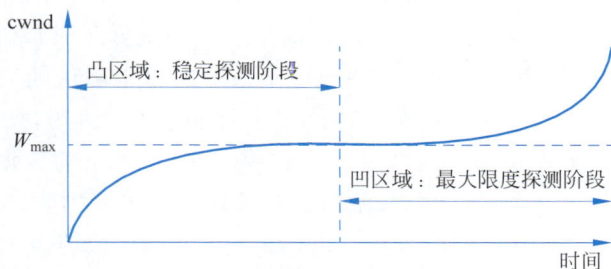

图 4-32　CUBIC 拥塞窗口增长函数

CUBIC 将拥塞窗口作为自上次拥塞事件以来所经过时间 $t$ 的函数，拥塞窗口的增长不依赖于 RTT，这可以避免因 RTT 差异而导致的公平性问题。CUBIC 拥塞窗口增长的三次函数曲线由下式给出。

$$\text{cwnd}(t)=C\times(t-K)^3+W_{max}$$

其中，$C$ 是一个常数，它决定了 CUBIC 在与其他拥塞控制算法竞争带宽方面的抢占性。在公平性和网络资源利用率方面进行权衡，建议 $C$ 取 0.4。$K$ 是基于上述函数将窗口增加到 $W_{max}$ 所需的时间，如果没有进一步的拥塞事件发生，则 $K$ 用下面的公式计算。

$$K=\sqrt[3]{\frac{W_{max}\times(1-\beta)}{C}}$$

需要进一步说明的是，CUBIC 在连接建立之初，以及通过超时检测到丢失事件时依然要执行慢启动算法。CUBIC 可以使用传统的 TCP 慢启动算法，也可以针对高速长距离网络选择改进的慢启动算法。当慢启动结束，即 cwnd 达到 ssthresh 时，进入拥塞避免阶段，使用三次函数曲线公式增大拥塞窗口，其中，$W_{max}$ 设置为进入拥塞避免时的 cwnd 值，$t$ 为自当前拥塞避免开始以来经过的时间，$K$ 设置为 0，直接进入最大限度探测阶段。

### 3. BBR 算法

前面介绍的拥塞控制机制都是通过丢失事件来感知网络拥塞，这些算法在过去的 30 多年里被广泛部署，在拥塞控制方面发挥了重要的作用。但是，基于丢失事件的拥塞控制方法只有在检测到丢失事件时才会降低拥塞窗口。如果路由器采用基本的先入先出调度策略，只有在瓶颈链路的缓冲区被填满时才会发生丢包。如果瓶颈链路的缓冲区很大，会形成较长的缓冲队列,需要很长时间才能将缓冲区中的数据排空,会引入过长的网络延时,这种情况称为**缓冲区膨胀**。随着近些年路由器缓存能力的不断提升,缓冲区膨胀问题对交互式应用产生了很大的影响。

瓶颈带宽和往返传播时间(Bottleneck Bandwidth and Round-trip propagaticn time,BBR)算法是 2016 年由谷歌公司设计的一种拥塞控制算法,目前已演绎到第 2 版。BBR 算法不再基于丢失事件感知网络拥塞,而是一种基于带宽和延迟反馈的拥塞控制算法。它根据链路中可以存放数据的最大容量确定拥塞窗口大小和发送速率,尽可能减少链路缓冲区的占用或不占用,降低网络延时,因此 BBR 是一种早期拥塞避免算法。

对于一个 TCP 连接,发送方和接收方之间经过的多条链路可以视为一条管道·管道最细的地方是可用带宽最小的链路,被称为**瓶颈链路**。瓶颈链路的带宽决定了端到端数据的最大投递率,过高的数据发送量会在路由器的缓冲区中排队,从而增加网络延时。BBR 算法的核心是确定合适的数据发送量,以获得最高投递率和最低延时,从而充分利用网络带宽,降低链路缓冲区的占用率。如图 4-33 所示,横轴是发出未确认的数据量,纵轴分别是RTT 和投递率。在左边区域,发出的数据量小,链路缓冲区未被占用,投递率随着发出数据量的增多而上升,RTT 保持最小值(RTprop)。在中间区域,发出的数据量增多,投递率达到瓶颈链路的带宽(BtlBw)而不再增长,路由器的缓冲区中出现排队,RTT 随着发出数据量的增加而增大。在右侧区域,缓冲区溢出,出现丢包。从图 4-33 中可以看出,如果可以获得最大的瓶颈带宽 BtlBw 和最小的往返传播延时 RTprop,就可以用 BtlBw 和 RTprop 的乘积得到**带宽时延积**(Bandwidth Delay Product,BDP),基于 BDP 确定拥塞窗口及发送速率,理论上数据则不会在路由器的缓冲区中进行排队。BBR 算法的最大贡献是设计了测量BtlBw 和 RTprop 的方法。

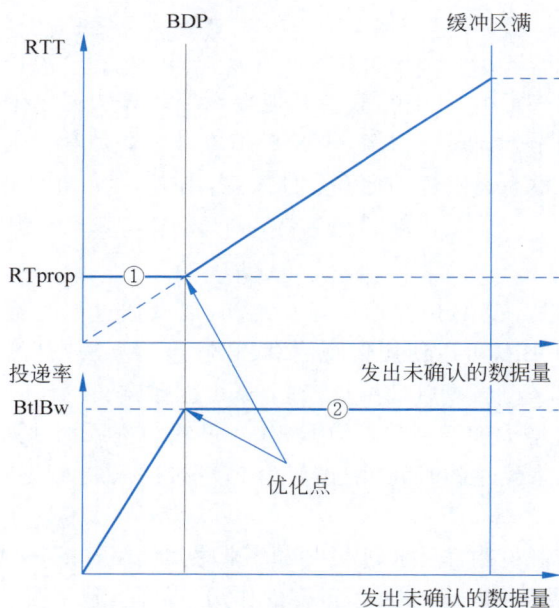

图 4-33　**RTprop 和投递率与发送未确认数据量的关系**

从图 4-33 中可以看出,要测量 BtlBw,需要把瓶颈链路填满(图中②的位置),此时路由器的缓冲区中存在排队,延迟较高;要测量 RTprop,需要保证路由器的缓冲区不被占用(图中①的位置),因此 RTprop 和 BtlBw 很难同时被测量。BBR 采用优化点的近似观测,即用过去 10s 内的最小 RTT 和最大投递率,分别作为近似的 RTprop 和 BtlBw,并依据这两个值估算当前的 BDP。BBR 根据测量的 BtlBw 和估算的 BDP 设定拥塞窗口和发送速率,具体的设定方法如下。

• 拥塞窗口:

$$cwnd = cwnd\_gain \times BDP$$

• 发送速率:

$$pacing\_rate = pacing\_gain \times BtlBw$$

其中,cwnd_gain 和 pacing_gain 分别为拥塞窗口增益系数和发送速率增益系数。

RTprop 和 BtlBw 的探测过程包括 4 个阶段,即启动阶段、排干阶段、探测带宽阶段和探测 RTT 阶段,如图 4-34 所示。启动阶段类似于普通拥塞控制中的慢启动,以 2/ln2 的增益系数更新发送速率和拥塞窗口,即 pacing_rate = 2/ln2 × BtlBw,cwnd = 2/ln2 × BDP。如果经过三个 RTT 投递率不再大幅增长(即增长小于 25%),说明已经达到了 BtlBw,启动阶段结束,进入排干阶段。瓶颈链路带宽 BtlBw 利用如下公式进行计算。

$$BtlBw = \frac{delivered}{interval\_us}$$

其中,delivered 为应答了多少数据,interval_us 为应答这些数据所用的时间。

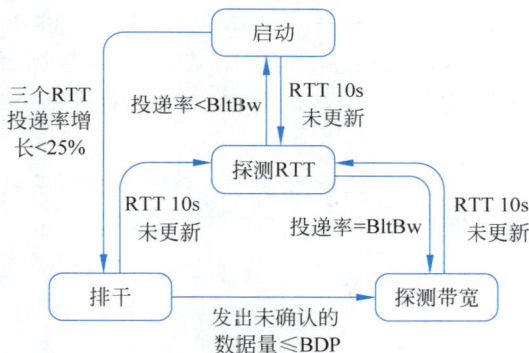

图 4-34  RTprop 和 BtlBw 探测状态机

排干阶段的主要目的是排空启动阶段超发的数据量,使发出未确认的数据量等于 BDP。该阶段使用一个小的增益系数计算发送速率和拥塞窗口,即 pacing_rate = ln2/2 × BtlBw,cwnd = ln2/2 × BDP,从而使缓冲区被迅速排空。如果发出未确认的数据量小于或等于 BDP,则进入探测带宽阶段。

带宽探测阶段发送速率基本保持稳定,偶尔小幅提速探测是否有更大带宽,偶尔小幅降速公平地让出部分带宽。带宽探测阶段以 8 个 RTT 为一个周期,发送速率增益系数分别为 5/4、3/4、1、1、1、1、1、1,先在一个 RTT 内增加发送速率,探测最大带宽,之后再减小发送速率,排空前一个 RTT 超发的数据。后面 6 个 RTT 使用更新后的估计带宽进行发送。在带宽探测阶段拥塞窗口增益系数为 2。

如果在一个时间窗口内(如 10s)未测量到比上一个周期最小 RTT 更小或相等的 RTT

值,则进入探测 RTT 阶段。在该阶段 cwnd 通常被设置为较小的值(如 4 个 MSS)以探测 RTprop,测得的 RTprop 作为基准,用以判断带宽探测阶段瓶颈链路中是否发生排队。在该阶段结束时,根据投递率是否达到 BtlBw 确定进入启动阶段或探测带宽阶段。

相对之前的拥塞控制算法,BBR 算法具有抗丢包能力强、延时低、抢占能力强和平稳发送等特点。但 BBR 算法在带宽下降时收敛速度慢,并在多种算法共存时存在公平性问题。BBR 的第 2 版针对存在的问题进行了优化。

### 4. DCTCP

数据中心网络(Data Center Network,DCN)通常使用低成本的白盒交换机(路由器)进行构建,这类交换机的缓冲区一般比较小,对于突发流量更容易产生丢包,丢包的恢复会产生较大的延时。此外,数据中心网络中通常存在大流和小流,大流是指带宽消耗大、传输时间长的数据流,小流是指传输数据量小且传输时间短的数据流。大流对缓冲区的占用会导致小流经历较大的延时。针对数据中心网络存在的问题提出了数据中心 TCP(Data Center TCP,DCTCP),其主要利用显式拥塞通知(Explicit Congestion Notification,ECN)对 TCP 拥塞控制机制进行扩展。DCTCP 拥塞控制的基本工作机制如下。

(1)当 IP 数据包到达路由器时,如果缓冲队列长度大于阈值 $K$,则设置 IP 数据包首部中的 CE(Congestion Encountered)标志,即将 IP 数据包首部中服务类型与拥塞通知字段的后两位设置成 11。

(2)接收方的 TCP 实体为每个连接维护一个布尔变量 ReceivedCE,初始值为 False,当 ReceivedCE 为 True 时,所发送 ACK 段首部中的 ECE(ECN-Echo)标志置位。当接收方接收到设置 CE 标志的 IP 数据包时,如果 ReceivedCE=False,则将 ReceivedCE 设置为 True,立即发送 ACK 段,并将 ACK 段首部中的 ECE 标志置位;当接收到未设置 CE 标志的 IP 数据包时,如果 ReceivedCE 为 True,则将 ReceivedCE 设置为 False,并立即发送 ACK 段;在其他情况下则忽略 CE 标志。

(3)发送方根据 ECE 标志置位的 ACK 段的比例调整拥塞窗口的大小。发送方每接收到一个 ECE 标志置位的 ACK 段,按如下公式调整拥塞窗口。

$$cwnd = cwnd \times (1 - \alpha/2)$$
$$\alpha = (1 - g) \times \alpha + g \times F$$

其中,$g$ 是一个可以调整的参数($0 < g < 1$),$F$ 是上一个 RTT 内接收到 ECE 标志置位的 ACK 段的比例。

与传统的 TCP 拥塞控制方法相比,DCTCP 能够保持路由器中的缓冲区具有较低的占用率,为延迟敏感的小流提供较低的延迟,并提高对高突发流量的容忍,且对大流保持较高的吞吐量。

到这里为止,介绍了几种有代表性的 TCP 拥塞控制方法。实际上,拥塞控制方法很多,各种拥塞控制方法的使用场景、复杂程度、公平性有所不同。目前在因特网中广泛部署的拥塞控制算法主要有 NewReno、Cubic 等,由于因特网存在不同的拥塞控制算法,需要关注算法之间的公平性问题。对于数据中心网络则多采用 DCTCP,以解决数据中心所面临的特殊问题。由于数据中心的独立性,可以采用单一的 DCTCP,不需要过多地关注不同算法之间的公平性问题。

# 4.3　TCP 扩展与替代协议

TCP 经过多年的实际应用和持续优化,已经发展为成熟稳健的可靠的端到端传输协议。但是随着网络结构和主机接入形式的改变,以及时延敏感应用的快速增长,TCP 仍然面临着难以克服的性能问题。典型的问题主要包括以下几个方面。

(1) **TCP 连接不支持多路径传输和网络接口之间的动态切换**。TCP 使用四元组<源 IP 地址,源端口,目的 IP 地址,目的端口>标识一个 TCP 连接,其中任何一元发生改变,连接将不能持续,这意味着一个 TCP 连接只能使用主机中的一个 IP 地址。然而,目前数据中心的服务器以及移动终端都配有多个网络接口,但是一个 TCP 连接不能利用多个网络接口进行多路径传输,也不支持不同网络接口之间的动态切换(例如,从 Wi-Fi 切换到 5G,或从 5G 切换到 Wi-Fi),不能对负载均衡和移动性提供良好的支持。

(2) **TCP 叠加安全传输层协议(Transport Layer Security,TLS)会引入较大的握手延时**。目前 HTTP 是 TCP/IP 体系中使用最广泛的应用层协议,传统的 HTTP 通常直接运行在 TCP 之上。但随着应用对数据保密性和完整性的需求,目前绝大多数 Web 服务器都支持 HTTPS,即在 HTTP 和 TCP 之间引入了 TLS(Transport Layer Security)层。TCP 叠加 TLS 在握手期间至少需要三个 RTT,这对 HTTP 的性能会产生较大的影响,特别是长肥管道及网络连接频繁切换的移动环境。除 HTTP 外,对于其他使用 TLS 和 TCP 服务的应用也会产生同样的问题。

(3) **TCP 的确认-重传机制及按序交付服务会形成队头阻塞**。TCP 向应用层提供可靠的字节流服务,接收方的 TCP 实体需要按序将字节流交付给应用进程。如果某个 TCP 数据段丢失,则采用超时重传机制进行恢复。超时重传机制会引入较大的延时,丢失的数据没有到达之前后面的数据均不能交付给应用进程,这就会产生队头阻塞问题。队头阻塞问题会对应用的性能产生较大的影响,目前在 HTTP 应用中,通常利用同时建立多个 TCP 连接(如 6 个)来缓解 TCP 队头阻塞问题,但也引入了额外的资源开销。

针对上述问题,近年来研究者不断尝试对 TCP 进行扩展或设计替代方案,如流控制传输协议(Stream Control Transmission Protocol,SCTP)、多路径 TCP(MultiPath TCP,MPTCP)、快速 UDP 互联网连接(Quick UDP Internet Connections,QUIC)协议等。限于篇幅,本节选择 MPTCP 和 QUIC 两个典型协议进行简要介绍。

## 4.3.1　MPTCP

MPTCP 是对 TCP 的扩展,其目的是使 TCP 连接支持多路径传输和网络接口之间的动态切换。MPTCP 在设计时充分考虑了兼容性问题,主要包括:

(1) 应用程序的兼容性。基于 TCP 的应用程序不需要做任何修改,可以直接在 MPTCP 上运行,即 MPTCP 对于原本基于 TCP 的应用程序是完全透明的。

(2) 网络的兼容性。能在现有的互联网结构中正常运行,不需要对网络中的路由器、防火墙、NAT 等中间设备进行任何改变。

(3) 传统 TCP 的兼容性。MPTCP 功能通过在 TCP 首部增加选项进行实现,它提供了 MPTCP 能力协商功能,对于不支持 MPTCP 能力的主机,可以使用传统的 TCP。

MPTCP 在 TCP/IP 协议栈中的位置如图 4-35 所示。MPTCP 向上提供与 TCP 相同的编程接口,应用程序不需要进行任何修改;而对于 IP 层,每个 MPTCP 子流看起来就是常规的 TCP 连接。MPTCP 负责开启和关闭子流,将单一数据流切分为若干个子流,同时利用多条路径进行传输。

| 应用层 | |
|---|---|
| MPTCP | |
| 子流(TCP) | 子流(TCP) |
| IP | IP |

图 4-35　MPTCP 在 TCP/IP
协议栈中的位置

MPTCP 段结构与 TCP 段结构相同,只是在 TCP 段首部的选项部分增加了类型为 30 的选项(该选项也称为 MPTCP 选项),并定义了多个子类型,所有的协议操作都通过该选项实现。MPTCP 选项共定义了 8 种子类型,包括多路径能力选项(MP_CAPABLE)、加入连接选项(MP_JOIN)、数据序列号信令选项(DSS)、增加地址选项(ADD_ADDR)、删除地址选项(REMOVE_ADDR)等。后面将对其中几个选项的使用进行介绍,详细内容可以参考文档 RFC 8684。

**1. 初始 MPTCP 连接建立**

MPTCP 与 TCP 一样,首先通过三次握手在单路径上建立连接。不同的是,在 SYN 段中携带 MP_CAPABLE 选项(格式如图 4-36 所示),指明发送方支持多路径的能力;如果接收方也支持多路径,则在 SYN/ACK 中也包含 MP_CAPABLE 选项;如果接收方不能识别 MPTCP 选项,则返回常规的 SYN/ACK,进而建立单路径的 TCP 连接。

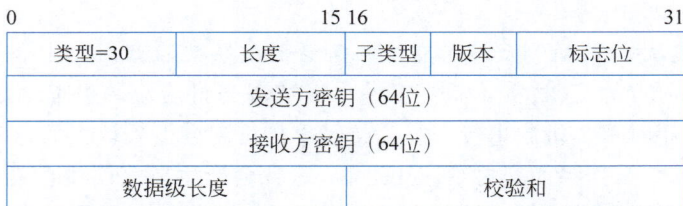

| 0 | 15 16 | | | 31 |
|---|---|---|---|---|
| 类型=30 | 长度 | 子类型 | 版本 | 标志位 |
| 发送方密钥(64位) | | | | |
| 接收方密钥(64位) | | | | |
| 数据级长度 | | 校验和 | | |

图 4-36　MP_CAPABLE 选项格式

MPTCP 连接建立过程示例如图 4-37 所示。由主机 A 首先发起建立连接请求,SYN 段中只携带 MP_CAPABLE 选项中的前 4 个字节,主要协商双方使用的 MPTCP 版本和加密算法,使用的加密算法由标志位指示,目前只定义了 HMAC-SHA256 算法;主机 B 返回的 SYN/ACK 包含 64 位接收方密钥(Key-B);主机 A 发送的 ACK 中包含发送方密钥(Key-A)和接收方密钥(Key-B)。Key-A 和 Key-B 分别为主机 A 和主机 B 随机选择的 64 位值,这两个值被用于对后继加入的子流进行验证。

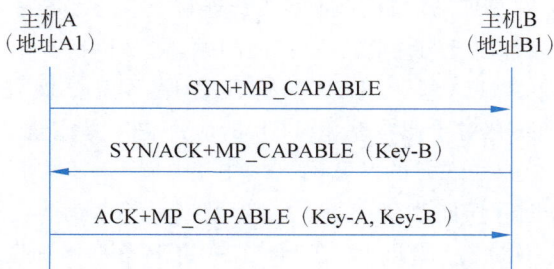

主机A　　　　　　　　　　　　　　　　　主机B
(地址A1)　　　　　　　　　　　　　　　(地址B1)

SYN+MP_CAPABLE

SYN/ACK+MP_CAPABLE(Key-B)

ACK+MP_CAPABLE(Key-A, Key-B)

图 4-37　MPTCP 连接建立过程示例

## 2. 增加新的子流

增加新的子流的方式与建立初始 MPTCP 连接的方式类似,只是需要在 SYN、SYN/ACK 和 ACK 段中携带加入连接选项(MP_JOIN)。如图 4-38 所示,在主机 A 的地址 A2 与主机 B 的地址 B1 之间启动新的子流,其中的 Token-B 由 Key-B 产生,用于标识要加入的 MPTCP 连接。R-A 和 R-B 分别为主机 A 和主机 B 产生的随机数,利用初始 MPTCP 连接建立时交换的 Key-A 和 Key-B 值以及 HMAC-SHA256 算法计算 HMAC-A 和 HMAC-B,用于认证,并避免重放攻击。

图 4-38　MPTCP 增加新子流过程

## 3. 数据传输

发送方 MPTCP 实体将来自发送应用进程的单一数据流拆分成一个或多个子流,接收方 MPTCP 实体能够将从多个子流接收的数据重新合并成单一数据流交付给接收应用进程。MPTCP 的每个子流利用 TCP 首部的 32 位序号保证数据的有序性,子流之间的序号是相互独立的。为了保证全部数据的有序性,MPTCP 增加了一个 32 位或 64 位的数据序号(Data Sequence Number,DSN)对通过 MPTCP 连接发送的所有数据进行编号,并利用数据序号信令选项(DSS)携带子流序号到数据序号的映射。

DSS 选项格式如图 4-39 所示,其中包含数据序号与子流序号的映射,以及映射的有效长度(数据级长度字段)。在 MPTCP 中,所有子流共享相同的接收缓冲区并通告相同的接收窗口。MPTCP 中有两个级别的确认:在每个子流上使用常规 TCP 确认,以确认接收到通过该子流发送的 TCP 数据段;在 MPTCP 连接级上使用 DSS 中的数据确认序号,对 MPTCP 连接级数据进行确认。采用这种两级确认方式,对于重传数据段可以被调度到任意子流上进行传输,不必与第一次传输使用相同的子流。此外,DSS 选项中数据确认序号和数据序号字段的长度,以及一些字段是否出现决定于标志位。

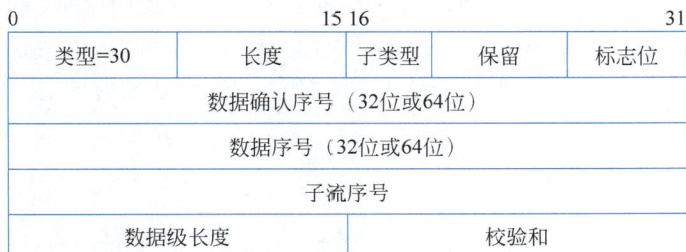

图 4-39　DSS 选项格式

图 4-40 给出一个 MPTCP 数据传输示例。在该示例中包含两个子流,发送方基于某种算法将发送队列中的数据调度到两个子流进行传输。例如,1~200 和 401~600 调度到子流 1,201~400 调度到子流 2,其中,TCP 首部的序号字段和 DSS 选项中的 DSN 字段的值分别在图中给出。每个子流基于 TCP 序号保证各自传输数据的有序性,重组功能基于 DSS 中子流序号和数据序号之间的映射关系对两个子流的数据进行合并,形成与发送顺序一致的单一数据流交付给应用进程。

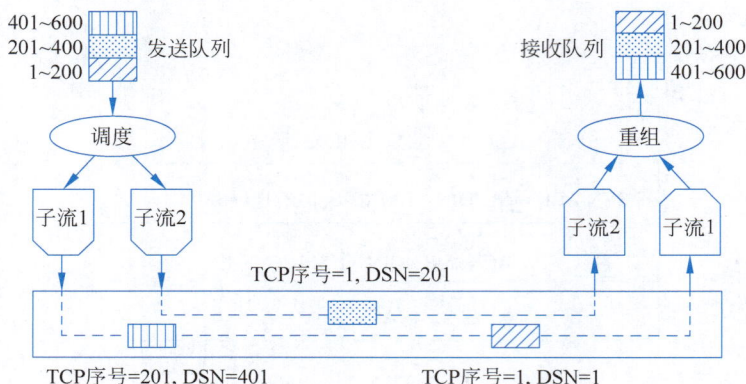

图 4-40　MPTCP 数据传输示例

如果示例中的三个数据段按发送的顺序到达接收方,那么对子流 1 传输的第 1 个数据段进行确认时,TCP 首部的确认序号为 201,DSS 选项中的数据确认序号为 201;对子流 1 传输的第 2 个数据段进行确认时,TCP 首部的确认序号为 401,DSS 选项中的数据确认序号为 601;对子流 2 传输的数据段进行确认时,TCP 首部的确认序号为 201,DSS 选项中的数据确认序号为 401。

### 4. 连接关闭

MPTCP 连接关闭包括子流级关闭和连接级关闭。子流关闭方式与常规 TCP 连接的关闭方式相同,直接使用 FIN 发起连接关闭请求。子流之间是相互独立的,该 FIN 只影响发送 FIN 的子流。如果发送方的应用进程不再有数据发送,则进行连接级的关闭。连接级关闭使用 DSS 选项中的 F 标志位,称为数据 FIN,它与常规的 FIN 有相同的语义和行为,使用数据 ACK 进行确认。连接级关闭要保证所有子流上传输的数据都被确认,或携带 F 标志位的 DSS 选项的段是唯一未完成的段,即其他子流上不再有数据传输。一旦进行了连接级关闭,所有子流便都被关闭。另外,MPTCP 使用 MP_FASTCLOSE 选项提供了一种连接快速关闭方法,类似于常规 TCP 连接中的 RESET,具体细节这里不再赘述。

目前 MPTCP 已经在多种 Linux 操作系统和移动智能终端中实现,可以实现多连接的平滑切换和多路径的负载均衡,提升传输的可靠性。但是,MPTCP 依然解决不了前面讨论的 TCP 存在的第 2 个和第 3 个问题,且 MPTCP 需要在操作系统内核空间实现,为 MPTCP 的部署带来了困难。

## 4.3.2　QUIC

快速 UDP 因特网连接(Quick UDP Internet Connections,QUIC)是一种端到端的安全可靠传输协议,最初起源于谷歌公司的设计,2021 年 5 月形成了标准文档 RFC 9000,目前得到了许多服务器和浏览器的支持。设计 QUIC 协议的主要动机是要解决 TCP 面临的性能问题,包括前面提到的连接迁移问题、长握手延时问题、队头阻塞问题等,这些问题多年来一直很难单纯依赖于 TCP 选项的扩展进行解决,而 QUIC 是迄今为止在解决上述问题方面最成功的尝试。

QUIC 的协议结构如图 4-41 所示。QUIC 运行在 UDP 之上,其分组由 UDP 数据报进行承载。就 QUIC 功能本身来说,其完全可以像 TCP 和 UDP 一样直接运行在 IP 之上。但是考虑到在操作系统内核中实现迭代速度慢,以及在因特网中的实际部署问题,QUIC 的设计者选择在 UDP 之上进行实现。这种选择也会带来一些负面问题,将在后面讨论。

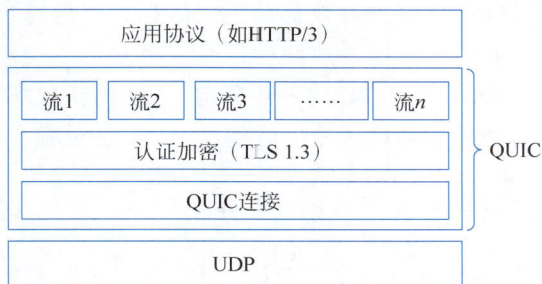

图 4-41　QUIC 协议结构

与 TCP 类似,QUIC 是一种面向连接的可靠传输协议,实现了可靠传输、流量控制、拥塞控制等功能。与 TCP 的四元组标识连接的方法不同,QUIC 使用连接标识符(Connection ID)标识连接。连接标识符由两端独立选取,与连接端点的 IP 地址或 UDP 端口号解耦,当连接端点的 IP 地址或 UDP 端口号发生变化时,通过连接标识符仍然能识别原有的连接,可以方便地实现 QUIC 连接在不同网络接口或 UDP 端口之间的动态迁移。

QUIC 内嵌了认证加密协议 TLS,在连接建立过程中将 TLS 握手和传输握手进行组合,从而最小化连接建立延迟。传统的 TCP 加 TLS 的握手需要三个 RTT,在 RTT 达到数百毫秒时,会严重影响用户的体验。而 QUIC 可以将握手过程减少到 1 个 RTT 或 0 个 RTT,连接延时会显著降低。TCP+TLS 与 QUIC 握手过程对比如图 4-42 所示。

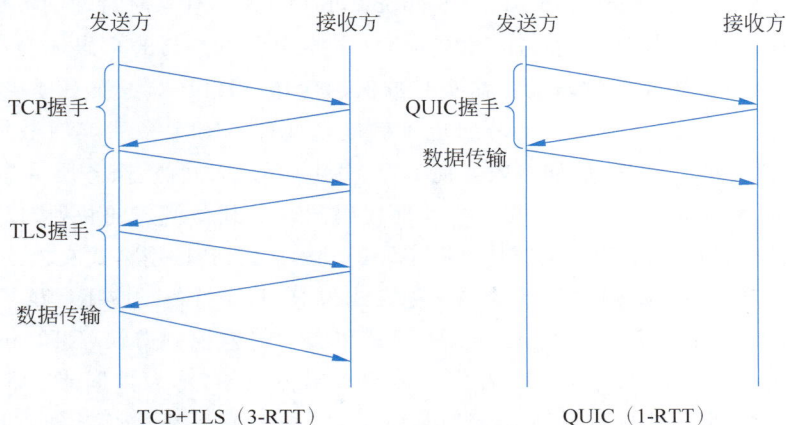

图 4-42　TCP+TLS 与 QUIC 握手过程对比

QUIC 引入流机制复用 QUIC 连接,即在单一 QUIC 连接上可以建立多个流,每个流由流标识符(Stream ID)进行标识。为了避免冲突,由客户发起的流使用偶数流标识符,由服务器发起的流使用奇数流标识符。流为应用程序提供了轻量级、有序的字节流抽象,发送方将字节流封装成帧,接收方将帧重组成有序的字节流,多个流的帧可以混合组装成分组进行发送。QUIC 保证单个流数据的有序交付,流之间的数据不存在顺序依赖关系,某个流中的数据丢失不会影响其他流的交付,可以有效地缓解队头阻塞问题。

QUIC 依然采用确认重传机制实现可靠传输,ACK 可以对失序数据进行选择确认,最多可以对 256 个失序数据块进行确认(TCP 的 SACK 最多只能对 4 个失序块进行确认),这对于丢包率比较高的弱网络连接可以有效提高丢失数据恢复的速度,减少重传的数据量。QUIC 的重传分组使用新的序号,数据的连续性及是否重复可以使用帧中的偏移量进行判断。如图 4-43 所示,$P(N+M)$ 是 $P(N)$ 的重传分组,它采用新的序号,但是帧中的偏移量均为 $x$。通过该方法,发送方能够明确区分出收到的 ACK 是对哪个分组的确认,从而可以消除 TCP 重传段 RTT 测量的歧义性问题。

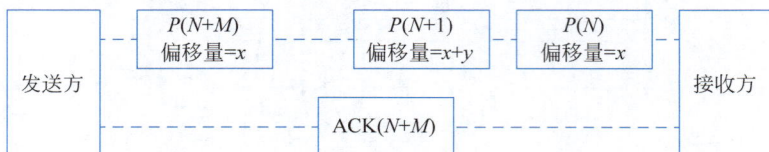

图 4-43　QUIC 重传分组

QUIC 虽然解决了 TCP 的诸多局限性,但也存在着某些不足,例如,在低时延(几毫秒)和低丢包率的网络中,QUIC 的性能可能不如 TCP;在同等流量下,QUIC 的 CPU 消耗是 TCP/TLS 的 2 倍左右。同时 QUIC 在 UDP 上实现也会受到 UDP 的约束。尽管如此,QUIC 依然是在端到端传输协议设计上非常有价值的尝试,目前在数据中心网络和运营商网络中得到了应用。

## 4.4　实时传输协议

实时传输协议(Real-time Transport Protocol,RTP)为具有实时特性的数据(如交互式音频和视频)提供端到端的传输服务。虽然 RTP 主要为多方参与的多媒体会议而设计,但也适用于其他通过多播或单播方式传输实时数据的应用。RTP 本身没有提供任何机制来保证实时数据的及时交付,对丢失的分组也不做恢复处理。RTP 负责实时数据流的传输,并为应用提供必要的共性信息,如有效载荷类型、分组序号、时间戳、服务质量等。对于特定的应用,RTP 使用配置文件定义有效载荷类型代码到有效载荷格式的映射,以及针对某类应用的 RTP 扩展,以确保应用对 RTP 首部字段的理解。RTP 也用格式文档给出了特定的有效载荷在 RTP 分组中如何进行承载。这种方式为 RTP 支持各类应用提供了灵活性。

RTP 标准由 RFC 3550 文档定义,包括 RTP 和实时传输控制协议(Real-time Transport Control Protocol,RTCP)两部分。前者用于传输多媒体数据,称为数据流;后者用于周期性地发送与特定数据流相关的数据传输质量等信息,称为控制流。RTP 通常运行在 UDP 之上,以利用 UDP 的多路复用和差错检测功能,但 RTP 也可以与其他合适的网络或传输协议一起使用。如果 RTP 运行在 UDP 之上,RTP 数据流和相关联的 RTCP 控制流使用相邻的 UDP 端口,RTP 使用偶数端口,RTCP 使用下一个奇数端口。因此,RTP 会话的目的传输地址由网络地址和一对用于 RTP 和 RTCP 的端口组成。一个参与者可能同时参与多个 RTP 会话,如视频会议中的视频和音频通常独立编码,一般会通过不同的 RTP 会话进行传输,不同媒体之间的同步可以利用 RTCP 控制流中携带的信息实现。

RTP 是当今主流的实时传输协议之一,被实时多媒体应用广泛使用,如 WebRTC、RTSP 等。但与 TCP 和 UDP 不同,RTP 定义了一个协议框架,具有很好的延展性,能够为特定应用提供所需的信息。RTP 一般不作为单独层来实现,通常被集成到应用程序中进行处理。因此从逻辑上可以将其看作传输层的一个子层,也可以将其视为应用层的一部分。

## 4.4.1　RTP 设计

RTP 设计的目的是定义一种通用的协议,为各种多媒体应用提供传输支持,各种音频和视频编码数据均可以由 RTP 分组进行承载,如用于音频的 PCM、GSM 和 MP3,以及用于视频的 MPEG 和 H.264 等。RTP 对多媒体数据块进行封装,增加 RTP 首部,然后交给 UDP 进行发送。RTP 为应用提供有效载荷类型、分组序号、时间戳等有用信息。RTP 分组格式如图 4-44 所示。

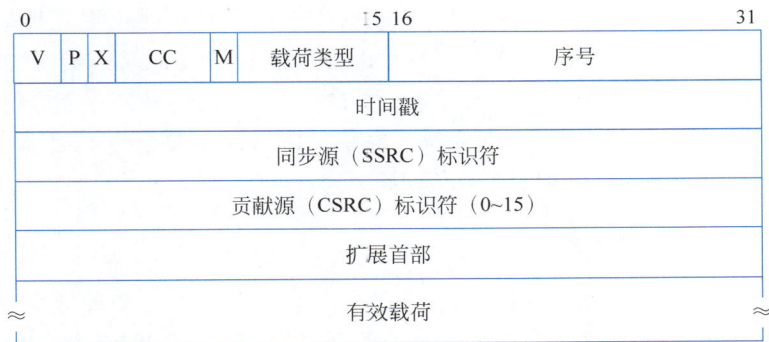

图 4-44　RTP 分组格式

RTP 首部中的前 12 个字节会出现在每个 RTP 分组中。前两位(V)是版本号,本书写作时的版本号为 2。P 位是填充指示位,如果该位被置位,表明分组在有效载荷后面包含填充的字节,填充的最后一个字节指明填充的字节数(包括该字节本身)。填充的字节不属于有效载荷部分,但需要封装在 UDP 数据报中一同传输。例如,一些基于固定数据块大小的加密算法可能需要对 RTP 分组进行填充。X 位是扩展首部指示位,如果 RTP 分组中包含扩展首部,则该位被置位。之后的 4 位(CC)指明包含在 RTP 首部中贡献源(CSRC)的数量,贡献源的含义将在后面进行介绍。M 位为标记位,该位的解释由配置文件定义,它允许重要的事件被标记在比特流中,如视频帧的边界。载荷类型指明分组中承载的是什么类型的多媒体数据及编码格式,以便接收方的应用可以对承载的数据进行正确解码,RTP 同步源可以在会话期间基于 RTCP 反馈调整载荷类型。

RTP 首部中包含 16 位的序号字段,序号的初始值是随机产生的,RTP 源每发送一个 RTP 分组,序号增 1,接收方可以利用序号检测丢失和乱序的分组。当检测到分组丢失时,RTP 自身不对丢失的分组进行恢复,采取何种措施取决于应用。例如,在网络电话应用中,对于少量丢失的分组,可以采用前向纠错策略进行重建;在视频应用中,通过播放正确接收到的最后帧来隐藏分组的丢失。在某些应用中,也可以修改其编码方法,以降低对网络带宽的需求,减少分组丢失。

RTP 首部中的 32 位时间戳字段存放分组中第一个字节数据的采样时间,接收方利用该时间戳来确定样本的播放时间,以及同步不同的媒体流。时间戳字段包含的不是绝对时间,而是相对于初始值的偏移。初始值由发送方按一定的规则随机产生,之后单调递增。不同的应用或编码方法通常具有不同的采样频率,时间戳的递增时间间隔取决于有效载荷中数据采样的周期。例如,对于固定速率的音频,每个采样周期时间戳增加 1;如果应用是从输入设备读取的包含 160 个采样周期的音频数据块,则每读取一个这样的数据块,时间戳将增加 160。此外,如果几个连续的 RTP 分组中承载的数据是同时生成的,则会有相同的时间戳,如承载同一个视频帧的多个 RTP 分组。

同步源(SSRC)标识符占 32 位,用于在 RTP 会话中标识单个同步源。该标识符由发送方随机选择,在同一个 RTP 会话中保持全局唯一,即在同一个 RTP 会话中不会有两个同步源使用相同的 SSRC。如果为两个同步源选择了相同的 SSRC,则需要解决冲突。使用 SSRC 标识同步源可以使 RTP 与下层协议保持独立,也可以对一个会话参与方的多个同步源进行区分,如参与方有多个摄像头。

贡献源(CSRC)标识符列表在多个 RTP 数据流经过混频器时由混频器插入。所谓混频器是 RTP 级中继,它可以将来自多个同步源的音频或视频混合成单个流。例如,一个视频混频器可以对多个视频流中的个人图像进行缩放,并将它们合成为一个视频流,来模拟群体场景。数据流经过混频器混合后,混合器成为数据流的同步源。为了记录混合之前的同步源,混合器把它们的 SSRC 标识符插入 CSRC 标识符列表中。

### 4.4.2  RTP 传输控制协议

RTCP 提供了与数据流相关的控制流。RTP 会话的参与者周期性地向其他所有参与者发送 RTCP 分组,以实现数据传输质量反馈、媒体间同步、多播组中成员标识等功能。RTCP 定义了 5 种分组类型,即发送者报告分组(SR)、接收者报告分组(RR)、源描述分组(SDES)、结束传输分组(BYE)、特定应用分组(APP)。通常 RTCP 将多个不同类型的分组组合成一个复合分组封装在下层协议数据单元中进行发送,如 UDP 数据报。复合分组中一定要包含一个报告分组(SR 或 RR)和一个包含 CNAME 的 SDES 分组。下面主要对 SR、RR、SDES 分组进行介绍。

#### 1. 发送者和接收者报告分组

RTP 会话的参与者利用 RTCP 报告分组(SR 或 RR)提供数据传输质量反馈。如果参与者自上一次发送报告以来发送过 RTP 数据分组,则使用 SR 分组,否则使用 RR 分组。RR 分组只携带接收统计信息,而 SR 分组还包含 20 字节报告发送者的信息。

SR 分组格式如图 4-45 所示,共包括 4 个部分。第一部分的 8 字节为固定首部,包括版本(V=2)、填充标志位(P)、报告块计数(RC)、分组类型(200)、长度,以及发送者的 SSRC。第二部分的 20 字节是发送者信息,第三部分包含 0~31 个报告块,第四部分为与描述文件相关的扩展。

发送者信息主要包含 NTP 时间戳、RTP 时间戳、发送者分组计数、发送者字节计数 4

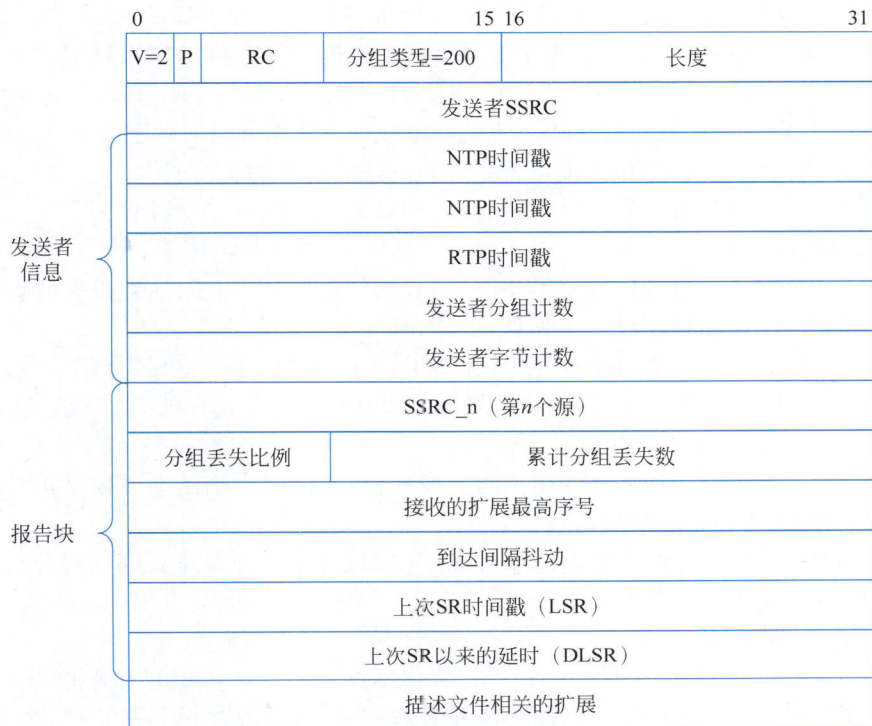

图 4-45　发送者报告(SR)分组格式

个字段。NTP 时间戳为 64 位,整数和小数部分各占 32 位,用于携带发送该报告时的挂钟时间。RTP 时间戳与 RTP 数据分组中的时间戳含义相同,并具有相同的计数单位和随机初始值。发送者分组计数字段包含从开始发送分组到产生该 SR 分组这段时间里,发送者发送 RTP 数据分组的数量;而发送者字节计数字段则包含发送者发送载荷数据的字节数(不包括首部和填充)。如果发送方更改了 SSRC 标识符,这两个值重新计数。

SR 和 RR 分组中都可以包含 0~31 个报告块,报告块的数目由 RC 字段指示。每个报告块首先指明同步源(SSRC),之后携带与该同步源相关的接收统计信息,包括分组丢失比例、累计分组丢失数、接收的最高序号、间隔抖动、上次 SR 的时间戳(LSR)、上次 SR 以来的延时(DLSR)。各个字段的具体解释如下。

(1) 分组丢失比例(8 位):指明从上次 SR 分组或 RR 分组发送以来,从源 SSRC_n 传输来的 RTP 数据分组的丢失比例,即用丢失的数据分组数除以期望的数据分组数。

(2) 累计分组丢失数(24 位):从源 SSRC_n 开始接收以来丢失的 RTP 数据分组的总数,即用期望的数据分组数减去实际收到的分组数。实际收到的数据分组数包括延迟或重复的分组,延迟到达的数据分组不被计算为丢失。

(3) 接收的扩展最高序号(32 位):低 16 位包含从源 SSRC_n 接收到的 RTP 数据分组中最大的序号,高 16 位为相应序号的循环次数,用于对序号进行扩展。如果同一会话中的不同接收者的开始时间差别较大,序号的循环次数可能会不同。

(4) 到达间隔抖动(32 位):为 RTP 数据分组到达时间间隔的统计方差估计,用时间戳的单位进行度量。到达间隔抖动 $J$ 定义为一对分组在接收者处的分组间隔与发送者处的

分组间隔差值 $D$ 的平均偏差。如果 $S_i$ 是数据分组 $i$ 的 RTP 时间戳,$R_i$ 是数据分组 $i$ 到达的时间(用 RTP 时间戳的单位进行度量),对于两个数据分组 $i$ 和 $j$,$D$ 可以表示为

$$D(i,j)=(R_j-R_i)-(S_j-S_i)=(R_j-S_j)-(R_i-S_i)$$

到达间隔抖动可以在接收到从源 SSRC_n 来的每个数据分组 $i$ 后连续计算。利用该分组和前一分组的间隔差值 $D$,由下面的公式计算到达间隔抖动 $J$:

$$J(i)=J(i-1)+(|D(i-1,i)|-J(i-1))/16$$

其中,1/16 为增益参数。

(5) 上次 SR 时间戳(LSR):从源 SSRC_n 收到的最新 RTCP 发送者报告的 64 位 NTP 时间戳的中间 32 位。如果还没有接收到 SR,该字段置零。

(6) 上次 SR 以来的延时(DLSR):从源 SSRC_n 接收最后一个 SR 分组到发送此接收报告块之间的延时,单位为 1/65 536s。如果没有收到来自 SSRC_n 的 SR 分组,则将 DLSR 字段置零。

SR 分组的第四部分为描述文件相关的扩展部分,这部分由描述文件定义,用于定期报告与发送者或接收者相关的附加信息。

RR 分组格式与 SR 分组类似,其分组类型为 201,且不包含发送者信息部分,其余结构与 SR 分组相同,这里不再赘述。

### 2. 源描述(SDES)分组

SDES 分组格式如图 4-46 所示。前 4 字节包括版本(V=2)、填充标志位(P)、源计数(SC)、分组类型(202)、长度字段;后面是块列表,每个块包括源标识和描述项,块的个数由 SC 字段给出。

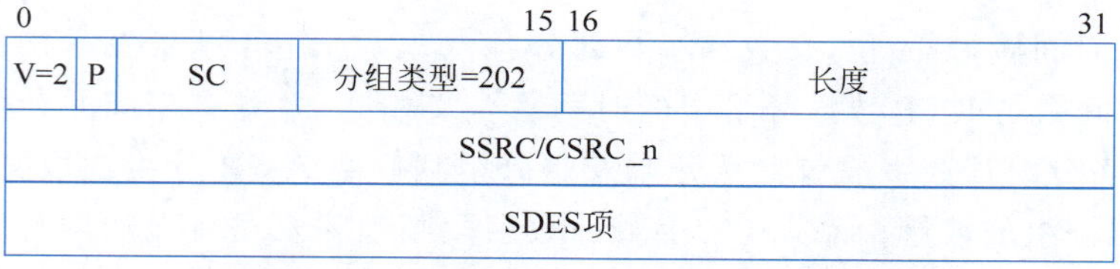

图 4-46　源描述(SDES)分组格式

每个块中包含 0 个或多个源描述项,每个描述项由类型(8 位)、文本长度(8 位)、描述文本字段组成,文本长度不能超过 255B。限于篇幅,这里只对必须提供的规范名(CNAME)描述项进行介绍。

CNAME 为会话参与者的永久标识符,接收者使用 CNAME 跟踪会话的参与者,并对同一参与者在不同 RTP 会话中的相关数据流进行同步,例如,同步视频会议中的音频和视频。而前面讲到的同步源(SSRC)标识符,在 RTP 会话中可能会发生改变,如 SSRC 冲突或系统重启等。另外,一个参与者在参与的多个 RTP 会话中 SSRC 可能会不同。因此,需要将 SSRC 与 CNAME 进行关联,以实现参与者的跟踪和数据流的同步。CNAME 描述项的格式如图 4-47 所示。用户名可以采用 user@host 格式,如 test@202.113.5.6。

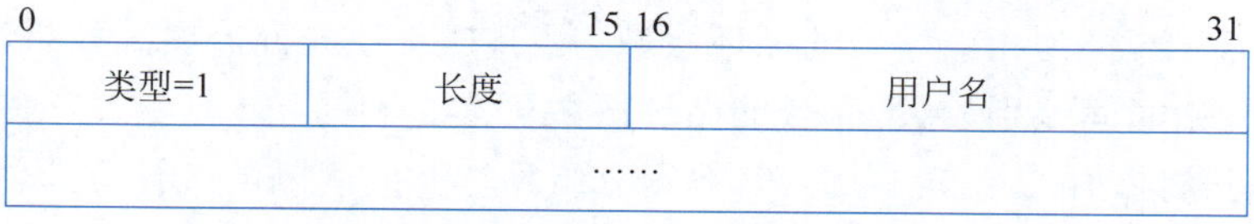

图 4-47　CNAME 描述项格式

### 3. RTCP 传输间隔

RTCP 设计中需要解决的一个重要问题是 RTCP 分组的传输间隔问题。RTP 的设计目标是允许应用灵活地扩展会话的规模,一个会话可以支持几个到几千个参与者。RTP 会话的数据流通常能够自我限制。例如,在音频会议中,在同一时刻一般只有一两个人发言,音频数据的发送方较少,如果使用多播分发,所消耗的带宽相对恒定,通常不受参与者数量的影响。但是,每个会话的参与者需要周期性地发送 RTCP 控制分组,如果采用固定的传输间隔,控制流量将随着参与者的数量线性增长,大量的参与者会消耗过多的网络带宽。

为了解决上述问题,RTCP 对控制流能够使用的带宽进行了限制,以支持会话的可扩展性。其基本思路是:限制 RTCP 控制流量的总量(即总 RTCP 带宽),通常不超过 RTP 数据流量(也称为会话带宽)的 5%。会话带宽为并发活跃发送方所需的带宽总和,可以通过某些先验知识获得(例如,音频会议中每个音频流所需的带宽总量是可以事先估计的)。每个参与者可以通过接收其他参与者的 RTCP 分组获得会话参与者的数量,基于总 RTCP 带宽和参与者数量可以获得自己可用的带宽,从而确定 RTCP 分组的发送频率。此外,在活跃的发送方数量较少的会话中,为了使新加入的参与者能尽快地收到发送方的报告,建议给正在发送数据的参与者分配较多的 RTCP 带宽,如 1/4。RTCP 传输周期的详细计算算法可以参见 RFC 3550 文档。

## 4.4.3　RTCP 报告分组的使用

RTCP 报告分组提供了数据传输质量反馈、时间同步等信息,RTCP 本身没有给出报告分组中反馈信息的具体使用方法,这里给出两个例子说明相关信息的使用,以加深读者对 RTCP 的理解。

### 1. 往返时间计算

如图 4-48 所示,SSRC_n 在 $t_1$ 时刻发送 SR 分组,并将其发送时刻 $t_1$ 时间写入 SR 分组中的 NTP 时间戳字段。SSRC_r 在 $t_2$ 时刻接收到 SR 分组并记录 NTP 时间戳字段中的值。根据 SSRC_r 的 RTCP 分组发送周期,它在 $t_3$ 时刻发送 SR 或 RR 分组,在 SSRC_n 报告块的 LSR 字段写入之前记录的 NTP 时间戳的中间 32 位,DLSR 字段写入 $t_3$ 和 $t_2$ 的差值。SSRC_n 接收 SSRC_r 发来的报告分组,并记录分组的接收时刻 $t_4$。SSRC_n 可以利用下面的公式计算到 SSRC_r 的往返时间 RTT:

$$RTT = t_4 - LSR - DLSR$$

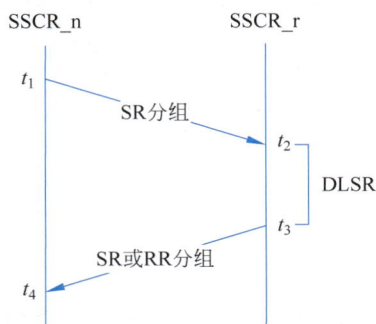

图 4-48　往返时间计算示例

### 2. 相关数据流同步

前面提到一个参与者可能会同时参与多个 RTP 会话,多个会话的数据流之间通常是相关的,如视频会议中的视频和音频,相关的数据流需要进行同步才能正常播放。RTCP 源描述分组中的 CNAME 可以用于同一参与者在不同 RTP 会话中相关数据流的关联,借助 RTP 和 RTCP 分组中的时间戳信息进行数据流间的同步。

如图 4-49 所示,SSRC_n 在 $t_1$ 时刻发送 SR 分组,并将其发送时刻 $t_1$ 时间写入 SR 分组中的 NTP 时间戳字段,RTP 时间戳字段包含与采样频率相关的相对值 $C_1$,与 RTP 分组中的时间戳含义相同。SSRC_n 在 $t_2$ 时刻发送 RTP 分组,时间戳字段包含分组中第一个字节数据的采样时间的相对值 $C_2$。假设采用频率为 $K$,则接收方 SSRC_r 可以利用下面的公式计算出 RTP 分组第一个字节数据采样的绝对时间 $t_2'$:

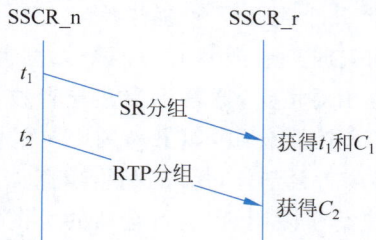

图 4-49　相关数据流同步示例

$$t_2' = t_1 + \frac{C_2 - C_1}{K}$$

得到了 RTP 分组第一个字节数据采样的绝对时间,就可以确定两个相关数据流之间的时序关系,并进行数据的同步关联。

此外,使用 RTCP 也可以对数据分发质量进行反馈,如分组的丢失和延时。发送方可以根据这些反馈调整编码方式,减少网络拥塞,改善服务质量。

# 动手实践:简单可靠传输程序设计

**数据报 Socket 编程**

利用数据报套接字编写一个简单的面向连接的可靠传输程序(类似于 TCP),实现连接管理、差错检测、超时重传、流量控制等功能。确认机制可以实现累积确认或选择确认,流量控制可以实现停等机制或基于滑动窗口的流水线机制。

所设计的可靠传输程序可以采用如图 4-50 所示的实验环境进行测试。主机 A 和主机 B 连接在一个局域网上,上面运行自己编写的可靠传输程序。利用编写的可靠传输程序由主机 A 向主机 B 传送一个较大的视频文件,期间既可以通过短暂的断网模拟线路出错,也可以通过在主机 A 或主机 B 中运行常用的丢包软件(如 clumsy)控制丢包率。在视频文件传输完毕后,通过视频文件能否正常播放验证所编写程序的正确性。

图 4-50　实验环境

# 思考与练习

1. TCP/IP 体系结构的传输层包含两个核心协议,即 TCP 和 UDP,试讨论提供两种协议的必要性。

2. UDP 的功能非常简单,不保证数据传输的可靠性,也不提供拥塞控制机制。如果在 UDP 之上设计一个协议,通常需要考虑哪些问题?

3. UDP 和 TCP 在计算校验和时都包含伪首部,试讨论在计算校验和时使用伪首部的目的。UDP 和 TCP 的伪首部中都包含源 IP 地址和目的 IP 地址,请思考传输层在产生伪首部时如何获取这两个 IP 地址。

4. 发送方要发送的数据 D 为如下三个 16 位二进制数值,使用 TCP/IP 体系中的校验和计算方法计算校验和,校验和放在数据 D 后面一起传输,请给出实际传输的二进制序列,并说明接收方如何判断接收的二进制序列是否存在错误。

1011010011101000

0110111011000111

1110011100111000

5. TCP 通过三次握手建立连接,通过四次挥手关闭连接,试详细说明 TCP 连接的建立和关闭过程。

6. TCP 连接有时会处于半打开状态,即连接的一方已经关闭或异常终止连接,而另一方还处于正常的连接状态。半打开连接属于一种异常状态,过多的半打开连接会占用大量的系统资源。请尝试给出一种判断半打开连接的方法,以便能够及时关闭半打开连接。

7. TCP 连接初始序号(ISN)并不是从 0 开始的,而是在建立连接时由发送方通过某种随机方式生成的,双向数据流分别由各自的发送方生成自己的初始序号。请解释初始序号不从 0(或固定的值)开始的原因。

8. 图 4-51 给出了两台主机 A 和 B 通过 TCP 连接进行双向通信的过程,每个 TCP 段均包含 500B 的数据,且都包含发送序号和确认序号,双方都采用累积确认。由主机 A 发送到主机 B 的第 2 个数据段丢失,图中显示的没有重传 TCP 段。请填写图中由粗线表示的TCP 段的发送序号(S)和确认序号(A)。

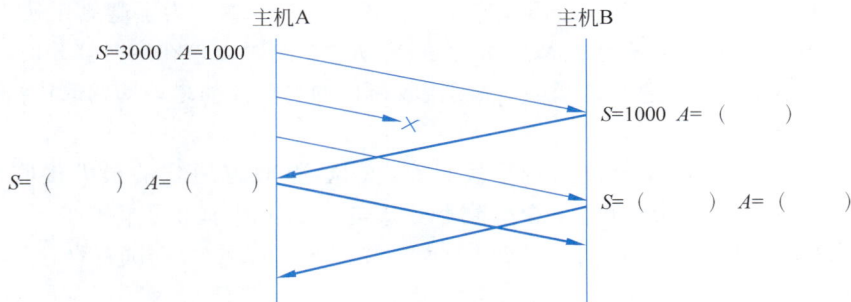

图 4-51　双向通信

9. 通常 TCP 在接收到报文段时并不一定立即发送 ACK,可能会推迟 ACK 的发送,但推迟时间必须小于 500ms,请解释推迟 ACK 发送的主要目的。当 TCP 接收到未按顺序到达的 TCP 段时,会发送重复 ACK,该 ACK 是否要推迟发送? 为什么?

10. 当 TCP 在接收到未按顺序到达的 TCP 段,可以通过携带选择确认选项(SACK)对未按顺序到达的数据进行选择确认。如果 TCP 接收两个未按顺序到达的 TCP 段,其发送序号分别为 1000 和 2000,每个 TCP 段包含 500B 的数据,如果在一个 ACK 段中包含对这两块数据的确认,请给出 SACK 选项中的具体内容。

11. TCP 超时重传机制中采用自适应的方法计算重传超时时间(RTO),它基于历史测量的 RTT,估算下一轮的 RTT(记为 SRTT),其计算公式如下。

$$SRTT = \alpha \times SRTT + (1-\alpha) \times RTT$$

假设 SRTT 的初始值为 10,$\alpha=0.9$,测量的 RTT 序列为 10,6,14,6,14,10,8,25,26,22,6,10,RTO$=\beta \times$SRTT($\beta=2$)。请给出计算得到的 SRTT 序列和 RTO 序列(四舍五入,保留

1 位小数),分析存在的问题,并给出解决策略。

12. 图 4-52 给出了两台主机 A 和 B 通过 TCP 连接进行单向通信的过程,主机 A 发送数据(实线),主机 B 返回确认(虚线),主机 A 支持快速重传功能,在通信过程中没有发生超时事件。主机 A 发送 5 个 TCP 段后停止发送新的数据,每个 TCP 段均包含 500B 的数据,其中第 2 个 TCP 段丢失。请填写图中的发送列号(S)和确认序号(A)。

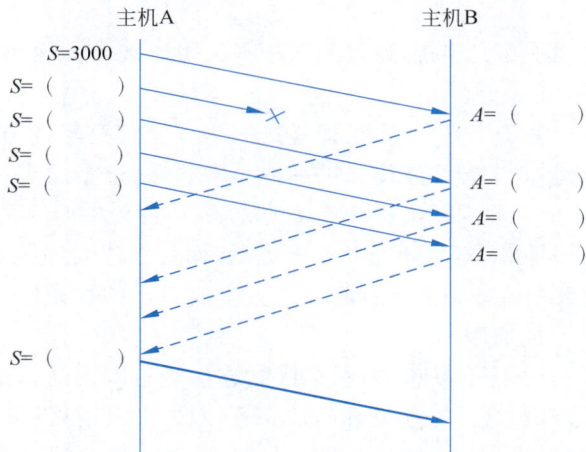

图 4-52 单向通信

13. 在 TCP 流量控制中可能会出现非 0 窗口通告丢失问题。为了避免死锁,TCP 的发送方在接收到 0 窗口通告且有数据待发送时,则启动一个定时器。在定时器超时后,发送一个只包含 1B 数据的窗口探测 TCP 段以探测接收窗口的变化。如果该问题改由接收方进行解决,请给出解决办法。

14. TCP 首部中的接收窗口通告字段只有 16 位,接收方通告的最大接收窗口只有 65 535B,对于长肥管道来说,吞吐率会受到严重影响。TCP 中提供了窗口扩展因子选项,其中的移位数最大为 14,可以将接收窗口最大扩展到 $65\ 535 \times 2^{14}$。试解释这样限制的原因,如果移位数最大取 16,会产生什么问题?

15. TCP 发送窗口的大小受发送缓存、接收通告窗口、拥塞窗口共同约束。主机 A 和主机 B 之间新建一条 TCP 连接,主机 A 的拥塞控制初始阈值为 32KB,主机 A 向主机 B 发送的每个 TCP 段中包含 1KB 数据,并一直有数据发送;主机 B 为该连接分配 18KB 的接收缓存,并对每个 TCP 段进行确认。若主机 B 收到的数据全部存入缓存,没有被应用进程读取。在该过程中,主机 A 中未出现超时事件,则主机 A 从连接建立成功时刻起,经过 4 个 RTT 后,其发送窗口为多少?

16. 主机 A 和主机 B 之间使用 TCP 进行通信(A 发送数据,B 返回 ACK)。TCP 连接建立之后 A 立即开始发送数据(第一个数据段随三次握手中的最后一个 ACK 一同发送,初始序列号为 1)。链路的传输速率为 100Mb/s,往返延迟 RTT 为 10ms,MSS 为 1000B,最初的拥塞窗口设成一个 MSS,假设接收方有足够大的缓存空间,拥塞控制的初始阈值设为 64 个 MSS。主机 A 缓冲区中有 7000B 数据要向主机 B 发送,发送的每个数据段均包含 1000B 数据,请画出 A、B 之间的交互过程,标明发送序号和确认序号,并计算所需的时间(从发起连接开始计算到最后一个 ACK 返回,不计算关闭连接的时间,ACK 段的传输时间忽略不计）。

17．如图 4-53 所示，在主机 A 和主机 B 之间建立一个 TCP 连接，A 向 B 发送 TCP 数据段（用实线表示，$S$ 为发送序号），B 收到数据段后立即返回 ACK（用虚线表示，使用累积确认），拥塞控制使用 Reno 算法。假设 A 持续有数据发送，且每个数据段均包含 20B 的数据，整个过程中没有超时事件发生。

（1）主机 A 在 $t_1$ 时刻收到的 ACK 的确认序号是多少？

（2）主机 A 在 $t_2$ 时刻收到 ACK，在收到该 ACK 之前主机 A 处于拥塞避免状态，阈值 ssthresh 为 32MSS，拥塞窗口 cwnd 为 40MSS。主机 A 在收到该 ACK 之后重传的数据段的序列号为多少？这时 cwnd 和 ssthresh 分别为多少？

（3）主机 A 在 $t_3$ 时刻处于何种状态，收到的 ACK 段的确认序号是多少？

（4）利用该示例分析 Reno 算法存在的性能问题，并尝试给出一种解决方法。

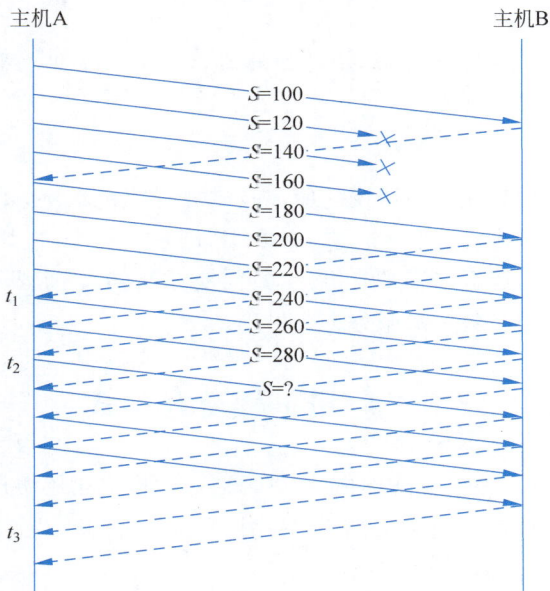

图 4-53　思考与练习 17

18．公平性是评价拥塞控制算法的重要指标，本章介绍了几种典型的拥塞控制算法，包括 NewReno、Cubic、BBR 等，请尝试从公平性角度对上述几种拥塞控制算法进行比较。UDP 不提供拥塞控制功能，如果在 UDP 之上开发的协议也不考虑拥塞控制，那么 UDP 流会对 TCP 流产生何种影响？

19．TCP 虽然是使用最广泛的端到端传输协议，但它也面临一些难以克服的问题。MPTCP 针对 TCP 存在的问题进行了优化，QUIC 则是最有潜力的 TCP 替代方案。请说明 MPTCP 和 QUIC 分别解决了 TCP 哪些方面的问题。

20．实时传输协议是目前广泛使用的实时流媒体传输协议，它由 RTP 和 RTCP 两部分组成，试解释这两部分之间的关系及各自的功能。

# 第 5 章　应用层服务与协议

## 本章目标

***************************************************************

➢ **知识目标**：了解应用进程的交互模式，掌握域名系统的基本工作原理，理解电子邮件服务及协议、WWW 服务及协议，了解典型的流媒体传输机制，以及内容分发网络的工作机制。

➢ **能力目标**：分析应用进程交互模式的特点，培养思辨能力；通过 Web 服务器程序设计，提高网络编程能力。

➢ **素质目标**：通过 HTTP 的演进过程，培养问题意识和创新意识；理解根域名服务器的重要性，鼓励自立自强。

***************************************************************

　　第 4 章我们学习了端到端传输协议的原理及其所提供的服务，本章将探讨如何在端到端传输服务的基础上构建应用层服务。在 TCP/IP 体系结构中，应用层协议的种类非常丰富，除了标准化的协议外，还有许多私有协议，共同支撑起丰富的互联网应用。本章重点对几种目前广泛使用的应用层协议及服务进行讨论。

## 5.1　应用进程交互模式

　　应用层功能由运行在不同主机中的应用进程通过交换应用层协议数据单元（即报文）来实现。应用进程之间通常有两种交互模式：一种是客户端/服务器（Client/Server，C/S）模式，另一种是对等（Peer-to-Peer，P2P）模式。

### 5.1.1　客户端/服务器模式

　　客户端/服务器模式是最常用的应用进程交互模式，例如，常用的 WWW 服务、电子邮件服务、文件传输服务等都采用客户端/服务器模式。在客户端/服务器模式中，客户端和服务器指的是两个应用进程，服务器进程需要一直处于运行状态（即守候状态），等待接收客户端进程的请求并给出响应。客户端进程可以随时运行，向服务器进程发送请求并接收响应。客户端/服务器交互模式如图 5-1 所示。在实际中，也通常把运行服务器进程的主机称为服务器，把运行客户进程的主机称为客户端。服务器一般具有固定的 IP 地址，且服务器进程通常运行在 TCP 或 UDP 的公开端口上，客户进程可以通过 IP 地址和端口寻址服务器进程。

　　服务器进程需要具有处理并发请求的能力，即同时接受多个客户进程的请求。服务器进程处理并发请求的方式通常有两种，即顺序方式和并发方式。在顺序方式中，只运行一个服务器进程，并维护单一的请求队列，当客户进程的请求到达后，先进入请求队列中等待，服

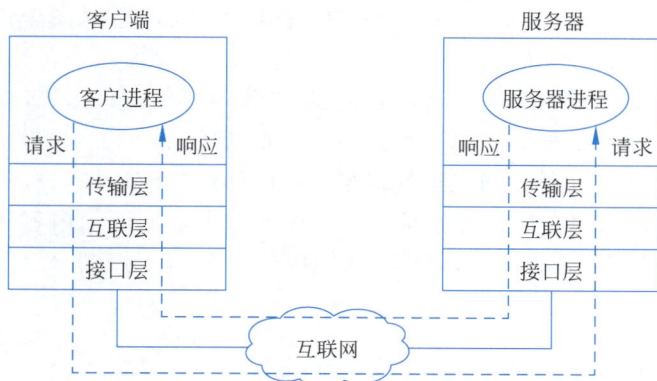

图 5-1　客户端/服务器交互模式

务器进程基于先入先出的原则依次做出响应。在并发方式中,首先运行一个主服务器进程,该进程为守候进程,等待客户请求的到达。当客户请求到达时,主服务器进程为客户创建一个从属进程(或称为子进程),由该从属进程服务于对应的客户,而主服务器进程继续等待接收其他客户的请求。在 TCP/IP 体系结构中,使用 TCP 服务的服务器进程通常采用并发方式,而使用 UDP 服务的服务器进程通常采用顺序方式。

　　客户端/服务器模式本质上是一种集中式服务模式,所有客户进程都与服务器进程进行交互,客户进程之间不进行直接通信(如图 5-2 所示,A～G 为客户端)。服务器进程通常需要处理大量客户进程的请求,并将处理的结果返回给客户进程。因此,服务器对主机的软硬件资源,以及网络带宽资源都有较高的要求。对于服务于大量客户的网络应用,如搜索引擎、社交网络、视频服务等,单独一台主机通常无法有效支撑,因此需要利用数据中心中的大量主机(或虚拟主机)运行相同的服务器进程同时为客户端提供服务。

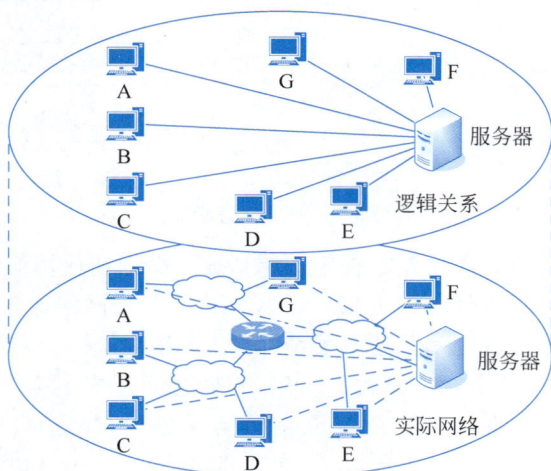

图 5-2　客户端与服务器的逻辑关系

　　客户端/服务器交互模式的主要优势包括:①从管理角度,客户端/服务器模式的主要资源和核心功能都集中在服务器,对客户端的能力要求较少,便于管理和维护;②从性能角度,客户端/服务器模式的主要性能瓶颈在服务器,通过服务器软硬件的提升及网络带宽的增加,能够有效地改善服务的总体性能,对客户端的影响较小;③从安全角度,客户端/服务器模式便于安全防护和安全认证。

客户端/服务器模式虽然具有上述优势,但是服务器的集中式部署,在大量请求同时到达时也会导致服务器瞬间拥塞,同时也存在单点失效、响应时间长等问题。目前,在客户端/服务器模式中,服务器多采用分布式进行组织,通过资源的分布式部署,以及客户请求的合理调度,能够很好地解决客户端/服务器模式所面临的上述问题。内容分发网络(Content Delivery Network,CDN)是服务器分布式组织的典型示例,5.5节将对CDN的基本工作机制进行介绍。

### 5.1.2 对等模式

对等模式的发展主要缘于用户设备计算和存储能力的提升,以及文件共享、分布式存储、流媒体分发等应用的需求。对等模式是一种分布式服务模式,节点中所运行的应用进程功能相同、地位相等,统称为对等方(Peer)。为了便于理解,也可以视为在每个节点中分别运行了服务进程和请求进程(如图5-3所示),节点A的请求进程向节点B的服务进程发送请求,节点B的服务进程向节点A的请求进程返回响应,反之亦然。因此,在对等模式中,每个对等方既可以提供服务,也可以请求服务。对等模式基本摆脱了对专用服务器的依赖,或将对专用服务器的依赖降至最低。

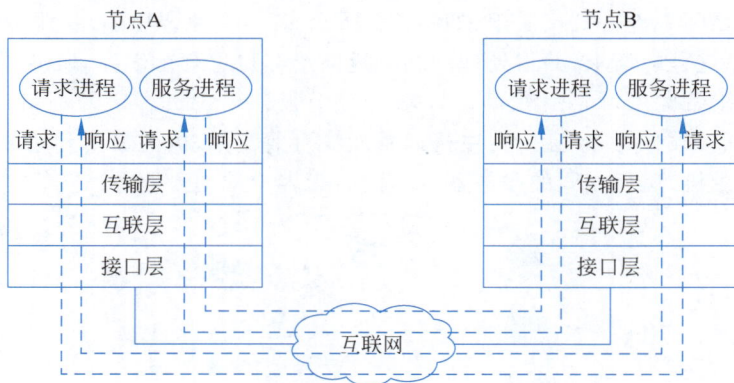

图 5-3 对等交互模式

在对等模式中,对于每种应用都会在应用层形成一个面向应用的逻辑网络,该网络称为对等网络(P2P网络)或覆盖网络(Overlay Network)。对等网络通常不考虑或很少考虑实际的网络拓扑,只体现对等方之间的逻辑关系。图5-4给出了一个对等网络示意图,图中的节点A、B、D、F、G参与同一个对等模式的应用,它们之间形成了一个对等网络。在对等网络中,节点A有三个邻居,即节点D、F、G,但在实际网络中,节点A与节点D、F、G之间需要跨越多个物理网络。

相对于客户端/服务器的集中式服务模式,对等网络这种分布式服务模式对于资源的查找相对困难。根据资源存储方式以及查找方式的不同,对等网络可以分为4种类型,即中心式对等网络、分布式非结构化对等网络、混合式对等网络和分布式结构化对等网络。

#### 1. 中心式对等网络

中心式对等网络的结构如图5-5所示。中心节点负责保存和维护对等网络中所有节点发布的共享资源的描述信息及相应的地址信息。节点向中心节点发送请求以查找所需要的资源,如果中心节点保存有相应资源的描述信息,则向请求节点返回资源存储节点的地址信息。之后请求节点和资源存储节点之间进行直接交互,不再需要中心节点的参与。

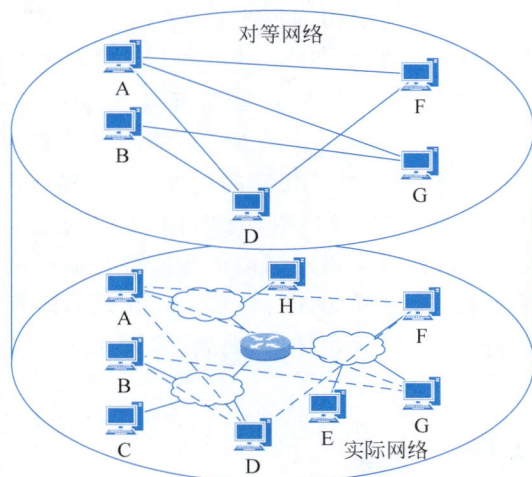

图 5-4　对等网络示意图

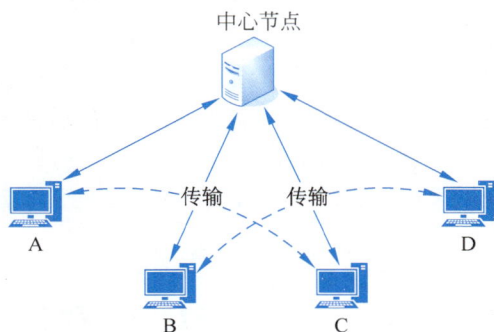

图 5-5　中心式对等网络

在中心式对等网络中虽然存在中心节点,但与客户端/服务器模式有较大的区别。中心节点只负责存储和提供资源描述信息及相应的地址信息,不保存和传输资源的具体内容,资源的具体内容在节点之间直接交换。中心式对等网络的优点是维护简单,可以借助集中式目录系统进行资源查找,灵活高效并且能实现复杂查询;其主要缺点是中心节点容易出现单点失效及过载,可扩展性较差。典型的对等网络 Napster、BitTorrent 等采用了这种结构。

### 2. 分布式非结构化对等网络

分布式非结构化对等网络不依赖中心节点,通常采用随机图的方式组织对等网络中的节点,节点之间的连接关系随机形成,没有预先定义的拓扑结构(如图 5-6 所示)。每个节点的资源都存储在本地,不需要向对等网络中的其他节点发送资源描述信息。当一个节点需要查找某个资源时,向其邻居节点发送查询报文。邻居节点如果有要查找的资源,则向查询发起节点发送响应报文;如果没有要查找的资源,则将查询报文转发给它的邻居。这个过程重复进行,直到查询报文超出其生存期(Time To Live,TTL)。如果发起节点接收到了响应报文,则根据响应报文中的资源位置(如 IP 地址和 TCP 端口号)直接进行资源下载。如果发起节点没有接收到响应报文,则查询失败。

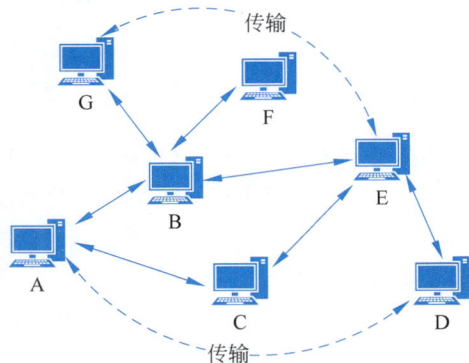

图 5-6　分布式非结构化对等网络

分布式非结构化对等网络的优点是不受单点故障的影响,容错性好,支持复杂查询,受节点频繁进出网络的影响较小,具有较好的可用性。但是,由于没有确定拓扑结构的支持,全分布式非结构化对等网络无法保证资源发现的效率,搜索的结果可能不完全。同时,随着网络规模的扩大,洪泛式的资源查找方法会造成较大的网络带宽资源消耗,可扩展性差。Gnutella、Freenet 等系统是分布式非结构化对等网络的典型应用。

### 3. 混合式对等网络

混合式对等网络如图 5-7 所示,它结合了中心式对等网络和分布式非结构化对等网络的特点,选择一些性能较高的节点作为**超级节点**(如图 5-7 中的 S1～S4),每个超级节点与若干个普通节点组成一个中心式的子对等网络(例如,超级节点 S1 与普通节点 A1、B1、C1 构成一个子对等网络,超级节点 S2 与普通节点 A2、B2、C2 构成一个子对等网络),超级节点保存和维护子对等网络中普通节点发布的共享资源的描述信息及相应的地址信息,超级节点之间则以分布式非结构化的形式进行连接。普通节点(例如 A1)搜索资源时,首先向其连接的超级节点(S1)发送查询请求,然后由该超级节点根据需要将查询请求转发给其他超级节点,最后由该超级节点将查询结果返回给查询请求的发起节点 A1。节点 A1 从返回的查询结果中获得资源的存放位置(例如 A3)后,直接与节点 A3 进行通信,完成资源的传输。

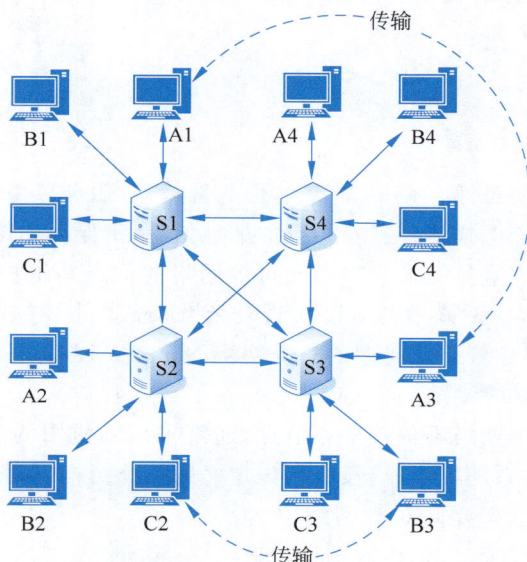

图 5-7 混合式对等网络

与中心式对等网络中的中心节点不同,超级节点的选择是动态的。超级节点与普通节点一样,随时可能离开对等网络。一旦系统发现某个超级节点不再工作时,将采用某种选举机制通过比较区域内节点的 CPU 处理能力、网络带宽等性能指标,重新选择一个性能更好的节点担任超级节点。

在混合式对等网络中,多个超级节点的使用,能够在一定程度上缓解中心式对等网络中的单点失效问题。超级节点中的资源索引功能,使查询请求只需要在超级节点之间进行洪泛,能够有效减少网络带宽资源的消耗,提高资源的查询效率。混合式对等网络这种层次化的结构使其具有较好的可扩展性。混合式对等网络的典型应用包括 KaZaA、Grokster、iMesh、比特币等系统。

### 4. 分布式结构化对等网络

每种分布式结构化对等网络都有严格的逻辑拓扑结构和查询路由算法。尽管逻辑结构和查询路由算法各不相同,但由于它们都需要维护一个庞大的分布式哈希表(Distributed Hash Table,DHT),因此分布式结构化对等网络也被称为 DHT 网络。DHT 网络的哈希表被划分成多个不重叠的子空间,节点在加入网络时根据自身的标识获得属于自己的子空间,并成为这一子空间中标识的管理和维护者。

在 DHT 网络中,每一个节点都具有一个称为 Nid 的标识符,Nid 通常可以通过哈希主机的 IP 地址等信息得到。一旦节点的 Nid 确定,该节点将负责哈希表中与其 Nid 值相近的一块区域。另外,DHT 网络中的每个资源也都拥有一个资源标识符,称为 Rid。Rid 通过哈希资源的名称、内容等信息得到。Nid 与 Rid 使用相同的哈希值空间,一个资源及描述信息通常存储在与其 Rid 较近的 Nid 上。

Chord 为一个典型的分布式结构化对等网,它采用环状逻辑拓扑结构,首尾相接。如果存在 Nid 等于 Rid 的节点,那么资源 Rid 及描述信息就存储在节点 Nid 上;否则,资源 Rid 及描述信息则存储在 Nid 大于 Rid 的第一个节点上。图 5-8(a)给出了一个仅能容纳 8 个节点的小型 Chord 网络示意图。在该网络中存在 5 个活动节点,Nid 分别为 0、1、3、5 和 6。这样,Rid 为 1 的资源描述信息存储在节点 1,Rid 为 2 的资源描述信息存储在节点 3,Rid 为 6 的资源描述信息存储在节点 6。由于采用的是环状结构,Rid 为 7 的资源描述信息将存储在节点 0 上。

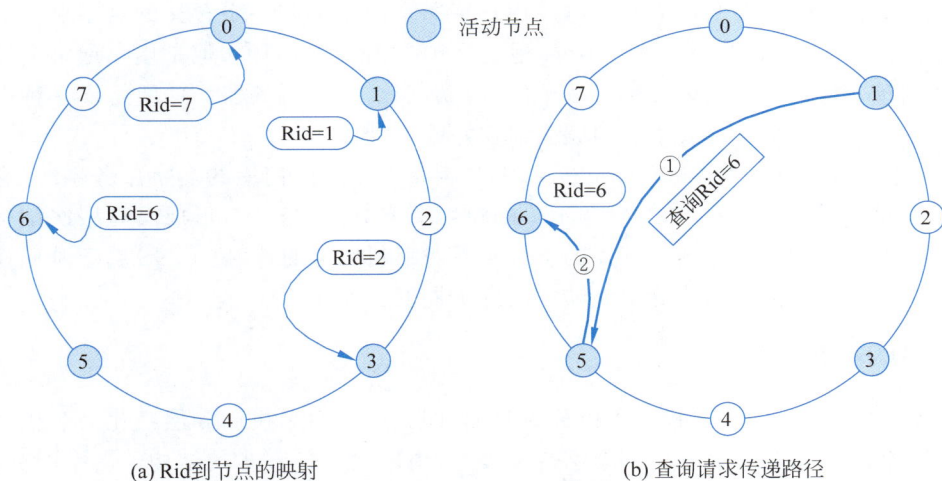

(a) Rid 到节点的映射　　　　　　　(b) 查询请求传递路径

图 5-8　Chord 网络示意图

由于 DHT 网络具有固定的逻辑拓扑结构,网络中节点的连接关系严格遵守某一特定规则,因此可以使用精确的查询路由算法将一个查询请求传递到存储资源描述信息的节点。为此,DHT 网络中的每一节点都需要维护一张路由表,以记录在逻辑拓扑结构中与之相连的节点的信息。当节点收到查询请求时,它会将查询请求转发给其路由表中与目标节点“距离”更接近的节点。DHT 网络的查询请求通常只需要 $O(\log N)$ 步传递,就能到达目标节点,其中,$N$ 为网络中节点的数量。

Chord 路由的设计采用“距离远,大步跨越;距离近,小步到达”的思想,保证转发的查询请求能够高效地到达目标节点。如果目标节点距离自己很远,那么一次转发可能跨越半个 Chord 环;如果目标节点距离自己很近,那么一次转发可能仅跨越一个或两个节点。在

图 5-8(b)给出的查询请求转发路径示例中,由节点 1 发起键值为 6 的查询。Chorc 第一步将查询请求转发至节点 5(跨越半个 Chord 环),第二步就可以到达目的节点 6。由于 Chord 的路由算法比较复杂,这里不详细叙述。

与分布式非结构化对等网络不同,只要给定资源的 Rid,DHT 网络就能够准确、高效地在 DHT 哈希表中定位维护该资源的节点。查询请求通常只需要 $O(\log N)$ 步传递,就能到达目标节点,因此查询代价相对较低。同时,DHT 网络可以自适应节点的动态进出,均衡节点的负载,具有良好的可扩展性、健壮性和自组织能力。DHT 网络的最大问题是网络的维护与修复算法比较复杂,拓扑结构维护代价较大,对内容、语义等复杂查询的支持困难等。典型的 DHT 网络包括 Chord、Pastry、Kademlia 等,DHT 网络也在 BitTorrent-DHT、以太坊,以及星际文件系统(IPFS)中得到了广泛应用。

## 5.2 域名系统

通过前面章节的学习,我们已经知道可以使用 IP 地址来标识主机,使用 TCP 或 UDP 端口号来区分主机中运行的应用进程。为了便于路由器对 IP 数据包的处理和转发,IP 地址使用固定长度的二进制数值,例如,IPv4 地址长度为 32 位,IPv6 地址长度为 128 位。这种地址表达方式对于用户并不十分友好,用户更愿意使用具有一定含义的名字访问应用服务。例如,南开大学 Web 服务器的 IPv4 地址为 171.131.219.193,但是用户通常会使用与该 IPv4 地址对应的名字 www.nankai.edu.cn 访问该 Web 服务器。这就需要一种有效的机制,将对用户友好的名字映射成对路由器友好的 IP 地址。

域名系统(Domain Name System,DNS)是因特网中目前使用的名字服务系统,它使用层次化的、基于域的命名机制,名字与地址的映射关系分布式存放,形成具有层次结构的分布式数据库系统,通过分布式数据库的查询实现名字到地址的映射。DNS 属于基础设施类应用,它为所有需要进行名字到地址映射的应用提供服务。

### 5.2.1 DNS 命名机制

网络中通常使用的命名机制可以分为两类,即无层次命名机制和层次化命名机制。在无层次命名机制中,名字通常用一个字符串表示,内部没有进一步的结构。名字的分配、确认和回收等工作需要由一个部门集中管理。无层次命名机制的扩展性差,只适合应用于小规模网络。在层次命名体系中,名字的内部增加了层次化结构,名字的分配、确认和回收等可以实行分布式管理,名字和地址的映射关系也可以通过分布式方式进行存储和查询。层次化命名机制具有良好的可扩展性,更适合于大规模互联网。

DNS 采用层次化的、基于域的命名机制。它首先将名字空间划分成若干个顶级域(Top Level Domain,TLD),每个顶级域之下又可以划分成多个二级域,每个二级域之下可以继续划分成三级域,以此类推。由此,DNS 的名字空间可以用一个树状结构来描述(如图 5-9 所示),树中的每个节点都表示一个域,根可以视作一个特殊的域(称为根域),代表整个名字空间。树中除根之外的所有节点都有一个标识符,节点所对应的域名为从该节点到根路径上各个节点标识符的有序序列,标识符之间用点(.)隔开。例如,经过路径 edu→cn,便构成了一个二级域名 edu.cn;经过路径 nankai→edu→cn,便构成了一个三级域名

nankai.edu.cn;经过路径 cc→nankai→edu→cn,便构成了一个四级域名 cc.nankai.edu.cn。如果一个域名仅用于标识一台主机,该域名有时也被称为规范主机名,如 www.nankai.edu.cn、cc.nankai.edu.cn 等。使用这种命名机制,只要树中每个节点的子节点的标识符不冲突,就不会产生域名冲突。例如,虽然"edu"在树中出现两次,但由于它们出现在不同的节点之下,域名不会冲突,其域名分别为 edu 和 edu.cn。

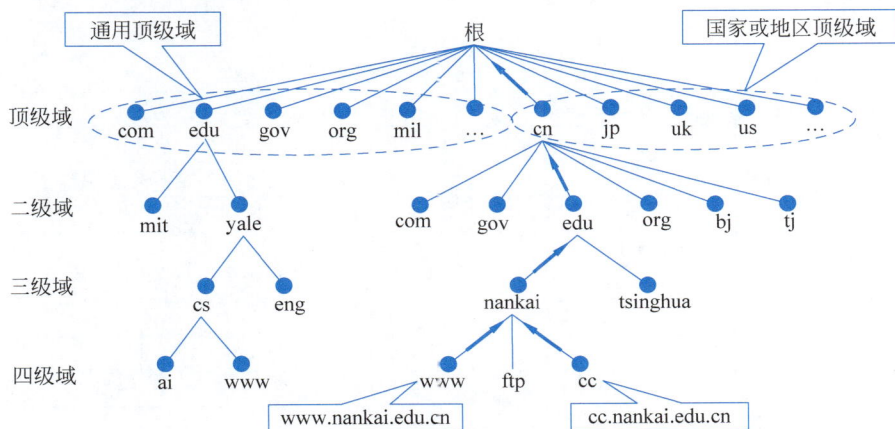

图 5-9  层次化名字空间

基于层次化的命名机制,DNS 的名字空间管理采取逐级授权、多级管理模式。顶级域的划分和标识符的分配由因特网名称与数字地址分配机构(ICANN)负责管理。顶级域主要分为两种类型:通用顶级域(gTLD)和国家或地区顶级域(ccTLD)。早期规定了 20 个通用顶级域,之后又批准了新通用顶级域(New gTLD)。常用的早期通用顶级域及适用范围如表 5-1 所示,其中,com、org 和 net 是向所有用户开放的三个通用顶级域,任何国家的用户都可申请注册之下的二级域名,mil、gov 和 edu 顶级域只向美国专门机构开放。在新通用顶级域中也包含中文顶级域名,如"中国""公司""网络"等。国家或地区顶级域分配给加入因特网的国家或地区,例如,cn 代表中国、us 代表美国、uk 代表英国、jp 代表日本,目前有300 余个国家或地区顶级域。

表 5-1  常用的通用顶级域名

| 顶 级 域 名 | 适 用 范 围 | 顶 级 域 名 | 适 用 范 围 |
|---|---|---|---|
| com | 商业组织 | net | 网络支持中心 |
| edu | 教育机构 | org | 非营利组织 |
| gov | 政府部门 | int | 国际组织 |
| mil | 军事部门 | | |

ICANN 将部分顶级域授权给域名注册机构进行管理,用户可以在此之下申请二级域名,并对相应的二级域名进行管理。ICANN 将国家或地区顶级域授权给相应的国家或地区进行管理,例如,中国的顶级域 cn 被授权给中国互联网络信息中心(CNNIC)进行管理。CNNIC 将顶级域 cn 进一步划分成多个二级域,包括 7 个类别域名和 34 个行政区域名(如表 5-2 所示),其中,edu.cn 下的三级域名注册由中国教育和科研计算机网(CERNET)负责,mil.cn 下的三级域名注册由中国长城互联网负责。其他二级域名下的三级域名注册由CNNIC 直接负责。在 edu.cn 下,每个教育机构都可以注册一个三级域名,如 nankai.edu.cn 为

南开大学注册的三级域名,其管理权也被授予给南开大学,南开大学中的各个机构可以在 nankai. edu. cn 下申请四级域名,例如,计算机学院申请了四级域名 cc. nankai. edu. cn,用于标识计算机学院的 Web 服务器。

表 5-2　cn 下的二级域划分

| 划 分 模 式 | 二级域名 | 适 用 范 围 |
|---|---|---|
| 类别域名(7 个) | ac. cn | 科研机构 |
| | com. cn | 工、商、金融等企业 |
| | edu. cn | 教育机构 |
| | gov. cn | 政府部门 |
| | net. cn | 互联网络、接入网络的信息中心和运行中心 |
| | org. cn | 非营利组织 |
| | mil. cn | 国防部门 |
| 行政区域名(34 个) | bj. cn | 北京市 |
| | sh. cn | 上海市 |
| | tj. cn | 天津市 |
| | cq. cn | 重庆市 |
| | he. cn | 河北省 |
| | sx. cn | 山西省 |
| | …… | …… |

## 5.2.2　域名解析

由于用户偏好使用域名访问应用服务,而路由器需要基于 IP 地址进行数据包转发,因此,在访问应用服务时需要将域名映射成 IP 地址,该映射过程称为域名解析。域名解析采用客户端/服务器模式。服务器中运行域名服务器进程,并保存域名到地址的映射关系;客户机中运行域名解析器,负责向域名服务器发起域名解析请求,并接收域名服务器的响应。在因特网中存在大量的域名服务器,这些服务器通过分布式协作,服务于海量的域名解析请求。

### 1. 域名服务器

DNS 的层次化域名空间被划分成多个不重叠的区域(图 5-10 给出了一个简单示例),每个区域至少有一个域名服务器为之服务(为了避免单点故障,每个区域通常设置两个域名服务器,一个为主域名服务器,一个为备份域名服务器)。基于图 5-10 的区域划分示例,域名服务器之间则形成如图 5-11 所示的层次结构。每个域名服务器可以服务一个或多个区域,与域的层次并不一一对应,域名服务器的层次一般少于域的层次。在域名服务器的层次结构中,最上层的是根服务器,根服务器能够提供顶级域服务器的 IP 地址。根服务器之下是顶级域(TLD)服务器,每个顶级域都有对应的 TLD 服务器,TLD 服务器能够提供下一级域名服务器的 IP 地址。例如,在图 5-11 中,cn 域服务器可以提供 edu. cn 域服务器的 IP 地址。除根服务器和 TLD 服务器之外,其他域名服务器都存储所管辖区域的名字到地址的映射关系等信息。对于一个区域来说,服务于该区域的域名服务器被称为权威域名服务器(Authoritative DNS Server)。在域名服务器的层次结构中,上一级域名服务器已知下一级域名服务器的 IP 地址,所有域名服务器都已知根服务器的 IP 地址。

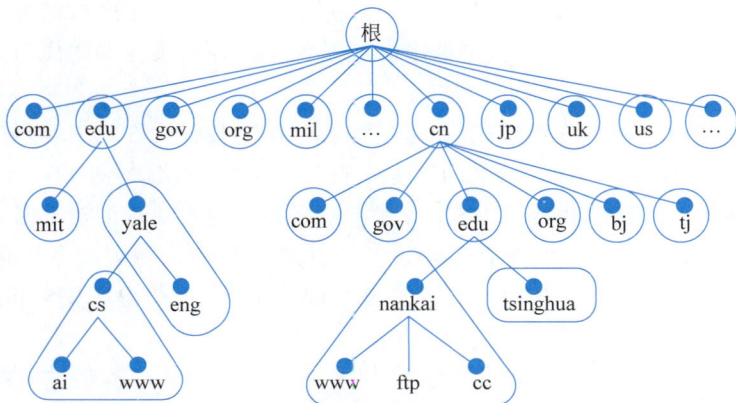

图 5-10 层次化名字空间的区域划分示例

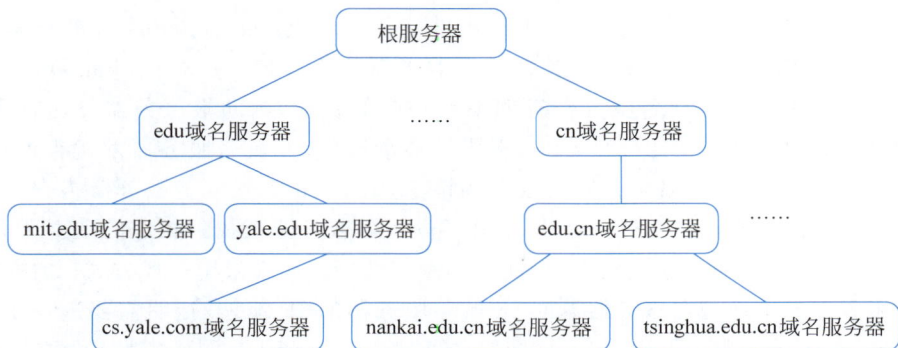

图 5-11 域名服务器层次结构示例

根域名服务器在域名系统中至关重要,在 IPv4 时代,全球共有 13 个 IPv4 根服务器,其名字为 a. rootservers. net～m. rootservers. net。其中,1 个为主根服务器,位于美国,其余12 个均为辅根服务器,分别位于美国、欧洲和日本。每个根服务器都有多个镜像根服务器,其中保存的内容定期与根服务器同步,目前有 1800 多个镜像根服务器,遍布全球各地,就近提供域名解析服务。我国没有 IPv4 根服务器,只部署了若干个镜像根服务器。2015 年,由中国下一代互联网工程中心领衔发起的"雪人计划"由 ICANN 正式对外发布,2016 年,在全球 16 个国家完成 25 个 IPv6 根服务器的部署,我国部署了 4 个,包括 1 个主根服务器和 3个辅根服务器,打破了我国无根服务器的困境。

**2. 域名解析过程**

域名解析过程一般由客户发起,它通过域名解析器向本地域名服务器发送查询请求。本地域名服务器可以看作进入域名服务器层次体系的入口(或代理),它可以是任何一个已知 IP 地址的域名服务器。每个客户机在接入因特网时都会通过静态或动态方式设置本地域名服务器的 IP 地址,本地域名服务器的 IP 地址通常由 ISP 提供,该域名服务器一般位于距离客户机较近的位置,这也是将其命名为本地域名服务器的原因。例如,一台主机从南开大学校园网接入因特网,就可以用南开大学的域名服务器作为本地域名服务器。如果本地服务器是所查域名的权威域名服务器,它存储着该域名到 IP 地址的映射关系,因此可以直接将域名所对应的 IP 地址返回给域名解析器。否则,本地域名服务器向根服务器发送查询请求,从根服务器开始自顶向下进行解析。在上述过程中,如果客户机已知根服务器的 IP 地址,也可以直接向根服务器发起查询请求。但是为了减轻根服务器的压力,在实际中很少采用这种方式。

域名解析有两种方式,即递归解析和迭代解析。在递归解析方式中,当域名服务器接收到查询请求时,如果没有存储该域名与 IP 地址的对应关系,则继续向下一步应查询的域名服务器发出查询请求。在迭代解析方式中,当域名服务器接收到查询请求时,如果没有存储该域名与 IP 地址的对应关系,则把自己知道的下一步应查询的域名服务器的 IP 地址告诉给查询方,查询方基于返回的 IP 地址继续发出查询请求,直到获得所要解析的域名所对应的 IP 地址。

图 5-12 给出了一个递归解析和迭代解析的示例。在该示例中,查询主机使用 tsinghua.edu.cn 域名服务器作为本地域名服务器,查询主机到本地域名服务器均采用递归方式。如果查询主机要查询域名 www.nankai.edu.cn 所对应的 IP 地址,则首先将查询请求发送给本地域名服务器。根据图 5-11 给出的示例,www.nankai.edu.cn 的权威域名服务器是 nankai.edu.cn 域名服务器,其他域名服务器均不存储 www.nankai.edu.cn 到 IP 地址的映射。由于该本地域名服务器查询不到相应的映射,则向根服务器发送查询请求。如果采用递归方式(如图 5-12(a)所示),根服务器继续向 cn 域名服务器发送查询请求,cn 域名服务器再向 edu.cn 域名服务器发送查询请求,最后 edu.cn 域名服务器将查询请求发送给 nankai.edu.cn 域名服务器。nankai.edu.cn 域名服务器查找到相应的映射关系后,将查询结果按反向路径返回,最终查询主机便得到查询结果。如果采用迭代方式(如图 5-12(b)所示),根服务器向本地域名服务器返回 cn 域名服务器的 IP 地址,指明需要进一步查找的域名服务器,本地域名服务器再向 cn 域名服务器发送查询请求,cn 域名服务器向本地域名服务器返回 edu.cn 域名服务器的 IP 地址,以此类推。最终,本地域名服务器会从 nankai.edu.cn 域名服务器获得 www.nankai.edu.cn 所对应的 IP 地址,并返回给查询主机。在实际中,主要采用如图 5-12(b)所示的查询方式。

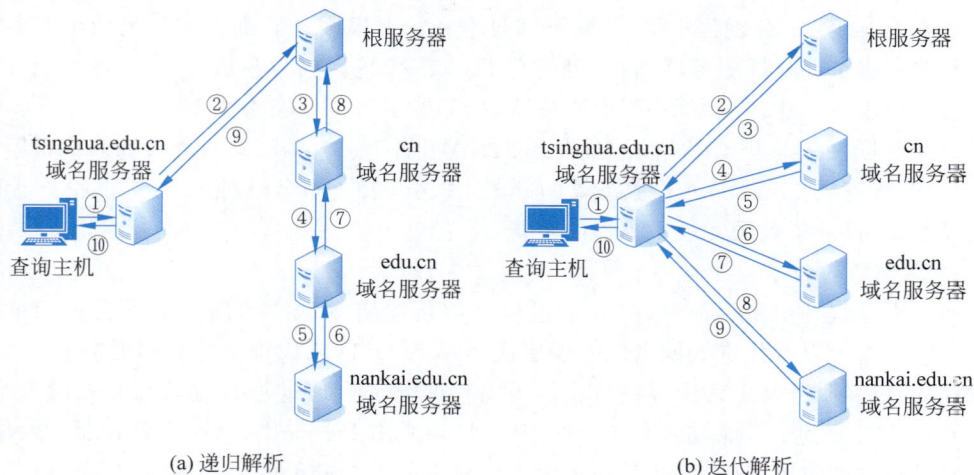

(a) 递归解析      (b) 迭代解析

图 5-12 递归解析与迭代解析示例

## 5.2.3 资源记录

域名服务器使用区域文件(也称为资源记录数据库)存储和管理其所服务区域的信息,区域文件包含一组资源记录(Resource Records,RR),每条资源记录由 5 元组构成,即名字、生存时间(Time To Live,TTL)、类别、类型和值。类别取值"IN",指明是因特网使用的资源记录;生存时间指明资源记录的有效期,即资源记录被非权威域名服务器或客户端缓存的最长时间,超过生存时间的资源记录必须从缓存中删除;名字、类型、值是资源记录的三个关键字段,名字为域名,其所对应的值取决于资源记录类型。DNS 中主要的资源记录类型如表 5-3 所示,其中部分资源记录类型解释如下。

(1) SOA 资源记录:该记录为授权开始,每个区域只有一条 SOA 记录。SOA 记录是区域文件中的第一条资源记录,其中,名字字段指出了该区域的名字(授权域名),值字段包含多项内容,主要包括服务于该区域的主域名服务器名称、管理员邮箱,以及备份域名服务器与主域名服务器同步的一些参数,如序号、刷新间隔、重试间隔、过期时间等。

(2) A 和 AAAA 资源记录:这两类资源记录分别实现域名到 IPv4 地址和 IPv6 地址的映射,是最重要的资源记录类型。如果一台主机有多个 IP 地址,则对应一个域名可能会有多条 A 或 AAAA 资源记录。

(3) MX 资源记录:该类型的资源记录指明服务于一个域的邮件服务器名称。对应一个域通常有多个邮件服务器,每个邮件服务器对应一条 MX 资源记录,在其值字段给出邮件服务器的优先级和邮件服务器名称,数字越小,优先级越高。每个 MX 资源记录应该有一个对应的 A 或 AAAA 资源记录。

(4) NS 资源记录:该记录为域名服务器记录,用于指明服务于一个域的域名服务器的名称,结合 A 或 AAAA 类型资源记录则可以得到域名服务器对应的 IP 地址。NS 记录优先于 A 和 AAAA 记录,对于一个域名同时存在 NS 记录和 A 记录时,A 记录不生效。

(5) CNAME 资源记录:该类型的资源记录也称为别名记录,它的名字和值字段都是域名,即将一个域名映射到另一个域名。CNAME 资源记录通常用于将多个域名映射到同一台主机,或实现域名的重定向。

(6) PTR 资源记录:该记录为反向解析记录,用于 IP 地址到域名的映射,即通过 IP 地址查找对应的域名。

表 5-3 DNS 主要资源记录类型

| 类 型 | 含 义 | 值 |
|---|---|---|
| SOA | 授权开始 | 记录区域参数,每个区域文件只有一个 SOA 类型资源记录 |
| A | 主机 IPv4 地址 | 32 位二进制值 |
| AAAA | 主机 IPv6 地址 | 128 位二进制值 |
| MX | 邮件交换 | 邮件服务器名及优先级 |
| NS | 域名服务器 | 域名服务器名 |
| CNAME | 别名 | 别名的规范名字 |
| PTR | 指针 | 对应于 IP 地址的域名 |
| HINFO | 主机描述 | ASCII 字符串,描述主机使用的 CPU 和操作系统 |
| TXT | 文本 | ASCII 字符串,不解释 |

图 5-13 给出了一个简单的区域文件示例,示例中展示了几种主要资源记录类型的具体格式。第 1 条资源记录为 SOA 记录,授权域名为 nankai.edu.cn,值字段记录了域名服务器的名字、管理员邮箱及相关的区域参数信息。第 3、4 条资源记录为 MX 记录,用于指明服务于 nankai.edu.cn 域的两台邮件服务器的名称(mail.nankai.edu.cn 和 back.nankai.edu.cn),优先级分别为 1 和 2,并在第 5、6 条资源记录中给出了两台邮件服务器所对应的 IPv4 地址。第 7、8 条记录指示服务于 ee.nankai.edu.cn 域的域名服务器名称,以及该域名服务器所对应的 IP 地址。第 10、11 条记录给出了名字字段同为 lab.nankai.edu.cn,类型分别为 A 和 MX 的两条资源记录,分别指明主机所对应的 IP 地址(202.113.27.53)和服务于 lab.nankai.edu.cn 域的邮件服务器名称(mail.lab.nankai.edu.cn),同时在第 12 条记录中用 A 记录给出了该邮件服务器所对应的 IP 地址。第 13 条记录给出了主机 info.lab.nankai.edu.cn 对应的 IP 地址(202.113.27.54),最后两条记录中的 www.lab.nankai.edu.cn 和 ftp.lab.nankai.edu.cn 都是 info.lab.nankai.edu.cn 的别名,它们指向同一台主机,并具有相同的 IP 地址。

| | 名字 | TTL | 类别 | 类型 | 值 |
|---|---|---|---|---|---|
| 1 | nankai.edu.cn. | 86400 | IN | SOA | ns.nankai.edu.cn. adm.nankai.edu.cn (参数) |
| 2 | nankai.edu.cn. | 86400 | IN | TXT | "Nankai University" |
| 3 | nankai.edu.cn. | 86400 | IN | MX | 1 mail.nankai.edu.cn |
| 4 | nankai.edu.cn. | 86400 | IN | MX | 2 back.nankai.edu.cn |
| 5 | mail.nankai.edu.cn. | 86400 | IN | A | 202.113.26.1 |
| 6 | back.nankai.edu.cn. | 86400 | IN | A | 202.113.16.2 |
| 7 | ee.nankai.edu.cn. | 86400 | IN | NS | dns.ee.nankai.edu.cn |
| 8 | dns.ee.nankai.edu.cn. | 86400 | IN | A | 202.113.26.66 |
| 9 | lab.nankai.edu.cn. | 86400 | IN | HINFO | HP UNIX |
| 10 | lab.nankai.edu.cn. | 86400 | IN | A | 202.113.27.53 |
| 11 | lab.nankai.edu.cn. | 86400 | IN | MX | 3 mail.lab.nankai.edu.cn |
| 12 | mail.lab.nankai.edu.cn. | 86400 | IN | A | 202.113.27.55 |
| 13 | info.lab.nankai.edu.cn. | 86400 | IN | A | 202.113.27.54 |
| 14 | www.lab.nankai.edu.cn. | 86400 | IN | CNAME | info.lab.nankai.edu.cn |
| 15 | ftp.lab.nankai.edu.cn. | 86400 | IN | CNAME | info.lab.nankai.edu.cn |

图 5-13　区域文件示例

### 5.2.4　DNS 报文格式

域名解析器和域名服务器之间通过交换 DNS 报文实现域名解析。DNS 报文主要使用 UDP 数据报进行承载,服务器进程使用 UDP 的 53 端口。在某些情况下也会使用 TCP,例如,当备份域名服务器从主域名服务器获取数据更新时。DNS 定义了两种报文,即查询报文和响应报文。两种 DNS 报文的格式基本相同(如图 5-14 所示),查询报文由首部和查询问题组成,响应报文由首部、查询问题、应答资源记录、权威资源记录和附加资源记录组成。

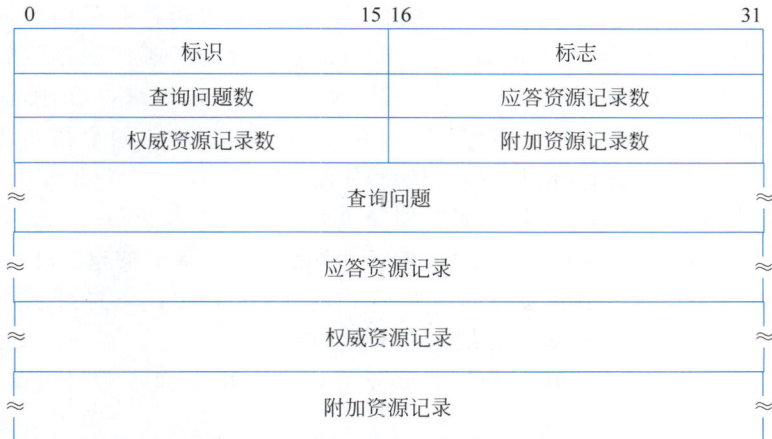

图 5-14　DNS 报文格式

　　DNS 报文首部包含 6 个字段，共 12B。标识字段用于标识一个查询请求，这个字段的值由域名解析器构建查询报文时随机生成，服务器响应时将其复制到响应报文中，以便域名解析器进行查询报文和响应报文的匹配。标志字段主要指明 DNS 报文类型及相关参数，其中各部分的具体含义如表 5-4 所示。查询问题数、应答资源记录数、权威资源记录数、附加资源记录数分别指示首部后面对应部分的问题数量和资源记录数量。

表 5-4　DNS 报文标志字段

| 标　志　位 | 含　　义 |
| --- | --- |
| 0 | 报文类型：0-查询报文，1-响应报文 |
| 1～4 | 查询类型：0-标准查询，1-反向查询，2-服务器状态请求 |
| 5 | 响应报文来源：1-权威服务器，0-非权威服务器 |
| 6 | 响应报文截断标志：1-报文被截断，0-报文未被截断<br>注：响应报文超过 512B 时被截断，只返回前 512B |
| 7 | 期望递归标志：1-期望服务器执行递归查询 |
| 8 | 递归可用标志：1-服务器支持递归方式 |
| 9～11 | 保留 |
| 12～15 | 返回码，指明响应报文的差错状态：<br>0-无错误<br>1-查询报文格式错，服务器无法理解<br>2-服务器失效<br>3-域名不存在<br>4-查询类型不支持<br>5-拒绝应答 |

　　查询问题部分包含域名解析器请求解析的域名、类型和类别。该部分的长度可变，可以包括一个或多个查询问题。应答资源记录、权威资源记录和附加资源记录只在响应报文中出现，返回的结果都以资源记录的形式给出，包括域名、类型、类别、TTL 和值字段。应答资源记录部分携带直接响应查询问题的资源记录，由于一个域名可以对应多个 IP 地址，即使查询报文中只有一个查询问题，也可能返回多条应答资源记录。权威资源记录部分携带描述其他域名服务器的资源记录，例如，在迭代解析方式中，该部分可能会包含下一步要查询

的域名服务器的名称。附加资源记录部分包含可能对域名解析器有帮助的资源记录。例如,对于请求解析 MX 类型域名的应答,应答资源记录部分包含邮件服务器的规范主机名和优先级,附加资源记录部分则包含一个或多个 A 类型的资源记录,给出邮件服务器的规范主机名到 IP 地址的映射。下面结合图 5-13 给出的区域文件,用两个具体请求示例说明应答资源记录、权威资源记录和附加资源记录的使用方法。

示例 1:如果 nankai.edu.cn 域名服务器接收到一个域名为 www.ee.nankai.edu.cn、类型为 A 的查询报文,由于 nankai.edu.cn 域名服务器不是该域名的权威域名服务器,无法查找到其所对应的 IP 地址,但它可以知道服务于 ee.nankai.edu.cn 的域名服务器名称和对应的 IP 地址。因此,它在权威资源记录部分返回服务于 ee.nankai.edu.cn 的域名服务器的名称,在附加资源记录部分返回该域名服务器对应的 IP 地址。应答资源记录部分空,不携带任何资源记录(如图 5-15 所示)。

```
应答资源记录:
    <空>
权威资源记录
    ee.nankai.edu.cn.   86400   IN  NS  dns.ee.nankai.edu.cn
附加资源记录
    dns.ee.nankai.edu.cn.  86400  IN A  202.113.26.66
```

图 5-15  示例 1 的响应报文

示例 2:如果 nankai.edu.cn 域名服务器接收到一个域名为 nankai.edu.cn、类型为 MX 的查询报文,则 nankai.edu.cn 域名服务器在应答资源记录部分返回 MX 类型资源记录,其中包含服务于 nankai.edu.cn 域的邮件服务器名称,同时在附加资源记录部分返回邮件服务器对应的 IP 地址(如图 5-16 所示)。

```
应答资源记录:
    nankai.edu.cn.      86400       IN      MX   1 mail.nankai.edu.cn
    nankai.edu.cn.      86400       IN      MX   2 back.nankai.edu.cn
权威资源记录
    <空>
附加资源记录
    mail.nankai.edu.cn      86400       IN      A       202.113.26.1
    back.nankai.edu.cn      86400       IN      A       202.113.16.2
```

图 5-16  示例 2 的响应报文

## 5.2.5  DNS 缓存机制

DNS 缓存机制是提高域名解析效率的一种有效方法。在上述域名解析过程中,如果本地域名服务器不是要查询域名的权威域名服务器,则本地域名服务器不保存相应的资源记录,无法直接返回查询结果。本地服务器通过递归方式或迭代方式将查询请求发送给根服务器,进而进行一次自顶向下的查找过程,最终会找到查询域名的权威域名服务器,由权威域名服务器返回相应的资源记录。在因特网中存在着海量的域名解析请求,这种自顶向下的查找过程会对根服务器造成巨大的压力,同时也会产生较大的网络开销。在实际的 DNS 系统中,本地域名服务器和客户端都会对近期获取的查询结果及来源进行缓存,使尽可能多的域名解析工作能够在客户端或本地域名服务器中完成。同时,大多数本地服务器也会缓存顶级域名服务器的信息,减少根服务器的访问频度。

本地域名服务器和客户端缓存的资源记录都是非权威资源记录,当权威域名服务器中的资源记录发生变化时,缓存的资源记录便会过时。使用过时的资源记录响应查询请求,域名解析器可能会得到不正确的 IP 地址。为了解决上述问题,权威域名服务器中的每条资源记录都设有生存时间(TTL),当本地域名服务器和客户端对资源记录进行缓存时,会基于资源记录中的 TTL 设置最长缓存时间。当时间超时,则清除相应的资源记录。

保证资源记录有效性的另一个策略是,本地域名服务器在利用缓存中的资源记录响应域名解析器的请求时,会将响应报文中的响应报文来源标志位设置为 0,表明其中的资源记录来自于非权威域名服务器,同时给出该资源记录的权威域名服务器的 IP 地址。如果域名解析器注重资源记录的权威性,则可以向权威域名服务器直接发送查询请求,获得权威资源记录。如果域名解析器注重解析效率,则可以直接使用非权威资源记录。

## 5.3　电子邮件服务及协议

电子邮件(E-mail)是因特网中最早的应用之一,它为因特网用户之间发送和接收消息提供了一种快捷、廉价的现代化通信手段。早期的电子邮件系统只能传输西文文本信息,而目前的电子邮件系统不但可以传输各种文字的文本信息,还可以传输图像、声音、视频等多媒体信息。事实上,很多用户对因特网的了解都是从收发电子邮件开始的。

电子邮件具有其他通信方式不可比拟的特点。与人工邮件相比,电子邮件传递速度快、可达范围广、费用低廉。与电话系统相比,电子邮件不要求通信双方同时在线,不需要知道通信对象在网络中的具体位置。电子邮件可以实现一对多的邮件传送,使一个用户向多人发出通知的过程变得简单、容易。同时,电子邮件可以将文字、图像、语音等多种类型的信息集成在一个邮件中,是多媒体信息传送的一种重要手段。

### 5.3.1　电子邮件系统

电子邮件系统采用客户端/服务器模式。邮件服务器是邮件服务系统的核心,它的作用与人工邮递系统中邮局的作用非常相似。邮件服务器一方面负责接收用户送来的邮件,并根据邮件所要发送的目的地址将其传送到对方的邮件服务器;另一方面负责接收从其他邮件服务器发来的邮件,并根据收件人将邮件分发到各自的邮箱中。邮箱是在邮件服务器中为每个合法用户开辟的一个存储用户邮件的空间,类似人工邮递系统中的信箱。电子邮箱是私有的,拥有账号和密码属性,只有合法用户才能阅读邮箱中的邮件。

在电子邮件系统中,用户发送和接收邮件需要借助运行在客户机中的电子邮件应用程序完成。电子邮件应用程序一方面负责将用户要发送的邮件送到邮件服务器,另一方面负责检查用户邮箱,读取邮件。因此,电子邮件应用程序最基本的功能包括创建和发送邮件,接收、阅读和管理邮件。除此之外,电子邮件应用程序通常还提供通讯录管理、收件箱助理及账号管理等附加功能。

在 TCP/IP 互联网中,邮件服务器之间使用简单邮件传输协议(Simple Mail Transfer Protocol,SMTP)相互传递电子邮件。电子邮件应用程序使用 SMTP 或超文本传输协议

（HyperText Transfer Protocol，HTTP）向邮件服务器发送邮件，使用第 3 代邮局协议（Post Office Protocol，POP3）、交互邮件访问协议（Interactive Mail Access Protocol，IMAP）或 HTTP 从邮件服务器的邮箱中读取邮件（如图 5-17 所示）。

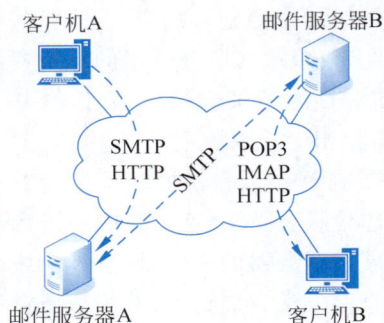

图 5-17　电子邮件系统示意图

下面用图 5-18 的示例说明电子邮件的客户端/服务器模型，以及邮件的处理和传递过程。在该示例中，用户 A 通过客户机 A 向用户 B 发送邮件，用户 B 通过客户机 B 读取邮件。邮件服务器 A 是发送方的邮件服务器，邮件服务器 B 是接收方的邮件服务器。客户机 A 发送邮件时使用 SMTP，客户机 B 读取邮件时使用 POP3 协议（使用 IMAP 或 HTTP 的过程与之类似）。

（1）用户 A 按照一定格式编辑一封邮件，注明用户 B 的邮件地址，之后将邮件提交给客户机 A 的 SMTP 客户进程，由客户机 A 的 SMTP 客户进程负责邮件的发送。

（2）客户机 A 的 SMTP 客户进程与邮件服务器 A 的 SMTP 服务器进程建立 TCP 连接，并将封装好的 SMTP 报文发送给 SMTP 服务器进程。

（3）邮件服务器 A 检查收到邮件的收件人邮件地址是否属于本服务器。如果是，就将该邮件投递到相应的邮箱中；如果不是，则将该邮件放入本服务器的输出队列中。

（4）邮件服务器 A 的 SMTP 客户进程按顺序从输出队列中读取待发送的 SMTP 报文，并进行发送。

（5）邮件服务器 A 的 SMTP 客户进程根据邮件地址解析出邮件服务器 B 的 IP 地址，并与邮件服务器 B 中的 SMTP 服务器进程建立 TCP 连接，将 SMTP 报文转发给邮件服务器 B 中的 SMTP 服务器进程。

（6）由于用户 B 的邮件地址属于邮件服务器 B，因此邮件服务器 B 的 SMTP 服务器进程根据邮件地址将邮件投递到用户 B 的邮箱中。

（7）当用户 B 需要查看自己的邮件时，利用客户机 B 中的 POP3 客户进程向邮件服务器 B 的 POP3 服务器进程发出请求。POP3 服务器进程检查用户的邮箱，读取邮件。

（8）邮件服务器 B 的 POP3 服务器进程将邮件封装成 POP3 报文，发送给客户机 B 的 POP3 客户进程。

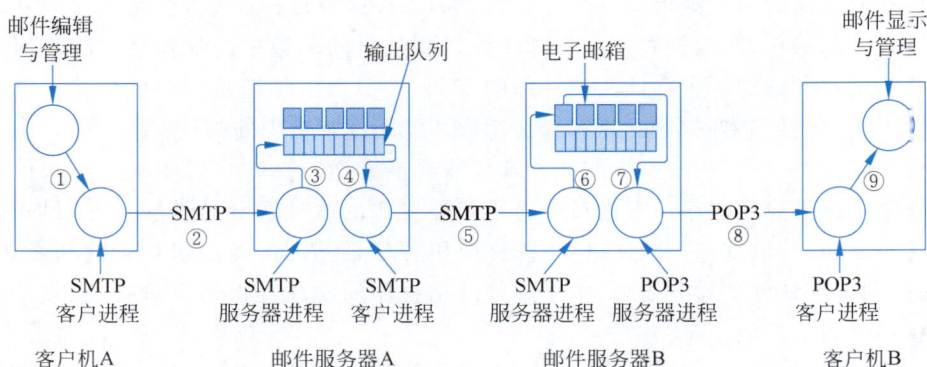

图 5-18　邮件的处理和传递过程

(9) 客户机 B 的 POP3 客户进程收到邮件后，将邮件提交给邮件显示与管理模块，以便用户查看和处理。

在因特网中，电子邮件地址的一般形式为：用户名@域名。根据图 5-13 的域名系统区域文件示例，假设 johnny@lab. nankai. edu. cn 是南开大学网络实验室一名成员的邮件地址，lab. nankai. edu. cn 域由邮件服务器 mail. lab. nankai. edu. cn 提供服务，johnny 为邮件服务器中的一个用户名。如果要向 johnny@lab. nankai. edu. cn 发送邮件，发送邮件服务器首先需要发出 MX 类型的域名解析请求，对 lab. nankai. edu. cn 域名进行解析，则域名系统会返回邮件服务器的名称(mail. lab. nankai. edu. cn)及其所对应的 IP 地址(202.113.27.55)。由此发送邮件服务器中的 SMTP 客户进程与接收邮件服务器中的 SMTP 服务器进程之间可以建立 TCP 连接，并进行 SMTP 报文的传输。

## 5.3.2 简单邮件传输协议

SMTP 是因特网电子邮件系统中最主要的应用层协议。SMTP 采用客户端/服务器模式，SMTP 客户进程负责发送邮件，SMTP 服务器进程负责接收邮件。SMTP 使用 TCP 可靠数据传输服务，SMTP 服务器进程在 TCP 的 25 端口守候，SMTP 客户进程发起建立 TCP 连接请求。一旦连接建立成功，收发双发便可以传递 SMTP 命令、响应和邮件内容。

SMTP 中定义的命令和响应都是可读的 ASCII 字符串。表 5-5 和表 5-6 分别给出了常用的 SMTP 命令和响应。其中，SMTP 命令字符串通常以 4 个字母的关键词开始，后面跟着零个或多个参数；SMTP 响应字符串以 3 位数字代码开始，后面跟着对数字代码的具体描述，这些描述信息并没有严格定义，每一种实现给出的描述信息有所不同。

**表 5-5 常用的 SMTP 命令**

| 命 令 | 描 述 |
|---|---|
| HELO <发送方主机域名或 IP 地址> | 开始会话 |
| MAIL FROM：<发送者电子邮件地址> | 指出邮件的发送者 |
| RCPT TO：<接收者电子邮件地址> | 指出邮件的接收者 |
| DATA | 接收进程将 DATA 命令后面的数据作为邮件内容处理，直到<CR><LF>.<CR><LF>出现 |
| RSET | 中止当前的邮件处理 |
| NOOP | 无操作 |
| QUIT | 结束会话 |

**表 5-6 常用的 SMTP 响应**

| 代 码 | 描 述 |
|---|---|
| 220 | 服务就绪 |
| 221 | 服务关闭，表明会话正在结束，所有过程都已完成 |
| 250 | 请求的邮件操作成功完成 |
| 354 | 可以发送邮件内容 |
| 500 | 语法错误，命令不能识别 |
| 502 | 命令未实现 |
| 550 | 邮箱不可用 |

下面用一个示例描述 SMTP 客户进程（C）和 SMTP 服务器进程（S）之间的交互过程（如图 5-19 所示）。在该示例中，发送者电子邮件地址是 alice@nankai.edu.cn，接收者电子邮件地址是 bob@tsinghua.edu.cn。SMTP 客户进程位于发送方的邮件服务器中，SMTP 服务器进程位于接收方的邮件服务器中。SMTP 客户进程与 SMTP 服务器进程的交互过程大致分成如下三个阶段。

（1）连接建立阶段。在这一阶段，SMTP 客户进程请求与 SMTP 服务器进程建立一个 TCP 连接。一旦连接建立，SMTP 服务器进程和 SMTP 客户进程就开始相互通报自己的域名，同时确认对方的域名。

（2）邮件传递阶段。使用 MAIL、RCPT 和 DATA 命令，SMTP 客户进程将发送者邮件地址、接收者邮件地址和邮件的具体内容传递给 SMTP 服务器进程。SMTP 服务器进程给出相应的响应，并接收邮件。

（3）连接关闭阶段。SMTP 客户进程发送 QUIT 命令，SMTP 服务器进程在处理命令后进行响应，之后关闭 TCP 连接。

| 发送方与接收方的交互过程 | 命令和响应解释 | 阶段 |
|---|---|---|
| S：220 tsinghua.edu.cn | "我的域名是 tsinghua.edu.cn" | |
| C：HELO nankai.eud.cn | "我的域名是 nankai.edu.cn" | 连接建立 |
| S：250 tsinghua.edu.cn | "好的，可以开始邮件传递了" | |
| C：MAIL FROM：<alice@nankai.edu.cn> | "邮件来自 alice@nankai.edu.cn" | |
| S：250 OK | "知道了" | |
| C：RCPT TO：<bob@tsinghua.edu.cn> | "邮件发往 bob@tsinghua.edu.cn" | |
| S：250 OK | "知道了" | |
| C：DATA | "准备好接收，要发送邮件具体内容了" | |
| S：354 Go ahead | "没问题，可以发送" | 邮件传递 |
| C：邮件的具体内容…… | 发送方发送邮件的具体内容…… | |
| C：…… | …… | |
| C：<CR><LF>.<CR><LF> | "发送完毕" | |
| S：250 OK | "好的，都接收到了" | |
| C：QUIT | "可以拆除连接了" | 连接关闭 |
| S：221 | "好的，马上拆除" | |
| 注：S—服务器进程，C—客户进程，<CR>—回车，<LF>—换行 | | |

图 5-19 SMTP 交互过程示例

SMTP 是一种非常简单的协议，但其在安全性、传输效率方面存在局限性。

（1）在基本的 SMTP 中，邮件服务器并不对发件人的身份进行认证，无论谁利用邮件服务器发送邮件，邮件服务器都不会拒绝。因此，在发送邮件时，可以在"MAIL FROM："后面给出任何电子邮件地址，这给垃圾邮件的传播提供了便利。同时，SMTP 采用明文传输，保密性差。

（2）SMTP 只支持 7 位 ASCII 码的传输（包括邮件内容部分），这对于早期的西文文本传输没有问题，但是目前电子邮件已经扩展到各种文字，并会携带较大的附件，包括二进制执行文件、图片、声音和视频等，对于这些非 ASCII 码文件，在利用 SMTP 传输之前需要将其编码成 ASCII 码，然后在接收方再进行解码。利用这种方式进行大邮件传输，网络带宽的利用率较低。

为了解决 SMTP 的相关问题，在 RFC 5321 文档中对 SMTP 进行了扩展，带有扩展功能的 SMTP 被称为扩展 SMTP（Extended SMTP，ESMTP）。ESMTP 主要增加了用户认证、安全传输、对二进制邮件的支持等功能。为了使用 ESMTP，SMTP 客户进程需要发送 EHLO 命令。如果 SMTP 服务器进程支持扩展，在收到 EHLO 后发送响应，要求客户进程提供用户名、密码等进行身份认证；如果服务器不支持扩展，可以用“502 命令未实现”进行响应，以便客户进程按照未扩展的方法与邮件服务器进行交互。

### 5.3.3　邮件访问协议

通过 SMTP 传递的邮件会保存在用户的邮箱中，用户可以通过邮件访问协议查看、下载邮箱中的邮件。目前使用的邮件访问协议主要包括 POP3、IMAP 和 HTTP。下面以 POP3 协议为例对邮件访问协议进行介绍。

POP3 是非常简单的协议，主要提供了邮件下载和删除操作。POP3 采用客户端/服务器模式，POP3 服务器进程运行在邮件服务器中，客户进程运行在用户的主机中。POP3 使用 TCP 可靠数据传输服务，POP3 服务器进程守候在 TCP 的 110 端口。当用户需要下载邮件时，POP3 客户进程首先向 POP3 服务器进程发送连接请求。一旦 TCP 连接建立成功，POP3 客户进程就可以向服务器进程发送命令，下载和删除邮件。

与 SMTP 相同，POP3 的命令和响应也采用 ASCII 字符串的形式，非常直观和简单。表 5-7 列出了 POP3 常用的命令。POP3 的响应有两种基本类型：一种以“+OK”开始，表示命令已成功执行或服务器准备就绪等；另一种以“-ERR”开始，表示错误的或不可执行的命令。在“+OK”和“-ERR”后面，一般都跟有附加信息对响应进行具体描述。如果响应信息包含多行，那么只包含“.”的行表示响应结束。

表 5-7　常用的 POP3 命令

| 命　　令 | 描　　述 |
|---|---|
| USER <用户邮箱名> | 用户希望操作的电子邮箱 |
| PASS <口令> | 用户邮箱的口令 |
| STAT | 查询邮件总数和长度 |
| LIST [<邮件编号>] | 列出邮件的长度 |
| RETR <邮件编号> | 请求服务器发送指定编号的邮件 |
| DELE <邮件编号> | 对指定编号的邮件作删除标记 |
| NOOP | 无操作 |
| RSET | 复位操作，清除所有删除标记 |
| QUIT | 删除具有“删除”标记的邮件，关闭连接 |

图 5-20 给出了一个名为 bob 的用户通过 POP3 查看邮箱和下载邮件的交互过程。从图 5-20 中可以看到，POP3 的交互过程可以分成如下三个阶段。

| 发送方与接收方的交互过程 | 命令和响应解释 | 阶段 |
|---|---|---|
| S：+OK POP3 mail server ready | "我是POP3服务器，可以开始了" | |
| C：USER bob | "我的邮箱名是bob" | |
| S：+OK bob is welcome here | "欢迎到这里检索你的邮箱" | 认证阶段 |
| C：PASS ****** | "我的密码是******" | |
| S：+OK bob's maildrop has 2 messages(320 octets) | "你邮箱中有2个邮件，共320字节" | |
| C：STAT | "邮箱中邮件总数和总长度是多少？" | |
| S：+OK 2 320 | "2个邮件，320字节" | |
| C：LIST | "请列出每个邮件的长度" | |
| S：+OK 2 messages | "总共2个邮件" | |
| S：1 120 | "第1个120字节" | |
| S：2 200 | "第2个200字节" | |
| S：. | "结束了" | |
| C：RETR 1 | "请发送第1个邮件给我" | |
| S：+OK 120 octets | "该邮件120字节" | |
| S：第1封邮件内容…… | 第1封邮件的具体内容…… | 事务处理阶段 |
| S：. | "发完了" | |
| C：DELE 1 | "删除第1个邮件" | |
| S：+OK message 1 deleted | "好的，已为第1个邮件作了删除标记" | |
| C：RETR 2 | "请发送第2个邮件给我" | |
| S：+OK 200 octets | "该邮件200字节" | |
| S：第2封邮件内容…… | 第2封邮件的具体内容…… | |
| S：. | "发完了" | |
| C：DELE 2 | "删除第2个邮件" | |
| S：+OK message 2 deleted | "好的，已为第2个邮件作了删除标记" | |
| C：QUIT | "可以拆除连接了" | 更新阶段 |
| S：+OK POP3 mail server signing off | "已经将作过删除标记的邮件全部删除" | |

注：S—服务器进程，C—客户进程

**图 5-20　POP3 交互过程示例**

（1）认证阶段。访问邮箱是需要认证的。因此，在 TCP 连接建立之后，POP3 服务器需要对用户进行认证。POP3 客户进程利用 USER 和 PASS 命令将邮箱名和密码传送给 POP3 服务器进程，服务器进程据此判断该用户的合法性，并给出相应的应答。一旦用户通过服务器的认证，系统便进入了事务处理阶段。

（2）事务处理阶段。在事务处理阶段，POP3 客户进程可以利用 STAT、LIST、RETR、

DELE 等命令检索和管理自己的邮件,服务器在完成客户请求的任务后返回响应。这里需要注意的是,服务器在处理 DELE 命令时并未将邮件真正删除,只是给邮件做了一个特定的删除标记。

(3) 更新阶段。当客户进程发送 QUIT 命令时,系统进入更新阶段。POP3 服务器将做过删除标记的所有邮件从系统中全部删除,然后关闭 TCP 连接。

如果使用 IMAP 阅读邮箱中的邮件,邮件服务器中需要运行 IMAP 服务器进程,客户端需要运行 IMAP 客户进程。IMAP 依然使用 TCP 可靠数据传输服务,IMAP 服务器进程守候在 TCP 的 143 端口。IMAP 目前最常用的版本是 IMAP4(参见 RFC 9051 文档),相对于 POP3 主要有以下两方面的提升。

(1) POP3 只支持邮件离线阅读,需要将邮件下载到本地主机,在本地进行阅读与管理。IMAP 除支持离线阅读外,还支持联机阅读,为跨设备的邮件阅读提供了便利。IMAP 支持远程邮箱管理,可以将邮箱中的邮件组织到不同的文件夹中。

(2) IMAP 提供邮件摘要浏览功能,用户可以首先阅读邮件的到达时间、发件人、主题、大小等信息,之后再决定是否下载,对于没有用处的邮件可以直接删除。IMAP 也支持对一个邮件部分内容的读取,例如,可以只读取邮件首部或部分附件等。相对于 POP3 的邮件下载模式可以有效节约网络的带宽资源。

除了 POP3、IMAP 和 SMTP 之外,目前大多数用户更愿意使用 HTTP 发送和读取邮件,即 Web 电子邮件系统,用户通过普通的浏览器就可以收发邮件。Web 电子邮件系统最早由 Hotmail 推出,目前几乎所有的邮件服务器都支持这种模式。在 Web 电子邮件系统,邮件服务器中运行 HTTP 服务器进程,用户的浏览器中包含 HTTP 客户进程。客户机和服务器之间通过 HTTP 交互动态 Web 页面,实现电子邮件的收发。Web 电子邮件系统提供的是联机模式,一般会提供良好的邮件管理和检索功能,使用起来非常方便。关于 HTTP 和 Web 将在 5.4 节进行介绍。

### 5.3.4　电子邮件格式

电子邮件格式最初由 RFC 822 定义。RFC 822 格式的邮件只能包含 ASCII 文本,不能包含非 ASCII 文本,以及图像、声音、视频等各类信息。为了解决这一问题,提出了多用途因特网邮件扩展(Multipurpose Internet Mail Extensions,MIME)格式。MIME 格式沿用了 RFC 822 的基本格式,只是对 RFC 822 进行了扩充。下面主要对 RFC 822 格式及 MIME 格式的基本内容进行介绍。

#### 1. RFC 822 格式

RFC 822 将电子邮件分成两部分,即邮件首部和邮件体,两者之间使用空行分隔。邮件首部是一些控制信息,如发件人的电子邮件地址、收件人的电子邮件地址、发送日期等。邮件体是用户发送的邮件内容,只能包含 ASCII 文本。

邮件首部由多行组成,每行由一个特定的字符串开始,后面跟着与该字符串相关的具体内容,中间用“:”隔开。在邮件首部中,有些行是由发件人在撰写电子邮件过程中加入的,有些则是在邮件转发过程中由邮件系统自动加入的。图 5-21 给出了一封收件人收到的邮件示例,其中,Received 和 Date 是系统在转发邮件的过程中加入的,From、To 和 Subject 是由发信人在撰写邮件过程中添加的。From:alice@nankai.edu.cn 表示电子邮件发件人的电子邮件地址是 alice@nankai.edu.cn，而 To：bob@tsinghua.edu.cn 表示电子邮件收件人的电子邮件地址是 bob@tsinghua.edu.cn。

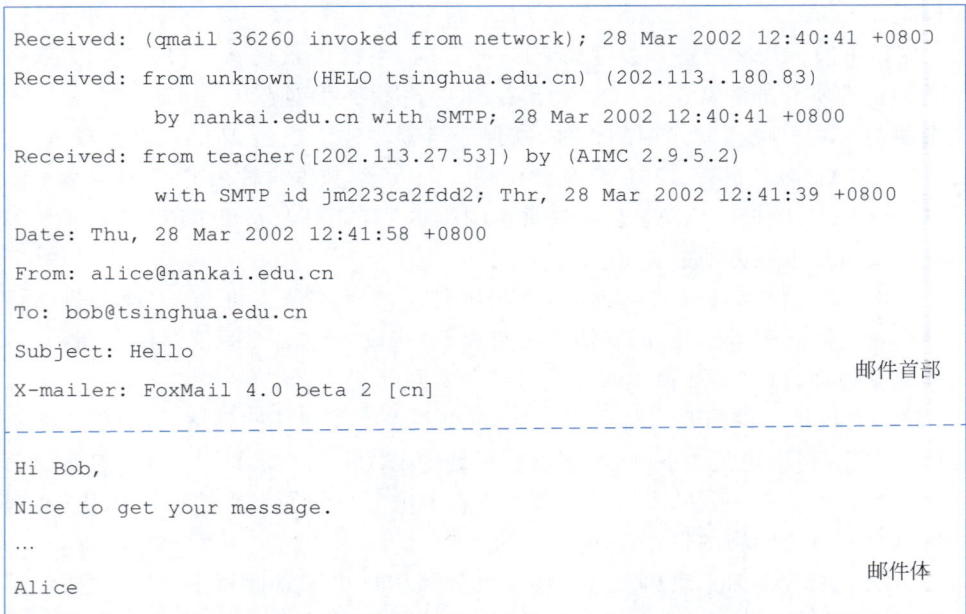

```
Received: (qmail 36260 invoked from network); 28 Mar 2002 12:40:41 +0800
Received: from unknown (HELO tsinghua.edu.cn) (202.113..180.83)
          by nankai.edu.cn with SMTP; 28 Mar 2002 12:40:41 +0800
Received: from teacher([202.113.27.53]) by (AIMC 2.9.5.2)
          with SMTP id jm223ca2fdd2; Thr, 28 Mar 2002 12:41:39 +0800
Date: Thu, 28 Mar 2002 12:41:58 +0800
From: alice@nankai.edu.cn
To: bob@tsinghua.edu.cn
Subject: Hello
X-mailer: FoxMail 4.0 beta 2 [cn]                              邮件首部
- - - - - - - - - - - - - - - - - - - - - - - - - - - - - - - - - - - - -
Hi Bob,
Nice to get your message.
…
Alice                                                          邮件体
```

图 5-21　收件人收到的邮件示例

### 2. MIME 格式

MIME 格式继续使用 RFC 822 的基本格式，但它对 RFC 822 的首部进行了扩充，并在邮件体中增加了结构性，为传送的非 ASCII 码的邮件内容定义了编码规则。MIME 格式的邮件依然可以使用已有的邮件传输协议进行传输，但需要应用程序能够解释 MIME 格式。MIME 格式增加的邮件首部行主要包括以下内容。

（1）MIME-Version：用于标识 MIME 的版本号，目前的版本为 1.0。

（2）Content-Description：邮件内容的描述信息，是一个可读的字符串。

（3）Content-ID：为邮件内容加上唯一的标识符。

（4）Content-Type：指明邮件体包含的数据类型，邮件的接收方利用该字段决定使用何种方式处理该邮件的邮件体。MIME 定义了 7 种邮件体类型和一系列的子类型，这 7 种类型为 text（文本）、message（报文）、image（图像）、audio（音频）、video（视频）、application（应用）和 multipart（多部分）。类型与子类型之间通过"/"分开。例如，Content-Type：text/html 说明该邮件体含有一个文本文件，该文件为 HTML 格式，可以使用浏览器打开。

（5）Content-Transfer-Encoding：MIME 格式需要将非 ASCII 码邮件内容编码成 ASCII 码文本进行传送，因此需要在该首部行中指明所采用的编码方法，以便接收方采用相同的方法进行解码。目前最常用的编码方法是 Base64 编码。

Base64 编码的基本思想是：将每 3 字节（即 24 位）作为一个整体划分为 4 组，每组 6 位，然后将每组 6 位的值作为索引，将其映射为对应的 ASCII 字符。因此，Base64 将每 3 字节转换成 4 个 ASCII 字符。如果最后一组仅剩 1 字节，后面需要补 4 个比特的"0"，形成 12 位二进制数值，再将其分成两个 6 位组，并将每个 6 位组映射为对应的 ASCII 字符。后面再补充两个字符"＝"，形成 4 个字符。如果最后一组仅剩 2 字节，后面需要补两个比特的"0"，形成 18 位二进制数值，再将其分成三个 6 位组，并将每个 6 位组映射为对应的 ASCII 字符，后面再补充 1 个字符"＝"，形成 4 个字符。图 5-22 给出了 Base64 的编码方法的示意图。

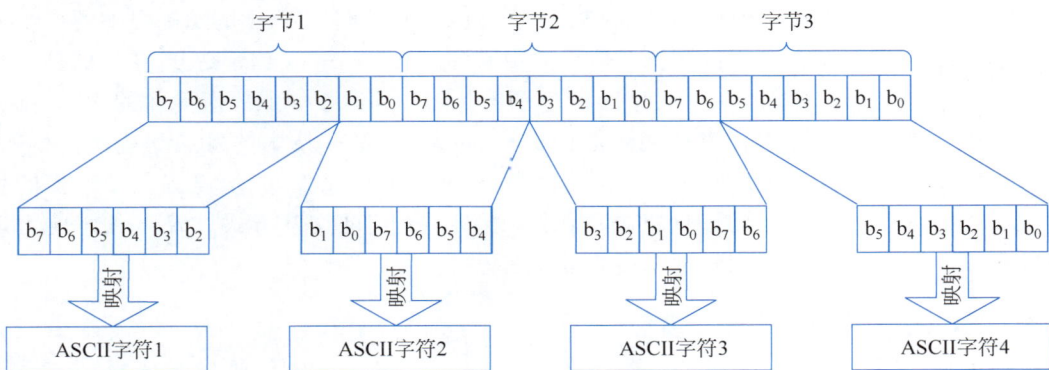

图 5-22　Base64 编码方法示意图

图 5-23 给出了一个使用 MIME 格式的电子邮件。其中，MIME-Version：1.0 表示使用的是 MIME 的 1.0 版本，Content-Type：image/bmp 表示邮件体的内容为 BMP 格式的图像，而 Content-Transfer-Encoding：base64 则表示邮件体采用 Base64 编码方法。

```
Received: (qmail 36260 invoked from network); 28 Mar 2002 12:40:41 +0800
Received: from unknown (HELO xyz.edu.cn) (202.113..180.83)
   by abc.edu.cn with SMTP; 28 Mar 2002 12:40:41 +0800
Received: from teacher([202.113.27.53]) by (AIMC 2.9.5.2)
        with SMTP id jm223ca2fdd2; Thr. 28 Mar 2002 12:41:39 +0800
Date: Thu, 28 Mar 2002 12:41:58 +0800
From: alice@abc.edu.cn
To: bob@xyz.edu.cn
Subject: Nice Picture
X-mailer: FoxMail 4.0 beta 2 [cn]
```
```
MIME-Version:1.0
Content-Type:image/bmp                              MIME增加的邮件首部字段
Content-Transfer-Encoding:base64
```
```
9j/4AAQSkZJRgABAQEASABIAAD/4QAYRXhpZgAASUkqAAgAAAAAAAAAAAAAAP/sABFEdWNreQAB
AAQAAAA8AAD/4QMZWE1QADovL25zLmFkb2JlLmNvbS94YXAvMS4wLwA8P3hwYWNrZXQgYmVnaW49
Iu+7vyIgaWQ9Ilc1TTBNcENlaGlIenJlU3pOY2N6a2M5ZCZI/PiA8eDp4bXBtZXRhIHhtbG5zOng9
ImFkb2JlOm5zOm1ldGEvIiB4OnhtcHRrPSJBZG9iZSBYTVAgQ29yZSA1LjMtYzAxMSA2Ni4xNDU2
......                                              Base64编码后的邮件体
```

图 5-23　使用 MIME 格式的电子邮件

# 5.4　WWW 服务及协议

WWW(World Wide Web)简称为 Web,中文称为万维网。Web 是因特网中的一个分布式信息系统,最初的想法由欧洲原子能研究中心的 Tim Berners Lee 提出,其目的是为分布在世界各地的科学家提供一个共享的信息平台。1993 年,第一个图形界面的 Web 浏览器 Mosaic 在美国国家超级计算应用中心的诞生,推动了 Web 技术的发展和应用。目前,Web 是因特网中最具影响力的应用之一,它为因特网上的信息发布、浏览提供了便捷的手段,极大地丰富了因特网上的信息资源,同时也改变了人们的交互方式。Web 的影响力远远超出了专业技术范畴,是因特网发展的重要里程碑。

## 5.4.1　Web 客户端/服务器模型

Web 采用客户端/服务器模式,Web 客户机(Web 浏览器)与 Web 服务器之间主要利用超文本传输协议(HyperText Transfer Protocol,HTTP)进行交互(如图 5-24 所示)。Web 服务器中运行 HTTP 服务器进程,并保存着可以被 Web 浏览器访问的信息资源。这些信息资源通常以 Web 页面(简称页面)的方式进行组织。Web 浏览器中包含 HTTP 客户进程和 Web 页面解释器,负责对 Web 页面进行解释和呈现。当用户通过 Web 浏览器访问 Web 服务器时,HTTP 客户进程向 HTTP 服务进程发出 HTTP 请求,Web 服务器根据用户请求的内容将页面返回给 Web 浏览器,Web 浏览器接收到页面后对其进行解释,并将页面呈现给用户。

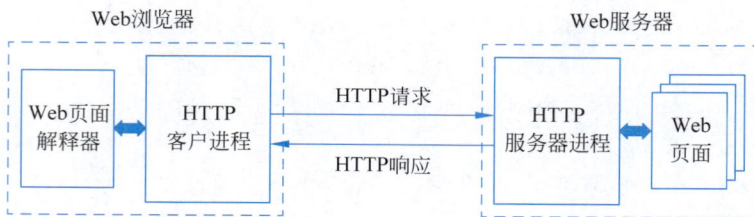

图 5-24　Web 客户端/服务器模型

## 5.4.2　Web 页面结构及标识方法

Web 页面既可以是静态页面,也可以是动态页面。静态页面是不变的,每次访问都会呈现相同的结果;动态页面是按需产生的,可以由 Web 服务器执行程序动态产生,也可以将程序嵌入 Web 页面中,由 Web 浏览器执行后动态产生,如 JavaScript 脚本程序。由于复杂的 Web 网页内容超出了本书的范围,下面仅对 Web 页面的基本结构进行介绍,并说明 Web 页面的标识方法。

### 1. Web 页面基本结构

Web 页面是一种结构化的文档,使用超文本标记语言(HyperText Markup Language,HTML)进行编写,因此也被称为 HTML 文档。HTML 是编写 Web 页面的标准语言,所有 Web 页面必须遵从 HTML 定义的规则。目前 HTML 的最新版本是 HTML 5.0,主流的浏览器都支持 HTML 5.0。

HTML 是一种简单的标记语言,它使用显式的"标记"定义文档结构、描述文本格式,以及在文档中嵌入图像、声音、视频等对象和超文本链接。HTML 标记封装在"<"和">"中,不区分大小写字母。大部分标记都是成对出现的,分别称为开始标记和结束标记,这对标记将它所影响的文本夹在中间,如< HEAD >及</HEAD>是一对标记。也有一些标记是单个出现的,称为元素标记,如< IMG >是图像元素的开始标记,但它无结束标记。许多标记都附有必需的或可选的属性,可以提供进一步的信息,便于浏览器解释。属性的形式为"属性名=属性值",多个属性之间可以用空格分开。例如,在< IMG src="http://netlab. nankai. edu. cn/lan. jpg" alt="LAN Image">中,IMG 为标记,src 和 alt 为属性名。

1)基本结构标记与段落标记

HTML 中的基本结构标记包括< HTML >、</HTML >、< HEAD >、</HEAD >、< TITLE >、</TITLE >、< BODY >和</BODY >等。通常一个 HTML 文档以< HTML >开始,以</HTML >结束。夹在< HEAD >和</HEAD >之间的信息为文档的首部信息,而夹在< BODY >和</BODY >之间的信息为文档的主体信息。在首部信息中,夹在< TITLE >和</TITLE >之间的信息形成了文档的标题。一个文档的标题信息一般显示在浏览器的标题栏中,而文档的主体信息显示在浏览器的主窗口中。图 5-25 给出了一个简单的 HTML 文档以及 Web 浏览器对它的解释结果。从图 5-25 中可以看到 HTML 文档的标题和主体信息在 Web 浏览器中的显示位置。HTML 文档中最基本的单位是段落,段落可以用< P >表示,Web 浏览器将段落的内容从左到右、从上到下显示。

| 源HTML文档 | Web浏览器显示结果 |
|---|---|
| <HTML><br>　<HEAD><br>　　<TITLE><br>　　　计算机网络<br>　　</TITLE><br>　</HEAD><br>　<BODY><br>　　计算机网络是利用通信线路将具有独立功能的计算机连接起来而形成的计算机集合,计算机之间可以借助于通信线路传递信息,共享软件、硬件和数据等资源。<P><br>　</BODY><br></HTML> | 计算机网络　　×　＋　　－　□　×<br>←　→　↻　①　192.168.0.66/test.ht　☆　…<br>计算机网络是利用通信线路将具有独立功能的计算机连接起来而形成的计算机集合,计算机之间可以借助于通信线路传递信息,共享软件、硬件和数据等资源。 |

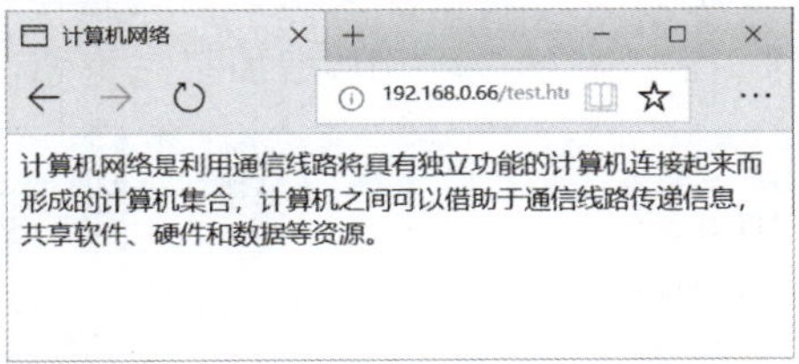

图 5-25　HTML 的基本结构标记示例

2)图像标记

如果希望在文档中嵌入图像,可以使用< IMG >标记。例如,如果希望将主机 192. 168. 0. 66 上的图像 lan. jpg 嵌入文档中,可以使用< IMG src="http://192. 168. 0. 66/lan. jpg">。其中属性 src 是必需的,它的值说明了图像存储的具体位置。图 5-26 给出了一个嵌入图像的 Web 页面。从图 5-26 中可以看到,HTML 并没有将真正的图像数据插入文档中,而仅嵌入了图像的具体存放位置和名字。浏览器在解释该文档的过程中,必须从 src 指定的位置获得该图像,然后才可能将它显示在屏幕上。

| 源HTML文档 | Web浏览器显示结果 |
|---|---|
| &lt;HTML&gt;<br>　&lt;HEAD&gt;<br>　　&lt;TITLE&gt;<br>　　　计算机网络<br>　　&lt;/TITLE&gt;<br>　&lt;/HEAD&gt;<br>　&lt;BODY&gt;<br>　　计算机网络是利用通信线路将具有独立功能的计算机连接起来而形成的计算机集合，计算机之间可以借助于通信线路传递信息，共享软件、硬件和数据等资源。&lt;P&gt;<br>　　&lt;IMG src="http://192.168.0.66/network.jpg"&gt;<br>　&lt;/BODY&gt;<br>&lt;/HTML&gt; | 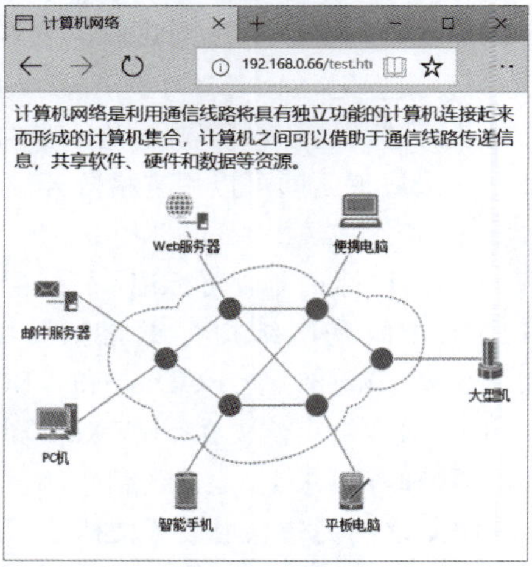 |

图 5-26　HTML 的图像标记示例

3）超链接标记

超链接标记是 HTML 中非常有特色的一个标记,它能够将一个文档与其他文档进行关联,形成所谓的超文本。所链接的文档可以在同一台 Web 服务器中,也可以在其他 Web 服务器中。超链接标记的基本语法是:

&lt; A HREF = "URL 或文件名"&gt; 文本字符串 &lt;/A&gt;

其中,属性 HREF 指定相关联文档的具体位置,而文本字符串是该超链接在浏览器窗口中显示的文字。在图 5-27 中,增加了三个超链接标记,这三个超链接分别指向 192.168.0.66

| 源HTML文档 | Web浏览器显示结果 |
|---|---|
| &lt;HTML&gt;<br>　&lt;HEAD&gt; &lt;TITLE&gt; 计算机网络 &lt;/TITLE&gt; &lt;/HEAD&gt;<br>　　&lt;BODY&gt;<br>　　计算机网络是利用通信线路将具有独立功能的计算机连接起来而形成的计算机集合，计算机之间可以借助于通信线路传递信息，共享软件、硬件和数据等资源。&lt;P&gt;<br>　　&lt;IMG src="http://192.168.0.66/network.png" &gt; &lt;P&gt;<br>　　&lt;A HREF="http://192.168.0.66/lan.html"&gt;　局域网　&lt;/A&gt;<br>　　&lt;P&gt;<br>　　&lt;A HREF="http://192.168.0.66/man.html"&gt;　城域网　&lt;/A&gt;<br>　　&lt;P&gt;<br>　　&lt;A HREF="http://192.168.0.66/wan.html"&gt;　广域网　&lt;/A&gt;<br>　&lt;/BODY&gt;<br>&lt;/HTML&gt; | 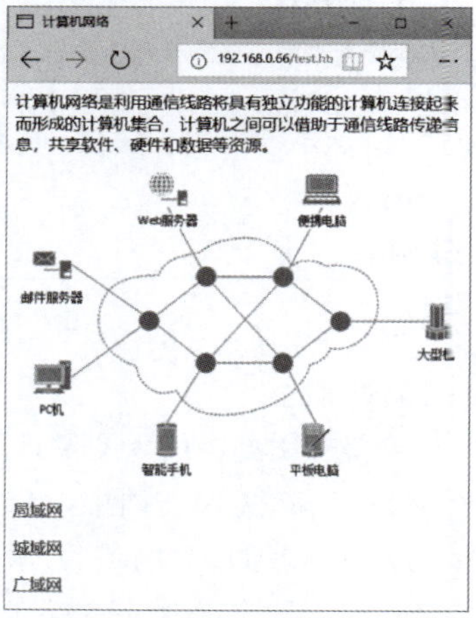 |

图 5-27　文字形式的超链接标记

服务器上的 lan. html、man. html 和 wan. html 文档。浏览器通常以下画线(或高亮度)方式显示带有超链接的文本(如局域网、城域网和广域网)。当用户在浏览器窗口中单击这些带有超链接的文本时,浏览器就去检索并显示这些超链接指定的文档。

在 HTML 文档中,不但可以使用文字作为超链接,也可以使用图像作为超链接。使用图像作为超链接的基本语法为

  < A HREF = "URL 或文件名"> < IMG src = "图像文件名"> </A>

其中,属性 HREF 指定相关联文档的具体位置,而 src 给出图像的具体位置。

浏览器通常为带有超链接的图像加彩色边框。用户单击某一图像,浏览器就会获取并显示对应的超链接指定的文档,如图 5-28 所示。

| 源HTML文档 | 浏览器显示结果 |
| --- | --- |
| `<HTML>`<br> `<HEAD> <TITLE> 计算机网络 </TITLE> </HEAD>`<br> `<BODY>`<br>  计算机网络是利用通信线路将具有独立功能的计算机连接起来而形成的计算机集合,计算机之间可以借助于通信线路传递信息,共享软件、硬件和数据等资源。`<P>`<br>  `<IMG src="http://192.168.0.66/network.png"> <P>`<br>  `<A HREF="http://192.168.0.66/lan.html">` 局域网 `</A>`<br>  `<A HREF="http://192.168.0.66/lan.html">`<br>  `<IMG src="http://192.168.0.66/lan.png"> </A>`<br><br>  `<A HREF="http://192.168.0.66/man.html">` 城域网 `</A>`<br>  `<A HREF="http://192.168.0.66/man.html">`<br>  `<IMG src="http://192.168.0.66/man.png"> </A>`<br><br>  `<A HREF="http://192.168.0.66/wan.html">` 广域网 `</A>`<br>  `<A HREF="http://192.168.0.66/wan.html">`<br>  `<IMG src="http://192.168.0.66/wan.png"> </A>`<br> `</BODY>`<br>`</HTML>` | |

图 5-28 图像形式的超链接标记

### 2. 统一资源定位符

因特网中存在众多的 Web 服务器,每台 Web 服务器中又包含很多 Web 页面,因此需要一种有效的方法对分布在因特网中的 Web 页面进行标识,以便用户可以访问 Web 页面或实现 Web 页面之间的链接。Web 使用统一资源定位符(Uniform Resource Locators, URL)标识资源的位置,并指出访问这些资源的方法。URL 一般由 4 部分组成,即协议类型、主机名(或 IP 地址)、端口、路径及文件名。例如,南开大学网络实验室的 Web 服务器中的一个页面的 URL 为

    http://netlab.nankai.edu.cn:8080/student/network.html

    协议类型  主机名  端口  路径及文件名

其中,http:指明要访问的服务器为 Web 服务器;netlab.nankai.edu.cn 指明要访问的服务器的主机名,主机名可以是该主机的 IP 地址,也可以是该主机的域名;8080 指明服务器进程使用的 TCP 端口,如果使用默认端口,端口通常省略;/student/network.html 指明要访问页面的路径及文件名。在 Web 中,通常可以使用省略路径及文件名的 URL 指定 Web 服务器上的默认页面。例如,如果浏览器请求的页面为 http://netlab.nankai.edu.cn/,那么,Web 服务器将使用它的默认页面(文件名通常为 index.html、default.html 等)进行响应。

实际上,URL 是一种较为通用的资源定位方法。除了指定 http:访问 Web 服务器之外,URL 还可以通过指定其他协议类型,以访问其他类型的服务器。例如,可以通过指定 ftp:访问 FTP 服务器,通过指定 file:访问本地主机上的文件等。

### 5.4.3 超文本传输协议

超文本传输协议(HTTP)主要规定了 Web 浏览器与 Web 服务器之间的交互方式。HTTP 是一种简单的、无状态的应用层协议,HTTP 客户进程发出请求,HTTP 服务器进程返回响应,服务器不保留客户的状态信息。HTTP 从最初的 HTTP/1.0 发展到目前的 HTTP/3,其功能、性能和安全性都得到了优化,所依赖的下层协议也发生了变化,如图 5-29 所示。与此同时,HTTP 的使用方式和应用范围也发生了很大变化,逐渐演变成了构建应用层协议的基础。目前许多应用层协议都依赖于 HTTP 的传输服务,例如,后面介绍的 DASH 协议便是建立在 HTTP 之上。本节首先对 HTTP/1.x 的基本机制进行介绍,后面对目前已经广泛支持的 HTTP/2 的新特性进行简要分析。

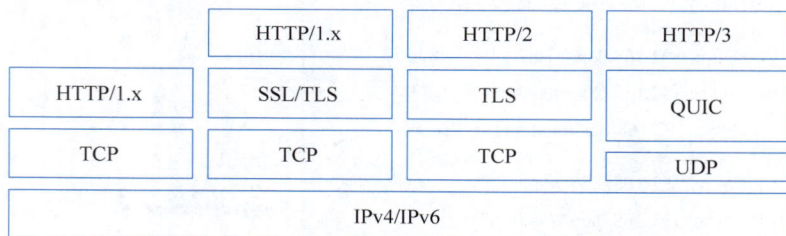

图 5-29　HTTP 与下层协议的关系

#### 1. HTTP/1.x 基本原理

HTTP/1.x 包括 HTTP/1.0 和 HTTP/1.1,目前使用的主要是 HTTP/1.1。最初的 HTTP/1.x 直接运行在 TCP 之上,HTTP 服务器进程默认使用 TCP 的 80 端口。HTTP/1.x 下层使用 TCP 并不是强制性要求,但是为了保证传输的可靠性,以及解决拥塞控制、流量控制等复杂问题,HTTP/1.x 都会使用 TCP 作为下层的传输协议。HTTP 是一种简单的请求/响应协议,它定义了请求和响应两种报文。HTTP 客户进程在向服务器发送请求报文之前,首先需要与服务器建立 TCP 连接,在服务器返回响应报文后可以关闭或保持连接。HTTP/1.0 和 HTTP/1.1 的基本报文格式差别不大,HTTP/1.1 在 HTTP/1.0 基础上增加了一些新的请求方法和状态码。但两者在连接的维护及报文的交互模式上有一些差别。

1) HTTP/1.x 报文格式

与 SMTP 类似,HTTP 也是基于文本的协议,请求报文和响应报文都由可读的 ASCII

文本构成。下面分别对两种报文的格式进行讨论。

（1）请求报文。

HTTP 请求报文由请求行、首部行和报文体三部分组成。首部行和报文体之间用空行分隔，报文体通常采用 MIME 格式，部分请求报文会包含报文体，如 POST 和 PUT 方法。

请求行包括请求方法、请求资源的 URL 和 HTTP 的版本。请求方法是指对请求对象进行的操作，请求报文的类型由请求方法决定。表 5-8 给出了 HTTP/1.0 和 HTTP/1.1 定义的请求方法，其中常用的请求方法包括 GET、HEAD 和 POST 等。GET 方法主要用于向 Web 服务器请求一个页面或对象（如图像、声音、视频等）；HEAD 方法只请求响应首部，不返回响应体，主要用于确定某个资源是否存在或是否是最新版本；POST 方法主要用于向 Web 服务器提交数据，如提交表单数据或上传文件等。GET 和 HEAD 方法不包含报文体，POST 方法会在报文体中包含要传递的数据。

表 5-8　请求方法

| 协议版本 | 请求方法 | 描　述 |
|---|---|---|
| HTTP/1.0<br>HTTP/1.1 | GET | 向服务器请求文档或对象 |
| | HEAD | 向服务器请求文档信息 |
| | POST | 向服务器递交信息 |
| HTTP/1.1 | OPTION | 请求关于可用选项信息 |
| | PUT | 向服务器上传文档 |
| | DELETE | 删除 URL 标识的文档 |
| | TRACE | 回送请求报文 |
| | CONNECT | 由代理使用 |

首部行的主要作用是向服务器说明请求的一些选项和参数。一个请求报文可以包含一个或多个首部行，每一个首部行都为一个键值对，由一个名字、一个冒号加空格和一个值组成。表 5-9 列出了请求报文中常用的首部行。

表 5-9　请求报文中常用的首部行

| 名　称 | 描　述 |
|---|---|
| Host | 目标对象所在的主机 |
| User-Agent | 发送请求的浏览器类型、使用的操作系统等信息 |
| Accept | 客户端能够接受的媒体格式 |
| Accept-charset | 客户端可以处理的字符集 |
| Accept-encoding | 客户端可以处理的编码方案 |
| Accept-language | 客户端可以使用的语言 |
| If-modified-since | 如果在指定的日期后有更新，则发送文档 |
| Connection | 开启或关闭持久连接 |
| Content-type | 内容的类型 |
| Content-length | 内容的长度 |
| Content-language | 内容的语言 |
| Content-Encoding | 内容的编码 |

图 5-30 给出了一个简单的获取 HTML 文档的请求报文示例。请求报文的第一行是请求行,请求方法为 GET,请求页面的路径及文件名为/network.html,使用的 HTTP 的版本号为 1.1。首部行 HOST 指出请求的 HTML 文档所在主机的 IP 地址为 192.168.0.66(也可以是主机的域名),User-Agent 则给出了 Web 浏览器的类型,后面几行分别指出浏览器能够接受的媒体格式、编码方案、使用的语言等。

```
GET /network.html HTTP/1.1
HOST: 192.168.0.66
User-Agent: Mozilla/5.0 (Macintosh; Intel Mac OS X 10_12_6)
Accept: text/html,application/xhtml+xml,image/ jpeg
Accept-Encoding: gzip,deflate
Accept-Language: zh-CN,zh;q=0.9
......
```

图 5-30  请求报文示例

(2) 响应报文。

与 HTTP 请求报文类似,HTTP 响应报文由状态行、首部行和报文体三部分组成。首部行和报文体之间用空行分隔,报文体通常采用 MIME 格式。

状态行包括 HTTP 版本、状态码和状态短语。其中,状态码由三位数字组成,2xx 表示成功,3xx 表示重定向,4xx 表示客户方出错,5xx 表示服务器方出错。状态短语是对状态码的简单文字说明。HTTP 几种常见的状态码和状态短语如表 5-10 所示。

表 5-10  HTTP 主要状态码和状态短语

| 状 态 码 | 状 态 短 语 | 描　　述 | 备　　注 |
|---|---|---|---|
| 200 | OK | 请求成功 | 成功 |
| 201 | Created | 创建了新的 URL | |
| 202 | Accepted | 收到请求但不能立即响应 | |
| 301 | Moved permanently | 服务器已不再使用所请求的 URL | 重定向 |
| 302 | Moved temporarily | 请求的 URL 暂时移到了其他位置 | |
| 400 | Bad request | 请求中有语法错误 | 客户端出错 |
| 403 | Forbidden | 请求的服务被拒绝 | |
| 404 | Not found | 没有找到请求的文档 | |
| 500 | Internal server error | 服务器内部错误 | 服务器端出错 |
| 501 | Not implemented | 请求的动作不能完成 | |

首部行的主要作用是向客户传递附加的响应信息。与请求报文中的首部行一样,响应报文中也可以包含一个或多个首部行,每一个首部行由一个名字、一个冒号加空格和一个值组成。实际上,一些与报文体相关的首部行既可以在请求报文中出现,也可以在响应报文中出现,如 Content-Type、Content-Length、Content-Encoding、Content-language 等。表 5-11 列出了响应报文中常用的首部行。

表 5-11　响应报文中常用的首部行

| 名　　称 | 描　　述 |
|---|---|
| Server | 服务器使用的软件及版本号 |
| Date | 响应报文产生的日期和时间 |
| Location | 被请求对象的新位置,用于重定向 |
| Last-Modified | 文档的最后修改日期和时间 |
| Content-Type | 内容的类型 |
| Content-Length | 内容的长度 |
| Content-Language | 内容的语言 |
| Content-Encoding | 内容的编码 |

　　图 5-31 给出了一个简单的响应报文示例。响应报文的第一行是状态行,其中,200 是状态码,表示请求成功。首部行 Date 指明响应报文产生的日期和时间;Server 说明所使用的 Web 服务器软件及版本;Last-Modified 给出文档的最后修改日期和时间;Content-Length 和 Content-Type 分别指出文档的长度和类型。从< HTML >开始是报文体,它是 Web 服务器为浏览器传送的 HTML 文档。

```
HTTP/1.1 200 OK
Date: Sun, 19 May 2024 20:09:20 GMT
Server: Microsoft-IIS/5.0
Last-Modified: Tue, 7 May 2024 17:00:02 GMT
Content-Length: 1086
Content-Type: text/html


<HTML>
...

</HTML>
```

图 5-31　响应报文示例

2) 客户端与服务器的交互模式

　　HTTP 是一种无状态的协议,HTTP 服务器不需要保留 HTTP 客户端的状态信息,对于客户端的每次访问,服务器都将其视为第一次独立的访问,这简化了服务器的设计。对于所使用的 TCP 连接,在完成一次请求报文和响应报文的交互后,可以关闭该 TCP 连接,也可以继续保持该 TCP 连接。前者称为非持久连接方式,后者称为持久连接方式。HTTP/1.0 默认采用的是非持久连接方式,而 HTTP/1.1 默认采用的是持久连接方式。但两个版本的 HTTP 都可以通过请求报文中首部行 Connection 开启或关闭持久连接,具体形式如下。

```
Connection: keep-alive          //开启持久连接
Connection: close               //关闭持久连接
```

　　下面用一个示例说明在非持久连接和持久连接下,客户端与服务器的交互模式。例如,用户使用 Web 浏览器访问 Web 页面 http://netlab.nankai.edu.cn/index.html。该页面除了包含基本的文字信息外,还嵌入了三幅图像 image1.jpg、image2.jpg 和 image3.jpg,三幅图像与 index.html 文档保存在相同目录下。

如果使用非持久连接,HTTP 客户端与 HTTP 服务器之间的交互过程如图 5-32(a)所示。HTTP 客户端首先向 HTTP 服务器的 80 端口发起 TCP 连接建立请求,经过三次握手TCP 连接成功建立。在建立 TCP 连接的第三次交互时,HTTP 客户端可以同时将 HTTP 请求报文发送给 HTTP 服务器。HTTP 服务器接收到请求之后进行处理,并利用响应报文将 index.html 文档返回给 HTTP 客户,同时通知下层关闭 TCP 连接。HTTP 客户端将收到的 index.html 文档交由 Web 浏览器解释,浏览器通过解释 index.html 文档可以得到三幅图像的位置信息。HTTP 客户端与 HTTP 服务器重新建立 TCP 连接,并请求获取image1.jpg,服务器在返回图像 image1.jpg 后,关闭 TCP 连接。之后 HTTP 客户用同样的方式获取图像 image2.jpg 和 image3.jpg。

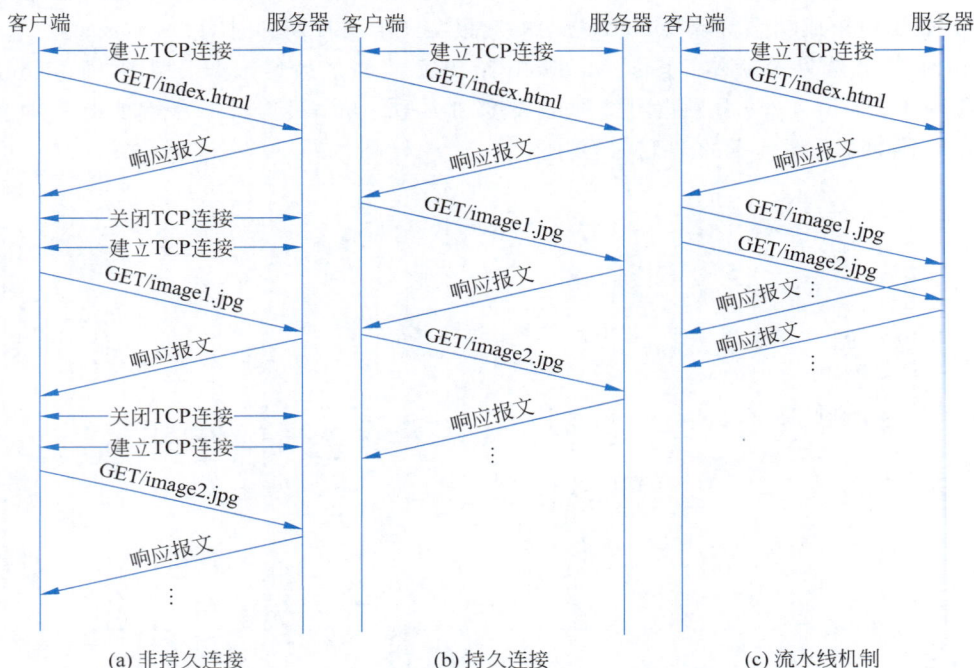

图 5-32　HTTP 客户端与服务器交互示例

从上面的过程中可以看出,在非持久连接方式下,客户每请求一个页面或页面中嵌入的对象都至少需要两个 RTT(一个 RTT 用于建立 TCP 连接,一个 RTT 用于传送 HTTP 请求和响应报文,这里没有考虑关闭 TCP 连接的时间和报文的处理时间),因此要把该示例的完整页面呈现出来,至少需要 8 个 RTT。这种方式对于嵌入对象较多的页面,会产生较大的页面加载延迟,也会引入额外的建立和关闭 TCP 连接的开销。当然,浏览器允许 HTTP 客户机同时与 HTTP 服务器建立多个 TCP 连接,通过不同的 TCP 连接并行地获取嵌入的对象,以减小响应延时。例如,针对上面的示例,可以通过三个 TCP 连接分别获取 image1.jpg、image2.jpg 和 image3.jpg。这种方式会耗费服务器的资源,同时建立的 TCP 连接数不宜过多(一般会限制在 5~10 个)。

如果使用持久连接方式,HTTP 客户机与 HTTP 服务器之间的交互过程如图 5-32(b)

所示。HTTP 服务器在将 index.html 文档发送给 HTTP 客户后依然保持 TCP 连接,待浏览器解释 index.html 文档后,可以通过已建立的 TCP 连接基于停止等待机制依次取回三幅图像 image1.jpg、image2.jpg 和 image3.jpg。这样一个完整的 Web 页面不论其包含多少个对象都可以通过一个 TCP 连接进行传送,不用为每个对象建立一个新 TCP 连接。如果一个 TCP 连接在一定时间间隔内没有被使用,那么 HTTP 服务器就通知下层关闭该 TCP 连接。当然,在一些情况下,客户也会主动关闭 TCP 连接。

在持久连接方式中,可以支持流水线机制。在该机制中,客户可以将多个对象的请求一个接一个地发送出去,而不必等待前一个请求的响应报文的返回。服务器在对请求报文进行处理后,可以连续返回响应报文。如图 5-32(c)所示,在客户通过 index.html 文档获得三幅图像的位置信息后,便可以连续发送三个请求,分别请求 image1.jpg、image2.jpg 和 image3.jpg,服务器将处理结果依次返回给客户,响应报文的返回顺序要与请求报文到达的顺序一致。流水线机制相对于停止等待机制具有更高的效率,特别是对于 RTT 较大、嵌入对象较多的情况,其性能能提高尤为明显。

从上面的讨论可知,HTTP/1.x 是一种基于文本的协议,最初并没有考虑传输过程中的安全问题,所有的请求和响应报文都采用明文传输,也不提供报文完整性检测。但是,随着 HTTP 的广泛应用,其安全问题引起了关注。为了解决 HTTP 的安全性问题,在 TCP 和 HTTP 之间引入了一个安全层,早期称为安全套接层(Secure Sockets Layer,SSL),后来由 IETF 进行了标准化,称为传输层安全(Transport Layer Security,TLS)。HTTP/1.1 加上 SSL/TLS 被称为 HTTPS,HTTPS 在服务器端使用 TCP 的 443 端口。基于 SSL/TLS 的 HTTPS 主要提供身份认证、数据加解密、数据完整验证等功能,保证了请求和响应报文的机密性和完整性。目前,因特网中的大多数 Web 服务器都支持 HTTPS。但是,HTTPS 相对于 HTTP/1.1 会引入更长的页面启动时间,同时也会增加额外的计算开销。

### 2. HTTP/2 优化机制

HTTP/2 是继 HTTP/1.1 之后的下一个 HTTP 版本,2015 年由 IETF 以 RFC 7450 发布,截至本书定稿时的最新文档为 RFC 9113。HTTP/2 向后兼容 HTTP/1.1,它没有改变 HTTP 原有的语义,使用与 HTTP/1.1 相同的首部行和状态码。HTTP/2 的主要目的是提高网络带宽利用率,降低页面的加载延时。

HTTP/1.1 主要存在两个问题:一个问题是队头阻塞问题。HTTP/1.1 是基于文本的协议,请求报文和响应报文中都没有标识符,在同一个 TCP 连接上传递的请求和响应报文,只能基于有序性进行匹配。例如,在停止等待机制中,发出一个请求报文后,需要等待响应报文返回才能发送下一个请求报文;在流水线机制中,响应报文的返回顺序必须与请求报文的发送顺序一致,才能实现请求报文和响应报文的匹配。不论哪种机制,前一个响应没有返回,则不会获得后继的响应,这就产生了队头阻塞问题。另一个问题是传输效率问题。HTTP/1.1 包含冗长重复的首部信息,并且这些首部信息需要以文本方式进行传输,对于包含大量对象的页面,会严重浪费网络带宽资源。对于第一个问题,目前主要采用建立多个 TCP 连接的方式进行解决,但也会带来额外的计算和存储开销。HTTP/2 针对 HTTP/1.1 存在的问题进行了如下优化。

1)流与二进制分帧

为了解决 HTTP/1.1 的队头阻塞问题,在 HTTP/2 中引入了流的概念,即在一个 TCP

连接上可以并发地抽象出多个双向流(也可以看成虚拟通道),每个流都有一个唯一的流标识符(Stream ID)。为了便于理解,可以简单地认为在一个流上只完成一次请求/响应交互,不同的请求/响应交互使用不同的流。每对请求/响应都用一个唯一的流标识符进行标识,这样可以很容易地实现请求和响应之间的匹配,不需要保持请求和响应的顺序性,能够有效地避免 HTTP 的队头阻塞问题。

HTTP/2 增加了二进制分帧层,它对基于文本方式的 HTTP 报文进行分割,并封装成一个或多个二进制帧。属于同一个流的请求和响应报文所形成的帧包含相同的流标识符,接收方可以基于流标识符重新组装报文。图 5-33 给出了一个流与二进制分帧示例,HTTP/2 中最常用的帧为 HEADERS 帧和 DATA 帧,分别封装报文首部和数据部分。在该示例中,三个流复用一个 TCP 连接,发送方在分帧时将相应的流标识符写入帧中,接收方基于流标识符进行帧的重组,属于同一个流的帧的顺序性由 TCP 保证。

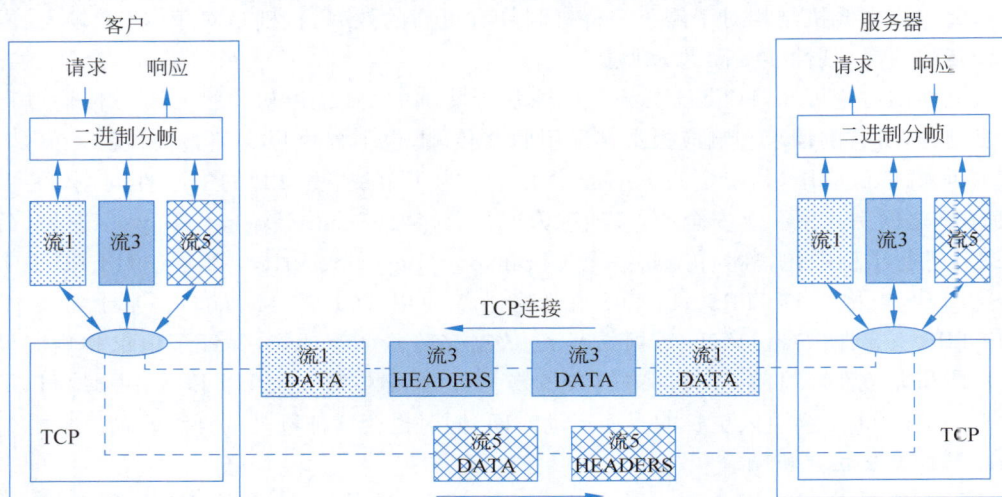

图 5-33　流与二进制分帧

2) 报文首部压缩

在 HTTP/1.1 中,每次请求和响应都会包含大量重复的首部行,这在高频请求时会带来很大的开销。例如,每次请求都会传输如 Cookie、User-Agent 等几乎不变的首部行。HTTP/2 通过静态表和动态表,以及哈夫曼编码等技术进行报文首部压缩,以减少网络带宽资源浪费,降低传输延时。

静态表包含一组常用的 HTTP 报文首部字段及其值的预定义索引列表,动态表用于存储在会话过程中出现的首部字段及其值,而哈夫曼编码使用了预先定义好的编码表,该编码表针对 HTTP/2 首部字段的字符分布进行了优化。在压缩时,首先查找静态表。如果查找的首部字段和值在静态表中存在,则使用索引表示;如果在静态表中不存在,则查找动态表。如果查找的首部字段和值在动态表中存在,则使用索引表示。如果在查找静态表时,只有字段,不存在对应的值,则用索引表示字段名,而对其值进行哈夫曼编码。如果字段和值都不存在,则对字段和值都进行哈夫曼编码。压缩后的报文首部被封装成 HEADERS 帧。

3) 服务器推送

HTTP/2 提供一种服务器推送机制,即允许服务器在没有明确请求的情况下向客户推送额外的资源。例如,一个 Web 页面可能包含很多嵌入对象,如图片、声音、样式文件、脚本等,传统方式需要对每个对象分别发出请求,如果采用服务器推送方式,服务器便可以将这些对象主动推送给客户端,无须等待客户的请求,这样可以加快页面的加载速度。是否允许服务器推送,决定权在客户。

## 5.4.4 Web 缓存机制

Web 缓存能够加速页面的响应速度、节约网络带宽资源,同时也能够减轻 Web 服务器的负担。Web 页面可以在客户端进行缓存,也可以在靠近客户端的代理服务器中进行缓存。HTTP/1.1 通过 Cache-Control 首部行控制 Web 页面的缓存,它可以指明页面是否可以被缓存、可以在哪儿缓存、缓存的期限、缓存页面的使用方法等。Web 缓存的难点在于要确保不用过期的页面响应请求。

如果客户从 Web 服务器得到了一个页面,它可以基于 Cache-Control 首部行中的信息,确定是否可以缓存页面。如果可以缓存,客户将页面缓存在本地主机,并记录缓存期限、是否可以直接使用等信息。当用户再次访问该页面时,或者直接使用,或者从服务器获得验证信息,以确定其是否是最新的页面,这取决于 Cache-Control 首部行中的信息。客户获取页面的具体流程如图 5-34 所示。客户端首先检查本地缓存,如果本地没有缓存被请求的页面,则向 Web 服务器发送请求报文。如果本地缓存中有请求的页面,页面被标记为可以直接使用,且没有过期,则可以直接使用缓存中的页面;如果页面不可以直接使用或者已经过期,则向 Web 服务器发送带有 If-modified-since 首部行的请求报文,If-modified-since 后面给出页面的缓存时间。如果响应报文中的状态码为 304,说明缓存的页面是最新的页面,可以直接使用该页面。如果响应报文中的状态码为 200,则需要使用响应报文中返回的页面,该页面是最新的页面。

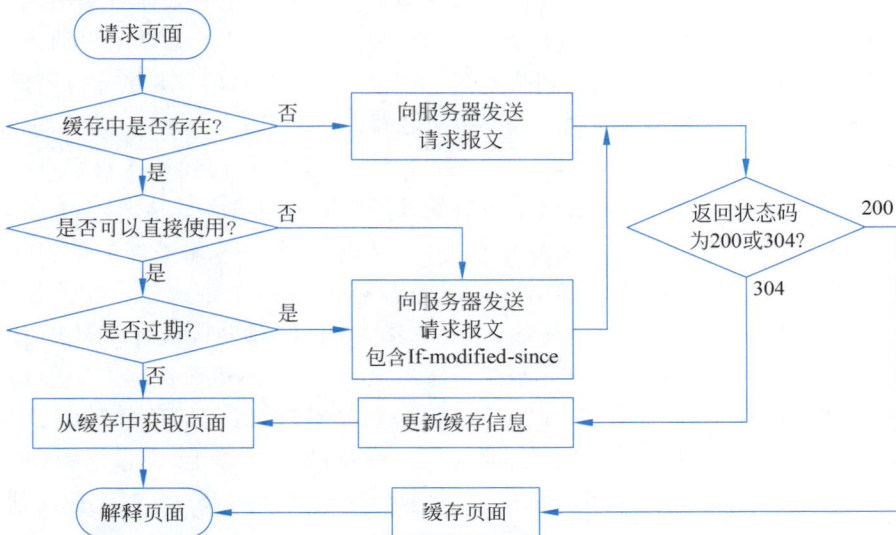

图 5-34 使用客户端缓存页面的流程

代理服务器一般由用户机构或 ISP 部署,客户可以通过代理服务器访问 Web 服务器。客户在请求页面时,首先将请求报文发送给代理服务器,再由代理服务器向 Web 服务器发送请求。Web 服务器将响应报文返回给代理服务器,再由代理服务器将响应报文转发给客户,如图 5-35 所示。与客户端缓存类似,代理服务器也会基于 Cache-Control 首部行中的信息决定是否缓存从服务器获得的页面。在客户通过代理服务器访问 Web 服务器时,代理服务器基于自己的缓存情况做后续处理,其处理流程与图 5-34 类似。不论代理服务器是否缓存了请求的页面,最终都会用最新的页面响应客户的请求。基于代理服务器的 Web 缓存机制可以有效提升请求的响应速度,但是代理服务器对于用户并不透明,需要用户在浏览器中手动设置代理服务器的信息。

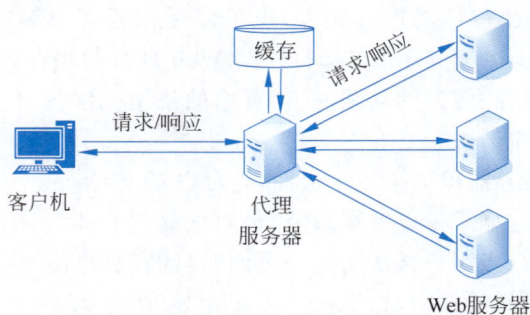

图 5-35　代理服务器缓存

## 5.5　内容分发网络

Web 采用的是以服务器为中心的集中式服务模式。在 Web 发展的早期,受网络带宽的限制,Web 所提供的内容主要以图文信息为主,访问 Web 服务器的用户数量也相对较少,因此利用较高性能的单台服务器便可以很好地提供服务。但是随着网络带宽的不断提升,Web 所提供的内容及所支持的应用类型逐渐丰富,对于服务于大量用户的 Web 应用,如搜索引擎、社交网络、电子商务、视频服务等,单台服务器难以支撑高并发的用户请求,因此需要利用数据中心中的大量服务器(或虚拟服务器)服务于同一个 Web 应用,以提高并发请求的处理能力。如图 5-36 所示给出了一个简单示例,其中,反向代理接收客户端的请求,在服务器之间进行均衡负载,并负责将服务器的处理结果返回给客户端。

利用单一数据中心的大量服务器提供服务,虽然增强了 Web 服务器的处理能力,但是从宏观上看依然是一种集中式服务模式。从服务器角度,这种集中式模式在并发请求数量极高的情况下仍然会产生瞬间拥塞(例如,热点事件或 DDoS 攻击),从而导致响应时间过长或拒绝服务。从用户角度,由于用户分布在全球各地,许多用户距离数据中心较远,用户跨越因特网访问数据中心中的 Web 服务器会产生较大的响应延时。从网络角度,由于网络流量模式发生了很大变化,视频流量已经占因特网总流量的 80% 以上,大量的视频流量在因特网上远距离传输会给网络造成巨大的压力,很容易导致网络拥塞。针对上述问题,内容分发网络(Content Delivery Network,CDN)给出了一种有效的解决方案。

### 5.5.1　CDN 的基本工作机制

CDN 是一种分布式缓存机制,它在不同地理位置部署缓存服务器(或称为 CDN 节点),

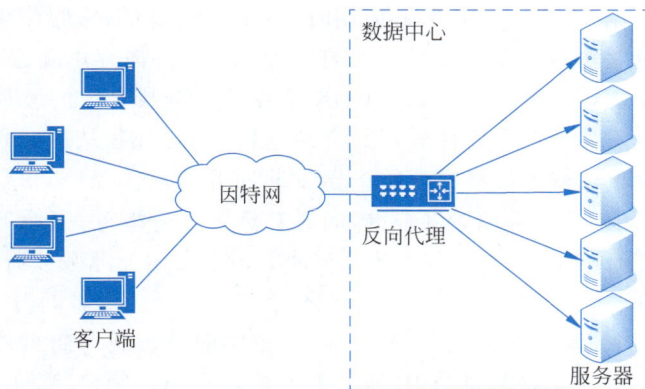

图 5-36　服务器性能提升

对源服务器中的资源进行缓存(如静态页面、流媒体等),就近为用户提供内容服务。这种方式一方面能够将用户的请求均衡到不同的 CDN 节点,缓解源服务器的压力;另一方面可以缩短用户请求的响应时间,降低网络带宽的消耗。目前,因特网服务提供商(ISP)、因特网内容提供商(ICP),以及专门的 CDN 服务提供商都能够提供 CDN 服务,因特网中的大型 Web 应用基本都支持 CDN 加速,以便为用户提供更好的服务。

　　CDN 的典型结构如图 5-37 所示。源服务器一般位于大型数据中心,它保存 Web 应用的全部资源。大量的 CDN 节点分布在不同的地理位置,对源服务器中的资源进行缓存。在实际中,源服务器会基于一定的策略将静态资源提前复制到 CDN 节点,以避免在客户端访问 CDN 节点时造成回源请求(即 CDN 节点向源服务器请求未缓存的资源)。从这个角度看,CDN 节点更像是源服务器的镜像节点。在大型 CDN 系统中,通常会对 CDN 节点进行层级划分,实现多级 CDN 缓存。通过合理的规划,可以减轻 CDN 节点的缓存压力及源服务器的负担。

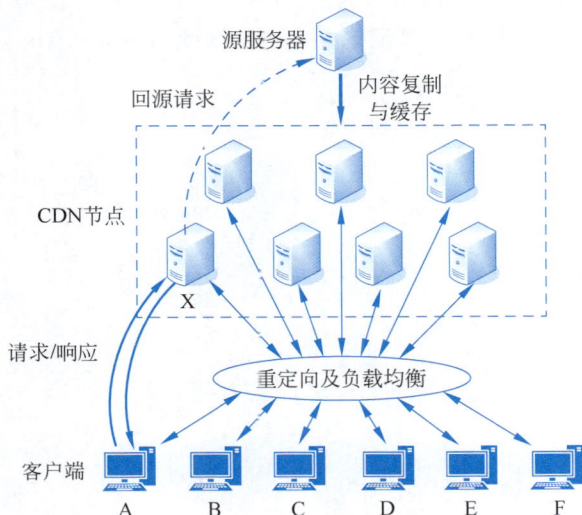

图 5-37　内容分发网络结构示意图

在 CDN 系统中,客户端在访问 Web 应用时,不需要感知 CDN 的存在,而是由 CDN 的 **重定向及负载均衡** 组件为客户端选择最合适的 CDN 节点,并向客户端返回 CDN 节点的 IP 地址。当客户端向 CDN 节点发送请求时,CDN 节点首先查找自己的缓存中是否存在请求的资源。如果存在,CDN 节点直接将缓存的资源返回给客户端,从而实现快速响应;如果不存在,CDN 节点会根据回源策略向源服务器发起回源请求。CDN 节点在得到源服务器返回的资源后,将得到的资源返回给客户端,同时对资源进行缓存,以便下次请求时能够直接用缓存中的资源进行响应。CDN 节点的频繁回源请求会增加源服务器的负担,同时也会引入较大的响应延时。

例如,在图 5-37 中,客户 A 要访问 Web 应用,重定向及负载均衡组件基于某种策略为其选择了 CDN 节点 X,并将该节点的 IP 地址返回给客户 A。客户 A 向节点 X 发送请求,如果节点 X 缓存了请求的资源,则直接用缓存的资源响应客户 A。如果节点 X 没有缓存请求的资源,则节点 X 向源服务器发出请求,并用返回的资源响应客户 A。

### 5.5.2　请求重定向机制

与前面章节介绍的 Web 代理服务器缓存机制不同,CDN 缓存机制需要对用户透明,用户不需要感知 CDN 的存在,只需要执行正常的 Web 服务器访问过程。因此,CDN 需要提供一种有效的机制将用户的请求重定向到适合的 CDN 节点。在实际中,有多种机制可以用于实现重定向。目前广泛采用的重定向机制主要有两种,一种是基于 HTTP 的重定向机制,另一种是基于 DNS 的重定向机制。

#### 1. 基于 HTTP 的重定向

基于 HTTP 的重定向主要借助于 HTTP 响应报文中的 302 状态码。302 状态码为临时重定向,指明被请求的资源已经被临时移动到了另一个位置,并用 Location 首部行给出新位置的 URL。图 5-38 给出了一个基于 HTTP 重定向的示例。在该示例中,假设源服务器的域名为 www.abc.com,对应的 IP 地址为 100.0.0.1。在未使用 CDN 之前,权威域名服务器中保存着一条 A 类型的资源记录,用于解析域名 www.abc.com 对应的 IP 地址

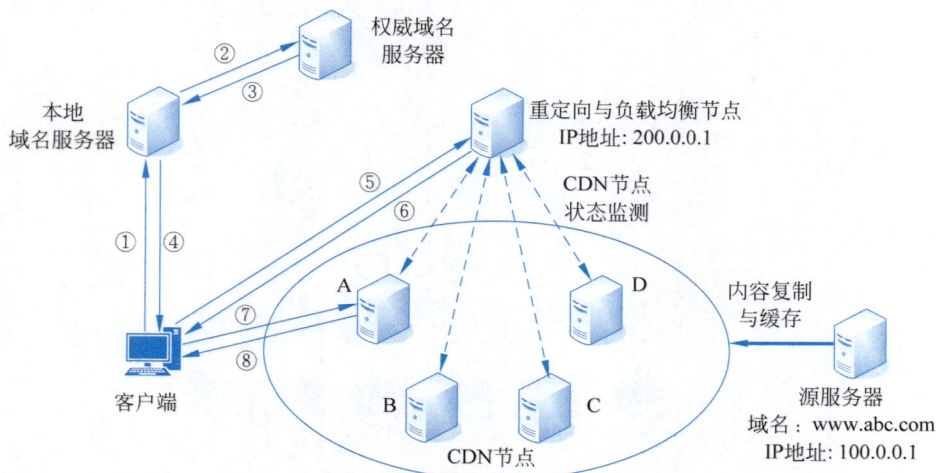

图 5-38　基于 HTTP 的重定向

100.0.0.1。如果使用 CDN,需要将该资源记录所对应的 IP 地址修改成重定向与负载均衡节点的 IP 地址 200.0.0.1。客户端通过常规的域名解析过程获得域名 www.abc.com 所对应的 IP 地址(①②③④)(这里省略了从根服务器开始的迭代解析过程,只给出了从权威域名服务器获得对应的 IP 地址的过程),并向重定向与负载均衡节点发送 HTTP 请求报文(⑤)。重定向与负载均衡节点基于特定的策略为客户端选择一个最合适的 CDN 节点,并将 CDN 节点的 URL 通过响应报文中的 Location 首部行返回给客户端,响应报文中的状态码为 302(⑥)。客户端解析 HTTP 响应报文,并根据 Location 首部行中的 URL,向 CDN 节点发送请求报文,以获取所需要的资源(⑦⑧)。

### 2. 基于 DNS 的重定向

基于 DNS 的重定向主要借助于 DNS 中 CNAME 类型的资源记录,将常规的域名解析过程引导到重定向与负载均衡节点,该节点是一台执行重定向与负载均衡功能的域名服务器。基于 DNS 的重定向机制需要修改权威域名服务器中的资源记录。例如,假设源服务器的域名为 www.abc.com,对应的 IP 地址为 100.0.0.1,负载均衡域名服务器的域名为 dns.xyz.com,对应的 IP 地址为 200.0.0.1,则权威域名服务器中的资源记录可以做如下修改。

修改前:

```
www.abc.com       86400  IN   A        100.0.0.1
```

修改后:

```
xyz.com           86400  IN   NS       dns.xyz.com
dns.xyz.com       86400  IN   A        200.0.0.1
www.abc.com       86400  IN   CNAME    www.xyz.com
```

修改之前,在权威域名服务器的区域文件中有一条 A 类型资源记录,在常规的解析中会给出域名 www.abc.com 对应的 IP 地址 100.0.0.1。修改之后,如果要解析 www.abc.com 所对应的 IP 地址,则返回别名 www.xyz.com,同时在权威资源记录和附加资源记录中分别返回负责该别名解析的权威域名服务器的名字 dns.xyz.com 和 IP 地址 200.0.0.1。

下面用图 5-39 的示例说明基于 DNS 重定向机制的一般工作过程。在该示例中,客户

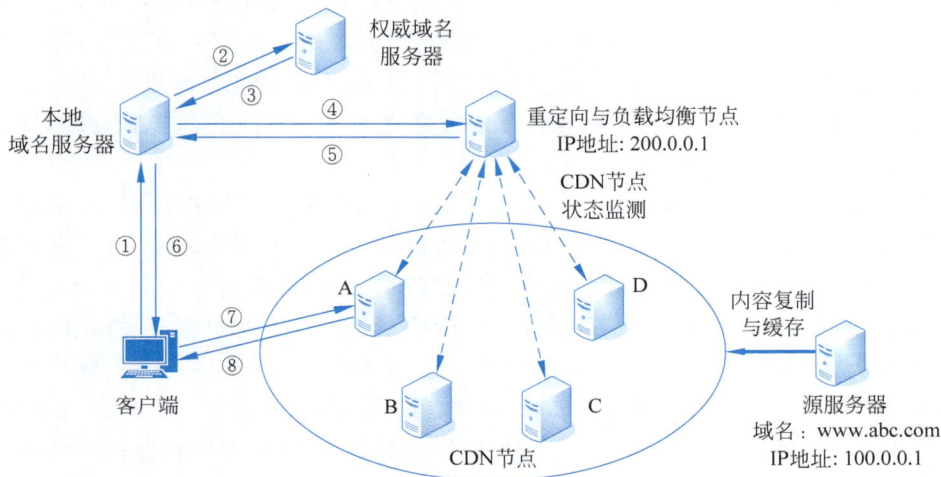

图 5-39 基于 DNS 的重定向

端向本地域名服务器发送查询请求,查询域名 www.abc.com 对应的 IP 地址(①)。本地域名服务器中没有保存该域名所对应的 IP 地址,则从根服务器开始进行迭代查询(这个过程被省略),在获得权威域名服务器的 IP 地址后,向权威域名服务器发送查询请求(②)。权威域名服务器在 DNS 响应报文中返回 www.abc.com 对应的别名 www.xyz.com,并同时在权威资源记录和附加资源记录中分别返回负责该别名解析的权威域名服务器的名字和 IP 地址,即重定向与负载均衡节点的 IP 地址 200.0.0.1(③)。本地域名服务器继续向重定向与负载均衡节点发送查询请求,查询域名 www.xyz.com 对应的 IP 地址(④)。重定向与负载均衡节点基于特定的策略为客户端选择一个最合适的 CDN 节点,并将 CDN 节点的 IP 地址返回给本地 DNS 服务器(⑤),本地 DNS 服务器再将该地址返回给客户端(⑥)。客户端向 CDN 节点发送请求报文,以获取所需要的资源(⑦⑧)。

上述两种重定向机制各有利弊,目前最常用的是基于 DNS 的重定向机制。基于 HTTP 的重定向机制简单灵活,但需要客户端每次执行两次请求操作,这会增加访问延时。基于 DNS 的重定向机制,重定向工作由域名解析系统完成,客户端只需要执行一次请求操作,但是需要对权威域名服务器的资源记录进行较大的修改,同时也需要将资源记录的 TTL 设置成比较小的值,以避免客户端从 DNS 缓存中直接获取解析结果。

### 5.5.3　CDN 节点选择策略

在前面介绍的两种 CDN 请求重定向机制中都涉及如何选取最适合的 CDN 节点的问题。选择 CDN 节点考虑的主要因素包括与客户端的网络接近程度、CDN 节点的性能和负载情况,以及缓存资源的命中率等,其核心目标是尽可能缩短客户端请求的响应时间,降低网络带宽消耗。CDN 节点的选择没有标准的方法,但通常会考虑上述因素中的一种或多种的组合,其策略的实现难易程度也不尽相同。

轮询策略是最简单的 CDN 节点选择策略,该策略基于一定的轮转机制顺序地为客户端分配 CDN 节点。轮询策略能够把负载较为均衡地分布到所有的 CDN 节点上,但它没有考虑 CDN 节点与客户端的网络接近程度、缓存资源的命中率,以及不同 CDN 节点之间的性能差异,如处理能力、网络带宽等。因此,利用轮询策略所选择的 CDN 节点并不能最小化客户端请求的响应时间。一种改进的轮询策略称为加权轮询策略,它根据 CDN 节点的性能分配权重,权重较大的 CDN 节点会接收到更多的请求。这种改进的策略能够提高 CDN 系统的整体性能和资源利用率,但依然没有考虑 CDN 节点与客户端的网络接近程度和缓存资源的命中率等因素。

基于位置的策略是目前比较常用的 CDN 节点选择策略,该策略根据 CDN 节点与客户端的网络接近程度进行 CDN 节点的选择,以尽可能缩短请求的响应时间,减少网络带宽消耗。基于位置的策略的难点在于客户端位置的准确判断,目前主要使用 IP 地址进行判断。在基于 HTTP 的重定向机制中,客户端首先将请求发送到重定向与负载均衡节点,因此该节点可以获得客户端的 IP 地址。在基于 DNS 的重定向机制中,重定向与负载均衡节点无法获知客户端的 IP 地址,只能得到客户端本地域名服务器的 IP 地址,以此代替客户端的 IP 地址。基于位置的策略经常会与加权轮询策略结合使用。CDN 管理者根据网络拓扑结构进行 CDN 服务区域划分,并通过静态方式设定服务于相应区域的 CDN 节点列表,重定向与负载均衡节点可以通过 IP 地址判断客户端所属的区域,利用加权轮询策略为其选择一个合适的 CDN 节点。这种结合方式既能为客户端选择一个较近的 CDN 节点，又能实现区域内的负载均衡。但是这种方式不能适应 CDN 节点状态的动态变化，如节点故障、负载情况等。

基于负载的策略和基于链路的策略是两种典型的动态 CDN 节点选择策略。基于负载的策略需要对 CDN 节点的负载情况进行实时监测，主要包括 CPU 使用率、内存使用率、建立的连接数、网络带宽占用情况等，优先选择负载轻的 CDN 节点。基于链路的策略更为复杂，它除了需要实时监测 CDN 节点的状态之外，还需要监测访问 CDN 节点的链路延迟，目标是最小化响应时间。这两种策略的难点在于 CDN 节点和链路状态的实时监测，状态监测会增加系统的复杂性，并会产生额外的开销。但是这种动态 CDN 节点选择策略能够更好地适应 CDN 节点和网络状态的动态变化，提高资源利用率及 CDN 系统的总体性能。

上述几种策略均未考虑缓存资源的命中率问题，如果资源命中率比较低，会产生频繁的回源请求。为了提高缓存资源的命中率，可以采用内容哈希策略，即根据请求的资源(如 URL)计算哈希值，将同一资源的请求分配到相同的 CDN 节点，这样可以有效地提高缓存资源的命中率。但是，如果简单使用内容哈希策略，对于热点资源可能会造成 CDN 节点过载，因而需要结合其他策略一起使用，如基于负载的策略等。

## 5.6　流媒体传输协议

随着因特网中视频应用的普及和发展，流媒体成为因特网中的主要流量类型。所谓流媒体是指采用流式传输技术在网络上连续实时播放的媒体格式，如音频、视频等，用户不需要将整个媒体文件下载到本地，可以一边传输一边播放。传统的实时流媒体传输主要使用以 RTSP/RTP(Real Time Streaming Protocol/Real Time Transfer Protocol) 和 RTMP (Real-Time Messaging Protocol)为代表的面向连接的流媒体传输协议，通过专用的流媒体服务器提供服务。这种方式的优点是实时性好，可以支持大规模的流媒体应用。但是，RTSP/RTP、RTMP 等协议相对复杂，流媒体服务器的部署和维护难度较大，而且所使用的端口容易被防火墙等网络中间设备拦截，因此其应用存在一定的局限性。本节主要介绍基于 HTTP 的流媒体传输机制，并对典型的 HTTP 动态自适应流式传输协议 DASH (Dynamic Adaptive Streaming over HTTP)的基本工作原理进行讲解。

### 5.6.1　基于 HTTP 的流媒体传输

基于 HTTP 的流媒体传输以广泛部署的 HTTP 为基础，利用普通的 Web 服务器提供流媒体服务。客户端不需要与服务器保持持久连接，服务器也不需要维护任何状态。相对于传统的实时流媒体传输协议，基于 HTTP 的流媒体传输机制简单灵活、可扩展性强，服务器容易部署和维护。基于 HTTP 的流媒体传输的发展可以分为两个阶段，第一阶段为 HTTP 渐进式下载，第二阶段为 HTTP 动态自适应流式传输。

HTTP 渐进式下载是一种顺序流式传输，其本质依然是流媒体文件下载。与传统的将整个流媒体文件下载到客户端再进行播放不同，HTTP 渐进式下载允许一边下载一边播放，即当客户端从 Web 服务器下载流媒体文件时，不需要等待整个流媒体文件全部下载后才进行播放，而是在有少量缓存之后便可以开始播放。HTTP 渐进式下载虽然能够降低服务器部署的复杂性,但依然存在这一些局限性。首先,在 HTTP 渐进式下载方式中,客户端向 Web 服务器请求的是一个流媒体文件,服务器一旦响应,就会将整个流媒体文件传送至客户端,除非所使用的 TCP 连接被断开,这在某些情况下会造成网络带宽资源的浪费(如用户中途放弃播放)。其次,使用 HTTP 渐进式下载,客户端在播放完毕后,会在本地保存流媒体文件的完整副本,这会带来版权问题。另外,由于流媒体文件需要事先制作好存放在 Web 服务器中,因此 HTTP 渐进式下载只能支持点播,不能支持直播。

HTTP 动态自适应流式传输可以看成 HTTP 渐进式下载的升级版,其主要思想是将媒体流编码成具有不同分辨率和码率的多个版本,并将每个版本拆分成一定时间长度的多个媒体片段,所有媒体片段都存储在 Web 服务器中。客户端向服务器发送请求,服务器向客户端返回对应的媒体片段。在客户端与服务器交互过程中,客户端可以根据网络及播放缓冲区的状态,请求不同分辨率和码率的媒体片段,以保证媒体播放的连续性和流畅性,提升用户观看体验。采用 HTTP 动态自适应流式传输,客户端每次只请求一个较短的媒体片段,且在客户端只做适量的缓存,当用户放弃播放时也不会造成过多的网络带宽资源浪费。客户端在播放完毕后,在本地不保存流媒体文件的完整副本,因此不会产生版权问题。

HTTP 动态自适应流式传输方案先期主要是由几个公司提出的,包括苹果公司的 HLS(HTTP Live Streaming)、Adobe 公司的 HDS(HTTP Dynamic Streaming)和微软公司的 MSS(Microsoft Smooth Streaming)。这些方案的基本思想很相似,但它们之间并不兼容,增加了播放器的开发成本。为了解决兼容性问题,促进基于 HTTP 流媒体传输的发展,运动图像专家组(Moving Picture Expert Group,MPEG)联合第三代合作伙伴计划(3rd Generation Partnership Project,3GPP)标准组织于 2012 年发布了 MPEG-DASH 标准 ISO/IEC 23009,2022 年发布了修订版本 ISO/IEC 23009-1:2022。MPEG-DASH 整合了先期的方案,没有限定可以使用的媒体编码格式,便于媒体内容的兼容。下面以 MPEG-DASH 标准为例介绍 HTTP 动态自适应流式传输的基本工作原理。

## 5.6.2　DASH 基本工作原理

MPEG-DASH 简称为 DASH。DASH 将媒体流编码成具有不同分辨率和码率的多个码流,每个码流包含多个相同时间长度(2~5s)的媒体片段,这些媒体片段作为独立的文件存放在 Web 服务器中。DASH 使用媒体呈现描述(Media Presentation Description,MPD)文件对媒体内容进行描述,包括是静态还是动态(点播还是直播)、视频片段的大小、有几种不同的码率,以及每个媒体片段对应的 URL 地址等,客户端通过解析 MPD 文件便可以得到媒体的描述信息。客户端由 HTTP 客户进程、媒体播放器及 DASH 控制引擎组成。客户端在向服务器请求具体的媒体片段之前,首先需要向服务器请求下载 MPD 文件并进行解析。之后,根据 MPD 文件的解析结果,以及自身的网络状况和缓冲区状况,请求下载合适码率的媒体片段。在播放过程中,客户端会在播放缓冲区中做适量的缓存以应对网络状况的改变,避免播放时的卡顿。同时,DASH 流控制模块会持续监测网络带宽的变化,并根据网络带宽测量结果及缓冲区的占用情况决策下一时刻的请求码率。由于媒体片段的时间长度是相同的,可以实现时间上的对齐,因此在播放时可以在不同码率之间进行无缝切换。DASH 的基本工作机制如图 5-40 所示。

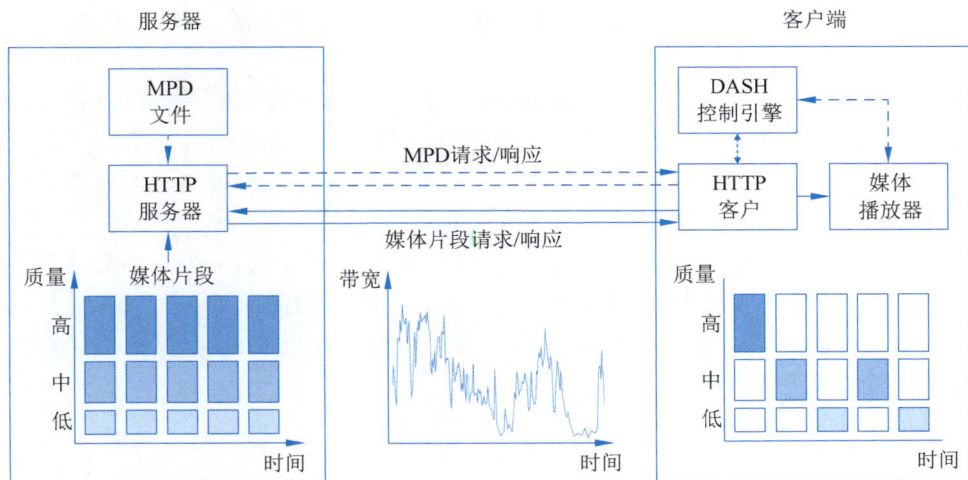

图 5-40　DASH 基本工作机制

## 5.6.3　媒体内容描述

媒体内容描述是基于 HTTP 自适应流媒体传输的关键。DASH 使用 MPD 文件对媒体内容进行描述,客户端通过解析 MPD 文件可以得到媒体片段的 URL。MPD 使用可扩展标记语言(eXtensible Markup Language,XML),通过多种标记对 DASH 流进行层次化描述。MPD 文件的层次结构如图 5-41 所示,逐层解释如下。

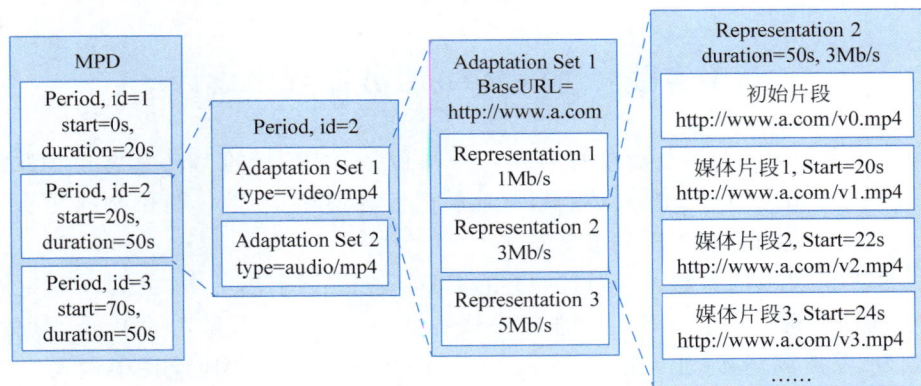

图 5-41　MPD 文件的层次结构

(1) 区段(Period):一个完整的 DASH 流可以包含一个或多个区段,每个区段表示一段连续的媒体流,包括开始时间和持续时间。例如,要在视频中插入一段广告,可以将视频分成两个区段,中间插入一个广告区段。

(2) 自适应集合(Adaptation Set):一个区段可以包含一个或者多个自适应集合,每个自适应集合代表一种媒体呈现形式,如视频、音频、字幕等,它们在视频播放中可以同时呈现。对于视频,每个自适应集合包含一组逻辑一致的可供切换的不同码率的码流;对于音频,每个自适应集合可以包含同一种语言的不同质量的音频。

(3) 码流(Representation):一个自适应集合通常包含多个码流,多个码流表示的媒体内容相同,但编码参数(如分辨率、帧率、码率、编码方式等)互不相同。客户端可以根据自身的网络带宽和缓冲区状况选择合适的码流。

(4) 片段(Segment):一个码流可以包含多个片段,每个片段是一个很短的媒体流,它是 DASH 流的最小分割单元。MPD 文件指明每个片段对应的 URL,HTTP 客户过程可以利用 URL 请求对应的片段。DASH 中包含 4 种片段类型,最主要的片段类型是初始片段和媒体片段。

DASH 可以支持静态和动态 MPD。动态 MPD 通常用于直播,需要不断地更新 MPD。在内容可用时添加新的区段或媒体片段,在内容不再可用时删除旧的区段或媒体片段。尽管 DASH 可以同时应用于直播和点播场景,但受限于媒体片段的长度,其应用于直播场景的延时较大(至少为一个媒体片段的时长,如 2s)。

### 5.6.4　自适应码率

自适应码率(Adaptive BitRate,ABR)是流媒体传输经常采用的技术,它通常会依据网络状况和播放缓冲区状况动态地调整流媒体传输的码率,以最大化用户观看视频的体验质量(Quality of Experience,QoE)。DASH 支持码率动态调整机制,其码率的选择由客户端完成,所使用的 ABR 算法与具体实现有关,DASH 标准中没有具体规定。在 DASH 中使用的基本 ABR 算法主要分为两类:基于网络吞吐量的算法和基于播放缓冲区的算法。在某些 ABR 算法中也会对网络吞吐量和播放缓冲区的占用情况进行综合考虑。此外,近年来也提出了许多基于机器学习的 ABR 算法。关于 ABR 算法的详细讨论已超出本书的范围,在这里不再赘述。

## 动手实践:简单 Web 服务器程序设计

流式 Socket 编程

利用流式套接字编写一个简单的 Web 服务器程序。所设计的 Web 服务器程序需要能够处理 Get 和 Head 等 HTTP 请求报文,并能够产生响应报文。为了简化 Web 服务器程序的设计,编写的程序可以只处理静态页面。

编写的简单 Web 服务器可以通过如下的实验环境进行测试,其中,主机 A 和主机 B 通过因特网连接,主机 B 中运行所编写的 Web 服务器程序并保存测试用的 Web 页面。在主机 A 上启动 Web 浏览器(如 Microsoft Edge)。在 Web 浏览器的地址栏中输入主机 B 的 IP 地址和 Web 页面的路径,观察请求的 Web 页面能否正确返回并显示。另外,也可以通过 Wireshark 捕获 HTTP 数据包,判断 HTTP 请求和响应的正确性,进而验证程序的正确性。

图 5-42　实验环境

## 思考与练习

1. 讨论客户机/服务器模式和对等模式各自的优缺点以及适用的场景,分析目前广泛使用的内容分发网络(CDN)与这两者的区别和联系。

2. DNS 采用层次化的、基于域的命名机制,试说明这种命名机制如何有效地支持名字空间管理及域名解析。

3. DNS 可以运行在 TCP 之上,但目前的 DNS 主要运行在 UDP 之上,请解释这么做的原因。如果 DNS 报文丢失,会产生什么问题?域名解析器会如何处理?

4. 假设 nankai.edu.cn 权威域名服务器的区域文件(部分内容)如图 5-43 所示。如果一台邮件服务器中的 SMTP 客户进程想要把电子邮件发送到 abc@nankai.edu.cn,则需要对域名 nankai.edu.cn 进行域名解析。请回答如下问题。

(1) 邮件服务器发出的 DNS 查询报文中查询问题的类型是什么?

(2) 权威域名服务器返回的响应报文中应答资源记录和附加资源记录可能包含哪些内容。

| 名字 | TTL | 类别 | 类型 | 值 |
|---|---|---|---|---|
| nankai.edu.cn. | 86400 | IN | SOA | ns.nankai.edu.cn. adm.nankai.edu.cn |
| nankai.edu.cn. | 86400 | IN | TXT | "Nankai University" |
| nankai.edu.cn. | 86400 | IN | MX | 1 mail.nankai.edu.cn |
| nankai.edu.cn. | 86400 | IN | MX | 2 back.nankai.edu.cn |
| mail.nankai.edu.cn. | 86400 | IN | A | 202.113.26.1 |
| back.nankai.edu.cn. | 86400 | IN | A | 202.113.16.2 |

图 5-43  区域文件

5. 在常规情况下,用户主机中的域名解析器向本地域名服务器发出的查询请求都采用递归方式,本地域名服务器可以采用递归或迭代方式得到最终的查询结果,并将查询结果返回给用户主机中的域名解析器。可以借助于 DNS 查询命令 nslookup 中的-norecursive 选项关闭期望递归查询标志。请尝试用 nslookup 命令,采用非递归方式查询 www.nankai.edu.cn 所对应的 IP 地址,并根据返回的结果解释具体的解析过程。

6. DNS 缓存机制是提高域名解析效率的重要手段。与其他缓存机制类似,DNS 缓存机制也需要解决由于原始资源记录的变化而造成解析错误的问题。请给出避免这种问题发生的解决方法。

7. 在电子邮件系统中,电子邮件应用程序可以使用 POP3 协议从邮件服务器的邮箱中读取邮件,可以使用 SMTP 向邮件服务器传送邮件。使用 POP3 协议读取邮件时需要用户名和口令认证,而使用 SMTP 向服务器传送邮件时,早期的邮件服务器不对用户的身份进行验证。试说明这种方式带来的问题,并尝试给出一种解决办法。如果使用浏览器通过HTTP 收发邮件,还会带来同样的问题吗?

8. MIME 格式中常用的编码方法是 Base64 编码,它将 8 位二进制数据编码成可打印的 ASCII 字符。请查阅 Base64 编码表,对十六进制序列 A6 35 C0 97 进行 Base64 编码,并给出编码过程。

9. 用户通过 Web 浏览器访问 Web 服务器，使用 HTTP/1.1 的持久连接方式和流水线机制，所访问页面的 URL 为 http://www.abc.edu.cn/test.html，页面中嵌入三幅图像，分别为 image1.jpg、image2.jpg、image3.jpg，图像与页面保存在同一台服务器中，请画出浏览器与服务器的交互过程。

10. 利用 Wireshark 捕获 HTTP 报文，观察浏览器与 Web 服务器的交互过程，分析 HTTP 持久连接方式的 TCP 连接通常在何时、由哪一方首先关闭，简单描述关闭过程。

11. 举例说明 HTTP/1.1 的队头阻塞问题，并解释 HTTP/2 的解决策略。

12. 有如图 5-44 所示的网络，假设最初主机和 DNS 服务器的缓存均为空，域名解析采用递归解析方式，HTTP 使用 HTTP/1.1 的持久连接方式和流水线机制。如果用户在主机 1 的浏览器中输入"http://www.b.com/main.htm"，该页面中包含两幅图像。那么从用户在浏览器中输入上述 URL 到页面被完整接收(包括图像)，主机 1 发送和接收了哪些 DNS 和 HTTP 报文？请将报文按先后顺序列出，并注明报文的源和目的(用名称表示即可)。

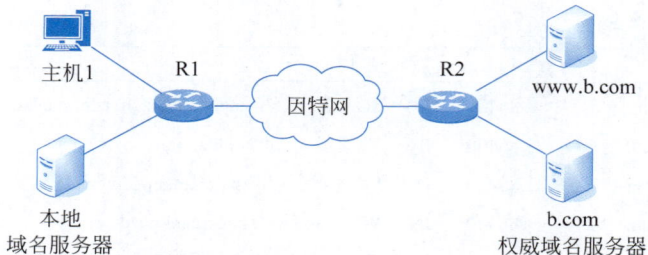

图 5-44　网络结构

13. Web 缓存能够加速页面的响应速度，节约网络带宽资源，同时也能够减轻 Web 服务器的负担。说明 HTTP/1.1 如何控制 Web 缓存，以及如何保证不用过期的页面响应请求。

14. Web 可以借助 CDN 进行加速，CDN 需要提供一种有效的机制将用户的请求重定向到适合的 CDN 节点。请给出实现 CDN 重定向的两种常用方法，并分别描述两种重定向机制的具体工作过程。

15. 分析 HTTP 自适应流式传输的特点，描述 DASH 的基本工作机制，说明 DASH 是否能够支持实时直播应用。

# 参 考 文 献

[1] 张建忠,徐敬东.计算机网络技术与应用[M].2版.北京:清华大学出版社,2023.

[2] 吴功宜,吴英.计算机网络[M].5版.北京:清华大学出版社,2021.

[3] PETERSON L L,DAVIE B S.计算机网络:系统方法[M].6版.王勇,薛静锋,王李乐,等译.北京:机械工业出版社,2022.

[4] FALL K R,STEVENS W R.TCP/IP详解卷1:协议[M].2版.吴英,张玉,许昱玮,等译.北京:机械工业出版社,2016.

[5] TANENBAUM A S,FEAMSTER N,WETHERALL D.计算机网络[M].6版.潘爱民,译.北京:清华大学出版社,2022.

[6] KUROSE J F,ROSS K W.计算机网络:自顶向下方法[M].8版.陈鸣,译.北京:机械工业出版社,2022.

[7] 杨泽卫,李呈.重构网络:SDN架构与实现[M].北京:电子工业出版社,2017.

[8] ISO/IEC 7498-1:1994,Information Technology-Open Systems Interconnection-Basic Reference Model:The Basic Model[S].2000. https://www.iso.org/standard/20269.html.

[9] SALTZER J H,REED D P,CLARK D D.End-to-end Arguments in System Design[J].ACM Transaction on Computer Systems,1984,2(4):277~288.

[10] CLARKD D. The Design Philosophy of the DARPA Internet Protocols[J].ACM SIGCOMM Computer Communication Review,1988,18(4):106~114.

[11] HANDLEY M. Why the Internet Only Just Works[J].BT Technology Journal,2006,24(3):119~129.

[12] POPAL,WENDELL P,GHODSI A,et al. HTTP:An Evolvable Narrow Waist for the Future Internet[DB/OL].2012. http://www2.eecs.berkeley.edu/Pubs/TechRpts/2012/EECS-2012-5.pdf.

[13] SIMPSON W. RFC 1661,The Point-to-Point Protocol(PPP)[S].1994. https://www.rfc-editor.org/rfc/rfc1661.html.

[14] IEEE Std 802.3—2022. IEEE Standard for Ethernet[S]. https://ieeexplore.ieee.org/document/9844436.

[15] IEEE Std 802.1D—2004. IEEE Standard for Local and Metropolitan Area Networks:Media Access Control(MAC)Bridges[S]. https://ieeexplore.ieee.org/document/1309630.

[16] IEEE Std 802.1Q—2018. IEEE Standard for Local and Metropolitan Area Network-Bridges and Bridged Networks[S]. https://ieeexplore.ieee.org/document/8403927.

[17] IEEE Std 802.11—2020. Wireless LAN Medium Access Control(MAC)and Physical Layer(PHY) Specifications[S]. https://ieeexplore.ieee.org/document/9999411.

[18] RFC 791:Internet Protocol[S].1981. https://www.rfc-editor.org/rfc/rfc791.html.

[19] MOGUL J,POSTEL J. RFC 950,Internet Standard Subnetting Procedure[S].1985. https://www.rfc-editor.org/rfc/rfc950.html.

[20] FULLER V,LI T. RFC 4632,Classless Inter-domain Routing(CIDR):The Internet Address Assignment and Aggregation Plan[S].2006. https://www.rfc-editor.org/rfc/rfc4632.html.

[21] DROMS R. RFC 2131,Dynamic Host Configuration Protocol[S].1997. https://www.rfc-editor.org/rfc/rfc2131.html.

[22] PLUMMER D C. RFC 826,An Ethernet Address Resolution Protocol[S].1982. https://www.rfc-editor.org/rfc/rfc826.html.

[23] POSTEL J. RFC 792,Internet Control Message Protocol(ICMP)[S].1981. https://www.rfc-

editor. org/rfc/rfc792. html.

[24] DEERING S,HINDEN R. RFC 8200,Internet Protocol,Version 6（IPv6）Specification[S]. 2017. https://rfc-editor. org/rfc/rfc8200. html.

[25] HINDEN R,DEERING S. RFC 4291,IP Version 6 Addressing Architecture[S]. 2006. https://rfc-editor. org/rfc/rfc4291. html.

[26] CONTA A,DEERING S,GUPTA M. RFC 4443,Internet Control Message Protocol（ICMPv6）for the Internet Protocol Version 6（IPv6）Specification[S]. 2006. https://rfc-editor. org/rfc/rfc4443. html.

[27] NARTEN T,NORDMARK E,SIMPSON W,et al. RFC 4861,Neighbor Discovery for IP version 6 （IPv6）[S]. 2007. https://rfc-editor. org/rfc/rfc4861. html.

[28] THOMSON S,NARTEN T,JINMEI T. RFC 4862,IPv6 Stateless Address Autoconfiguration [S]. 2007. https://rfc-editor. org/rfc/rfc4862. html.

[29] HEDRICK C. RFC 1058,RIP Routing Information Protocol[S]. 1988. https://rfc-editor. org/rfc/rfc1058. html.

[30] MALKIN G. RFC 2453,RIP Version 2[S]. 1998. https://rfc-editor. org/rfc/rfc2453. html.

[31] MALKIN G, MINNEAR R. RFC 2080, RIPng for IPv6 [S]. 1997. https://rfc-editor. org/rfc/rfc2080. html.

[32] MOY J. RFC 2328,OSPF Version 2[S]. 1998. https://rfc-editor. org/rfc/rfc2328. html.

[33] REKHTER Y,LI T,HARES S. RFC 4271, A Border Gateway Protocol 4（BGP-4）[S]. 2006. https://rfc-editor. org/rfc/rfc4271. html.

[34] ROSEN E,VISWANATHAN A,CALLON R. RFC 3031,Multiprotocol Label Switching Architecture[S]. 2001. https://rfc-editor. org/rfc/rfc3031. html.

[35] Open Networking Foundation. OpenFlow Switch Specification Version 1. 0. 0 [DB/OL]. 2009. https://opennetworking. org/wp-content/uploads/2013/04/openflow-spec-v1. 0. 0. pdf.

[36] Open Networking Foundation. OpenFlow Switch Specification Version 1. 3. 0 [DB/OL]. 2012. https://opennetworking. org/wp-content/uploads/2014/10/openflow-spec-v1. 3. 0. pdf.

[37] SONG H. Protocol-Oblivious Forwarding：Unleash the Power of SDN through a Future-Proof Forwarding Plane[A]. Proceedings of the ACM SIGCOMM Workshop on HotSDN[C]. 2013. 127～132. http://dl. acm. org/citation. cfm? id=2491190.

[38] PAT B,DALY D, GIBB G, et al. P4：Programming Protocol-Independent Packet Processors[J]. ACM SIGCOMM Computer Communication Review,2014,44(3)：87～95.

[39] POSTEL J. RFC 768,User Datagram Protocol[S]. 1980. https://rfc-editor. org/rfc/rfc768. html.

[40] RFC 793,Transmission Control Protocol[S]. 1981. https://rfc-editor. org/rfc/rfc793. html.

[41] GONT F,BELLOVIN S. RFC 6528,Defending against Sequence Number Attacks[S]. 2012. https://rfc-editor. org/rfc/rfc6528. html.

[42] MATHIS M,MAHDAVI J, FLOYD S. RFC 2018, TCP Selective Acknowledgment Options[S]. 1996. https://rfc-editor. org/rfc/rfc2018. html.

[43] BORMAN D,BRADEN B,JACOBSON V. RFC 7323,TCP Extensions for High Performance,2014 [S]. https://rfc-editor. org/rfc/rfc7323. html.

[44] RAMAKRISHNAN K,FLOYD S, BLACK D. RFC 3168, The Addition of Explicit Congestion Notification（ECN）to IP[S]. 2001. https://rfc-editor. org/rfc/rfc3168. html.

[45] CHU J,DUKKIPATI N,CHENG Y,et al. RFC 6928,Increasing TCP's Initial Window[S]. 2013. https://rfc-editor. org/rfc/rfc6928. html.

[46] BLANTON E,ALLMAN M,WANG L,et al. RFC 6675,A Conservative Loss Recovery Algorithm Based on Selective Acknowledgment(SACK) for TCP[S]. 2012. https://rfc-editor. org/rfc/rfc6675.

html.

[47] Duke M, Braden R, Eddy W, et al. RFC 7414, A Roadmap for Transmission Control Protocol (TCP) Specification Documents[S]. 2015. https://rfc-editor.org/rfc/rfc7414.html.

[48] EDDY W. RFC 9293, Transmission Control Protocol (TCP)[S]. 2022. https://rfc-editor.org/rfc/rfc9293.html.

[49] ALLMAN M, PAXSON V, BLANTON E. RFC 5681, TCP Congestion Control[S]. 2009. https://rfc-editor.org/rfc/rfc5681.html.

[50] HENDERSON T, FLOYD S, GURTOV A, et al. RFC 6582, The NewReno Modification to TCP's Fast Recovery Algorithm[S]. 2012. https://rfc-editor.org/rfc/rfc6582.html.

[51] CARDWELL N, CHENG Y, GUNN C S, et al. BBR: Congestion-based Congestion Control[J]. Communications of the ACM, 2017, 60(2): 58~66.

[52] BENSLEY S, THALER D, BALASUBRAMANIAN P, et al. RFC 8257, Data Center TCP (DCTCP): TCP Congestion Control for Data Centers[S]. 2017. https://rfc-editor.org/rfc/rfc8257.html.

[53] FORD A, RAICIU C, HANDLEY M, et al. RFC 8684, TCP Extensions for Multipath Operation with Multiple Addresses[S]. 2020. https://rfc-editor.org/rfc/rfc8684.html.

[54] LANGLEY A, RIDDOCH A, WILK A, et al. The QUIC Transport Protocol: Design and Internet-Scale Deployment[A]. Proceedings of the Conference of the ACM Special Interest Group on Data Communication[C]. 2017. 183~196.

[55] IYENGAR J, THOMSON M. RFC 9000, QUIC: A UDP-Based Multiplexed and Secure Transport [S]. 2021. https://rfc-editor.org/rfc/rfc9000.html.

[56] SCHULZRINNE H, CASNER S, FREDERICK R, et al. RFC 3550, RTP: A Transport Protocol for Real-Time Applications[S]. 2003. https://www.rfc-editor.org/rfc/rfc3550.html.

[57] MOCKAPETRIS P. RFC 1034, Domain Names-Concepts and Facilities[S]. 1987. https://www.rfc-editor.org/rfc/rfc1034.html.

[58] MOCKAPETRIS P. RFC 1035, Domain Names-Implementation and Specification[S]. 1987. https://www.rfc-editor.org/rfc/rfc1035.html.

[59] CROCKER D H. RFC 822, Standard for The Format of ARPA Internet Text Messages[S]. 1982. https://www.rfc-editor.org/rfc/rfc822.html.

[60] RESNICK P. RFC 5332: Internet Message Format[S]. 2008. https://www.rfc-editor.org/rfc/rfc5332.html.

[61] FREED N, BORENSTEIN N. RFC 2045, Multipurpose Internet Mail Extensions (MIME) Part One: Format of Internet Message Bodies[S]. 1996. https://www.rfc-editor.org/rfc/rfc2045.html.

[62] FREED N, BORENSTEIN N. RFC 2046, Multipurpose Internet Mail Extensions (MIME) Part Two: Media Types[S]. 1996. https://www.rfc-editor.org/rfc/rfc2046.html.

[63] MOORE K. RFC 2047, MIME Part Three: Message Header Extensions for Non-ASCII Text[S]. 1996. https://www.rfc-editor.org/rfc/rfc2047.html.

[64] REKHTER Y, LI T. RFC 5321, Simple Mail Transfer Protocol[S]. 2008. https://www.rfc-editor.org/rfc/rfc2008.html.

[65] MYERS J, ROSE M. RFC 1939, Post Office Protocol-Version 3[S]. 1996. https://www.rfc-editor.org/rfc/rfc1939.html.

[66] GELLENS R, NEWMAN C, LUNDBLADE L. RFC 2449, POP3 Extension Mechanism[S]. 1998. https://www.rfc-editor.org/rfc/rfc2449.html.

[67] MELNIKOV A, LEIBA B. RFC 9051, Internet Message Access Protocol (IMAP)-Version 4rev2[S]. 2021. https://www.rfc-editor.org/rfc/rfc9051.

［68］ FIELDING R，NOTTINGHAM M，RESCHKE J. RFC 9110，HTTP Semantics［S］. 2022. https://www. rfc-editor. org/rfc/rfc9110. html.

［69］ FIELDING R，NOTTINGHAM M，RESCHKE J. RFC 9111，HTTP Caching［S］. 2022. https://www. rfc-editor. org/rfc/rfc9111. html.

［70］ FIELDING R，NOTTINGHAM M，RESCHKE J. RFC 9112，HTTP/1. 1［S］. 2022. https://www. rfc-editor. org/rfc/rfc9112. html.

［71］ THOMSON M，BENFIELD C. RFC 9113，HTTP/2［S］. 2022. https://www. rfc-editor. org/rfc/rfc9113. html.

［72］ BISHOP M. RFC 9114，HTTP/3［S］. 2022. https://www. rfc-editor. org/rfc/rfc9114. html.

［73］ HTML Standard［S］. 2024. https://html. spec. whatwg. org/print. pdf.

［74］ ISO/IEC 23009-1：2022，Information Technology-Dynamic Adaptive Streaming over HTTP (DASH)，Part 1：Media Presentation Description and Segment Formats［S］. 2022. https://www. iso. org/standard/83314. html♯draft.

［75］ LEIGHTON T. Improving Performance on the Internet［J］. Communications of the ACM，2009，52(2)：44～51.

［76］ VIXIE P. What DNS Is Not［J］. Communications of the ACM，2009，52(12)：43～47.